"十三五"国家重点图书出版规划项目

中国常见植物识别丛书

花卉

林秦文　编著

中国林业出版社

China Forestry Publishing House

审图号：GS京（2023）1322号

图书在版编目（CIP）数据

花卉 ／ 林秦文编著. —— 北京 ：中国林业出版社，2023.8
（中国常见植物识别丛书）
ISBN 978-7-5219-1969-1

Ⅰ．①花… Ⅱ．①林… Ⅲ．①花卉－识别－中国－图集 Ⅳ．①S68-64

中国版本图书馆CIP数据核字（2022）第217100号

总 策 划：刘开运
责任编辑：张 健 郑雨馨
版式设计：黄树清

出版发行：中国林业出版社
　　　　　（100009，北京市西城区刘海胡同7号，电话：010-83143621）
电子邮箱：cfphzbs@163.com
网　　址：www.forestry.gov.cn/lycb.html
印　　刷：河北京平诚乾印刷有限公司
版　　次：2023 年 8 月第 1 版
印　　次：2023 年 8 月第 1 次印刷
开　　本：710mm×1000mm 1/16
印　　张：30.25
字　　数：540千字
定　　价：228.00元

1

"中国常见植物识别丛书"
出版说明

 中国是全球植物多样性最丰富的国家之一，现记录有野生高等植物3.7万余种。掌握常见植物的分类、特征及应用知识，是生态学、林学、草学、园林学、园艺学等涉及植物专业的基础课程，是行业从业者的基本技能。随着生态建设的社会关注度日益提高，千姿百态的植物特征，引发了越来越多大众的观察兴趣，他们迫切需要了解所见植物的特征甚至其前世今生。"中国常见植物识别丛书"应运而生。

 目前，我国涉及林草专业的植物学科高等教材，出版了不同版本的《植物学》《树木学》《园林树木学》《水土保持植物》《草坪学》《花卉学》《果树学》等一系列教材或图书，展现了植物分类研究的巨大成果，但均多采用的单一黑白线条图作辅助图示或单一的生境图，不能很好地直观呈现植物典型的生物学特征，教与学以及行业参照使用的效果欠佳。为此，早在2007年，策划人就针对高等教育、科学研究做了广泛的调研工作，多次与张志翔教授等探讨，张志翔教授还特意从国外购回《加拿大的树》（*Trees in Canada*）共同作参考。

 2008年，以教学、科研和行业应用中高频出现的植物种为依据，出版发起人、"丛书编委会筹备会"组织了全国高等院校树木学及植物学教学教师（来自北京林业大学、东北林业大学、南京林业大学、浙江农林大学、中国农业大学、西北农林科技大学、东北农业大学、北京农学院等28家高等院校）及科研机构专家（来自中国科学院植物研究所、昆明植物研究所、华南植物园、武汉植物园，中国林业科学研究院等），在北京林业大学标本馆举办了"首届全国'植物识别'教学及'植物快识丛书'编写研讨会"，共同探讨植物分类、植物识别教学及科研中植物图文使用遇到的困境及出版助力办法，并对已拟定的《出版策划方案（草案）》进行研讨，确定了《中国常见植物种总名录》《丛书出版方案》及"丛书编委会"。

 此后，本丛书的组稿，历经了丛书分册方向、分册植物种的安排、出现植物种相互交叉情况等问题的处理，策划人就此以王文采院士、南志标院士、马克平研究员、张志翔教授、邢福武研究员等的意见为基础，广泛征询中国科学院和各林业科学研究机构植物分类及林草产、学、研、管诸多专家的意见，丛书的选题内容逐步得以充实和完善，并最终定名为"中国常见植物识别丛书"；2018年，国家林业和草原局成立，增设了草原、湿地、荒漠的行政管理机构，本丛书增加了对应的3个分册；为追求全面而系统的经典植物图片煞费苦心，这是本丛书一再延迟出版的主要原因。

"中国常见植物识别丛书"为"十三五"国家重点图书出版规划项目。本丛书的最大特点表现在以现行专业对应的教材为基础，以常见植物的主要生态功能（在森林、草原、湿地、荒漠中的功能）、园林及经济林应用为依据，对常见植物的形态、习性、分布、生态功能、应用、经济及文化价值等进行言简意赅的文字描述，每种植物均配以生境、叶、花、果、枝、干等多幅（平均5幅）典型图片，简洁明了、图文并茂地展现植物的生物学特征。这样系统地以多幅图片呈现每种植物的生物学特征，并配以习性图标，是本丛书的亮点之一。

　　本丛书共13分册，每分册描述主要植物约600种，交叉单计，全套丛书共描述中国常见植物5800种，总字数630万字，彩色图片共3.5万余幅。

　　"中国常见植物识别丛书"，以专业院校植物基础课程教学为基本服务对象，以林业和草原为重点服务领域，是便于生态监测、森林执法及海关等机构的工作者、社会爱好者使用的工具书。

　　注：2008年6月14日首届全国"植物识别"教学及"植物快识丛书"编写研讨会，由刘开运（前排右6）、张志翔（前排右5）组织，在北京林业大学标本馆召开。

出版发起人：刘开运　张志翔

2022年10月31日

编写说明

本书主要基于教材《花卉学》（第1版）（北京林业大学园林学院花卉教研室，1990）以及《花卉学》（第2版）（王莲英和秦魁杰，2011）所收录的花卉种类进行编写，同时增加补充了《园林花卉学》（刘燕，2003）所收录的种类。《花卉学》及《园林花卉学》作为重要教材，已被全国高等院校园林专业普遍使用，在中国花卉学的教学工作中发挥了重要作用。但原教材文字内容很丰富，但配图方面仅配有黑白线条图，不能满足人们快速直观地识别和认知花卉的需求。为填补教材这方面的不足，我们编写了本书。

1. 花卉范围： 本书原则上以收录园林园艺上常见而运用广泛的花卉种类为主，名录主要来源于上述提及的花卉学相关教材。本书分类上以栽培和应用生境作为依据，分为露地花卉、岩生花卉、水生花卉、温室花卉。攀缘花卉作为花卉应用方式之一，单列出，归于露地花卉之中。最终共计123科471属829种8亚种13变种22杂种及16品种。

2. 排列方式： 以物种为基本条目进行编排，科属信息列于物种名称之后，并基本按照《花卉学》（第2版）的分类体系进行排列，以方便和教材相互参照，但同属的物种则按照拉丁名字母顺序进行排列。

3. 条目格式： 包括标题、正文和特征要点三个部分。

标题：包括植物中文名、植物学名、科中文名、科学名、属中文名，个别物种还包括中文别名和学名异名。

正文：包括习性、株形、树皮、枝条、芽、叶、花、果等重要特征以及花果期、分布、生境、用途等简要信息。

特征要点：重点展示该物种的关键识别要点。

4. 中文名： 本书中文名原则上以《中国植物志》为准，因此有些种类可能与原教材不同，这时一般将教材所用名称列为中文别名。

5. 学名： 本书学名一般以POWO（https://powo.science.kew.org/）为准，一些种类则以 *Flora of China*【中国植物志（英文版）】为准，个别种类还参考了最新的分类学处理结果，与教材所用学名不同，这时一般将教材学名列为异名。

6. 分类系统： 本书采用基于分子证据的新分类系统（APG），对科属概念与教材所用名称不同的种类，则将原来所属的科属一并列出，以供读者了解相关分类概念的变化。

7. 图片： 本书的图片包括全株、树皮、叶枝、花枝、花特写、果枝、果特写及种子等，以多方位反映物种的特征。

8. 分布图： 本书采用的分布图是采用国家标本资源平台（NSII，http://www.nsii.org.cn/2017/home.php）上的标本大数据在地理信息系统软件中进行自动制作而得到的。如果一个物种的标本数据足够大而精确，那么得到的分布图就相对完善，但如果一个物种的标本数据缺乏或出现偏差，那么得到的分布图则会出现空白、缺失或偏差，这个时候再进行手动修改完善。软件制作的分布图和手工修改绘制的分布图之间存在一定差别。

如何使用本书

按照本书所涵盖的植物种，挑选出常见常用植物888种（含种下等级）进行图文描述。高度概括约80字的最核心生物学特征，凸显每个物种主要的特征、鉴定要点；另附原产及栽培地、习性、繁殖、园林用途等，提纲挈领、言简意赅地把握植物的栽培及应用；每种植物均配以生境、叶、花、果、枝、干等多幅典型图片。

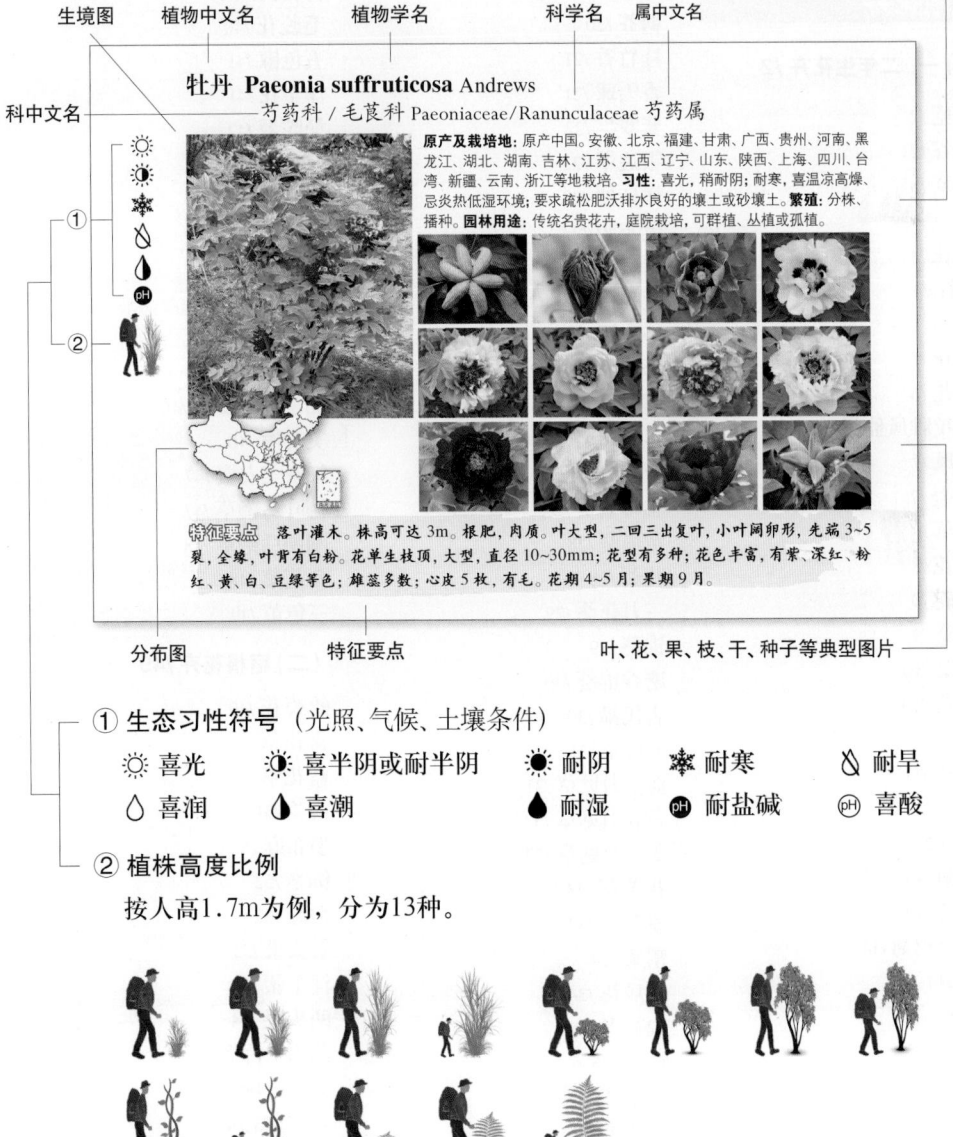

① **生态习性符号**（光照、气候、土壤条件）

☀ 喜光   ☀ 喜半阴或耐半阴   ☀ 耐阴   ❄ 耐寒   ◌ 耐旱

◌ 喜润   ◌ 喜潮   ◖ 耐湿   pH 耐盐碱   pH 喜酸

② **植株高度比例**

按人高1.7m为例，分为13种。

目 录

露地花卉

（一）一、二年生花卉

五色苋（红草五色苋、锦绣苋）**Alternanthera bettzickiana** (Regel) G. Nicholson 苋科 Amaranthaceae 莲子草属

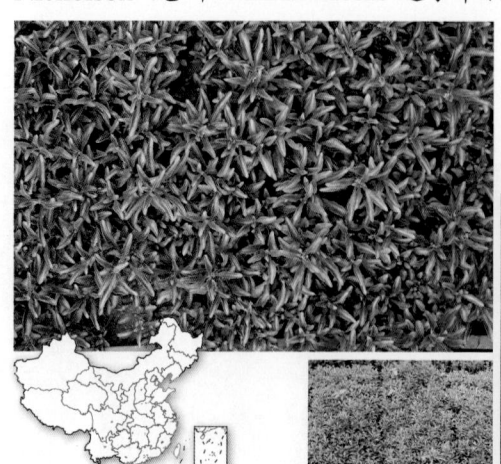

原产及栽培地：原产巴西。中国北京、福建、广东、广西、海南、云南、浙江等地栽培。**习性**：要求阳光充足；夏季喜凉爽气候，冬季要求温暖，宜在15℃的温室中越冬；喜土壤湿润、排水良好。**繁殖**：扦插。**园林用途**：优良观叶植物，可用作布置毛毡、立体花坛，也可作花篮配叶。

特征要点　多年生草本，常作一年生栽培。株高15~40cm。茎直立或基部匍匐，多分枝，呈密丛，节膨大。叶对生，长圆倒卵状披针形或匙形，全缘，绿色或红色，或部分绿色杂以红色或黄色斑纹。头状花序腋生或顶生，2~5个丛生，无花瓣，花期8~9月。

老枪谷（尾穗苋）**Amaranthus caudatus** L. 苋科 Amaranthaceae 苋属

原产及栽培地：原产美洲热带地区。中国北京、福建、广东、贵州、黑龙江、湖北、江苏、江西、内蒙古、陕西、四川、台湾、新疆、云南、浙江等地栽培。**习性**：喜光、喜肥，适应性广，各地均可栽培。**繁殖**：播种。**园林用途**：岩石园栽培。

特征要点　一年生草本。株高60~80cm。圆锥花序顶生而特长，细而下垂，暗红色。花期8~9月。

三色苋（雁来红、苋）Amaranthus tricolor L. 苋科 Amaranthaceae 苋属

原产及栽培地: 原产南美洲。中国安徽、北京、福建、甘肃、广东、广西、贵州、海南、河北、河南、黑龙江、湖北、湖南、吉林、江苏、江西、山东、山西、上海、四川、台湾、新疆、云南、浙江、重庆等地栽培。**习性:** 喜阳光、湿润及通风良好环境，对土壤要求不严，耐旱，耐碱。**繁殖:** 播种。**园林用途:** 可作花坛中心、花境背景材料，亦可盆栽装饰。

特征要点 一年生草本。株高 1~1.5m。茎基部粗壮，少分枝。叶卵状椭圆至披针形，顶叶变色，绿、黄、红或紫色。花密集成圆球形花簇，腋生或顶生成穗状花序。花期夏末秋初。

青葙（鸡冠花）Celosia argentea L. 苋科 Amaranthaceae 青葙属

原产及栽培地: 原产亚洲热带。中国北京、福建、广东、广西、贵州、海南、湖北、江苏、江西、陕西、上海、四川、台湾、云南、浙江等地栽培。**习性:** 喜干热、阳光充足的气候，疏松、肥沃、排水良好的土壤，不耐瘠薄；忌霜冻。**繁殖:** 播种。**园林用途:** 用于花境、花坛中心、草地镶边，或作切花与盆栽。

特征要点 一年生草本。株高 50~90cm。茎直立粗壮，常带紫红色。叶卵形至卵状披针形。花序扁平，顶生或腋生鸡冠状。花色有红、紫红、棕红、橙红、淡红、火红、金黄、淡黄及白等，丰富多彩。花期夏秋季。

鸡冠花 **Celosia argentea** Cristata Group 【Celosia cristata L.】
觅科 Amaranthaceae 青葙属

原产及栽培地: 原产非洲。中国北京、福建、广东、广西、贵州、海南、黑龙江、湖北、吉林、江苏、江西、陕西、上海、四川、台湾、新疆、云南、浙江等地栽培。**习性:** 喜阳光充足及炎热、干燥的环境;忌涝、喜肥。**繁殖:** 播种。**园林用途:** 布置花坛和花境,也可盆栽。

特征要点 一年生草本。株高 30~60cm。全株光滑,常不分枝。单叶互生,卵形至线状披针形,全缘。穗状花序顶生,肉质化成鸡冠状,中下部集生小花,花被嫩质,花有白、黄、橙、红、玫瑰紫等色。胞果盖裂。种子黑色有光泽。花期 6~10 月。

千日红 **Gomphrena globosa** L. 觅科 Amaranthaceae 千日红属

原产及栽培地: 原产美洲热带地区。中国北京、福建、广东、广西、贵州、海南、黑龙江、湖北、吉林、江苏、江西、陕西、上海、四川、台湾、新疆、云南、浙江、重庆等地栽培。**习性:** 喜阳光、温暖、干燥;植株健壮;不耐寒,宜疏松肥沃土壤。**繁殖:** 播种。**园林用途:** 常作花坛、花境材料,也可盆栽或作切花,可作干花装饰品。

特征要点 一年生草本。株高可达 60cm,有矮品种高仅 15cm。全株有毛。叶对生,长椭圆形或长圆状倒卵形。头状花序球形,单生或 2~3 个集生枝端,直径 2.5~3cm;小花着生于两个苞片内,苞片干膜质,干后不落。花期 6~10 月。

血苋（红叶苋）**Iresine diffusa f. herbstii** (Hook.) Pedersen【Iresine herbstii Hook.】 苋科 Amaranthaceae 血苋属

原产及栽培地：原产南美洲。中国北京、福建、广东、广西、海南、湖北、陕西、四川、台湾、云南、浙江等地栽培。**习性：**喜阳光，温暖湿润环境，耐干热环境和瘠薄土壤；畏寒冷，忌湿涝。**繁殖：**扦插。**园林用途：**适宜配置毛毡花坛、花境或草坪镶边、丛植，亦可盆栽。

特征要点 多年生草本，常作一年生栽培。株高可达 1.8m。茎直立，少分枝，茎及叶柄带紫红色。叶对生，广卵形至圆形，全缘，绿色或紫红色，叶脉黄红、绿色或青铜色，侧脉弧状弯曲。伞房花序顶生或腋生，花小，淡褐色。花期9月至翌年3月。

长春花 **Catharanthus roseus** (L.) G. Don 夹竹桃科 Apocynaceae 长春花属

原产及栽培地：原产马达加斯加。中国各地栽培。**习性：**喜温暖气候及阳光充足环境，要求肥沃及排水良好的酸性壤土。**繁殖：**播种、扦插。**园林用途：**适宜布置花坛、花境，也可盆栽观赏。

特征要点 常绿直立亚灌木，常作一、二年生栽培。株高 30~50cm。植株矮小。叶对生，膜质，倒卵状长圆形，全缘。花冠高脚碟状，具 5 裂片，平展，直径 3~4cm，粉红色或紫红色，裂片基部色深。菁葖果。花期 4~10 月。

凤仙花 Impatiens balsamina L. 凤仙花科 Balsaminaceae 凤仙花属

原产及栽培地：原产中国、印度、缅甸。中国各地栽培。**习性：**喜阳光充足、空气流通环境，要求疏松肥沃、富含腐殖质的壤土。**繁殖：**播种。**园林用途：**可布置花坛、花境、草地边缘及盆栽。

特征要点　一年生草本。株高 20~80cm。茎多汁，近光滑，色浅绿、紫红或黑褐色。叶互生，似桃叶，边缘具锐齿。花腋生，下垂；花大，花瓣 5，左右对称，后瓣有膨大中空向内弯曲的距。蒴果成熟时 5 瓣裂，可将种子弹出。花果期夏秋季。

喜马拉雅凤仙花 Impatiens glandulifera Royle
凤仙花科 Balsaminaceae 凤仙花属

原产及栽培地：原产中国西藏、喜马拉雅地区。广西、江苏、西藏等地栽培。**习性：**耐阴；喜冷凉湿润环境；喜疏松肥沃、富含腐殖质的土壤。**繁殖：**播种。**园林用途：**花美丽，可用于造景。

特征要点　一年生草本。株高可达 150cm。下部叶对生，上部 3 叶轮生，卵形至卵状披针形，长 5~15cm，边缘具尖锯齿。花 3 朵以上腋生，有长梗，深紫色，距很短。花期 10 月。

水金凤 **Impatiens noli-tangere** L. 凤仙花科 Balsaminaceae 凤仙花属

原产及栽培地: 原产中国北部至中部。日本、朝鲜、俄罗斯也有。中国湖北、江西、四川栽培。**习性:** 耐阴;喜冷凉湿润环境;喜疏松肥沃、富含腐殖质的土壤。**繁殖:** 播种。**园林用途:** 花美丽,可用于造景。

特征要点 一年生草本。株高可达 1m。茎粗壮,肉质,近透明。总花梗腋生,花 2~3 朵,花梗纤细下垂;花大,黄色,翼瓣 2 裂,上部裂片大,具橙红色斑点。花果期 7~9 月。

倒提壶 **Cynoglossum amabile** Stapf & J. R. Drumm.
紫草科 Boraginaceae 琉璃草属

原产及栽培地: 原产中国、印度、不丹、缅甸。中国北京、广东、贵州、上海、四川、云南等地栽培。**习性:** 喜阳光,稍耐荫蔽;喜温暖湿润气候,亦耐寒;择土不严,砂壤土为好。**繁殖:** 播种。**园林用途:** 可种植在岩石园,草坪边缘、路边,观赏天蓝色花朵。

特征要点 二年生草本。株高 30~60cm。茎丛生,全株密被灰色贴伏短柔毛。基生叶具长柄,披针形至长圆状披针形,茎生叶小而无柄。花偏生于总状花序之一侧,花冠漏斗状,5 裂,蓝色或白色,喉部有 5 鳞片。果为 4 小坚果。花期 4~8 月,果期 5~9 月。

风铃草 **Campanula medium** L. 桔梗科 Campanulaceae 风铃草属

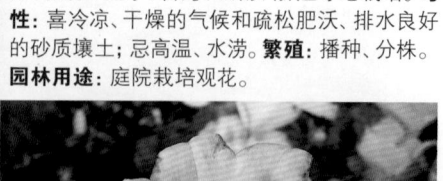

原产及栽培地: 原产欧洲。中国北京、福建、黑龙江、江苏、辽宁、台湾、云南、浙江等地栽培。**习性:** 喜冷凉、干燥的气候和疏松肥沃、排水良好的砂质壤土;忌高温、水涝。**繁殖:** 播种、分株。**园林用途:** 庭院栽培观花。

特征要点 二年生草本。株高达 1.2m。全株具粗毛。莲座叶卵形至倒卵形,叶缘圆齿状波形,粗糙,叶柄具翅;茎生叶小而无柄。总状花序,小花 1~2 朵茎生;花冠钟状,有 5 浅裂,基部膨大,直径 2~3cm,长约 5cm。花期春夏季。

醉蝶花 **Tarenaya hassleriana** (Chodat) Iltis 【Cleome houtteana Schltdl.】 白花菜科 / 山柑科 Cleomaceae/Capparaceae 醉蝶花属 / 鸟足菜属

原产及栽培地: 原产南美洲热带地区。中国北京、福建、广东、广西、贵州、海南、黑龙江、湖北、吉林、江苏、江西、陕西、四川、台湾、新疆、云南、浙江等地栽培。**习性:** 喜温暖向阳环境,能稍耐干燥及炎热,也略耐半阴;好富含腐殖质、排水良好而肥沃的砂质壤土。**繁殖:** 播种。**园林用途:** 适宜庭院花台、花境及花坛背景用,亦可作切花。

特征要点 一年生草本。株高可达 1m。全株具黏毛与强烈异味。掌状复叶,小叶 5~7 枚。总状花序顶生;花多数,直径 10cm,花瓣 4,粉红、紫、白等色;雄蕊 6,蓝色或紫色,长度超过花瓣 2~3 倍;雌蕊又长于雄蕊。蒴果圆柱形。花期 6~8 月,果期 9~10 月。

高雪轮 Atocion armeria (L.) Raf. 【Silene armeria L.】

石竹科 Caryophyllaceae 高雪轮属 / 蝇子草属

原产及栽培地：原产南欧。中国北京、福建、贵州、黑龙江、湖北、江苏、江西、台湾、云南、浙江等地栽培。**习性**：喜阳光充足的温和气候，不择土壤，在疏松肥沃排水良好的土壤上生长更好。**繁殖**：播种。**园林用途**：花境、花坛丛植或条植，亦可作小切花。

特征要点　一、二年生草本。株高可达 60cm。茎细，直立，上部有一段具黏液。叶对生，卵状披针形。复聚伞花序顶生，具总花梗，小花梗短；花瓣粉红色、雪青色、白色或玫瑰红色，先端凹入，直径约 1.8cm。花期 5~7 月。

厚皮菜 Beta vulgaris var. cicla L.

苋科 / 藜科 Chenopodiaceae Amaranthaceae/Chenopodiaceae

原产及栽培地：原产欧洲。中国安徽、北京、福建、广东、河北、河南、黑龙江、湖北、湖南、江苏、江西、山东、山西、陕西、上海、四川、台湾、云南、浙江、重庆等地栽培。**习性**：喜光，但略耐阴；好肥，耐寒力较强；适应性强，对土壤要求不严，以在排水良好的砂壤土中生长较好。**繁殖**：播种。**园林用途**：庭院中布置花坛、花境或盆栽室内观叶。

特征要点　二年生草本。株高 40~80cm。主根直立，不肥大。叶片呈暗紫红色，叶面皱缩不平，有粗壮的长叶柄，基生叶片矩圆形，茎生叶片菱形或卵形，较小。

扫帚菜 Bassia scoparia 'Trichophylla'【Kochia scoparia f. trichophylla (Hort.) Schinz & Thell.】苋科 / 藜科 Amaranthaceae/Chenopodiaceae 沙冰藜属 / 地肤属

原产及栽培地：原产中国。中国北京、福建、广东、广西、贵州、海南、黑龙江、湖北、江西、内蒙古、山西、陕西、四川、台湾、新疆、云南、浙江等地栽培。**习性**：喜温暖，光照充足；耐旱、耐碱，适应性广，生命力顽强，有自播能力。**繁殖**：播种。**园林用途**：庭院中作边缘栽植，作花坛、花境、草地丛植，亦可盆栽。

特征要点 一年生草本。株高 1m。茎直立粗硬，分枝多，密集成圆球形。叶互生，线状披针形，较细软，具缘毛。全株秋季变成红紫色。花小，腋生，集成稀疏穗状花序。花期秋季。

熊耳草（心叶藿香蓟）Ageratum houstonianum Mill.
菊科 Asteraceae/Compositae 藿香蓟属

原产及栽培地：原产美洲热带。中国北京、上海、福建、广东、广西、台湾、山东、江苏、浙江、四川、云南、西藏等地栽培。**习性**：喜光；不耐寒；对土壤要求不严。**繁殖**：播种。**园林用途**：花坛、花境、切花、地被、岩石园或盆栽。

特征要点 一年生草本。株高 0.3~0.7m。丛生状，全株被白色柔毛，有臭味。叶对生，卵形至圆形，边缘有钝圆锯齿。头状花序，聚伞状着生于枝顶，小花筒状，淡紫色、浅蓝色或白色等。瘦果具冠毛。花期 7~10 月。

雏菊 **Bellis perennis** L. 菊科 Asteraceae/Compositae 雏菊属

原产及栽培地: 原产西欧。中国北京、福建、广东、广西、黑龙江、湖北、江苏、江西、辽宁、陕西、上海、四川、台湾、云南、浙江等地栽培。**习性:** 喜冷凉、湿润,较耐寒;要求富含腐殖质的疏松肥沃土壤;忌炎热。**繁殖:** 播种。**园林用途:** 布置花坛、花境镶边的重要花卉,亦可作室内小盆花。

特征要点 多年生草本,常作二年生栽培。株高 10~15cm。叶基部簇生,匙形或倒卵形。头状花序自叶丛间抽出,单生,高出叶面,舌状花白、淡粉、深红或朱红、洒金、紫色。花期 3~5 月。

金盏花(金盏菊) **Calendula officinalis** L.
菊科 Asteraceae/Compositae 金盏花属

原产及栽培地: 原产地中海至伊朗。中国北京、福建、广东、贵州、海南、河北、黑龙江、湖北、江苏、陕西、上海、四川、台湾、新疆、云南、浙江等地栽培。**习性:** 喜凉爽湿润,较耐寒,适应性强;对土壤要求不严。**繁殖:** 播种。**园林用途:** 冬春花坛、花境的主要花卉,也可盆栽或作切花。

特征要点 一、二年生草本。株高可达 60cm,微有毛。叶长圆倒卵形,基部抱茎。头状花序,直径约 10cm,单生,总梗粗壮。舌状花乳黄或橘红色,栽培中有单瓣、重瓣和矮生等类型,乳白、淡黄、金黄、橙红等花色。花期 3~6 月。

翠菊 **Callistephus chinensis** (L.) Nees 菊科 Asteraceae/Compositae 翠菊属

原产及栽培地: 原产中国、朝鲜、日本。中国北京、福建、广西、河南、黑龙江、吉林、江苏、江西、陕西、上海、四川、台湾、新疆、云南、浙江等地栽培。**习性:** 喜温暖向阳,要求地势高燥和疏松肥沃、排水良好的土壤;忌酷暑多湿与连作。**繁殖:** 播种。**园林用途:** 布置花坛、花境或盆栽,或丛植作背景,也可供作切花。

特征要点 一年生草本。株高 20~90cm,分枝多,被白色粗糙毛。头状花序直径 3~15cm,舌状花多轮,株高花型变化极大,有蓝、紫、红、淡红、粉、白等色。花期 5~10 月。

红花 **Carthamus tinctorius** L. 菊科 Asteraceae/Compositae 红花属

原产及栽培地: 原产埃及。中国安徽、北京、福建、甘肃、广西、贵州、河北、河南、黑龙江、江苏、内蒙古、宁夏、山东、陕西、四川、台湾、新疆、云南、浙江等地栽培。**习性:** 喜光;喜温暖、向阳、较干燥地势;忌积水、雨涝和连作。**繁殖:** 播种。**园林用途:** 花坛、花境作背景栽植,也可作切花。

特征要点 一年生草本。株高可达 1m。叶互生,质硬,卵圆形或卵状披针形,先端尖,基部抱茎,边缘齿裂,先端锐尖具芒刺。头状花序,直径约 4cm,总苞片多列,叶状披针形;小花筒状,橘黄或橘红色,上部开展,先端 5 裂。瘦果白色。花期 6~8 月。

矢车菊 **Centaurea cyanus** L. 菊科 Asteraceae/Compositae 矢车菊属

原产及栽培地: 原产欧洲东南部。中国北京、福建、广东、广西、贵州、黑龙江、湖北、吉林、江苏、山东、上海、四川、台湾、新疆、云南、浙江栽培。**习性**: 喜阳光; 较耐寒, 忌炎热; 好肥, 要求排水良好的土壤; 有自播繁衍力。**繁殖**: 播种。**园林用途**: 适宜花坛草地镶边、作花境背景或作盆栽, 也作切花。

特征要点 一年生草本。株高 30~70cm。枝细长, 多分枝, 幼时被白色绵毛。叶线形, 互生。头状花序直径约 4cm, 总苞针状, 舌状花较大, 偏漏斗形, 缘 5~6 裂, 向外放射状, 蓝、紫、紫红、淡红、粉或白色。花期春夏。

金鸡菊 **Coreopsis basalis** (A. Dietr.) S. F. Blake
菊科 Asteraceae/Compositae 金鸡菊属

原产及栽培地: 原产美国。中国北京、福建、广东、湖北、江苏、江西、上海、四川、浙江等地栽培。**习性**: 喜冷凉、湿润, 较耐寒; 要求富含腐殖质的疏松肥沃土壤; 忌炎热。**繁殖**: 播种、分株。**园林用途**: 适宜作地被, 庭院中布置花坛、花镜。

特征要点 一年生草本。株高 30~100cm。茎丛生, 纤细。叶大部分簇生基部, 一至三回羽状全裂, 小裂片线状披针形至长圆形。头状花序具细长梗, 直径 2.5~5cm, 舌状花黄色, 基部褐紫色, 管状花紫色。花期夏秋季。

两色金鸡菊（蛇目菊）**Coreopsis tinctoria** Nutt.
菊科 Asteraceae/Compositae 金鸡菊属

原产及栽培地: 原产北美。中国北京、黑龙江、吉林、辽宁、内蒙古、新疆等地栽培。**习性:** 耐寒、耐瘠薄土壤,喜光,适应性强,有自播繁衍力,生长势健壮。**繁殖:** 播种、分株。**园林用途:** 适宜布置花坛、花境或篱旁、公路旁绿地,亦可作小切花。

特征要点 一年生草本。株高 30~100cm。茎直立,上部有分枝。叶对生,二回羽状全裂,裂片线形或线状披针形。头状花序多数,有细长花序梗,直径 2~4cm;总苞半球形;舌状花黄色,基部具红褐斑;管状花红褐色。花期 5~9 月,果期 8~10 月。

秋英（波斯菊）**Cosmos bipinnatus** Cav. 菊科 Asteraceae/Compositae 秋英属

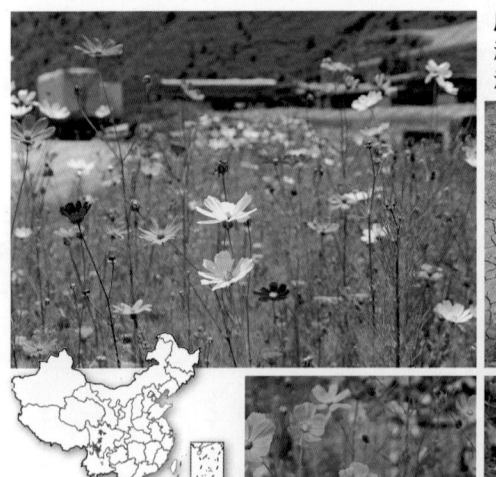

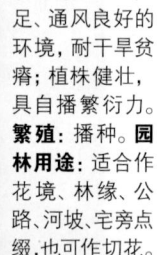

原产及栽培地: 原产墨西哥。中国北京、福建、广东、海南、黑龙江、吉林、江苏、江西、陕西、上海、四川、台湾、新疆、云南、浙江等地栽培。**习性:** 喜温暖、阳光充足、通风良好的环境,耐干旱贫瘠;植株健壮,具自播繁衍力。**繁殖:** 播种。**园林用途:** 适合作花境、林缘、公路、河坡、宅旁点缀,也可作切花。

特征要点 一年生草本。株高可达 1.5m。叶对生,二回羽状分裂,裂片稀疏线形。头状花序直径 5~8cm,具长梗,舌状花白、粉红、堇紫等色;花期秋季。瘦果端部喙状。

黄秋英（硫黄菊、黄波斯菊）Cosmos sulphureus Cav.
菊科 Asteraceae/Compositae 秋英属

原产及栽培地： 原产拉丁美洲。中国北京、福建、广东、广西、海南、黑龙江、江苏、四川、台湾、新疆、云南、浙江等地栽培。**习性：** 喜温暖、阳光充足、通风良好的环境，耐干旱贫瘠；植株健壮，具自播繁衍力。**繁殖：** 播种。**园林用途：** 适宜大片栽培作地被观赏，应防止逸生。

特征要点 一年生草本。株高 1~1.5m。叶二至三回羽状分裂，裂片披针形。花序开展稀疏；头状花序具长梗；舌状花纯黄、金黄或橙黄色。花期 8~9 月。

天人菊 Gaillardia pulchella Foug. 菊科 Asteraceae/Compositae 天人菊属

原产及栽培地： 原产加拿大、墨西哥、美国。中国北京、福建、黑龙江、湖北、江苏、山东、四川、台湾、云南、浙江等地栽培。**习性：** 耐寒、耐旱，喜阳光充足，要求土壤排水良好。**繁殖：** 播种。**园林用途：** 庭院栽培观赏，可群植、丛植，或作小切花。

特征要点 一年生丛生草本。株高 30~50cm。全株被软毛。叶基生，长圆形至匙形，全缘。头状花序单生枝顶，直径约 5cm，舌状花黄色，基部紫红色，管状花紫色。花期夏秋季。

蒿子秆（花环菊）**Ismelia carinata** (Schousb.) Sch. Bip.【*Glebionis carinata* (Schousb.) Tzvelev】菊科 Asteraceae/Compositae 蒿子秆属 / 茼蒿属 / 花环菊属

原产及栽培地：原产摩洛哥。中国北京、福建、广东、江苏、山东、台湾、云南等地栽培。**习性：**喜温暖向阳，不耐寒；忌酷暑与水涝，在疏松肥沃排水良好的土壤中生长良好。**繁殖：**播种、扦插。**园林用途：**作蔬菜食用，供花坛、花境用或作切花，亦可盆栽装饰室内。

特征要点 一、二年生草本。株高 60~90cm。茎柔嫩，光滑。叶片互生，二回羽裂，裂片线形。头状花序单生枝顶，直径约 6cm，花冠黄色。花期 4~6 月。

茼蒿（茼蒿菊）**Glebionis coronaria** (L.) Cass. ex Spach【*Chrysanthemum coronarium* L.】菊科 Asteraceae/Compositae 茼蒿属 / 花环菊属 / 菊属

原产及栽培地：原产地中海地区。中国安徽、北京、福建、甘肃、广东、广西、河北、湖北、湖南、江苏、江西、山东、山西、上海、四川、台湾、新疆、浙江等地栽培。**习性：**喜温暖向阳，不耐寒；忌酷暑与水涝，在疏松肥沃排水良好的土壤中生长良好。**繁殖：**播种。**园林用途：**作蔬菜食用，供花坛、花境用或作切花，亦可盆栽装饰室内。

特征要点 一、二年生草本。株高达 1.2m。叶互生，长圆形，边缘常不分裂而具粗锯齿。头状花序单生枝顶，直径 4~6cm，舌状花基部黄色，外有白、雪青、深红、玫瑰红、黄褐等色圈，管状花紫褐色。花期 5~6 月。

向日葵 Helianthus annuus L. 菊科 Asteraceae/Compositae 向日葵属

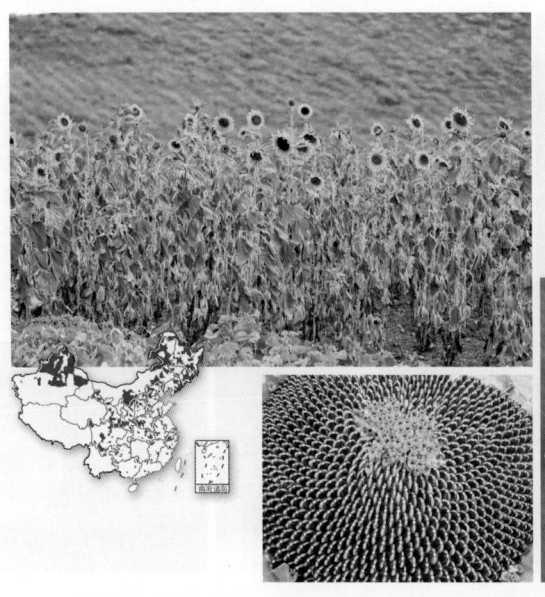

原产及栽培地： 原产北美洲。中国湖北、北京、福建、甘肃、广东、广西、贵州、海南、河北、黑龙江、吉林、江苏、江西、辽宁、内蒙古、宁夏、青海、山东、山西、陕西、上海、四川、台湾、天津、西藏、新疆、云南、浙江等地栽培。**习性：** 喜温暖向阳环境；要求疏松、肥沃、土层深厚的砂质土壤，稍耐干旱、瘠薄盐碱地；适应性强。**繁殖：** 播种。**园林用途：** 适宜栽植宅旁空闲地作背景或屏障，还可作切花，尚可盆栽布置花境、庭院。

特征要点 一年生草本。株高 1~3m。全株具粗硬刚毛。头状花序单生茎顶，直径可达 40cm，具向日性；舌状花黄色，雌性，管状花紫褐色，两性。花期 7~10 月，果期 9~11 月。

蜡菊（麦秆菊） Xerochrysum bracteatum (Vent.) Tzvelev 【Helichrysum bracteatum (Vent.) Haw.】 菊科 Asteraceae/Compositae 麦秆菊属 / 蜡菊属

原产及栽培地： 原产澳大利亚。中国北京、福建、广东、广西、黑龙江、吉林、江苏、陕西、四川、台湾、新疆、云南、浙江等地栽培。**习性：** 喜阳光充足、空气干燥环境，不耐寒，忌酷热；不择土壤，适应性强。**繁殖：** 播种。**园林用途：** 常用以制作干花，供室内装饰，可布置花坛或林缘丛植。

特征要点 一年生草本。株高 40~90cm。叶长披针形。头状花序，直径 3~6cm，总苞片干膜质，有光泽，花瓣状，紫、红、橙、黄白等色，管状花集于中心，圆形花盘呈黄色。瘦果光滑，有近羽状糙毛。花期 5~7 月。

万寿菊 **Tagetes erecta** L. 菊科 Asteraceae/Compositae 万寿菊属

原产及栽培地: 原产墨西哥。中国北京、福建、广东、广西、贵州、海南、黑龙江、湖北、江苏、青海、陕西、上海、四川、台湾、新疆、云南、浙江、重庆、河南、吉林、江西、辽宁等地栽培。**习性:** 喜温暖、向阳,也耐凉爽和半阴,对土壤要求不严;适应性强,偶能自播繁衍。**繁殖:** 播种。**园林用途:** 适宜布置花坛、花境、镶边,或盆栽,也可作切花。

特征要点 一年生草本。株高30~90cm。叶互生,羽状全裂,裂片带尖锯齿和油腺,有特殊气味。头状花序顶生,直径5~10cm;舌状花重瓣或单瓣具长爪,缘部略皱曲,鲜黄或橘红色。花期6~10月。

孔雀草 **Tagetes erecta** Patula Group 【**Tagetes patula** L.】
菊科 Asteraceae/Compositae 万寿菊属

原产及栽培地: 原产墨西哥。中国北京、福建、广东、广西、贵州、海南、黑龙江、湖北、江苏、青海、陕西、上海、四川、台湾、新疆、云南、浙江、重庆、河南、吉林、江西、辽宁等地栽培。**习性:** 喜光;对土壤要求不严;耐移栽,生长迅速,栽培管理容易;常自播繁衍。**繁殖:** 播种。**园林用途:** 配置庭院、花坛或盆栽;具自播能力,应防止逸生。

特征要点 一年生草本。株高30~100cm。茎常近基部分枝。叶互生,羽状分裂,裂片线状披针形,边缘有锯齿。头状花序单生,具梗,直径3.5~4cm,舌状花金黄色或橙色,带有红色斑,管状花花冠黄色。瘦果线形。花期7~9月。

18

狭叶百日菊（小百日菊、小百日草）**Zinnia angustifolia** Kunth

菊科 Asteraceae/Compositae 百日菊属

原产及栽培地: 原产美国。中国北京、福建、海南、湖北、四川、台湾、新疆、云南等地栽培。**习性:** 植株强健，喜温暖、向阳，耐干旱，忌酷暑；要求肥沃、排水良好的土壤。**繁殖:** 播种。**园林用途:** 适宜布置花坛、花境、镶边或盆栽，也可丛植或作切花。

特征要点 一年生草本。植株较矮小，株高常 20~40cm。叶对生，线状披针形。头状花序直径约 4cm，舌状花鲜橙色或为其他颜色。花期夏秋季。

百日菊（百日草）**Zinnia elegans** Jacq. 菊科 Asteraceae/Compositae 百日菊属

原产及栽培地: 原产墨西哥。中国北京、福建、广东、广西、海南、黑龙江、湖北、吉林、江苏、江西、山东、陕西、上海、四川、台湾、新疆、云南、浙江等地栽培。**习性:** 植株强健，喜温暖、向阳，耐干旱，忌酷暑；要求肥沃、排水良好的土壤。**繁殖:** 播种。**园林用途:** 适宜布置花坛、花境、镶边或盆栽，也可丛植或作切花。

特征要点 一年生草本。株高 30~90cm，全株具毛。叶对生，卵形或长椭圆形，基部抱茎。头状花序，直径 5~12cm，舌状花有紫、红、粉、黄、白色及有斑点等。瘦果扁平。花期夏秋季。

'羽衣'甘蓝 Brassica oleracea var. acephala 'Tricolor'
十字花科 Brassicaceae/Cruciferae 芸薹属

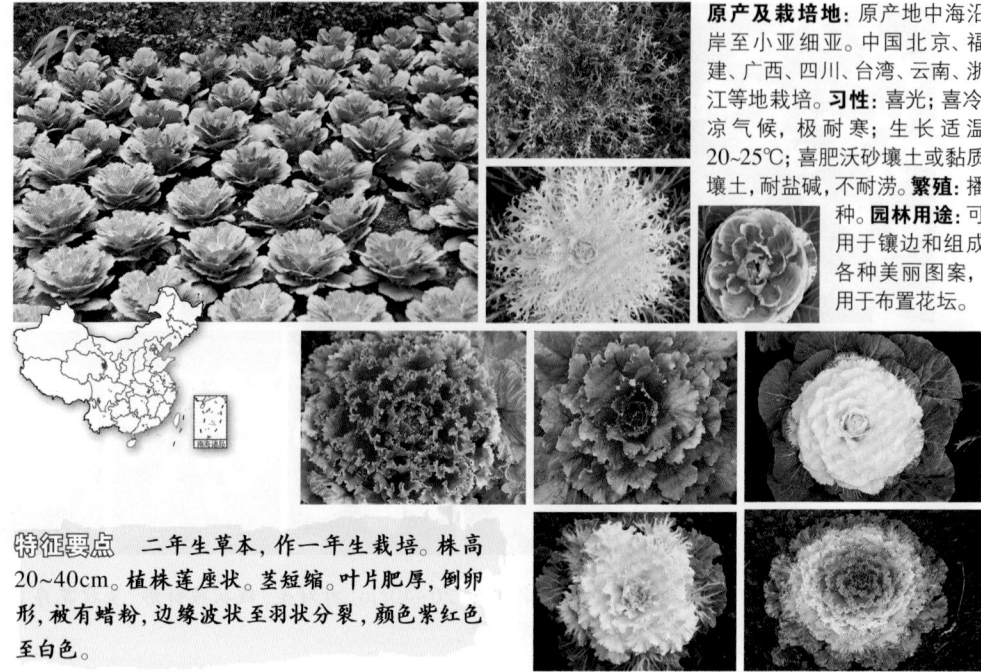

原产及栽培地：原产地中海沿岸至小亚细亚。中国北京、福建、广西、四川、台湾、云南、浙江等地栽培。习性：喜光；喜冷凉气候，极耐寒；生长适温20~25℃；喜肥沃砂壤土或黏质壤土，耐盐碱，不耐涝。繁殖：播种。园林用途：可用于镶边和组成各种美丽图案，用于布置花坛。

特征要点　二年生草本，作一年生栽培。株高20~40cm。植株莲座状。茎短缩。叶片肥厚，倒卵形，被有蜡粉，边缘波状至羽状分裂，颜色紫红色至白色。

糖芥 Erysimum perofskianum Fisch. & C. A. Mey.【Erysimum amurense Kitag.】十字花科 Brassicaceae/Cruciferae 糖芥属

原产及栽培地：原产亚洲北部(含中国北部)。中国北京、福建、广西等地栽培。习性：喜光；喜冷凉湿润气候，耐寒；喜排水良好的砂质土壤。繁殖：播种。园林用途：花美丽，可用于造景。

特征要点　一年或二年生草本。株高30~60cm。全体密生伏贴二叉毛；茎具棱角。叶互生，披针形或长圆状线形，近全缘。总状花序顶生；花密集，橘黄色。长角果线形，长4.5~8.5cm，稍呈四棱形。花期6~8月，果期7~9月。

桂竹香 **Erysimum cheiri** (L.) Crantz 十字花科 Brassicaceae/Cruciferae 糖芥属

原产及栽培地: 原产南欧。中国北京、福建、湖北、江苏、四川、台湾、云南、浙江等地栽培。**习性:** 半耐寒,喜向阳地势,喜冷凉干燥气候和排水良好、疏松肥沃土壤;忌湿热、水涝。**繁殖:** 播种。**园林用途:** 春季优良的花坛、直径与切花花材;亦可盆栽观赏。

特征要点 多年生草本,常作二年生栽培。株高 20~60cm。叶互生,披针形,被毛。长总状花序顶生;花密集,多数,直径 2~2.5cm;花瓣 4,基部具爪,橙黄色或黄褐色;具香气。花期 4~5 月。

香雪球 **Lobularia maritima** (L.) Desv. 十字花科 Brassicaceae/Cruciferae 香雪球属

原产及栽培地: 原产欧洲、西亚。中国北京、福建、江苏、上海、台湾、新疆、云南、浙江等地栽培。**习性:** 稍耐寒,喜冷凉、干燥气候,需向阳、湿润、疏松肥沃的土壤;忌酷暑、湿涝。**繁殖:** 播种。**园林用途:** 优良的岩石园、坡地地被花卉,适宜毛毡花坛、花境镶边。

特征要点 多年生草本,常作一、二年生栽培。株高 8~16cm,株幅可达 20~25cm。叶互生,线形或倒披针形。总状花序疏松,果时伸长,花白色或紫色,有微香。花期春夏季。

紫罗兰 **Matthiola incana** (L.) R. Br. 十字花科 Brassicaceae/Cruciferae 紫罗兰属

原产及栽培地: 原产地中海沿岸。中国北京、福建、广东、湖北、江苏、上海、台湾、新疆、云南、浙江、重庆等地栽培。**习性:** 喜冷凉、光照充足、通风良好环境;对土壤适应性较强,忌强酸性土。**繁殖:** 播种。**园林用途:** 春季花坛重要花卉,切花水养持久,是重要的小切花花材。

特征要点 多年生草本,常作一、二年生栽培。株高 30~60cm,全株具灰色星状柔毛。顶生总状花序,萼片4,两侧萼片基部垂囊状;花瓣4,十字状着生,直径约2cm,紫红、淡红、淡黄、白色等,芳香。长角果,种子具白色膜翅。花期春季。

银边翠 **Euphorbia marginata** Pursh 大戟科 Euphorbiaceae 大戟属

原产及栽培地: 原产墨西哥、美国。中国北京、福建、广东、广西、贵州、黑龙江、湖北、江苏、陕西、台湾、新疆、云南、浙江等地栽培。**习性:** 喜温暖干燥和阳光充足,不耐寒,怕霜冻,耐半阴,怕积水;喜疏松肥沃和排水良好的腐殖质土壤。**繁殖:** 播种。**园林用途:** 庭院栽培,为夏秋季重要露地观叶草花。

特征要点 一年生草本。株高 60~100cm。茎下部常单一,上部分枝,光滑。叶互生,椭圆形或卵圆形,长 5~7cm,全缘,近无柄。总苞叶 2~3,叶状,具显著白色边;杯状聚伞多数;花瓣白色。蒴果近球状,熟时分裂为 3 个分果爿。花果期 6~9 月。

洋桔梗（草原龙胆）**Eustoma russellianum** (Hook.) G. Don【Eustoma *grandiflorum* (Raf.) Shinners】龙胆科 Gentianaceae 洋桔梗属

原产及栽培地：原产加拿大、美国。中国北京、福建、海南、黑龙江、上海、台湾、云南等地栽培。**习性**：喜温暖、湿润环境，但忌水湿与连作；较耐寒；要求疏松、肥沃、排水良好的土壤。**繁殖**：播种。**园林用途**：多用作切花或盆花观赏。

特征要点 一、二年生草本。株高 30~90cm。茎直立，灰绿色。叶对生，卵形至长椭圆形，灰绿色。圆锥花序顶生，花数朵；花萼筒具狭龙骨状棱；花冠钟状，裂片直立或向外弯曲，边缘不整齐，有淡紫、淡红、白绿等色，或花中心部分暗紫色，直径约 5cm，长 5cm。花期夏秋季。

笔龙胆 **Gentiana zollingeri** Fawc. 龙胆科 Gentianaceae 龙胆属

原产及栽培地：原产中国北部、日本、朝鲜、俄罗斯；尚无栽培。**习性**：耐寒，喜阳光或半阴及湿润环境，忌酷暑，忌春旱。**繁殖**：播种。**园林用途**：很好的庭园观赏植物，花美丽。

特征要点 一年生草本。株高 3~6cm。茎紫红色。叶对生，宽卵形，先端成小芒尖。花数朵生于小枝顶端，密集呈伞房状；花萼漏斗形，5 裂，裂片直立，花冠蓝色，漏斗形，5 裂，裂片间有 5 褶。蒴果外露，倒卵状矩圆形，具宽翅。花期 4~7 月，果期 7~9 月。

朱唇 **Salvia coccinea** Buc' hoz ex Etl. 唇形科 Lamiaceae/Labiatae 鼠尾草属

原产及栽培地：原产美洲热带地区。中国北京、福建、广东、广西、湖北、上海、台湾、浙江等地栽培。**习性**：喜阳光充足及温暖湿润气候；喜肥沃、疏松及排水良好的砂质壤土；不耐寒、耐热。**繁殖**：播种。**园林用途**：适宜布置花坛、花境，或庭院栽培观赏，可作地被。

特征要点 一年生草本。株高 80~90cm。全株被毛。茎四棱形。叶对生，卵圆形或三角状卵圆形，边缘具锯齿。顶生总状花序；轮伞花序每轮 4 至多花；花冠深红或绯红色，长 2~2.3cm，下唇比上唇长 2 倍。小坚果倒卵圆形。花期 4~7 月。

蓝花鼠尾草（一串蓝） **Salvia farinacea** Benth. 唇形科 Lamiaceae/Labiatae 鼠尾草属

原产及栽培地：原产中美洲。中国北京、福建、黑龙江、湖北、江苏、江西、辽宁、上海、台湾、新疆、云南等地栽培。**习性**：喜阳光充足及温暖湿润气候；喜肥沃、疏松及排水良好的砂质壤土；不耐寒、耐热。**繁殖**：播种。**园林用途**：布置花坛、花丛、花境，大面积片植，也可盆栽或作切花。

特征要点 多年生草本，常作一、二年生栽培。株高 30~60cm。全株被柔毛。茎丛生，多自基部分枝。叶对生，长椭圆形，长 3~5cm，灰绿色。顶生穗状花序，长达 12cm；轮伞花序每轮数花；花冠蓝堇色，长约 1.5cm。花期 7~9 月。

一串红 **Salvia splendens** Sellow ex Nees. 唇形科 Lamiaceae/Labiatae 鼠尾草属

原产及栽培地: 原产南美洲。中国北京、福建、广东、广西、贵州、海南、黑龙江、湖北、吉林、江苏、江西、陕西、上海、四川、台湾、新疆、云南、浙江等地栽培。**习性:** 喜阳光充足及温暖湿润气候;喜肥沃、疏松及排水良好的砂质壤土;不耐寒、耐热。**繁殖:** 播种、扦插。**园林用途:** 布置花坛、花丛、花境,大面积片植,也可盆栽或作切花。

特征要点 多年生草本或亚灌木,常作一年生栽培。株高 30~90cm。茎四棱。叶片卵圆形或三角状卵圆形,对生、有柄,缘有齿。总状花序顶生;苞片卵圆形;花萼钟状,2 唇;花冠筒长 4cm;萼片与花冠均为鲜红色。小坚果卵形,黑褐色。花期 8~10 月。

彩苞鼠尾草(一串紫) **Salvia viridis** L. 唇形科 Lamiaceae/Labiatae 鼠尾草属

原产及栽培地: 原产南欧。中国北京、上海、台湾等地栽培。**习性:** 喜阳光充足及温暖湿润气候;喜肥沃、疏松及排水良好的砂质壤土;不耐寒、耐热。**繁殖:** 播种。**园林用途:** 适宜布置花坛、花境,或庭院栽培观赏,可作地被。

特征要点 一年生草本。株高 30~50cm。全株具长软毛。茎直立,四棱。叶对生,具柄,长圆形,边缘具钝齿。长穗状花序顶生;苞片大,叶状、卵圆形,颜色丰富,有蓝色、紫红色、堇色、雪青等色;花小,长约 1.2cm,花冠黄白色,带紫色。花期夏秋季。

羽扇豆（小花羽扇豆、蓝羽扇豆、蓝花立藤草）Lupinus gussoneanus J. Agardh【Lupinus micranthus Guss.】

豆科 / 蝶形花科 Fabaceae/Leguminosae/Papilionaceae 羽扇豆属

原产及栽培地: 原产南欧。中国北京、江苏、四川、台湾、云南、浙江等地栽培。**习性**: 喜光; 喜冷凉、干燥气候, 需湿润、疏松肥沃的土壤。**繁殖**: 播种。**园林用途**: 适宜布置花坛、花境, 庭院栽培, 可供观赏及食用。

特征要点 一年生草本。株高 40~60cm。全株被棕褐色长毛。掌状复叶互生; 小叶 5~7, 倒披针形。总状花序顶生; 花密集, 花冠蓝色, 蝶形, 长 1.2~2cm, 龙骨瓣端具白色。荚果, 种子大, 粗糙, 灰褐色。花期 4~5 月。

多叶羽扇豆 Lupinus polyphyllus Lindl.

豆科 / 蝶形花科 Fabaceae/Leguminosae/Papilionaceae 羽扇豆属

原产及栽培地: 原产北美洲。中国北京、江苏、四川、台湾、云南、浙江等地栽培。**习性**: 喜光, 喜冷凉、干燥气候, 需湿润、疏松肥沃的土壤。**繁殖**: 播种。**园林用途**: 供片植或带状花坛的良好材料。

特征要点 多年生草本, 常作一、二年生栽培。株高可达 1~1.5m。掌状复叶互生, 小叶 10~17。总状花序顶生, 长可达 60cm; 萼片 2, 齿裂; 花冠蝶形, 蓝色或红色, 旗瓣阔, 直立, 边缘背卷; 龙骨瓣弯曲。荚果扁, 长 3~4cm; 种子扁圆, 黑褐色。花期 5~6 月。

亚麻 **Linum usitatissimum** L. 亚麻科 Linaceae 亚麻属

原产及栽培地: 原产亚洲西部、北部。中国各地均有栽培。**习性:** 喜光; 喜冷凉干爽气候,耐寒; 久经栽培,适应性广。**繁殖:** 播种。**园林用途:** 庭院栽培观赏,可作地被,常作为油料作物大片栽培。

特征要点 一年生草本。株高 30~120cm。茎直立,基部木质化。叶互生,线形至披针形,长 2~4cm,内卷,有 3(5)出脉。聚伞花序疏散; 花具细柄,直径 15~20mm,花冠蓝色或蓝紫色; 萼片边缘无腺毛。蒴果球形。花期 6~8 月,果期 7~10 月。

咖啡黄葵(秋葵) **Abelmoschus esculentus** (L.) Moench
锦葵科 Malvaceae 秋葵属

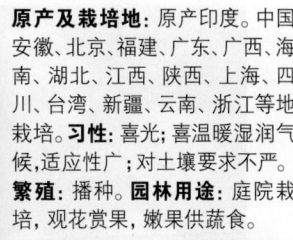

原产及栽培地: 原产印度。中国安徽、北京、福建、广东、广西、海南、湖北、江西、陕西、上海、四川、台湾、新疆、云南、浙江等地栽培。**习性:** 喜光; 喜温暖湿润气候,适应性广; 对土壤要求不严。**繁殖:** 播种。**园林用途:** 庭院栽培,观花赏果,嫩果供蔬食。

特征要点 一年生草本。株高 0.5~3m。茎粗壮,近光滑。叶大,具长柄,叶片心形,直径约 30cm,3~9 深裂,具粗齿。苞片针状,花黄色,瓣基红色,直径 8cm。果实成熟时木质,长 10~30cm。花果期夏秋季。

27

黄蜀葵 Abelmoschus manihot (L.) Medik. 锦葵科 Malvaceae 秋葵属

原产及栽培地: 原产中国南部以及东亚、东南亚。中国北京、福建、广东、广西、湖北、江苏、江西、上海、四川、台湾、云南、浙江等地栽培。
习性: 喜光;喜温暖湿润气候,适应性广;对土壤要求不严。**繁殖:** 播种。**园林用途:** 庭院栽培,观花赏果,药用。

特征要点 一年生草本或多年生草本。株高1~1.5m。全株疏生刺毛。叶大,卵圆形,直径15~30cm,掌状5~9裂,裂片狭,具不规则齿缘,苞片卵圆至狭矩形,花多生于茎的上部,淡黄至白色,瓣基具紫褐斑,直径10~22cm。果矩圆形,长5~8cm。花果期夏秋季。

花葵 Malva arborea (L.) Webb & Berthel. 【Lavatera arborea L.】
锦葵科 Malvaceae 锦葵属 / 花葵属

原产及栽培地: 原产地中海地区。中国北京、上海、广东、云南等地栽培。**习性:** 较耐寒;喜阳光充足、排水良好环境,忌高温高湿;对土壤要求不严。**繁殖:** 播种。**园林用途:** 用于花境或草坪丛植。

特征要点 二年生草本。株高1~3m。枝带木质化,被软柔毛。叶肾形,5~9裂,长宽近相等,边缘具钝齿,具软毛。花序排列成顶生总状花序,或1~4朵生于叶腋间;小苞片3枚,叶状,全缘;花冠暗紫红色,基部具深紫色脉,直径4~5cm;心皮7。蒴果。花期6~7月。

三月花葵（裂叶花葵） **Malva trimestris** (L.) Salisb. 【Lavatera trimestris L.】 锦葵科 Malvaceae 锦葵属 / 花葵属

原产及栽培地：原产地中海地区。中国北京、台湾、云南等地栽培。**习性**：较耐寒；喜阳光充足、排水良好环境，忌高温高湿；对土壤要求不严。**繁殖**：播种。**园林用途**：篱垣旁、花境中重要点缀材料。

特征要点 一年生草本。株高可达 1m，具疏短柔毛，多分枝。叶互生，有柄，叶片近圆形，五角掌状浅裂。花在上部叶腋间单生，具细长花梗；直径约 7~8cm；小苞片联合成浅杯状，具齿；花萼在果时明显增大，花瓣 5，倒心形，鲜玫瑰粉色；心皮 10~18。花期夏秋季。

锦葵 **Malva cavanillesiana** Raizada 【Malva cathayensis M. G. Gilbert, Y. Tang & Dorr】 锦葵科 Malvaceae 锦葵属

原产及栽培地：原产亚洲热带地区。中国北京、福建、广东、湖北、江西、陕西、上海、台湾、新疆、云南、浙江等地栽培。**习性**：喜光；喜冷凉、干燥气候，需湿润、疏松肥沃的土壤。**繁殖**：播种。**园林用途**：庭院栽培观赏。

特征要点 一、二年生或多年生草本。株高 60~100cm，直立，多分枝。叶圆心形或肾形，具长柄。花近无梗，数朵聚生于叶腋；直径 3.5~4cm；萼钟形，被柔毛；花冠淡紫红色，具深紫红色纹。花期春夏季。

麝香锦葵 **Malva moschata** L. 锦葵科 Malvaceae 锦葵属

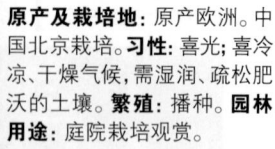

原产及栽培地：原产欧洲。中国北京栽培。**习性**：喜光；喜冷凉、干燥气候，需湿润、疏松肥沃的土壤。**繁殖**：播种。**园林用途**：庭院栽培观赏。

特征要点 多年生草本，常作一、二年生栽培。株高60cm。叶细裂，捏碎有麝香味。花腋生，具梗；花冠白色或玫瑰紫色，直径约5cm。花期初夏。

古代稀（别春花）**Clarkia amoena** (Lehm.) A. Nelson & J. F. Macbr.
柳叶菜科 Onagraceae 仙女扇属 / 克拉花属

原产及栽培地：原产美国。中国北京、福建、江苏、台湾、云南等地栽培。**习性**：喜光；喜凉爽半湿润气候，忌酷暑，耐寒性不强；要求略湿润而疏松壤土。**繁殖**：播种。**园林用途**：多用作春夏间花坛、花境及盆花材料。

特征要点 一、二年生纤细草本。株高50~60cm。叶互生，披针形。疏松穗状花序，花漏斗状，紫红或淡紫色，直径约5cm。与月见草的区别在于其花药为底部着生，与山桃草的区别主要是果非坚果而为蒴果。花期春夏之间。

月见草 Oenothera biennis L. 柳叶菜科 Onagraceae 月见草属

原产及栽培地：原产美国。中国福建、黑龙江、湖北、江苏、辽宁、陕西、四川、台湾、新疆、云南等地栽培。**习性**：植株强健，耐寒、耐旱、耐瘠薄；喜阳光及肥沃土壤，要求排水良好。**繁殖**：播种、分株。**园林用途**：庭院中丛植或作大型花坛中心栽植；可在空地上片植作背景。

特征要点　一、二年生草本。株高 60~100cm，全株具毛。下部叶为狭倒披针形；上部叶卵圆形，缘具明显浅齿。总状花序顶生；夜间开花，天明闭合，有香气；花大，直径约 5cm，花瓣倒心形，黄色。花期 6~9 月。

海滨月见草（待宵草）Oenothera drummondii Hook.
柳叶菜科 Onagraceae 月见草属

原产及栽培地：原产墨西哥、美国。中国福建、广东栽培。**习性**：喜温暖湿润气候；喜阳光及肥沃土壤，适生热带、亚热带海岸环境。**繁殖**：播种、分株。**园林用途**：海边常有大片自然生长，应防止入侵。

特征要点　多年生草本，常作一、二年生栽培。茎长可达 1m。全株具密短柔毛。茎匍地生长。叶互生，披针长圆形至长卵圆形。花单生叶腋，花冠鲜黄色，渐变暗红色，直径 5~7cm。种子多数，纺锤状。花期 5~8 月。

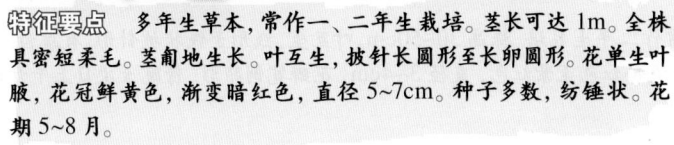

黄花月见草 **Oenothera glazioviana** Micheli

柳叶菜科 Onagraceae 月见草属

原产及栽培地: 原产阿根廷、智利、厄瓜多尔、乌拉圭。中国北京、福建、广东、贵州、江西、台湾、云南、浙江等地栽培。**习性:** 喜温暖湿润气候;喜阳光及肥沃土壤,要求排水良好。**繁殖:** 播种、分株。**园林用途:** 适宜布置花坛、花境。

特征要点 多年生草本,常作一、二年生栽培。株高达 1m。茎多分枝,常匍匐,具白色长毛,毛基部略带红色突起疣点。叶长圆至披针形,叶面皱。花大,单生枝顶小叶叶腋,鲜黄色,直径约 7~9cm。花期 7~8 月。

美丽月见草 **Oenothera speciosa** Nutt. 柳叶菜科 Onagraceae 月见草属

原产及栽培地: 原产北美洲。中国北京、四川、台湾、浙江等地栽培。**习性:** 喜温暖湿润气候;喜阳光及肥沃土壤,要求排水良好。**繁殖:** 播种。**园林用途:** 适宜布置花坛、花境。

特征要点 多年生草本,常作二年生栽培。株高 30~50cm。叶互生,线形至线状披针形,有疏齿,基生叶羽裂。总状花序顶生;花淡粉红色至紫红色,直径 3~4cm,花瓣宽倒卵形;傍晚至次日上午开放。花期夏季。

花菱草 *Eschscholzia californica* Cham. 罂粟科 Papaveraceae 花菱草属

原产及栽培地：原产美国。中国北京、福建、广东、广西、贵州、黑龙江、湖北、江苏、江西、辽宁、四川、台湾、新疆、云南、浙江等地栽培。**习性**：喜冷凉、干燥的气候和疏松肥沃、排水良好的砂质壤土；忌高温、水涝。**繁殖**：播种。**园林用途**：优良的花带、花境材料，盆栽亦十分美丽。

特征要点　多年生草本，常作一、二年生栽培。株高 30~60cm。全体被白粉，呈灰绿色。叶互生，多回三出羽状深裂至全裂。花顶生长梗端，直径 5~7cm，花瓣 4，易脱落，亮鲜黄色。花朵在充足的阳光下开放，阴天及夜晚闭合。花期 5~6 月，果期 7 月。

虞美人 *Papaver rhoeas* L. 罂粟科 Papaveraceae 罂粟属

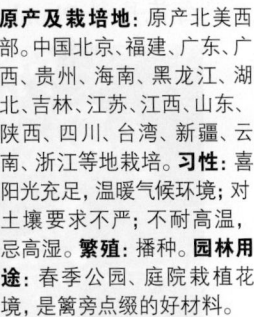

原产及栽培地：原产北美西部。中国北京、福建、广东、广西、贵州、海南、黑龙江、湖北、吉林、江苏、江西、山东、陕西、四川、台湾、新疆、云南、浙江等地栽培。**习性**：喜阳光充足，温暖气候环境；对土壤要求不严；不耐高温，忌高湿。**繁殖**：播种。**园林用途**：春季公园、庭院栽植花境，是篱旁点缀的好材料。

特征要点　一、二年生草本。株高 30~60cm。全株被柔毛，有乳汁。叶不整齐羽裂，叶缘有锯齿。花单生长梗上，蕾时下垂；花瓣 4，近圆形，有深红、大红、粉红、白或条纹环圈等复色。花期 4~6 月，果期 6~7 月。

罂粟（观赏罂粟）**Papaver somniferum** L. 罂粟科 Papaveraceae 罂粟属

原产及栽培地：原产南欧。中国北京、福建、贵州、黑龙江、湖北、江苏、江西、台湾、新疆、云南、浙江等地栽培。**习性**：喜光，耐半阴；喜温暖湿润气候，不耐寒；对土壤适应性广，喜酸性土，耐瘠薄。**繁殖**：播种。**园林用途**：庭院栽培观赏，花美丽；但果实可制毒品，未经许可不能栽培。

特征要点 一年生草本。株高 30~150cm。茎直立，不分枝，无毛，具白粉。叶互生，卵形或长卵形，基部心形，抱茎，边缘具密锯齿。花单生枝顶，直径 5~8cm；花瓣 4，白色、粉红色、红色、紫色或杂色。蒴果球形或长圆状椭圆形，长 4~7cm，无毛，具乳汁。花果期 3~11 月。

星辰花（不凋花）**Limonium sinuatum** (L.) Mill.
白花丹科 Plumbaginaceae 补血草属

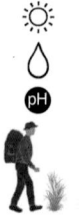

原产及栽培地：原产地中海至小亚细亚地区。中国北京、福建、广东、上海、台湾、新疆、云南、浙江等地栽培。**习性**：喜光；不耐寒，喜温暖湿润气候；喜沙地或盐碱化土地。**繁殖**：播种。**园林用途**：主要作切花栽培。

特征要点 二年生或多年生草本。株高 20~60cm。全株具粗毛，小枝具明显叶状狭翼。叶片琴状深羽裂，长约 10cm。聚伞状圆锥花序，苞片显著，紫色；小穗具 3~4 花，小花白色。花期 5~6 月。

福禄考（小天蓝绣球）**Phlox drummondii** Hook.
花葱科 Polemoniaceae 福禄考属 / 天蓝绣球属

原产及栽培地： 原产墨西哥。中国北京、福建、广东、黑龙江、湖北、吉林、江苏、四川、台湾、新疆、云南、浙江等地栽培。**习性：** 喜温暖向阳，稍耐寒，怕湿热及酷暑，要求肥沃、疏松及排水良好的土壤，忌积水。**繁殖：** 播种。**园林用途：** 可用于花坛、花境、岩石园或作盆栽，也用作插花材料。

特征要点 一年生草本。株高 15~45cm，被腺毛。茎直立，多分枝。叶宽卵形至披针形，全缘，基部对生，上部互生。圆锥状聚伞花序生于枝顶，花冠红色，高脚碟状，直径 2~2.5cm，裂片 5 枚，圆形。花期 5~6 月。

红蓼 **Persicaria orientalis** (L.) Spach 【Polygonum orientale L.】
蓼科 Polygonaceae 蓼属

原产及栽培地： 原产澳大利亚及亚洲。中国北京、福建、广东、广西、贵州、黑龙江、湖北、江苏、江西、陕西、四川、台湾、新疆、云南、浙江等地栽培。**习性：** 适应性很强，耐土质贫瘠，以土层深厚而肥沃的土壤为佳，喜阳光及水旁湿地。**繁殖：** 播种。**园林用途：** 可美化村庄、门前或庭院，或可作插花装饰。

特征要点 一年生草本。株高可达 2~3m。茎粗壮，节膨大，被密毛，具膜质托叶鞘。叶大，有柄，互生，阔卵形或心形，先端渐尖。花序顶生或腋生，穗大艳丽，粉红或玫瑰红色。花期 7~9 月。

大花马齿苋（半支莲） **Portulaca grandiflora** Hook.

马齿苋科 Portulacaceae 马齿苋属

原产及栽培地：原产巴西。中国各地均有栽培。**习性**：喜温暖、阳光充足环境和干燥砂质土壤；耐贫瘠，忌酷热，不耐寒。**繁殖**：播种、扦插。**园林用途**：花坛、花境、草坪边缘优良镶边材料，点缀岩石园，可盆栽。

特征要点　一年生肉质草本。株高 10~15cm。茎细而圆，平卧或斜生，光滑。叶互生，扁平或圆柱形。花数朵簇生茎顶，直径 3~4cm，基部白色长柔毛；花瓣 5 或多数，先端微凹；花色有白、黄、粉、紫、红、橙等。花期 6~8 月。

土人参　**Talinum paniculatum** (Jacq.) Gaertn.

土人参科 / 马齿苋科 Talinaceae/Portulacaceae 土人参属

原产及栽培地：原产美洲热带地区。中国北京、福建、广东、广西、贵州、海南、湖北、江苏、江西、陕西、四川、台湾、新疆、云南、浙江等地栽培。**习性**：喜光，耐半阴环境；喜温暖湿润气候，适应性广；对土壤要求不严，但须排水良好。**繁殖**：播种。**园林用途**：配置庭院、花坛、岩石园，也可盆栽。

特征要点　一年生或多年生草本。株高 30~100cm。全株无毛。主根粗壮，圆锥形。茎直立，肉质。叶稍肉质，倒卵形或倒卵状长椭圆形，全缘。圆锥花序大型，疏松，二叉状分枝；花小，直径约 6mm，花冠粉红色。蒴果近球形，3 瓣裂。花期 6~8 月，果期 9~11 月。

飞燕草 Delphinium ajacis L. 【Consolida ajacis (L.) Schur】
毛茛科 Ranunculaceae 翠雀属 / 飞燕草属

原产及栽培地：原产南欧。中国北京、福建、广东、广西、黑龙江、江苏、陕西、四川、台湾、新疆、云南、浙江等地栽培。**习性**：喜凉爽、高燥，忌湿涝，需日光充足、土层较深厚的肥沃砂质壤土。**繁殖**：播种。**园林用途**：适宜花境条植或绿地丛植，也是优良的小切花材料。

特征要点 一、二年生草本。株高30~50cm，被疏反曲微柔毛。叶互生，叶片卵形，3全裂，裂片3~4回细裂，小裂片线状条形。总状花序长7~15cm以上；萼片5，堇蓝紫色或粉色，上萼片有长距；花瓣2，合生，与萼片同色。花期5~8月。

黑种草 Nigella damascena L. 毛茛科 Ranunculaceae 黑种草属

原产及栽培地：原产地中海地区、西亚。中国福建、江苏、台湾、云南栽培。**习性**：喜凉爽与阳光充足环境；喜向阳、疏松的肥沃土壤。**繁殖**：播种。**园林用途**：用作配置花坛、花境，也可作切花。

特征要点 一年生草本。株高30~50cm。叶互生，2~3回羽状深裂，裂片细条形。花单生，直径3~5cm，浅蓝色，下部具叶状总苞；萼片5，花瓣状；花瓣5，基部狭细成爪。雌蕊常具6心皮，基部联合成复子房。花期春夏间。

金鱼草 **Antirrhinum majus** L.
车前科 / 玄参科 Plantaginaceae/Scrophulariaceae 金鱼草属

原产及栽培地: 原产地中海沿岸及北非。中国北京、福建、广东、广西、海南、黑龙江、湖北、江苏、江西、陕西、上海、四川、台湾、新疆、云南、浙江等地栽培。**习性**: 耐寒, 喜光, 不耐酷暑, 稍耐半阴, 要求肥沃、疏松及排水良好的砂壤土。**繁殖**: 播种。**园林用途**: 适宜花坛、花境、岩石园及草地边种植, 亦可盆栽或切花。

特征要点 多年生草本, 常作一、二年生栽培。株高 20~90cm。叶片长圆状披针形, 全缘。总状花序顶生, 长可达 25cm; 花冠筒状唇形, 外被茸毛, 基部膨大成囊状, 花色极多, 有紫、蓝、白、粉、黄、红及复色。蒴果, 种子细小。花期自春至秋。

双距花 **Diascia barberae** Hook. f. 玄参科 Scrophulariaceae 双距花属

原产及栽培地: 原产南非。中国北京、黑龙江、吉林等地栽培。**习性**: 喜光, 亦耐半阴; 喜温暖环境, 耐寒; 喜富含腐殖质的土壤, 不耐旱。**繁殖**: 播种。**园林用途**: 适宜布置花坛、花境和疏林下, 也可盆栽。

特征要点 多年生草本, 常作一、二年生栽培。株高 20~40cm。茎直立, 四棱, 光滑无毛。单叶对生, 叶片三角状卵形, 叶缘浅缺刻。花序总状, 小花有两个距, 花瓣 4 裂, 下瓣明显比其他大, 花色丰富, 有红、粉、白等色。花期 7~9 月。

毛地黄 Digitalis purpurea L.

车前科 / 玄参科 Plantaginaceae/Scrophulariaceae 毛地黄属

原产及栽培地: 原产欧洲。中国北京、福建、广东、贵州、黑龙江、湖北、江苏、江西、辽宁、上海、四川、台湾、云南、浙江等地栽培。**习性**: 喜光,耐半阴; 喜冷凉气候,耐寒; 喜略旱,要求肥沃、疏松及排水良好的砂质土壤。**繁殖**: 播种。**园林用途**: 适宜布置花坛、花境、庭院,亦可盆栽或促成栽培。

特征要点 二年生草本。株高90~120cm。植株被灰白色短柔毛和腺毛。基生叶呈莲座状,叶片长椭圆形,缘具齿。总状花序顶生,长可达90cm; 花冠大,钟状,长5~7cm,于花序一侧下垂,紫红色,内面具斑点。蒴果卵形。花期5~6月。

小龙口花 Linaria bipartita 'Voilet Prince'

车前科 / 玄参科 Plantaginaceae/Scrophulariaceae 柳穿鱼属

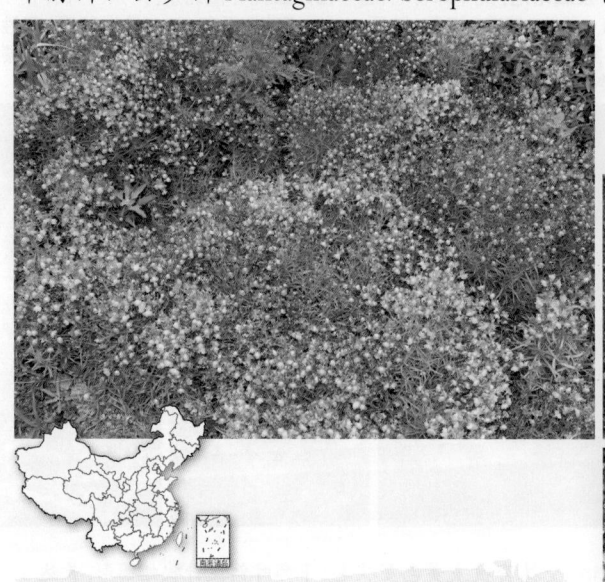

原产及栽培地: 原产葡萄牙、北非。中国北京、福建、浙江栽培。**习性**: 喜光; 喜温暖湿润气候; 喜疏松肥沃、富含腐殖质、排水良好的壤土。**繁殖**: 播种。**园林用途**: 布置花坛,可作地被。

特征要点 一年生草本。株高30cm。植株铺散,密集丛生成大片。叶纤细,条形至条状披针形。总状花序顶生,花密集,花冠紫色,喉部附属物橙色。花期5月。

39

锦花沟酸浆（黄花猴面花）**Erythranthe lutea** (L.) G. L. Nesom【Mimulus luteus L.】透骨草科 / 玄参科 Phrymaceae/Scrophulariaceae 沟酸浆属 / 猴面花属

原产及栽培地：原产阿根廷、智利。中国北京、福建、江苏、四川、台湾等地栽培。**习性**：耐半阴；喜凉爽气候，忌炎热；要求肥沃、疏松且湿润的砂质壤土。**繁殖**：播种、分株、扦插。**园林用途**：宜作花坛、草坪及花境、路边栽植，或盆栽，亦可作地被。

特征要点 多年生草本，常作一、二年生栽培。株高 30~40cm。茎平卧，匍匐生根。叶对生，卵圆形至心形。花单生叶腋或集成稀疏总状花序，花冠漏斗状，花筒长 3~4cm，黄色，有红色或紫色斑点，形似猴面。花期 4~5 月。

毛蕊花 **Verbascum thapsus** L. 玄参科 Scrophulariaceae 毛蕊花属

原产及栽培地：北半球各地（含中国西部）。中国北京、广东、广西、贵州、黑龙江、湖北、江苏、江西、陕西、上海、四川、云南、浙江等地栽培。**习性**：喜光；喜冷凉湿润气候，耐寒，耐旱，不耐涝；对土壤要求不严，耐瘠薄。**繁殖**：播种。**园林用途**：庭院中栽培观赏，可丛植、孤植。

特征要点 二年生草本。株高 1~2m。全株密被灰黄色星状毛。下部叶倒披针状矩圆形，长达 15cm，宽达 6cm，边缘具浅圆齿。穗状花序圆柱状，长达 30cm，直径达 3cm；花密集，数朵簇生；花冠黄色，直径 1~2cm；雄蕊 5。蒴果卵形。花期 6~8 月，果期 7~10 月。

五色椒 **Capsicum annuum** Cerasiforme Group 【Capsicum frutescens var. cerasiforme (Mill.) L. H. Bailey】茄科 Solanaceae 辣椒属

原产及栽培地: 原产美洲热带地区。中国安徽、北京、福建、甘肃、广东、广西、贵州、海南、河北、河南、黑龙江、湖北、湖南、吉林、江苏、江西、辽宁、内蒙古、宁夏、青海、山东、山西、陕西、上海、四川、台湾、天津、新疆、云南、浙江、重庆等地栽培。**习性**: 喜光；喜温暖，不耐寒，能耐干热气候；要求排水良好的砂质土壤。**繁殖**: 播种。**园林用途**: 一般多作盆栽观赏。

特征要点 多年生草本，常作一、二年生栽培。株高 30~60cm。叶互生，有柄，卵形至长圆形。花小，白色，单生叶腋。果实直立或稍斜出，直径 1.2~2.5cm，果实因成熟过程而果色由绿转白、黄、橙、紫、蓝、红等色；果型有卵形、圆球或扁球状；有聚生枝梢或散生叶腋等类型。花果期 5~11 月。

洋金花 **Datura metel** L. 茄科 Solanaceae 曼陀罗属

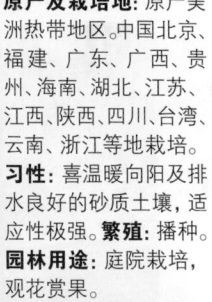

原产及栽培地: 原产美洲热带地区。中国北京、福建、广东、广西、贵州、海南、湖北、江苏、江西、陕西、四川、台湾、云南、浙江等地栽培。**习性**: 喜温暖向阳及排水良好的砂质土壤，适应性极强。**繁殖**: 播种。**园林用途**: 庭院栽培，观花赏果。

特征要点 一年生草本。株高达 1.5m。植株近亚灌木状。叶互生，具柄，卵圆形，边缘浅裂。花单生或上部成对着生，花冠漏斗状，长 14~20cm，冠径 6~10cm，白色、黄色或浅紫色。栽培类型有 2 重瓣或 3 重瓣的。蒴果近球形，下垂，有短刺。花果期 3~12 月。

曼陀罗 **Datura stramonium** L. 茄科 Solanaceae 曼陀罗属

原产及栽培地: 原产美洲热带地区。广东、江苏、云南、北京、福建、甘肃、广西、贵州、海南、黑龙江、湖北、江西、陕西、上海、四川、新疆、浙江等地栽培。**习性:** 喜温暖向阳及排水良好的砂质土壤,适应性极强。**繁殖:** 播种。**园林用途:** 庭院栽培,观花赏果。

特征要点 一年生草本。株高 1~2m。全株近光滑。叶大,广卵形,边缘浅裂或具齿。花单生枝杈间或叶腋,直立,有短梗,花萼筒状,顶端 5 浅裂,花冠漏斗状,白色或浅紫色,长 6~10cm,直径 3~5cm。蒴果直立,卵状。花期 6~10 月,果期 7~11 月。

红花烟草 **Nicotiana × sanderae** hort. ex W. Watson
茄科 Solanaceae 烟草属

原产及栽培地: 原产美国。中国福建、广东、海南、江苏、四川、台湾、浙江等地栽培。**习性:** 喜温暖向阳,不耐高温高湿;喜疏松、肥沃及排水良好的砂质壤土;长日照植物。**繁殖:** 播种。**园林用途:** 适宜布置花坛、花境,或庭院栽培观赏。

特征要点 一年生草本。株高 60~90cm。茎多分枝,全株被黏性柔毛。叶对生,基生叶匙形,茎生叶矩圆状披针形。疏散圆锥花序生于枝顶;花冠筒长 7cm,为萼长 2~3 倍,花冠漏斗状,深玫瑰红至深红色。蒴果球形,种子细小。花期 6~8 月。

花烟草 **Nicotiana alata** Link & Otto 茄科 Solanaceae 烟草属

原产及栽培地: 原产阿根廷、巴西。中国北京、福建、湖北、江苏、台湾、云南等地栽培。**习性**: 喜温暖向阳,不耐高温高湿; 喜疏松、肥沃及排水良好的砂质壤土; 长日照植物。**繁殖**: 播种。**园林用途**: 适宜布置花坛、花境,或庭院栽培观赏。

特征要点 多年生草本,常作一、二年生栽培。株高 0.5~1.5m。全株密被腺毛,茎基部木质化,上部分枝。叶互生,匙状长倒卵形,无柄。总状花序; 花萼具棱状突起; 花冠筒长为花萼的 4~5 倍,裂片紫红色。花期 6~8 月。

矮牵牛(碧冬茄) **Petunia × atkinsiana** (Sweet) D. Don ex W. H. Baxter 【**Petunia hybrida** Vilm.】 茄科 Solanaceae 矮牵牛属 / 碧冬茄属

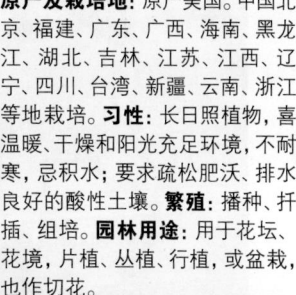

原产及栽培地: 原产美国。中国北京、福建、广东、广西、海南、黑龙江、湖北、吉林、江苏、江西、辽宁、四川、台湾、新疆、云南、浙江等地栽培。**习性**: 长日照植物,喜温暖、干燥和阳光充足环境,不耐寒,忌积水; 要求疏松肥沃、排水良好的酸性土壤。**繁殖**: 播种、扦插、组培。**园林用途**: 用于花坛、花境,片植、丛植、行植,或盆栽,也作切花。

特征要点 多年生草本,常作一、二年生栽培。株高 20~60cm。全株密被腺毛。叶卵形,全缘,几无柄。花单生叶腋及茎顶; 花萼 5 裂,裂片披针形; 花冠漏斗形,直径 4~8cm,花瓣变化较多,有平瓣、波状瓣及锯齿状瓣,花色有白、粉、红、紫、堇及镶嵌、斑纹等。花期 4~10 月。

红茄 Solanum aethiopicum L. 茄科 Solanaceae 茄属

原产及栽培地: 原产非洲埃塞俄比亚、埃及、坦桑尼亚等。中国北京、福建、广东、江苏、江西、台湾、云南等地栽培。**习性:** 喜光; 喜温暖湿润气候, 不耐寒; 要求深厚肥沃、富含腐殖质的土壤。**繁殖:** 分株、播种。**园林用途:** 庭院栽培观赏, 果实美丽, 可食用。

特征要点 一年生草本。株高80~120cm。叶互生, 具柄, 椭圆状卵圆形, 边缘具浅裂, 裂片全缘。花序生于植株下部叶腋, 花冠白色, 常仅1花发育成果实。果实扁球形, 直径6~10cm, 具10个左右纵沟, 熟时鲜红色。

乳茄 Solanum mammosum L. 茄科 Solanaceae 茄属

原产及栽培地: 原产美洲热带地区。中国福建、广东、广西、江西、四川、台湾、云南等地栽培。**习性:** 喜光, 喜热, 喜肥, 不耐干旱, 可耐半阴。**繁殖:** 播种。**园林用途:** 庭院栽培观赏, 可盆栽, 为优良观果植物。

特征要点 一年生草本。株高80~120cm。茎直立, 密被短柔毛及扁刺。叶互生, 具柄, 叶片卵形, 常5裂, 裂片浅波状, 两面密被柔毛及扁刺。蝎尾状花序腋外生, 花冠紫堇色, 5裂。浆果倒梨状, 黄色或橙色, 长约5cm, 基部有5个乳头状突起。花果期夏秋季。

旱金莲 Tropaeolum majus L. 旱金莲科 Tropaeolaceae 旱金莲属

原产及栽培地: 原产美洲热带地区。中国北京、福建、广东、广西、贵州、海南、黑龙江、湖北、吉林、江西、辽宁、陕西、四川、台湾、新疆、云南、浙江、重庆等地栽培。**习性:** 喜温暖湿润及向阳之地,植株强健,易栽培。**繁殖:** 播种、扦插。**园林用途:** 盆栽装饰阳台窗台,庭院中栽植于矮栅篱旁,可作地被栽植。

特征要点 一年或多年生草本。茎蔓生,灰绿色,光滑无毛。叶互生,具长柄,近圆形,盾状,形似莲叶而小,具9条主脉,叶绿色,有波状钝角。花腋生,梗细长,花瓣5,有距,花色紫红、橘红、乳黄等。花期2~3月或7~9月。

蝎子草 Girardinia diversifolia subsp. suborbiculata (C. J. Chen) C. J. Chen & Friis 荨麻科 Urticaceae 蝎子草属 Girardinia

原产及栽培地: 原产中国、朝鲜。中国北京、河北、山东、河南、陕西、辽宁、江苏等地栽培。**习性:** 喜荫蔽环境;植株强健,适应性广,对土壤要求不严。**繁殖:** 播种。**园林用途:** 适宜林下栽培作地被。

特征要点 一年生草本。株高1~1.5m。茎直立,具棱,具粗硬毛和螫毛;螫毛直而开展。单叶,互生,叶缘卵形,叶缘具齿牙,两面伏生粗硬毛和螫毛。花序腋生,簇生成穗状二歧聚伞花序或头状花序,具螫毛;花单性,雌雄同株。瘦果宽卵形,两面突出。花期7~8月,果期8~10月。

45

加拿大美女樱 **Verbena canadensis** (L.) Britton 【Glandularia canadensis (L.) Small】 马鞭草科 Verbenaceae 马鞭草属 / 美女樱属

原产及栽培地: 原产美国。中国台湾栽培。**习性:** 喜温暖湿润及向阳之地, 不耐阴; 要求肥沃且排水良好的砂质壤土, 不耐寒、耐旱。**繁殖:** 播种、分株、扦插。**园林用途:** 适宜布置花坛、花境, 或大片种植作地被。

特征要点　多年生草本, 常作一年生栽培。株高 45cm。茎多分枝。叶对生, 长卵形, 边缘具齿。穗状花序生于枝顶, 花色白色、玫瑰红色、紫红色或紫色, 直径 1.7cm。花期 6~10 月。

美女樱 **Verbena × hybrida** Groenland & Rümpler 【Glandularia hybrida (Groenl. & Rümpler) G. L. Nesom & Pruski】
马鞭草科 Verbenaceae 马鞭草属 / 美女樱属

原产及栽培地: 原产巴西、秘鲁、乌拉圭等热带美洲。中国各地栽培。**习性:** 喜温暖湿润及向阳之地, 不耐阴; 要求肥沃且排水良好的砂质壤土, 不耐寒、耐旱。**繁殖:** 播种、扦插、压条、分株。**园林用途:** 布置花坛和花境, 亦可盆栽, 或作悬篮垂吊, 还作切花。

特征要点　多年生草本, 常作一、二年生栽培。株高 15~30cm。茎四棱, 被柔毛。叶对生, 长卵圆形或披针状三角形, 缘具齿。穗状花序顶生, 有长梗, 直径达 7~8cm; 花冠漏斗状, 5 裂, 有白、粉、红、蓝、紫等色, 中央有淡黄或白色小孔。蒴果。花期 6~9 月, 果期 9~10 月。

46

细叶美女樱 Verbena tenera Spreng. 【Glandularia tenera (Spreng.) Cabrera】 马鞭草科 Verbenaceae 马鞭草属 / 美女樱属

原产及栽培地：原产美洲热带。中国北京、福建、广东、黑龙江、台湾、浙江等地栽培。**习性：**喜温暖湿润及向阳之地,不耐阴;要求肥沃且排水良好的砂质壤土,不耐寒、耐旱。**繁殖：**播种、扦插、压条、分株。**园林用途：**布置花坛和花境,亦可盆栽,或作悬篮垂吊,还作切花。

特征要点 多年生草本,常作一年生栽培。株高 20~40cm。茎柔弱,蔓生,常在节处生根。叶对生,条状羽裂,裂片纤细。穗状花序,花冠蓝紫色、红粉或白色。花期 5~10 月。

柳叶马鞭草 Verbena bonariensis L. 马鞭草科 Verbenaceae 马鞭草属

原产及栽培地：原产南美洲。中国北京、上海、浙江、云南等地栽培。**习性：**喜温暖湿润及向阳之地,植株强健,易栽培。**繁殖：**播种。**园林用途：**适宜布置花坛、花境,或大片种植作地被。

特征要点 多年生草本,常作一年生栽培。株高 100~150cm。茎单生,四棱形,全株有纤毛,上部分枝。叶对生,披针形,边缘略有缺刻。聚伞花序生于分枝顶端;小花密集,筒状,紫红色或淡紫色。花期 5~9 月。

刚硬马鞭草（红叶美女樱、刚硬美女樱）**Verbena rigida** Spreng.
马鞭草科 Verbenaceae 马鞭草属

原产及栽培地：原产美洲热带地区。中国北京、台湾等地栽培。**习性：**喜光；喜温暖湿润气候，可耐 9~10℃低温；要求排水良好、深厚肥沃的砂质壤土。**繁殖：**播种。**园林用途：**适宜布置花坛、花境，或大片种植作地被。

特征要点　多年生草本，常作一年生栽培。株高 40~80cm。具块状根。茎直立，多分枝。叶对生，无柄，长椭圆形，边缘具 3~8 刺状齿，质硬，灰绿色，被短粗毛。穗状花序顶生，花密集似头状；花冠紫色至品红色。花期 6~8 月。

角堇菜（角堇）**Viola cornuta** L. 堇菜科 Violaceae 堇菜属

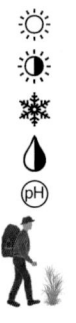

原产及栽培地：原产欧洲。中国北京、福建、江苏、台湾、云南、浙江等地栽培。**习性：**较耐寒，喜阳光充足、凉爽气候和富含腐殖质的疏松肥沃土壤；略耐半阴，忌炎热和雨涝。**繁殖：**播种。**园林用途：**早春重要花坛花卉，布置花境、点缀草坪边缘，亦作小盆栽。

特征要点　多年生草本，常作一年生栽培。株高 10~30cm。茎较短而稍直立。花显著具细长距；直径 2~3cm，花色堇紫色，但也有复色、白色、黄色变种。其余特征同三色堇。

三色堇（蝴蝶花） **Viola tricolor** L. 堇菜科 Violaceae 堇菜属

原产及栽培地：原产欧洲。中国北京、福建、甘肃、广东、广西、贵州、黑龙江、湖北、江苏、江西、陕西、上海、四川、台湾、新疆、云南、浙江等地栽培。**习性**：较耐寒，喜阳光充足、凉爽气候和富含腐殖质的疏松肥沃土壤；略耐半阴，忌炎热和雨涝。**繁殖**：播种。**园林用途**：早春重要花坛花卉，布置花境、点缀草坪边缘，亦作小盆栽。

特征要点 多年生草本，常作一年生栽培。全株光滑，高 10~20cm。叶互生，基生叶较茎生叶圆，有钝锯齿，托叶大。花大腋生，两侧对称，直径 3~4cm，花瓣 5，一瓣有距，两瓣有附属体，每花有黄、白、蓝 3 色或单色。花期冬春季。

（二）宿根花卉

蛤蟆花 **Acanthus mollis** L. 爵床科 Acanthaceae 老鼠簕属

原产及栽培地：原产地中海地区。中国北京、福建、湖北、上海、云南等地栽培。**习性**：喜光；喜温暖湿润气候，不耐寒；喜酸性土壤。**繁殖**：播种、分株。**园林用途**：欧洲常见的庭院花卉。

特征要点 多年生草本。株高 60~120cm。叶基生或茎生，具长柄，椭圆形有浅裂，表面光滑，边缘具波。总状花序高大挺拔；苞片蓝紫色；花冠白色。花期 7~8 月。

喜花草 **Eranthemum pulchellum** Andrews 爵床科 Acanthaceae 喜花草属

原产及栽培地: 原产印度、喜马拉雅地区。中国北京、福建、广东、广西、陕西、云南等地栽培。**习性:** 喜温暖及湿润气候,要求阳光充足及肥沃、疏松、排水良好的砂质壤土,不耐寒,不耐干旱。**繁殖:** 播种、扦插。**园林用途:** 温暖地区露地栽植,用于庭园观赏,布置花坛、花境。

特征要点 常绿半灌木。株高可达 2m。枝四棱形。叶对生,具柄,卵圆形至椭圆形,具尾尖,基部楔形,具弧形脉。穗状花序顶生或腋生;苞片大,白绿色;花萼白色,花冠高脚碟状,长 3cm,蓝色或白色。蒴果。花期秋冬。

蓝花草(翠芦莉) **Ruellia simplex** C.Wright 爵床科 Acanthaceae 芦莉草属

原产及栽培地: 原产墨西哥、尼加拉瓜、阿根廷、巴拉圭。中国福建、广东、广西、海南、台湾、云南等地栽培。**习性:** 全日照或半日照均可;喜高温,耐酷暑,生长适温 22~30℃;不择土壤,耐贫瘠力强,耐轻度盐碱土壤。**繁殖:** 播种、扦插、分株。**园林用途:** 适合庭园成簇美化或盆栽,常应于街道、公园绿化。

特征要点 多年生常绿草本。株高 60~100cm。茎紫红色。单叶对生,线状披针形,暗绿色,全缘或具疏锯齿。单花腋生,直径 3~5cm;花冠漏斗状,5 裂,多蓝紫色,少数粉色或白色,具放射状条纹,细波浪状。蒴果。花期 3~10 月。

麻兰 **Phormium tenax** J. R. Forst. & G. Forst.
阿福花科 / 百合科 / 龙舌兰科 Asphodelaceae/Liliaceae/Agavaceae 麻兰属

原产及栽培地: 原产新西兰。中国福建、上海、台湾、云南等地栽培。**习性**: 喜温暖向阳环境; 宜于深厚,富含腐殖质的砂壤土生长; 不耐寒, 生长适温 15~25℃, 越冬温度为 8~10℃。**繁殖**: 播种。**园林用途**: 用于各类插花衬叶和庭院、公园、街道绿化。

特征要点　多年生丛生草本。株高 1.5~3m。叶基生, 密集, 叶片剑形, 长可达 2m, 强直, 厚革质。花莛自叶丛中抽出, 无叶; 圆锥花序狭长, 密集多花; 花基部筒状, 花冠暗红色。蒴果直立, 有三棱。花期 6~7 月。

罗布麻 **Apocynum venetum** L. 夹竹桃科 Apocynaceae 罗布麻属

原产及栽培地: 原产亚洲北部和西部地区。中国安徽、北京、福建、甘肃、黑龙江、湖北、江苏、辽宁、陕西、新疆、浙江等地栽培。**习性**: 喜光; 耐寒; 喜富含盐碱的潮湿地或砂质壤土, 常生河岸或湖边沙地。**繁殖**: 播种、分株。**园林用途**: 庭院中栽培, 观花、赏果, 叶可入药或作茶。

特征要点　直立亚灌木。株高 1.5~3m, 具乳汁。枝圆筒形, 光滑, 紫红色。叶对生, 披针形, 具齿。圆锥状聚伞花序顶生; 花冠筒钟形, 紫红色或粉红色, 直径 2~3mm。蓇葖果 2 枚, 下垂, 长 8~20cm。花期 4~9 月, 果期 7~12 月。

细辛 **Asarum sieboldii** Miq. 马兜铃科 Aristolochiaceae 细辛属

原产及栽培地: 原产中国北部、日本、朝鲜、俄罗斯。中国安徽、甘肃、湖北、湖南、江苏、江西、陕西、上海、四川、浙江等地栽培。**习性:** 喜荫蔽环境;喜冷凉湿润气候,耐寒;要求疏松肥沃的森林壤土。**繁殖:** 分株。**园林用途:** 栽培观赏,花奇特,全草入药。

特征要点 多年生草本。株高8~15cm。具根状茎。叶基生,具长柄,叶片心形或卵状心形,基部深心形。花贴近地面生长,紫黑色,花被管钟状,3裂,花被裂片三角状卵形,直立或近平展。果近球状,直径约1.5cm。花期4~5月。

白薇 **Cynanchum atratum** Bunge 【Vincetoxicum atratum (Bunge) C. Morren & Decne. 】夹竹桃科 / 萝藦科 Apocynaceae/Asclepiadaceae 鹅绒藤属 / 白前属

原产及栽培地: 原产中国、朝鲜、日本。中国北京、广东、广西、贵州、黑龙江、湖北、江苏、四川、台湾、云南等地栽培。**习性:** 喜光;宜温和湿润的气候;以排水良好、肥沃、土层深厚、富含腐殖质的砂质壤土或壤土为宜。**繁殖:** 播种、分株。**园林用途:** 庭院栽培观赏,花奇特美丽。

特征要点 多年生直立草本。株高达60cm。根须状,有香气。叶对生,具短柄,卵形或卵状长圆形,两面均被有白色茸毛。伞形状聚伞花序腋生,近无总梗;花8~10朵,密集,花冠深紫色,直径约10mm。蓇葖果单生,长9cm。花期4~8月,果期6~8月。

钉头果 **Gomphocarpus fruticosus** (L.) W.T. Aiton
夹竹桃科 / 萝藦科 Apocynaceae/Asclepiadaceae 钉头果属

原产及栽培地：原产南非。中国北京、福建、广东、上海、台湾、云南、浙江等地栽培。**习性**：喜光；喜温暖环境，不耐寒；喜排水良好的砂质壤土。**繁殖**：半成熟枝扦插、播种。**园林用途**：果形别致，可供冬暖之地庭院观赏栽培，全株可入药。

特征要点　多年生半落叶灌木。株高可达 2m。茎被微毛。叶对生或轮生，条形。聚伞花序腋生，有花 3~7 朵，花萼、花冠 5 深裂，副花冠红色，兜状；常开花多，结果少。果肿胀，圆形或卵圆形，黄绿色，外果皮具短刺，刺长 1cm，种子卵形，顶端具 3cm 长白绢质种毛。花果期夏秋季。

淫羊藿 **Epimedium brevicornu** Maxim. 小檗科 Berberidaceae 淫羊藿属

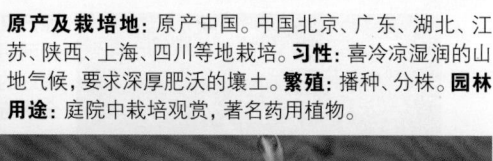

原产及栽培地：原产中国。中国北京、广东、湖北、江苏、陕西、上海、四川等地栽培。**习性**：喜冷凉湿润的山地气候，要求深厚肥沃的壤土。**繁殖**：播种、分株。**园林用途**：庭院中栽培观赏，著名药用植物。

特征要点　多年生草本。株高 20~60cm。二回三出复叶；小叶 9，纸质，背面苍白色，叶缘具刺齿。圆锥花序长 10~35cm，具 20~50 朵花；花白色或淡黄色；花瓣远较内萼片短，距呈圆锥状，长仅 2~3mm。花期 5~6 月，果期 6~8 月。

两头毛 **Incarvillea diffusa** Royle 【Incarvillea arguta (Royle) Royle】
紫葳科 Bignoniaceae 角蒿属

原产及栽培地: 原产中国西南、喜马拉雅地区。湖北、四川、云南、贵州、西藏等地栽培。**习性**: 喜光，耐半阴；喜干热气候，适生干热河谷；要求土壤排水良好，耐瘠薄。**繁殖**: 播种。**园林用途**: 供岩石园及花境栽植，全草入药。

特征要点 多年生草本。株高1.5m。茎具分枝。一回羽状复叶，互生，小叶5~11，卵状披针形，边缘具齿。总状花序顶生，有花6~20朵；萼钟状，花冠粉红或白色，钟状长漏斗形，长4cm。蒴果圆柱形，种子细小，两端尖，被丝状种毛。花期3~7月。

药用牛舌草 **Anchusa officinalis** L. 紫草科 Boraginaceae 牛舌草属

原产及栽培地: 原产欧洲。中国北京、江苏等地栽培。**习性**: 喜光，稍耐阴；喜温和湿润气候，夏季忌高温；要求肥沃、土层深厚及排水良好的土壤，不耐水湿。**繁殖**: 播种、分株。**园林用途**: 栽培观花，全草药用。

特征要点 多年生草本，株高30~60cm。叶大多基生，叶片披针形，全缘，被硬毛。蝎尾状聚伞花序；花冠天蓝色。花期6~10月。

大叶蓝珠草 **Brunnera macrophylla** (Adams) I.M. Johnst.
紫草科 Boraginaceae 蓝珠草属

原产及栽培地: 原产高加索地区。中国北京栽培。**习性:** 喜光；喜半阴、湿润环境。**繁殖:** 分株。**园林用途:** 作阴处地被植物。

特征要点 多年生草本。株高 30~45cm。具根状茎。叶基生，具长柄，叶片心形，正面常为白色，叶脉绿色。花葶自叶丛基部抽出，与叶近等高；花小，多数，蓝色，花冠 5 裂。花期 5 月。

森林勿忘草（勿忘草） **Myosotis sylvatica** Ehrh. ex Hoffm.
紫草科 Boraginaceae 勿忘草属

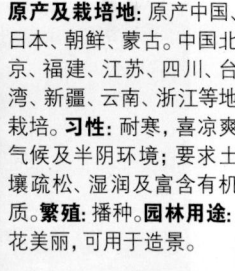

原产及栽培地: 原产中国、日本、朝鲜、蒙古。中国北京、福建、江苏、四川、台湾、新疆、云南、浙江等地栽培。**习性:** 耐寒，喜凉爽气候及半阴环境；要求土壤疏松、湿润及富含有机质。**繁殖:** 播种。**园林用途:** 花美丽，可用于造景。

特征要点 多年生草本。株高 20~45cm。茎直立，丛生，具分枝，被糙毛。基生叶和茎下部叶有柄，披针形或条状倒披针形，两面被糙毛。镰状聚伞花序；花冠高脚碟状，裂片5，花冠蓝色、粉色或白色，喉部黄色。小坚果卵形。花期 4~6 月。

聚合草 **Symphytum officinale** L. 紫草科 Boraginaceae 聚合草属

原产及栽培地:原产欧洲。中国北京、福建、广东、上海、四川、浙江、陕西、新疆等地栽培。**习性:**喜温暖,怕炎热,耐寒耐旱,要求阳光充足,疏松、肥沃及排水良好的砂质壤土。**繁殖:**播种、分根。**园林用途:**可作地被,种植在沟边、坡地。

特征要点 多年生草本。株高 30~90cm,全株被白色短硬毛。茎丛生,主根粗壮。基生叶多数,具长柄,带状披针形,长 30~60cm。聚伞花序开展,具多花;花萼裂至近基部;花冠筒状,淡紫色、紫红色至黄白色。小坚果有光泽。花期 6~7 月。

沙参(鲜沙参、直立沙参、杏叶沙参) **Adenophora stricta** Miq.
桔梗科 Campanulaceae 沙参属 Adenophora

原产及栽培地:原产中国、朝鲜、蒙古、俄罗斯。中国北京、贵州、广西、湖北、江苏、江西、上海、四川、云南、浙江等地栽培。**习性:**耐阴,耐寒;喜排水好的地势,疏松、肥沃、湿润的土壤。**繁殖:**播种。**园林用途:**花坛及切花应用。

特征要点 多年生草本。株高 40~80cm。茎直立,全株被细毛。基生叶心形,端尖,具长柄,茎生叶互生,卵形至长椭圆形。着花密,花冠钟形,长 1.5~2cm;萼片被密短毛。花期秋季。

轮叶沙参（沙参） **Adenophora triphylla** (Thunb.) A. DC.【Adenophora tetraphylla (Thunb.) Fisch.】桔梗科 Campanulaceae 沙参属

原产及栽培地：原产中国、朝鲜、蒙古、俄罗斯。中国广西、贵州、黑龙江、江苏、江西、辽宁、上海、云南、浙江等地栽培。**习性**：耐阴，耐寒；喜排水好的地势，疏松、肥沃、湿润的土壤。**繁殖**：播种。**园林用途**：可作花境、岩石园及自然式布置。

特征要点 多年生草本。株高可达 1m, 有白色乳汁。根粗壮。叶 4~6 片轮生，边缘具细锯齿。花序圆锥状，花枝轮生，花长 2~2.5cm, 蓝色，下垂。花期夏季。与风铃草的主要区别在于花柱基部有深环状花盘或腺体。

荠苨 **Adenophora trachelioides** Maxim. 桔梗科 Campanulaceae 沙参属

原产及栽培地：原产中国及亚洲北部。中国北京、黑龙江、江西、辽宁、河北、山东、江苏、安徽、浙江等地栽培。**习性**：耐阴，耐寒；喜排水好的地势，疏松、肥沃、湿润的土壤。**繁殖**：播种。**园林用途**：庭院栽培或布置花境。

特征要点 多年生草本。株高 60~100cm, 有乳汁。主根粗肥，细长圆锥形。茎直立，上部分枝。基生叶有长柄，广卵形，茎生叶互生，近无柄，边缘具粗锯齿。总状花序顶生；花冠紫蓝色，钟形，长 1.5~2cm, 5 浅裂。花期秋季。

聚花风铃草（北疆风铃草） **Campanula glomerata** L.
桔梗科 Campanulaceae 风铃草属

原产及栽培地：原产欧亚大陆。中国北京、黑龙江、辽宁、内蒙古、新疆、台湾等地栽培。**习性**：喜冷凉、干燥的气候和疏松肥沃、排水良好的砂质壤土；忌高温、水涝。**繁殖**：播种。**园林用途**：庭院栽培观花。

特征要点　多年生草本。株高约60cm。叶具柄，长卵形至心状卵形。花数朵集成头状花序，生于茎中上部叶腋间，无总梗；花萼裂片钻形；花冠紫色、蓝紫色或蓝色，管状钟形，长1.5~2.5cm，分裂至中部。蒴果倒卵状圆锥形。花期7~9月。

阔叶风铃草（阔叶钟花） **Campanula latifolia** L.
桔梗科 Campanulaceae 风铃草属

原产及栽培地：原产欧亚大陆。中国北京、江苏、云南等地栽培。**习性**：喜冷凉、干燥的气候和疏松肥沃、排水良好的砂质壤土；忌高温、水涝。**繁殖**：播种。**园林用途**：庭院栽培观花。

特征要点　多年生草本。株高1.2m。叶互生，阔卵形至卵状披针形，边缘具尖锐锯齿。花单生叶腋，排列成总状花序；花冠长约3cm，蓝紫色。花期6~7月。

紫斑风铃草 **Campanula punctata** Lam. 桔梗科 Campanulaceae 风铃草属

原产及栽培地: 原产中国北部及亚洲北部。中国北京、黑龙江、江苏、辽宁、上海等地栽培。**习性:** 喜光;喜冷凉湿润的环境,耐寒;喜疏松肥沃的砂质壤土。**繁殖:** 播种、分株。**园林用途:** 庭院栽培观花。

特征要点 多年生草本。株高60cm。叶大多基生,具长柄,卵圆形,基部心形。花通常1~3朵生于枝端,下倾,花冠白色,内面带紫点,长4~5cm。花期6~8月。

兴安风铃草(圆叶风铃草) **Campanula rotundifolia** L.
桔梗科 Campanulaceae 风铃草属

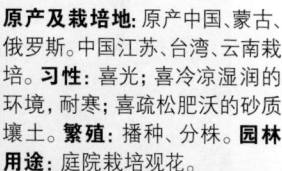

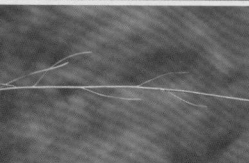

原产及栽培地: 原产中国、蒙古、俄罗斯。中国江苏、台湾、云南栽培。**习性:** 喜光;喜冷凉湿润的环境,耐寒;喜疏松肥沃的砂质壤土。**繁殖:** 播种、分株。**园林用途:** 庭院栽培观花。

特征要点 多年生草本。株高约45cm。基生叶卵圆或圆形,具长柄。花朵稀疏或单生,浅蓝色,长约2.5cm。花期6~9月。

桔梗 **Platycodon grandiflorus** (Jacq.) A. DC.
桔梗科 Campanulaceae 桔梗属

原产及栽培地: 原产中国北部、日本、朝鲜、蒙古、俄罗斯。中国北京、福建、广东、广西、黑龙江、湖北、江苏、江西、辽宁、陕西、上海、四川、台湾、新疆、云南、浙江等地栽培。**习性:** 喜凉爽、向阳、湿润环境; 要求含腐殖质、排水良好的砂质壤土。**繁殖:** 播种。**园林用途:** 适宜栽植于岩石园或花坛, 也可盆栽或作切花。

特征要点 多年生宿根草本。株高 30~100cm。具肥厚粗壮圆锥根。茎铺散, 有乳汁。叶互生或 3 枚轮生, 表面光滑, 背面蓝粉色。花通常 2~3 朵成疏散总状花序, 顶生; 花冠宽钟状, 直径可达 6.5cm, 蓝紫色。蒴果顶端瓣裂。花期 6~9 月。

须苞石竹 **Dianthus barbatus** L. 石竹科 Caryophyllaceae 石竹属

原产及栽培地: 原产亚洲。中国北京、福建、广西、贵州、黑龙江、江苏、江西、辽宁、陕西、四川、台湾、新疆、云南、浙江等地栽培。**习性:** 喜温暖干燥的气候; 不耐寒; 对土壤要求不严。**繁殖:** 播种。**园林用途:** 适宜作花坛、花境材料, 也可作地被和切花。

特征要点 多年生草本, 常作二年生栽培。株高 20~60cm。节间长于石竹, 且粗壮, 少分枝。叶对生, 条形。头状聚伞花序, 花小而多; 苞片先端须状; 花冠墨紫、绯红、粉红或白色等, 花瓣上有环纹斑点、镶边等复色。花期春夏季。

香石竹 **Dianthus caryophyllus** L. 石竹科 Caryophyllaceae 石竹属

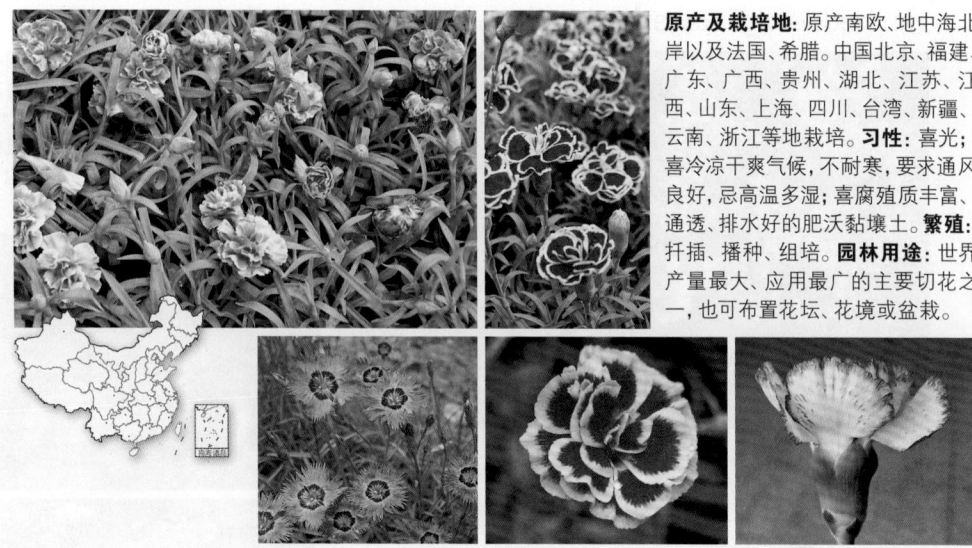

原产及栽培地: 原产南欧、地中海北岸以及法国、希腊。中国北京、福建、广东、广西、贵州、湖北、江苏、江西、山东、上海、四川、台湾、新疆、云南、浙江等地栽培。**习性**: 喜光; 喜冷凉干爽气候, 不耐寒, 要求通风良好, 忌高温多湿; 喜腐殖质丰富、通透、排水好的肥沃黏壤土。**繁殖**: 扦插、播种、组培。**园林用途**: 世界产量最大、应用最广的主要切花之一, 也可布置花坛、花境或盆栽。

特征要点 多年生草本, 高60~100cm。植株丛生, 多分枝, 灰绿色, 被白粉, 节膨大。叶对生, 线状披针形, 质厚, 先端常向外微弯曲。花单生或2~6朵聚伞状排列; 花萼长筒状, 直径约2.5cm, 花瓣深桃红色, 扇形, 内瓣多呈皱缩状, 有不规则缺刻。花期5~8月。

石竹 **Dianthus chinensis** L. 石竹科 Caryophyllaceae 石竹属

原产及栽培地: 原产中国、蒙古、俄罗斯等。中国北京、福建、江苏、上海、四川、台湾、云南、浙江等地栽培。**习性**: 喜光; 喜冷凉干燥气候; 喜疏松肥沃的砂质壤土; 耐旱不耐涝。**繁殖**: 播种。**园林用途**: 适宜布置花坛、花境、岩石园、草坪镶边, 亦可盆栽, 还可作切花。

特征要点 多年生草本, 常作二年生栽培。株高20~40cm。叶对生, 线状披针形, 先端渐尖, 基部抱茎。花单生或数朵簇生, 5数, 柱头2, 花色丰富, 有红、粉、白、紫红等色, 有香气。花期4~5月, 果熟期6月。

锦团石竹 **Dianthus chinensis** Heddewigii Group 【Dianthus chinensis var. **heddewigii** Regel】 石竹科 Caryophyllaceae 石竹属

原产及栽培地: 原产于中国。中国各地栽培。**习性**: 喜光; 喜干燥凉爽、耐寒, 不耐酷热; 直根性, 要求排水良好土壤, 忌涝。**繁殖**: 播种、扦插、分株。**园林用途**: 适宜布置花带、花坛、岩石园, 也可作切花。

特征要点 多年生草本, 常作二年生花卉栽培。株高20~40cm。茎叶被白粉。叶对生, 线状披针形。花大, 直径4~6cm, 单生, 粉、红、紫红、白或复色, 单瓣或重瓣, 芳香。花期5~6月。

西洋石竹 **Dianthus deltoides** L. 石竹科 Caryophyllaceae 石竹属

原产及栽培地: 原产欧洲。中国北京、福建、江苏、江西、台湾、新疆、浙江等地栽培。**习性**: 喜光; 喜冷凉干燥气候; 喜疏松肥沃的砂质壤土; 耐旱不耐涝。**繁殖**: 播种。**园林用途**: 适宜作花坛、花境材料, 也可作地被。

特征要点 多年生草本。株高5~20cm。茎匍匐地面。叶小而短, 色暗。花小, 单生, 有粉、白、淡紫等色, 直径约1.8cm。花期春夏季。

常夏石竹 **Dianthus plumarius** L. 石竹科 Caryophyllaceae 石竹属

原产及栽培地: 原产欧洲。中国北京、贵州、江苏、江西、上海、台湾、浙江等地栽培。**习性**: 喜光; 喜温暖湿润气候, 不耐寒; 喜疏松肥沃的砂质壤土; 耐旱不耐涝。**繁殖**: 播种。**园林用途**: 适宜作花坛、花境材料, 也可作地被。

特征要点 多年生草本。株高 10~30cm。植株丛生, 茎、叶较细, 有白粉。花 2~3 朵, 顶生, 直径 2.5cm, 粉红、紫或白色, 有香气。花期春夏季。

瞿麦 **Dianthus superbus** L. 石竹科 Caryophyllaceae 石竹属

原产及栽培地: 原产欧亚大陆。中国北京、福建、广东、广西、贵州、黑龙江、湖北、江苏、江西、陕西、四川、台湾、新疆、浙江等地栽培。**习性**: 喜光; 喜冷凉干燥气候; 喜疏松肥沃的砂质壤土; 耐旱不耐涝。**繁殖**: 播种。**园林用途**: 适宜作花坛、花境材料, 也可作地被。

特征要点 多年生草本。株高 30~50cm。茎数个丛生。叶对生, 条形。圆锥花序分枝稀疏, 直径 3.5~5cm; 花瓣深裂成细条, 有粉红、白色, 少紫红等色, 有香气。花期夏季。

皱叶剪秋罗（皱叶剪夏罗）Silene chalcedonica (L.) E. H. L. Krause 【Lychnis chalcedonica L.】石竹科 Caryophyllaceae 蝇子草属 / 剪秋罗属

原产及栽培地：原产荷兰、俄罗斯。中国北京、江苏、江西、辽宁、上海等地栽培。**习性：**喜光；喜冷凉、干燥气候，需湿润、疏松肥沃的土壤。**繁殖：**播种。**园林用途：**适宜作花境栽植。

特征要点 多年生草本。株高 60~90cm。全株被毛，茎单生或少分枝。下部叶卵形，上部叶披针形，抱茎，叶背及边缘具粗毛。花密簇生于茎顶成大型花序；花砖红或鲜红色，花瓣 5，倒心形，喉部具数个线形鳞片状副花冠，小直径约 2.5cm。花期 4~6 月。

剪春罗 Silene sinensis (Lour.) H. Ohashi & H. Nakai 【Lychnis coronata Thunb.】石竹科 Caryophyllaceae 蝇子草属 / 剪秋罗属

原产及栽培地：原产中国。中国北京、上海等地栽培。**习性：**喜光；喜冷凉、干燥气候，需湿润、疏松肥沃的土壤。**繁殖：**播种。**园林用途：**适宜作花境栽植。

特征要点 多年生草本。株高 50~90cm。茎单生。叶对生，倒披针形，宽 2~5cm。二歧聚伞花序；花直径 4~5cm；苞片披针形，草质；花萼筒状，萼齿披针形；花瓣橙红色，倒卵形，顶端具不整齐缺刻状齿。蒴果长椭圆形。花期 6~7 月，果期 8~9 月。

剪秋罗（光辉剪秋罗）**Silene banksia** (Meerb.) Mabb.【Lychnis fulgens Fishe. ex Sprenq.】石竹科 Caryophyllaceae 蝇子草属 / 剪秋罗属

原产及栽培地: 原产中国东北、日本、朝鲜、俄罗斯。中国北京、福建、黑龙江、湖北、辽宁、上海、四川等地栽培。**习性:** 喜凉爽、湿润气候；要求排水良好、肥沃的土壤；性耐寒，忌高温多湿。**繁殖:** 播种。**园林用途:** 适宜作花境栽植。

特征要点 多年生草本。株高 50~80cm。根肥厚呈纺锤状。茎直立，全株被长柔毛。叶卵状长圆或卵状披针形，两面及边缘有较短毛。二歧聚伞花序具少花至多花；花深鲜红色，直径达 5cm，花瓣 5，先端 2 深裂；花萼密被蛛丝状绵毛。蒴果长卵形，种子肾圆形，黑褐色。花期 6~9 月。

肥皂草（石碱花）**Saponaria officinalis** L. 石竹科 Caryophyllaceae 肥皂草属

原产及栽培地: 原产欧洲及西亚。中国北京、福建、广西、贵州、黑龙江、辽宁、陕西、上海、台湾、云南、浙江等地栽培。**习性:** 植株强健，耐寒，耐热，不择土壤。**繁殖:** 播种、分株。**园林用途:** 适宜布置花坛、花境，庭院中成片栽培,可作地被。

特征要点 多年生草本。株高 30~70cm。根茎横生。叶对生，长圆状披针形，基部半抱茎，无毛，明显 3 脉。聚伞圆锥花序；苞片披针形；花萼筒状，绿色，有时暗紫色；花瓣白色或淡红色，顶端微凹缺；副花冠片线形。蒴果长圆状卵形。花期 6~9 月。

矮雪轮（大蔓樱草）**Silene pendula** L. 石竹科 Caryophyllaceae 蝇子草属

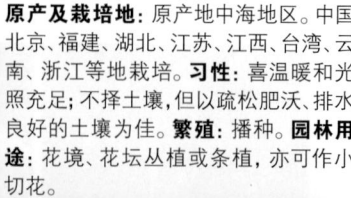
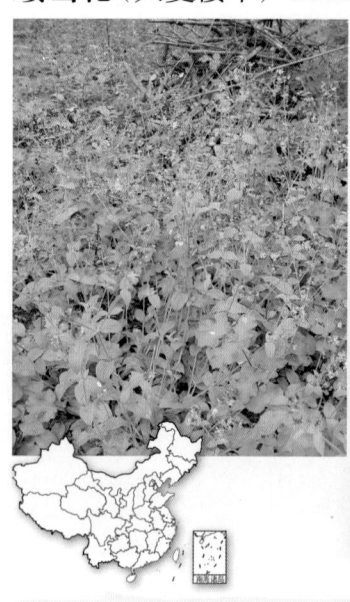

原产及栽培地：原产地中海地区。中国北京、福建、湖北、江苏、江西、台湾、云南、浙江等地栽培。**习性**：喜温暖和光照充足；不择土壤，但以疏松肥沃、排水良好的土壤为佳。**繁殖**：播种。**园林用途**：花境、花坛丛植或条植，亦可作小切花。

特征要点　多年生草本。株高约 30cm（矮生类型高仅 10cm）。全株被短柔毛。茎丛生，葡萄状。叶对生，卵状披针形或椭圆状倒披针形；蝎尾状聚伞花序伸展成疏总状，小直径 1~3cm，粉红色，萼筒膨大，有胶黏质。花期春夏季。

鱼子兰 **Chloranthus elatior** Link 【**Chloranthus erectus** (Buch.–Ham.) Verdc.】金粟兰科 Chloranthaceae 金粟兰属

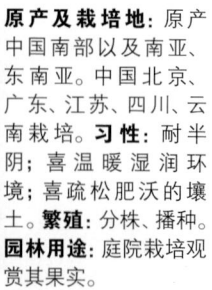

原产及栽培地：原产中国南部以及南亚、东南亚。中国北京、广东、江苏、四川、云南栽培。**习性**：耐半阴；喜温暖湿润环境；喜疏松肥沃的壤土。**繁殖**：分株、播种。**园林用途**：庭院栽培观赏其果实。

特征要点　亚灌木。株高达 2m。叶对生，无毛，纸质，椭圆形或披针形，长 11~22cm，边缘具腺顶锯齿，叶脉明显。穗状花序形成顶生圆锥花序；雄蕊 3，药隔合生，卵圆形，黄色；子房卵圆形。果实成熟时白色。花期 6 月。

银线草 Chloranthus serratus (Thunb.) Roem. & Schult. 【Chloranthus japonicus Siebold】金粟兰科 Chloranthaceae 金粟兰属

原产及栽培地: 原产中国、朝鲜、日本、蒙古、俄罗斯。中国北京、黑龙江、陕西、云南等地栽培。**习性:** 耐半阴; 喜温暖湿润环境; 喜疏松肥沃的壤土。**繁殖:** 分株。**园林用途:** 庭院栽培观赏, 花序洁白可爱。

特征要点 多年生丛生草本。株高 20~50cm。根状茎横走。叶常 4 片生于茎顶, 纸质, 宽椭圆形或倒卵形, 长 8~14cm, 边缘有锐锯齿。穗状花序单一顶生, 长 3~5cm; 花白色, 雄蕊 3, 药隔延伸成线形, 长约 5mm。核果近球形。花期 4~5 月, 果期 5~7 月。

金粟兰 Chloranthus spicatus (Thunb.) Makino
金粟兰科 Chloranthaceae 金粟兰属

原产及栽培地: 原产中国、日本、泰国。中国北京、福建、广东、广西、贵州、湖北、江西、陕西、四川、台湾、云南、浙江等地栽培。**习性:** 耐半阴; 喜温暖、湿润、荫蔽环境和肥沃的土壤。**繁殖:** 分株、压条。**园林用途:** 本种枝叶青翠, 郁香袭人, 宜庭院栽培或在室内陈设。

特征要点 常绿亚灌木。株高约 60cm, 直立或稍铺散。茎节明显, 叶对生, 边缘钝齿, 齿尖有腺体。穗状花序多顶生, 花小, 两性, 不具花被, 黄绿色, 幽香浓郁。花期 8~10 月, 难见结实。

无毛紫露草 Tradescantia × andersoniana W. Ludw. & Rohweder
鸭跖草科 Commelinaceae 紫露草属

原产及栽培地: 原产美国。中国北京、福建、广东、广西、江西、陕西、台湾、浙江等地栽培。**习性:** 植株强健而耐寒,北京可露地越冬;喜日照充足,但也耐半阴;不择土壤。**繁殖:** 分株。**园林用途:** 用于花坛、道路两侧丛植或盆栽观赏。

特征要点　多年生草本。株高 30~50cm。茎圆柱形, 被白粉。叶广线形, 长 30cm, 苍绿色, 多弯曲, 叶面内折, 基部鞘状。花多朵簇生枝顶, 外被 2 枚长短不等的苞片; 花蓝紫色, 直径 2~3cm; 萼片 3, 绿色; 雄蕊 6, 花丝具茸毛。花期 5~7 月。

紫竹梅 Tradescantia pallida (Rose) D.R. Hunt
鸭跖草科 Commelinaceae 紫露草属

原产及栽培地: 原产美洲热带地区。中国北京、福建、广东、海南、湖北、四川、台湾、云南、浙江等地栽培。**习性:** 喜温暖、湿润,不耐寒,忌阳光暴晒,喜半阴;极耐旱,适宜肥沃、湿润的壤土。**繁殖:** 分株、扦插。**园林用途:** 南方布置岩石园,北方盆栽观赏。

特征要点　多年生草本。株高 20~30cm。茎紫褐色, 初始直立, 后倒地匍匐状。叶披针形, 略有卷曲, 紫红色, 被细茸毛。花生于茎顶, 具线状披针形苞片; 萼片 3; 花瓣 3, 紫红色; 雄蕊 6。蒴果椭圆形。花期夏秋季。

高山蓍（蓍草） **Achillea alpina** L. 菊科 Asteraceae/Compositae 蓍属

原产及栽培地：原产东亚、西伯利亚及日本。中国北京、福建、江苏、江西、辽宁、上海、云南、浙江等地栽培。**习性**：喜冷凉、湿润的亚高山气候；要求富含腐殖质的疏松肥沃土壤；忌炎热。**繁殖**：播种。**园林用途**：花坛或切花用。

特征要点　多年生草本。株高 60~90cm。茎直立，全株被柔毛。叶互生，无柄，条状披针形，边缘锯齿状或浅裂。头状花序直径约 1cm，在茎顶呈伞房状着生；舌状花 7~8 个，白色或淡红色，顶端有小齿；筒状花白色或淡红色。花期 7~8 月。

凤尾蓍 **Achillea filipendulina** Lam. 菊科 Asteraceae/Compositae 蓍属

原产及栽培地：原产中国、俄罗斯。中国北京、福建、江苏、辽宁、台湾、云南等地栽培。**习性**：耐寒；喜土层深厚、排水良好及含腐殖质的砂质壤土，喜日光充足环境。**繁殖**：播种、分株。**园林用途**：最适宜花境栽植或作切花。

特征要点　多年生草本。株高可达 1.5m。茎秆挺直，被柔毛。羽状复叶互生，小叶羽状细裂，叶轴下延；茎生叶稍小。头状花序金黄色，芳香，密集成大复伞房状，通常直径可达 12cm。花期 6~8 月。

蓍(千叶蓍) **Achillea millefolium** L. 菊科 Asteraceae/Compositae 蓍属

原产及栽培地: 原产欧洲、亚洲与北美洲。中国北京、江苏、福建、甘肃、广东、黑龙江、湖北、江西、辽宁、山东、陕西、上海、四川、台湾、云南、浙江等地栽培。**习性:** 耐寒;喜土层深厚、排水良好及含腐殖质的砂质壤土,喜日光充足环境。**繁殖:** 播种、分株。**园林用途:** 庭园(院)中适宜花境带状栽植、坡地片植或作切花。

特征要点 多年生草本。株高 30~90cm。叶长而狭,无柄,二至三回羽状全裂,裂片线形,边缘锯齿状。头状花序,白色,密集成复伞房状。花期 6~7 月。

珠蓍 **Achillea ptarmica** L. 菊科 Asteraceae/Compositae 蓍属

原产及栽培地: 原产欧洲。中国北京、江苏、云南等地栽培。**习性:** 耐寒;喜土层深厚、排水良好及含腐殖质的砂质壤土,喜日光充足环境。**繁殖:** 播种、分株。**园林用途:** 适宜冬季作干花花束或小花境栽植。

特征要点 多年生草本。株高约 30cm。叶互生,长披针状线形,长 2~4cm,宽 2~4mm。头状花序多数排列成顶生疏散聚伞状圆锥花序;头状花序大,直径达 1cm,花冠白色,舌状花多轮。花期 6~7 月。

珠光香青 **Anaphalis margaritacea** (L.) Benth. & Hook. f.

菊科 Asteraceae/Compositae 香青属

原产及栽培地: 原产中国西北部、欧亚大陆温带地区。中国北京、陕西、四川、台湾等地栽培。**习性:** 喜阳光充足的环境；适应冷凉气候；要求排水良好至稍干的土壤。**繁殖:** 播种、分株。**园林用途:** 庭院中可栽植于花境, 干花可作冬季瓶插装饰。

特征要点 多年生草本。株高 40~80cm。全株被蛛丝状毛及腺毛。根状茎细长葡匐。直立枝高达40cm。叶互生, 无柄, 线形或线状披针形, 长 10cm。头状花序多数 (9~15), 密集成复伞房状；总苞白色。花期自夏至秋。

木茼蒿(蓬蒿菊) **Argyranthemum frutescens** (L.) Sch. Bip.

菊科 Asteraceae/Compositae 木茼蒿属

原产及栽培地: 原产南欧西班牙。中国北京、福建、广东、贵州、江苏、台湾、云南、浙江等地栽培。**习性:** 喜温暖湿润, 不耐寒；忌高温多湿。要求富含腐殖质的疏松肥沃、排水良好的湿润壤土。**繁殖:** 扦插。**园林用途:** 盆栽装饰门厅、会场, 地栽布置花坛、花境, 也作切花。

特征要点 多年生亚灌木。株高可达 1m。叶一至二回羽状深裂。总花梗细长；头状花序直径约 5cm, 多数在枝顶排列成疏散伞房状；内层总苞片边缘透明, 亮灰色；舌状花白色或淡黄色, 1~3 轮, 狭长形, 管状花黄色。花期可近周年, 但春季最盛。

朝雾草 **Artemisia schmidtiana** Maxim. 菊科 Asteraceae/Compositae 蒿属

原产及栽培地: 原产日本和俄罗斯远东地区。中国北京、广州栽培。**习性:** 喜光; 喜温暖干爽气候, 较耐旱; 喜排水良好的砂质土壤。**繁殖:** 分株。**园林用途:** 观叶植物, 布置花境, 也可作地被。

特征要点　多年生草本。株高可达 1m。植株通体被银白色绢毛。茎常分枝, 密丛生, 横向伸展, 高 10cm 左右。茎叶纤细、柔软, 7月至8月间开白色小花。

'斑叶'北艾 **Artemisia vulgaris** 'Variegata' 菊科 Asteraceae/Compositae 蒿属

原产及栽培地: 原产亚洲北部(含中国北部)、欧洲。中国北京、福建、广东、广西、海南、江西、台湾、云南、浙江等地栽培。**习性:** 喜光; 喜温暖干爽气候, 较耐旱; 喜排水良好的砂质土壤。**繁殖:** 分株。**园林用途:** 观叶植物, 布置花境, 也可作地被。

特征要点　多年生草本。株高45~160cm。植株丛生, 被短柔毛。叶具短柄, 二回羽状深裂或全裂, 具黄色斑块。圆锥花序狭窄或略开展; 头状花序长圆形, 直径 2.5~3mm, 花冠紫色。瘦果小。花果期 8~10 月。

高山紫菀 **Aster alpinus** L. 菊科 Asteraceae/Compositae 紫菀属

原产及栽培地: 原产欧亚大陆。中国北京、内蒙古、新疆、江苏、台湾、云南等地栽培。**习性**: 喜冷凉的亚高山草甸。**繁殖**: 分株、播种。**园林用途**: 适宜布置于岩石园。

特征要点 多年生丛生草本。株高15~30cm。叶匙状或线状长圆形, 全缘。头状花序在茎端单生, 直径3~5cm; 总苞半球形, 总苞片2~3层, 草质; 舌状花紫色、蓝色或浅红色; 管状花黄色; 冠毛白色。瘦果。花期6~8月; 果期7~9月。

紫菀 **Aster tataricus** L. f. 菊科 Asteraceae/Compositae 紫菀属

原产及栽培地: 原产中国、日本及西伯利亚地区。中国北京、福建、广东、广西、贵州、江苏、江西、辽宁、陕西、四川、台湾、浙江等地栽培。**习性**: 喜半阴环境; 耐寒; 喜深厚肥沃的森林壤土。**繁殖**: 分株、播种。**园林用途**: 庭园及切花用。

特征要点 多年生草本。株高0.4~2m。茎直立, 上部有分歧。叶披针形至长椭圆状披针形, 基部叶大, 上部叶狭, 粗糙, 边缘有疏锯齿。头状花序直径2.5~4.5cm, 排成复伞房状; 总苞半球形; 舌状花20枚左右, 淡紫色; 管状花黄色。花期7~9月。

山矢车菊 **Centaurea montana** L.
菊科 Asteraceae/Compositae 矢车菊属

原产及栽培地：原产欧洲中部山区。中国北京、福建栽培。**习性：**喜阳光；较耐寒，忌炎热；好肥，要求排水良好的土壤；有自播繁衍力。**繁殖：**播种。**园林用途：**适宜花坛草地镶边、作花境背景或作盆栽，也作切花。

特征要点 多年生草本。株高 30~40cm。嫩叶银白色。总苞片边缘具黑边，直径约 7cm，舌状花蓝、白色。

菊花（菊） **Chrysanthemum morifolium** Ramat.
菊科 Asteraceae/Compositae 菊属

原产及栽培地：原产中国。中国各地均有栽培。**习性：**较耐寒，喜通风向阳、凉爽高燥的环境，要求富含腐殖质的砂壤土；最忌连作与积涝。**繁殖：**播种、扦插、分株、嫁接。**园林用途：**重要传统名花，用于地被、花坛、花境或假山，制作盆花、盆景；更是五大切花之一。

特征要点 多年生草本。株高因品种与栽培技巧而异，可 20~200cm 不等。嫩茎常带紫褐色。单叶互生，叶卵形至长圆形，叶缘有缺刻与锯齿。头状花序顶生，直径 2~30cm；花型、花色富于变化。瘦果扁平楔形。花期通常 10~12 月。

大花金鸡菊 Coreopsis grandiflora Hogg ex Sweet
菊科 Asteraceae/Compositae 金鸡菊属

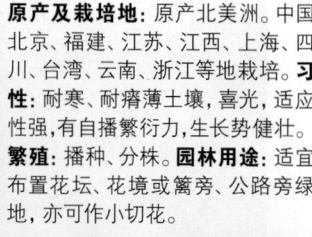

原产及栽培地: 原产北美洲。中国北京、福建、江苏、江西、上海、四川、台湾、云南、浙江等地栽培。**习性**: 耐寒、耐瘠薄土壤，喜光，适应性强，有自播繁衍力，生长势健壮。**繁殖**: 播种、分株。**园林用途**: 适宜布置花坛、花境或篱旁、公路旁绿地，亦可作小切花。

特征要点　多年生草本。株高 30~80cm。基生叶匙形或披针形，茎生叶 3~5 裂。头状花序具长梗，直径 6~7cm，花金黄色，舌状花通常 8 枚，顶端 3 裂。瘦果具膜质翅。花期夏秋季。

剑叶金鸡菊（大金鸡菊）Coreopsis lanceolata L.
菊科 Asteraceae/Compositae 金鸡菊属

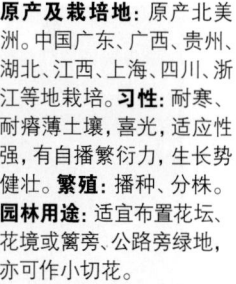

原产及栽培地: 原产北美洲。中国广东、广西、贵州、湖北、江西、上海、四川、浙江等地栽培。**习性**: 耐寒、耐瘠薄土壤，喜光，适应性强，有自播繁衍力，生长势健壮。**繁殖**: 播种、分株。**园林用途**: 适宜布置花坛、花境或篱旁、公路旁绿地，亦可作小切花。

特征要点　多年生草本。株高 30~70cm。有纺锤状根。叶在茎基部成对簇生，有长柄，匙形或线状倒披针形，茎上部叶少数，全缘或 3 深裂。头状花序在茎端单生，直径 4~5cm；总苞片内外层近等长，披针形；舌状花黄色。花期 5~9 月。

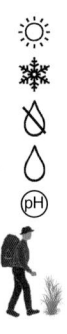

轮叶金鸡菊 Coreopsis verticillata L. 菊科 Asteraceae/Compositae 金鸡菊属

原产及栽培地: 原产美国。中国北京、江西、上海栽培。**习性:** 耐寒、耐瘠薄土壤,喜光,适应性强,有自播繁衍力,生长势健壮。**繁殖:** 播种、分株。**园林用途:** 适宜布置花坛、花境或篱旁、公路旁绿地。

特征要点 多年生草本。株高 30~90cm。茎无毛,分枝。叶无柄,掌状 3 深裂,各裂片又细裂,似轮生。头状花序直径 5cm,黄色。花期 6~7 月。

松果菊(紫松果菊、黑眼菊、毛叶金光菊) Echinacea purpurea (L.) Moench 菊科 Asteraceae/Compositae 松果菊属

原产及栽培地: 原产北美洲。中国北京、福建、甘肃、黑龙江、江苏、江西、辽宁、上海、四川、台湾、云南、浙江等地栽培。**习性:** 喜温暖向阳,耐寒;要求含腐殖质的肥沃、深厚土壤,亦耐贫瘠。**繁殖:** 播种、分株。**园林用途:** 自然式背景栽植、配置花境、林缘坡地条植丛植,也作切花。

特征要点 多年生草本。株高 60~150cm。茎、叶密生硬毛。叶互生,卵状披针形至阔卵形。头状花序单生或数朵聚生,直径可达 15cm,舌状花瓣宽,玫瑰红或淡紫红色,少数白色;管状花橙黄色,突出呈球形。花期夏秋季。

驴欺口（蓝刺头）Echinops davuricus Trevir.【Echinops latifolius Tausch.】菊科 Asteraceae/Compositae 蓝刺头属

原产及栽培地: 原产中国、朝鲜、蒙古、俄罗斯。中国北京、甘肃、内蒙古、新疆等地栽培。**习性:** 喜光；喜冷凉湿润环境，耐寒；喜排水良好的砂质壤土。**繁殖:** 播种。**园林用途:** 适宜岩石园栽培，观花。

特征要点 多年生草本。株高 30~60cm。茎直立，有分枝。叶长 15~20cm，二回羽状分裂，边缘具刺齿，上面绿色，下面灰白色，被密厚的蛛丝状绵毛。复头状花序顶生，直径 3~5.5cm；头状花序具单花；小花蓝色，花冠裂片线形。花果期 6~9 月。

硬叶蓝刺头 Echinops ritro L. 菊科 Asteraceae/Compositae 蓝刺头属

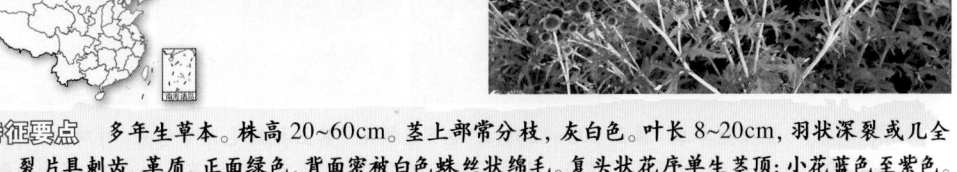

原产及栽培地: 原产中国新疆、蒙古、俄罗斯及中亚地区。中国北京、新疆等地栽培。**习性:** 喜光；喜冷凉湿润环境，耐寒；喜排水良好的砂质壤土。**繁殖:** 播种。**园林用途:** 适宜布置花境或岩石园，观花。

特征要点 多年生草本。株高 20~60cm。茎上部常分枝，灰白色。叶长 8~20cm，羽状深裂或几全裂，裂片具刺齿，草质，正面绿色，背面密被白色蛛丝状绵毛。复头状花序单生茎顶；小花蓝色至紫色。花果期 7~8 月。

佩兰 **Eupatorium fortunei** Turcz. 菊科 Asteraceae/Compositae 泽兰属

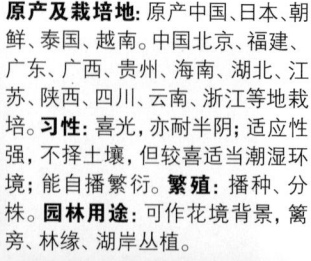

原产及栽培地: 原产中国、日本、朝鲜、泰国、越南。中国北京、福建、广东、广西、贵州、海南、湖北、江苏、陕西、四川、云南、浙江等地栽培。**习性**: 喜光，亦耐半阴；适应性强，不择土壤，但较喜适当潮湿环境；能自播繁衍。**繁殖**: 播种、分株。**园林用途**: 可作花境背景，篱旁、林缘、湖岸丛植。

特征要点　多年生草本。株高约 1m。茎被短柔毛。叶对生，大部分 3 全裂，中裂片较大，矩卵形或卵状披针形，无柄，边缘具粗锯齿。头状花序小，含小花 5 个，在顶端紧密排成伞房状，全为管状花，红紫色。花期秋季。

白头婆（泽兰） **Eupatorium japonicum** Thunb.
菊科 Asteraceae/Compositae 泽兰属

原产及栽培地: 原产日本。中国浙江、北京、福建、广东、广西、贵州、湖北、江苏、江西、辽宁、陕西、上海、四川等地栽培。**习性**: 喜光，耐阴；喜温暖湿润气候，不耐寒；对土壤要求不严，适应性广。**繁殖**: 播种。**园林用途**: 庭园栽培，茎叶入药，又可作香料。

特征要点　多年生草本。株高 100~120cm。地下茎横走。茎上被短毛及紫色点。叶对生，有柄，阔披针形，有不等的锯齿，叶背面有腺点。头状花序在茎顶排成伞房状；管状花 5 个左右，多为白色，有时紫色。花期秋季。

蓝菊 Felicia amelloides (L.) Voss 菊科 Asteraceae/Compositae 蓝菊属

原产及栽培地：原产南非。中国北京、上海、吉林、台湾等地栽培。**习性**：喜向阳排水好的地势，植株健壮，不耐寒；要求疏松肥沃的土壤。**繁殖**：播种、软枝扦插。**园林用途**：适宜花境、花坛镶边、窗台饰盒栽植，或作温室盆栽观赏。

特征要点　多年生草本或灌木状亚灌木。株高30~90cm。叶对生，椭圆或长圆状倒卵形，长约2.5cm，基部渐窄成具翼短柄。头状花序单生，直径约3cm，有长梗；总苞2层，舌状花多数，天蓝色；管状花黄色。花期6~8月。

宿根天人菊 Gaillardia aristata Pursh 菊科 Asteraceae/Compositae 天人菊属

原产及栽培地：原产北美洲。中国北京、福建、黑龙江、山东、上海、台湾、新疆、浙江等地栽培。**习性**：耐寒、耐旱，喜阳光充足，要求土壤排水良好；偶有自播繁衍力。**繁殖**：播种。**园林用途**：庭院栽培观赏，可群植、丛植，或作小切花。

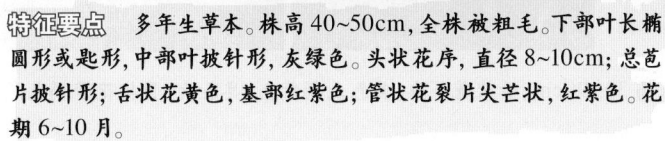

特征要点　多年生草本。株高40~50cm，全株被粗毛。下部叶长椭圆形或匙形，中部叶披针形，灰绿色。头状花序，直径8~10cm；总苞片披针形；舌状花黄色，基部红紫色；管状花裂片尖芒状，红紫色。花期6~10月。

堆心菊 **Helenium autumnale** L. 菊科 Asteraceae/Compositae 堆心菊属

原产及栽培地: 原产北美洲。中国北京、广西、湖北、江苏、江西、上海、台湾等地栽培。**习性:** 耐寒,喜温暖、向阳,要求土层深厚、肥沃,但不过于干燥的土壤;适应性强。**繁殖:** 播种、分株。**园林用途:** 庭园中多丛植或大面积背景栽植,也可作切花。

特征要点　多年生草本。株高 1m 余。叶互生,披针形至卵状披针形,边缘具锯齿。头状花序多数,直径 3~5cm;舌状花黄色,管状花黄色或带红晕,半球形。花期夏末秋初。

紫心菊(堆心菊) **Helenium flexuosum** Raf.
菊科 Asteraceae/Compositae 堆心菊属

原产及栽培地: 原产美国、加拿大。中国江西、广西栽培。**习性:** 喜温暖向阳,要求土层深厚、肥沃。**繁殖:** 播种。**园林用途:** 庭园中多丛植或大面积背景栽植,也可作切花。

特征要点　多年生草本。株高 30~90cm。舌状花下垂,黄色或褐紫色,具条纹,管状花带褐色或带紫色。花期秋冬季。

'千瓣'向日葵 **Helianthus annuus** L. 'Giant Sungold'
菊科 Asteraceae/Compositae 向日葵属

原产及栽培地:原产美国、加拿大。中国北京、福建、江西栽培。**习性**:喜温暖向阳环境;要求疏松、肥沃、土层深厚的砂质土壤,稍耐干旱、瘠薄盐碱地;适应性强。**繁殖**:播种。**园林用途**:适宜栽植于宅旁空闲地作背景或屏障,还可作切花。

特征要点 多年生草本。株高 1~2m。根茎先端稍块状肥大。茎上部分枝,有软毛或粗硬毛。叶薄,卵形至卵状披针形,缘有锯齿,三出脉,叶表有粗毛。头状花序直径约 5 ~ 7.5cm;多数或几乎全为舌状花,黄色。花期 7~9 月。

菊芋 **Helianthus tuberosus** L. 菊科 Asteraceae/Compositae 向日葵属

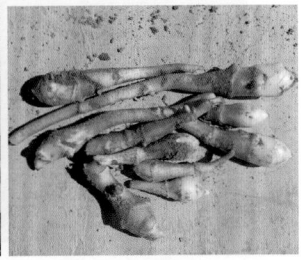

原产及栽培地:原产北美洲。中国安徽、北京、福建、甘肃、广西、贵州、河北、河南、黑龙江、湖北、吉林、江西、辽宁、青海、山西、陕西、上海、四川、台湾、新疆、浙江等地栽培。**习性**:喜温暖向阳环境;要求疏松、肥沃、土层深厚的砂质土壤,稍耐干旱、瘠薄盐碱地;适应性强。**繁殖**:播种、分株。**园林用途**:庭院栽培观花,块茎可制酱菜。

特征要点 多年生草本。株高 2~3m。具肥厚块茎。茎上部分枝。叶对生,矩卵形至卵状椭圆形,具三出脉。头状花序顶生,直径 5~8cm,淡黄色。花期 9~10 月。

赛菊芋（粗糙赛菊芋） **Heliopsis helianthoides** (L.) Sweet
菊科 Asteraceae/Compositae 赛菊芋属

原产及栽培地: 原产北美洲。中国北京、江苏、辽宁、陕西、上海、新疆、浙江等地栽培。**习性**: 耐寒,喜阳光充足、高燥的地势,要求疏松、肥沃、排水良好土壤。**繁殖**: 播种、分株。**园林用途**: 庭院中布置花境、花坛,篱旁、山石前丛植,也可作切花。

特征要点 多年生草本。株高 1m。全株具硬毛。叶对生,矩圆形至卵状披针形。头状花序单生,直径 3~6cm,黄色。瘦果无冠毛。花期 7~10 月。

欧亚旋覆花 **Inula britannica** L. 菊科 Asteraceae/Compositae 土木香属 / 旋覆花属

原产及栽培地: 原产中国北部、欧亚大陆温带地区。中国北京、内蒙古、黑龙江、新疆等地栽培。**习性**: 耐寒,喜温暖、湿润,亦耐干旱、瘠薄与略带石灰质土壤;有自播繁衍力。**繁殖**: 播种、分株。**园林用途**: 适宜花境、野生花卉园、岩石园栽植,或墙边丛植、群植。

特征要点 多年生草本。株高 50~60cm。全株被长柔毛。叶矩椭圆状披针形,基部宽大半抱茎。头状花序,直径 3~5cm,舌状花柠檬黄色,舌片条形。花期夏末秋初。

土木香 **Inula helenium** L. 菊科 Asteraceae/Compositae 土木香属 / 旋覆花属

原产及栽培地: 原产亚洲温带。中国北京、广西、贵州、湖北、江苏、陕西、浙江等地栽培。**习性**: 喜光，耐寒，喜疏松肥沃、排水良好的深厚壤土。**繁殖**: 分株、播种。**园林用途**: 适宜配置花境，或作背景材料种植。

特征要点　多年生草本。株高可达 2.5m。茎粗壮，单生或疏丛生。叶大，叶片宽椭圆状披针形至披针形，背面被白色厚毛，正面粗糙。头状花序数个生于茎顶，直径约 8cm；花冠黄色。花果期夏秋季。

大滨菊 **Leucanthemum × superbum** (Bergmans ex J. W. Ingram) D. H. Kent
菊科 Asteraceae/Compositae 滨菊属

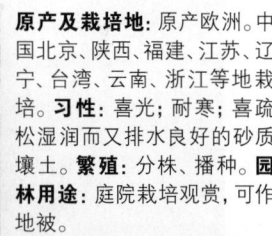

原产及栽培地: 原产欧洲。中国北京、陕西、福建、江苏、辽宁、台湾、云南、浙江等地栽培。**习性**: 喜光；耐寒；喜疏松湿润而又排水良好的砂质壤土。**繁殖**: 分株、播种。**园林用途**: 庭院栽培观赏，可作地被。

特征要点　多年生草本。植株高大，可达 1m 以上。叶互生，无柄，条形，边缘具细尖锯齿。头状花序单生茎顶，较大，直径达 7cm。其余特征类似滨菊。

滨菊（春白菊）**Leucanthemum vulgare** Lam. 菊科 Asteraceae/Compositae 滨菊属

原产及栽培地：原产欧洲。中国北京、福建、江苏、江西、台湾、新疆、浙江等地栽培。**习性**：喜光，耐寒；喜疏松湿润而又排水良好的砂质壤土。**繁殖**：分株、播种。**园林用途**：庭院栽培观赏，可作地被。

特征要点　多年生草本。株高 15~80cm。茎直立，通常不分枝。基生叶长椭圆形至卵形，长 3~8cm，宽 1.5~2.5cm，边缘圆或钝锯齿。头状花序单生茎顶，有长花梗；总苞直径 1~2cm；花冠白色。花果期 5~10 月。

蛇鞭菊　**Liatris spicata** (L.) Willd. 菊科 Asteraceae/Compositae 蛇鞭菊属

原产及栽培地：原产北美洲东部和南部。中国北京、福建、黑龙江、江苏、江西、辽宁、上海、四川、台湾、云南、浙江等地栽培。**习性**：喜光，亦稍耐阴；耐寒；喜排水良好的肥沃砂质土，耐较贫瘠土壤。**繁殖**：播种、分株。**园林用途**：适宜布置花境背景，或自然式群植，还可作切花。

特征要点　多年生草本。植株高 1~1.5m。具地下块根。花茎自块根上抽出。叶茎生，多数，线状披针形。头状花序 1~1.5cm 宽，全为两性管状花，紫红色或白色，紧密排列成穗状，长可达 30cm。花期 7~8 月。

黄帝菊 **Melampodium divaricatum** (Rich.) DC.

菊科 Asteraceae/Compositae 黑足菊属

原产及栽培地: 原产中南美洲。中国北京、福建、海南、湖北、江苏、上海、台湾、云南、浙江等地栽培。

习性: 喜较强光照与潮湿环境; 适应性强, 能耐35℃以上高温。

繁殖: 播种。**园林用途**: 适宜作盆花材料或花坛镶边材料。

特征要点 多年生草本。株高30~40cm。全株被短柔毛, 茎多分叉。叶对生, 具短柄, 长椭圆形, 先端尖, 边缘具疏浅微锯齿, 基出三脉明显。头状花序单生于分叉处, 有柄; 花小而繁密, 黄色, 舌状花可孕, 盘心花不孕。瘦果无冠毛。花期9~10月。

漏芦 **Leuzea uniflora** (L.) Holub 【**Rhaponticum uniflorum** (L.) DC.】

菊科 Asteraceae/Compositae 漏芦属

原产及栽培地: 原产中国北部、日本、朝鲜、蒙古、俄罗斯。中国北京、江苏、辽宁、陕西、山东、甘肃、新疆、内蒙古、黑龙江、吉林、河北等地栽培。**习性**: 喜光; 喜温暖干爽环境, 耐寒、耐旱; 要求排水良好的砂质土壤, 耐瘠薄, 忌积水。**繁殖**: 播种。**园林用途**: 花美丽, 可用于造景。

特征要点 多年生草本。株高30~80cm。根肥厚, 木质。茎直立, 灰白色, 被绵毛。基生叶与茎下部叶羽状深裂至浅裂, 边缘具不规则牙齿, 两面被软毛。头状花序单生茎顶; 总苞半球形, 直径4~5cm, 总苞片顶端有膜质附属物; 全部小花管状, 紫红色。瘦果。花期5~6月, 果期6~7月。

85

黑心金光菊 **Rudbeckia hirta** L. 菊科 Asteraceae/Compositae 金光菊属

原产及栽培地: 原产北美洲。中国北京、福建、广东、广西、海南、黑龙江、湖北、江苏、江西、上海、四川、台湾、新疆、云南、浙江等地栽培。**习性**: 耐寒，耐旱。喜向阳通风环境，对土壤要求不严；适应性强，偶能自播繁衍。**繁殖**: 播种、分株。**园林用途**: 适宜布置花境背景，或篱旁、林缘带植、丛植，亦可作切花。

特征要点 多年生草本。株高约 1m。全株被粗毛。叶互生，长椭圆形，基生叶 3~5 浅裂，边缘具粗齿。头状花序，直径 10~20cm，舌状花金黄色，瓣基部棕红色或无，管状花古铜色，半球形。花期 5~9 月。

金光菊 **Rudbeckia laciniata** L. 菊科 Asteraceae/Compositae 金光菊属

原产及栽培地: 原产美国。中国北京、福建、广西、海南、湖北、江苏、辽宁、四川、台湾、新疆、浙江等地栽培。**习性**: 耐寒，耐旱。喜向阳通风环境，对土壤要求不严；适应性强，偶能自播繁衍。**繁殖**: 播种、分株。**园林用途**: 适宜布置花境背景，或篱旁、林缘、带植、丛植，亦可作切花。

特征要点 多年生草本。株高可达 2m。叶阔披针形至矩圆形，有时分裂，边缘具粗锯齿。头状花序顶生，具长梗，直径 10~20cm；花托常突起；舌状花稍反卷，黄色，管状花黄绿色。花期 7~8 月。

银叶菊（白绒毛矢车菊） **Jacobaea maritima** (L.) Pelser & Meijden
【Senecio cineraria DC.】 菊科 Asteraceae/Compositae 疆千里光属 / 千里光属

原产及栽培地: 原产新西兰。中国北京、福建、广东、海南、黑龙江、四川、台湾、云南等地栽培。**习性**: 喜光; 喜肥沃、富含腐殖质的深厚壤土。**繁殖**: 扦插。**园林用途**: 适宜布置花坛、花境, 也可盆栽观赏。

特征要点 多年生草本, 多作一年生栽培。株高 40~80cm。全株具白色绵毛。叶互生, 长椭圆形, 羽状深裂。头状花序集成伞房状, 单直径约 1cm, 黄色或乳白色。观叶为主。花期夏秋季。

杂种一枝黄花 **Solidago hybrida** hort. 菊科 Asteraceae/Compositae 一枝黄花属

原产及栽培地: 杂交起源。中国福建、广东、广西、贵州、湖北、江苏、江西、四川、新疆、浙江等地栽培。**习性**: 适应性强, 耐寒, 喜凉爽、向阳、高燥略荫蔽环境; 耐高温、干旱, 对土壤要求不严。**繁殖**: 播种、分株。**园林用途**: 可作自然式布置, 丛植或作背景, 亦可作切花配花。

特征要点 多年生草本。株高 1~1.5m。全株具粗毛。叶互生, 狭披针形, 表面粗糙, 背面有柔毛。头状花序成偏向一侧的复总状, 再与下部叶腋的花序集成为顶生的大型圆锥状花丛; 花冠黄色。花期夏秋季。

美国紫菀 Symphyotrichum novae-angliae (L.) G. L. Nesom 【Aster novae-angliae L.】菊科 Asteraceae/Compositae 联毛紫菀属 / 紫菀属

原产及栽培地: 原产北美东北部。中国北京、江苏、江西、上海、台湾、浙江等地栽培。**习性**: 耐寒、耐旱，喜阳光、高燥和通风良好；要求富含腐殖质的疏松肥沃、排水良好的土壤。**繁殖**: 扦插、分株。**园林用途**: 多作花坛栽植用，也可作地被。

特征要点　多年生草本。株高 60~150cm，全株被粗毛，上部呈伞房状分枝。叶披针形至广线形，全缘，具黏性茸毛，叶基稍抱茎。头状花序聚伞状排列，直径 4~5cm；舌状花 40~60 个、深紫色、堇色，少有红、粉及白色等。花期 9~10 月。

荷兰菊 Symphyotrichum novi-belgii (L.) G. L. Nesom 【Aster novi-belgii L.】菊科 Asteraceae/Compositae 联毛紫菀属 / 紫菀属

原产及栽培地: 原产北美洲。中国北京、福建、广东、黑龙江、江苏、上海、新疆、浙江等地栽培。**习性**: 耐寒、耐旱，喜阳光、高燥和通风良好；要求富含腐殖质的疏松肥沃、排水良好的土壤。**繁殖**: 播种、扦插、分株。**园林用途**: 群植效果极佳，适宜布置花坛、花境，也可盆栽。

特征要点　多年生草本。株高可达 100cm，全株光滑。叶互生，长圆形或线状披针形。头状花序集成伞房状，直径 2~3cm；舌状花蓝紫色或白色。花期夏秋季。

除虫菊 **Tanacetum cinerariifolium** (Trevir.) Sch. Bip.
菊科 Asteraceae/Compositae 菊蒿属

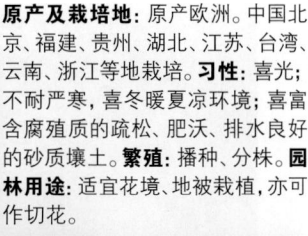

原产及栽培地: 原产欧洲。中国北京、福建、贵州、湖北、江苏、台湾、云南、浙江等地栽培。**习性:** 喜光;不耐严寒,喜冬暖夏凉环境;喜富含腐殖质的疏松、肥沃、排水良好的砂质壤土。**繁殖:** 播种、分株。**园林用途:** 适宜花境、地被栽植,亦可作切花。

特征要点 多年生草本。株高 15~45cm,全株被银灰色贴伏茸毛。叶二回羽状全裂,小裂片条形至矩圆状卵形。头状花序顶生,直径 3~4cm,具长梗;内层总苞片有宽而亮的膜质边缘;舌状花白色。花期 5~6 月。

八宝 **Hylotelephium erythrostictum** (Miq.) H. Ohba 【Sedum erythrostictum Miq.】景天科 Crassulaceae 八宝属 / 景天属

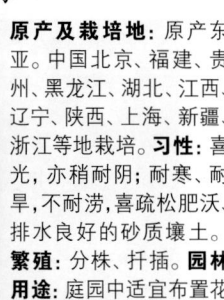

原产及栽培地: 原产东亚。中国北京、福建、贵州、黑龙江、湖北、江西、辽宁、陕西、上海、新疆、浙江等地栽培。**习性:** 喜光,亦稍耐阴;耐寒、耐旱,不耐涝,喜疏松肥沃、排水良好的砂质壤土。**繁殖:** 分株、扦插。**园林用途:** 庭园中适宜布置花境,或林缘灌丛前栽植,可作地被。

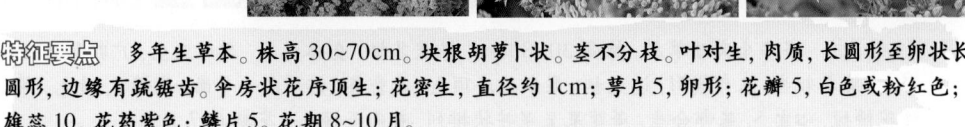

特征要点 多年生草本。株高 30~70cm。块根胡萝卜状。茎不分枝。叶对生,肉质,长圆形至卵状长圆形,边缘有疏锯齿。伞房状花序顶生;花密生,直径约 1cm;萼片 5,卵形;花瓣 5,白色或粉红色;雄蕊 10,花药紫色;鳞片 5。花期 8~10 月。

长药八宝 **Hylotelephium spectabile** (Bor.) H. Ohba【Sedum spectabile Boreau】景天科 Crassulaceae 八宝属 / 景天属

原产及栽培地：原产东亚。中国安徽、北京、福建、广东、黑龙江、辽宁、四川、台湾、云南、浙江等地栽培。**习性**：耐旱耐寒（能耐–20℃低温），耐瘠薄土壤；喜光；忌积涝。**繁殖**：分株、扦插。**园林用途**：庭园中适宜布置花境，或在林缘灌丛前栽植。

特征要点　多年生草本。株高 30~70cm。茎丛生，不分枝。叶对生，少 3 叶轮生，肉质卵形，边缘具波浪状浅锯齿。伞房状聚伞花序，直径约 10cm；小花密集，淡紫红色至紫红色；雄蕊 10，长 6~8mm，花药紫色。菁葖果直立。花期 8~9 月，果期 9~10 月。

费菜 **Phedimus aizoon** (L.) 't Hart【Sedum aizoon L.】
景天科 Crassulaceae 费菜属 / 景天属

原产及栽培地：原产中国北部、亚洲东北部。中国安徽、北京、福建、甘肃、广东、广西、贵州、黑龙江、湖北、江苏、江西、辽宁、内蒙古、上海、陕西、四川、新疆、云南、浙江等地栽培。**习性**：喜光，亦耐阴；喜温暖湿润气候，适应性广，耐寒，耐旱；对土壤质地要求不严，但须排水良好。**繁殖**：分株。**园林用途**：适宜布置花坛、花境，也可盆栽及切花用。

特征要点　多年生肉质草本。株高 30~80cm。根状茎粗。全体无毛。单叶互生，广卵形至狭倒披针形，上缘具粗齿，基部楔形，近无柄。聚伞花序顶生；花密集，排列成一平面；花瓣 5，黄色，雄蕊 10，较花瓣短，心皮 5，基部合生。菁葖果呈星芒状排列，黄色至橙色。花期 6~7 月。

凹叶景天 **Sedum emarginatum** Migo 景天科 Crassulaceae 景天属

原产及栽培地：原产中国。北京、广东、广西、贵州、湖北、江西、上海、四川、云南、浙江等地栽培。**习性**：耐寒，喜半阴环境。**繁殖**：茎段插、分株。**园林用途**：优良地被植物和岩石园植物，适宜在封闭式绿地上种植。

特征要点　多年生肉质草本。株高 10~15cm。茎细弱。叶对生，匙状倒卵形至宽卵形，长 1~2cm，宽 5~10mm，先端圆，有微缺。花序聚伞状，顶生，常有 3 个分枝；花小，黄色。花期 5~6 月，果期 6 月。

佛甲草 **Sedum lineare** Thunb. 景天科 Crassulaceae 景天属

原产及栽培地：原产中国、日本。中国安徽、北京、福建、广东、广西、贵州、湖北、江西、上海、四川、台湾、云南、浙江等地栽培。**习性**：喜光照，对土质不甚选择；北京可露地越冬，具一定耐寒性。**繁殖**：分株、扦插。**园林用途**：适宜盆栽，布置岩石园、花坛。

特征要点　多年生肉质草本。株高 5~15cm。茎初生时直立，后下垂。叶轮生，无柄，线状至线状披针形，长 2.5cm。聚伞花序顶生，着花 10 多朵，中心有一个具短柄的花，花瓣 5，黄色，披针形；雄蕊 10，短于花瓣。花期 5~6 月。

岩景天（反曲景天）Petrosedum rupestre (L.) P. V. Heath【Sedum rupestre L.】景天科 Crassulaceae 云杉草属 / 景天属

原产及栽培地: 原产美国。中国北京、广东栽培。**习性:** 喜光，亦耐半阴；耐旱，忌水涝；耐寒，华北可露地越冬，较耐湿热；要求排水良好砂质壤土。**繁殖:** 分株。**园林用途:** 适宜布置花坛、岩石园，可大片种植作地被。

特征要点 多年生肉质草本。株高 10~30cm。全株灰绿色，茎直立。叶螺旋状着生，肉质，长圆柱状，长约 1.5cm，先端尖，整体被白色蜡粉。聚伞花序生于植株顶端，长且坚硬；小花亮黄色。花期 6~7 月。

垂盆草 Sedum sarmentosum Bunge 景天科 Crassulaceae 景天属

原产及栽培地: 原产东亚地区。中国安徽、北京、福建、广东、广西、黑龙江、湖北、江西、辽宁、陕西、上海、四川、新疆、云南、浙江等地栽培。**习性:** 喜光，稍耐阴；耐寒，耐旱；对土壤要求不严。**繁殖:** 分株、扦插。**园林用途:** 适宜布置花坛、岩石园，可大片种植作地被，也可盆栽观赏。

特征要点 多年生肉质草本。株高 5~15cm。茎匍地生长。叶 3 枚轮生，线形，微扁。聚伞状花序顶生，花枝二歧分枝；花鲜黄色，直径约 1cm。花期春夏季。

'胭脂红' 假景天（小球玫瑰）**Phedimus spurius** 'Coccineum' 【Sedum spurium 'Coccineum'】景天科 Crassulaceae 费菜属 / 景天属

原产及栽培地: 原产亚洲西部、欧洲。中国安徽、北京、台湾、云南等地栽培。**习性**: 喜温暖干燥和阳光充足的环境; 要求疏松透气的砂质壤土。**繁殖**: 分株、扦插。**园林用途**: 适宜布置花坛、岩石园, 可大片种植作地被。

特征要点 多年生肉质草本。株高 5~15cm。全体无毛, 茎葡葡, 分枝, 丛生。叶对生, 卵圆形至披针形, 长 1.5~3.5cm, 基部楔形, 先端圆钝, 边缘具圆锯齿, 正面常呈紫红色。聚伞花序; 花 15~30 朵, 白色至深红色。花期夏季。

蓝扇花 **Scaevola aemula** R. Br. 草海桐科 Goodeniaceae 草海桐属

原产及栽培地: 原产澳大利亚。中国北京、福建、广东、台湾、重庆等地栽培。**习性**: 喜光; 喜温暖湿润气候; 要求肥沃壤土。**繁殖**: 分株、播种。**园林用途**: 适宜布置花坛、花境, 也可作地被植物。

特征要点 多年生草本。株高 25~50cm。茎红褐色。叶互生, 倒卵形, 先端钝或带小尖头, 基部楔形, 叶上部边缘具齿, 下部全缘。总状花序; 花筒部与子房贴生, 花冠蓝色、白色或粉红色等, 花冠两侧对称, 裂片几乎相等。核果。花期春至夏末。

'变叶'芦竹（花叶芦竹）**Arundo donax** 'Versicolor'

禾本科 Poaceae/Gramineae 芦竹属

原产及栽培地：原产地中海地区。中国各地栽培。**习性**：喜温暖、水湿，较耐寒，对土壤适应性较强，可在微酸或微碱性土壤中生长。**繁殖**：分株。**园林用途**：庭园中可丛植、行植。

特征要点 多年生草本。株高2~4m。叶片幼时具白色或淡黄色边或条纹，观赏价值更高。花期7~9月。

鹦鹉蝎尾蕉 **Heliconia psittacorum** L. f. 蝎尾蕉科 Heliconiaceae 蝎尾蕉属

原产及栽培地：原产美洲热带地区。中国福建、广东、海南、上海、台湾、云南等地栽培。**习性**：喜高温及阳光充足环境，亦耐半阴，但夏季忌强光暴晒；要求肥沃的深厚疏松壤土。**繁殖**：分株。**园林用途**：热带地区栽培作庭院观叶赏花的佳品。

特征要点 多年生常绿草本。株高1~1.5m。叶长45cm，宽5cm，具长叶柄。花序直立；苞片3~6，舟状窄披针形，长约8cm，鲜红色；花橙色，具红色尖。花果期几全年。

金嘴蝎尾蕉 **Heliconia rostrata** Ruiz & Pav. 蝎尾蕉科 Heliconiaceae 蝎尾蕉属

原产及栽培地: 原产美洲热带地区。中国北京、福建、广东、海南、上海、台湾、云南等地栽培。**习性**: 喜高温及阳光充足环境，亦耐半阴，但夏季忌强光暴晒；要求肥沃的深厚疏松壤土。**繁殖**: 分株。**园林用途**: 热带地区栽培作庭院观叶赏花的佳品，花枝作高档切花。

特征要点 多年生常绿草本。株高可达 2m。植株大型，形似香蕉。叶直立，大型，椭圆状矩圆形，有长柄。花梗自叶腋抽出后向下垂悬，花序长达 60cm 以上；大苞片 15~20 枚，长达 10cm，下部鲜红色，上部黄色，边缘带绿色；花朵黄绿色。花期春末夏初。

黄蝎尾蕉 **Heliconia subulata** Ruiz & Pav. 蝎尾蕉科 Heliconiaceae 蝎尾蕉属

原产及栽培地: 原产南美洲、西印度群岛。中国广东、云南、福建、海南等地栽培。**习性**: 喜高温及阳光充足环境，亦耐半阴，但夏季忌强光暴晒；要求肥沃的深厚疏松壤土。**繁殖**: 分株、播种。**园林用途**: 珍贵的切花材料，盆栽适合布置宾馆前厅；南方配置庭院。

特征要点 多年生常绿草本。株高 1~2m。叶具长柄，叶片披针形或长椭圆形，鞘抱茎而生。花茎顶生，直立，花序三角状，分歧苞 4~5 枚，黄色。蒴果。花期春季至秋季。

射干 **Iris domestica** (L.) Goldblatt & Mabb. 【Belamcanda chinensis (L.) Redouté】鸢尾科 Iridaceae 鸢尾属 / 射干属

原产及栽培地: 原产亚洲。中国北京、福建、甘肃、广东、广西、贵州、海南、黑龙江、湖北、江苏、江西、辽宁、陕西、上海、四川、台湾、新疆、云南、浙江等地栽培。**习性:** 喜光;适应性强,喜稍湿润、排水良好并适度肥沃的砂质壤土;亦较耐旱。**繁殖:** 分株、播种。**园林用途:** 多栽植于花境或草地丛植,亦可作切花。

特征要点 多年生草本。株高 40~100cm。根状茎短而硬。叶扁平宽剑形,2 列,嵌叠状排列成一平面。二歧伞房花序顶生;花冠橘黄色,有暗红色斑点,直径 5~8cm,花被片 6,长 2~3cm,不明显 2 轮排列。花期夏季。

扁竹兰 **Iris confusa** Sealy 鸢尾科 Iridaceae 鸢尾属

原产及栽培地: 原产中国。北京、广东、湖北、上海、四川、云南等地栽培。**习性:** 耐阴;喜温暖湿润气候;喜疏松肥沃的砂质壤土。**繁殖:** 分株、播种。**园林用途:** 林下栽培观赏,可作地被。

特征要点 多年生草本。株高 80~120cm。根状茎横走。地上茎直立,节明显。叶 10 余枚,密集于茎顶,排列成扇状,叶片宽剑形,宽 3~6cm。花茎纤细;花浅蓝色或白色,直径 5~5.5cm,外花被裂片中部具黄色斑。蒴果椭圆形,具肋。花期 4 月,果期 5~7 月。

玉蝉花（花菖蒲）Iris ensata Thunb. 鸢尾科 Iridaceae 鸢尾属

原产及栽培地：原产中国东北、朝鲜、日本、俄罗斯。中国北京、福建、江苏、辽宁、台湾、云南、浙江等地栽培。**习性：**喜光；喜冷凉湿润的湿地环境。**繁殖：**分株、播种。**园林用途：**常作专类园、花坛、水边等配置及切花栽培。

特征要点 多年生草本。株高 40~100cm。根状茎粗壮；须根绳索状。叶条形，长 30~80cm，宽 0.5~1.2cm。花茎高 40~100cm；花 2 朵，深紫色，直径 9~10cm；花被管漏斗形，外花被裂片倒卵形，中脉上有黄色斑纹。花期 6~7 月，果期 8~9 月。

德国鸢尾 Iris germanica L. 鸢尾科 Iridaceae 鸢尾属

原产及栽培地：原产欧洲。中国北京、福建、甘肃、广东、广西、贵州、湖北、江苏、江西、辽宁、陕西、台湾、新疆、云南、浙江等地栽培。**习性：**喜光；耐寒；喜疏松湿润而又排水良好的砂质壤土。**繁殖：**分株、播种。**园林用途：**常作花坛、花境，庭院栽培观赏，也可作地被。

特征要点 多年生草本。株高 60~100cm。花茎高可达 90cm，多分枝。叶长 30~70cm，宽 20~35cm，略带灰绿色，直立。花朵大，直径可达 10cm，颜色丰富多变。花期 5~6 月。

蝴蝶花 **Iris japonica** Thunb. 鸢尾科 Iridaceae 鸢尾属

原产及栽培地：原产东亚。中国陕西、湖南、湖北、四川、云南、广东、广西、福建、浙江等地栽培。**习性**：耐阴；喜温暖湿润气候；喜疏松肥沃的砂质壤土。**繁殖**：分株、播种。**园林用途**：多作常绿性地被植物。

特征要点 多年生草本。株高 40~60cm。具匍匐气生根状茎。叶常绿，长 30~80cm，宽 2.5~5cm，排成阔扇形。花莛高 30~80cm，有分枝，花淡蓝至深紫色，直径 5~6cm，外花被片边缘具不整齐齿裂，中部有黄色或白色斑点及鸡冠状突起。花期春季。

马蔺 **Iris lactea** var. **chinensis** Pall. 鸢尾科 Iridaceae 鸢尾属

原产及栽培地：原产亚洲。中国安徽、北京、福建、甘肃、广东、黑龙江、湖北、江西、辽宁、宁夏、陕西、上海、新疆、云南、浙江等地栽培。**习性**：喜光；耐寒；喜疏松湿润而又排水良好的砂质壤土。**繁殖**：分株、播种。**园林用途**：可作地被及镶边植物。

特征要点 多年生草本。株高 30~80cm。茎丛生，须根多数。叶基生，线形，坚韧，灰绿色。花莛高 3~10cm，有花 1~3 朵；花淡蓝色，花被片上有较深色的条纹，直径约 6cm。花期 4~5 月。

燕子花 **Iris laevigata** Fisch. 鸢尾科 Iridaceae 鸢尾属

原产及栽培地:原产亚洲东部。中国北京、福建、黑龙江、江苏、江西、上海、台湾、云南、浙江等地栽培。**习性:**喜光;喜冷凉湿润的湿地环境。**繁殖:**分株、播种。**园林用途:**可配置于湿地、水边等处。

特征要点 多年生草本。株高 40~60cm。叶剑形,宽 2~3cm,灰绿色,光滑,不具明显中肋。花莛高 40~60cm,花朵蓝色至白色,旗瓣起立,垂瓣爪片中央鲜黄色,直径约 10cm。花期 5~6 月。

香根鸢尾(银苞鸢尾) **Iris pallida** Lam. 鸢尾科 Iridaceae 鸢尾属

原产及栽培地:原产欧洲。中国江苏、北京等地栽培。**习性:**喜光;喜冬暖夏凉的气候;喜疏松湿润而又排水良好的砂质壤土。**繁殖:**分株、播种。**园林用途:**常作花坛、花境,庭院栽培观赏,也可作地被。

特征要点 多年生草本。株高 40~60cm。根状茎粗壮而肥厚,扁圆形,有环纹。叶灰绿色,长达 60cm,宽 1~4cm,被白粉,剑形。花莛光滑,高可达 1.2m,多分枝。苞片纸质,银白色;花淡紫色,3~6 朵,直径 9~11cm,微香。花期 5 月,果期 6~9 月。

黄菖蒲 Iris pseudacorus L. 鸢尾科 Iridaceae 鸢尾属

原产及栽培地: 原产亚欧大陆。中国安徽、北京、福建、广东、广西、贵州、黑龙江、湖北、江苏、江西、辽宁、上海、四川、云南、浙江等地栽培。**习性:** 要求水边或湿地沼泽环境,适应性广。**繁殖:** 分株、播种。**园林用途:** 适宜湿地、水边栽培观赏。

特征要点 多年生水生草本。株高 60~100cm。根状茎粗壮。基生叶灰绿色,宽剑形。花茎粗壮,具纵棱;苞片 3~4 枚,膜质;花黄色,直径 10~11cm;外花被裂片卵圆形,内花被裂片较小,倒披针形,直立。花期 5 月,果期 6~8 月。

溪荪 Iris sanguinea Donn ex Hornem. 鸢尾科 Iridaceae 鸢尾属

原产及栽培地: 原产中国北部、日本、朝鲜、蒙古、俄罗斯。中国北京、福建、广东、黑龙江、江苏、江西、辽宁、台湾、云南、浙江等地栽培。**习性:** 喜光;喜冷凉湿润的湿地环境。**繁殖:** 分株、播种。**园林用途:** 适宜湿地、水边栽培观赏。

特征要点 多年生草本。株高 40~60cm。叶条形。花莛高 40~60cm;花天蓝色,直径约 7cm,垂瓣基部有黑褐色网纹及黄色斑纹,无附属物。花期 7 月。

西伯利亚鸢尾 **Iris sibirica** L. 鸢尾科 Iridaceae 鸢尾属

原产及栽培地: 原产欧亚大陆温带。中国北京、广东、湖北、江西、四川、台湾、新疆、云南、浙江等地栽培。**习性**: 喜光; 喜冷凉湿润的湿地环境。**繁殖**: 分株、播种。**园林用途**: 常作专类园、花坛、水边等配置。

特征要点 多年生草本。株高 60~100cm。根状茎短, 丛生性强。叶线形, 长 30~60cm, 宽 0.6cm。花茎中空; 花 1~2 朵顶生, 蓝紫色, 直径约 6~7cm; 垂瓣椭圆形或倒卵形, 无须毛, 旗瓣直立。花期 6 月。

鸢尾 **Iris tectorum** Maxim. 鸢尾科 Iridaceae 鸢尾属

原产及栽培地: 原产亚洲南部。中国北京、福建、广东、江苏、四川、台湾、云南等地栽培。**习性**: 喜光, 耐寒, 喜疏松湿润而又排水良好的砂质壤土。**繁殖**: 分株、播种。**园林用途**: 常作花坛、花境, 庭院栽培观赏, 也可作地被。

特征要点 多年生草本。株高 20~40cm。叶二列, 剑形, 长 30~40cm, 质较薄。花茎高 30~50cm, 具 1~2 分枝, 每枝着花 1~3 朵, 花瓣蓝色、紫色, 中部具鸡冠状突起。蒴果大, 长椭圆形, 具 6 棱。花期 4~5 月, 果期 6~8 月。

西班牙鸢尾（西班牙菖蒲） **Iris xiphium** L. 鸢尾科 Iridaceae 鸢尾属

原产及栽培地： 原产欧洲。中国福建、江苏、新疆、浙江等地栽培。**习性：** 喜充足阳光；喜排水良好、冷凉而富腐殖质的砂壤土。**繁殖：** 分株、播种。**园林用途：** 适宜庭院栽培观赏。

特征要点 多年生草本。株高 40~60cm。球茎卵圆形，被褐色皮膜，直径约 3cm。叶线形，具深沟，粉绿色。花莛直立，顶生 1~2 朵花。花蓝紫色。蒴果，具 3 棱。花期 5 月。

智利豚鼻花（条纹庭菖蒲） **Sisyrinchium striatum** Sm.
鸢尾科 Iridaceae 庭菖蒲属

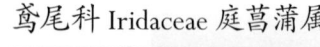

原产及栽培地： 原产阿根廷、智利。中国台湾、浙江、云南等地栽培。**习性：** 喜光；喜温暖湿润气候，不耐寒；要求排水良好、深厚肥沃的砂质壤土。**繁殖：** 分株、播种。**园林用途：** 适宜岩石园栽培，庭院中也可栽培观赏。

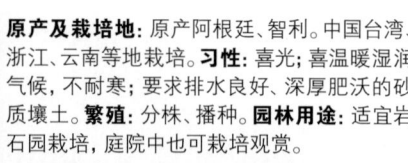

特征要点 多年生草本。株高 40~80cm。无地上茎。基生叶丛生，剑形，似鸢尾叶，长可达 60cm，宽 1.5~2.5cm。聚伞圆锥花序狭长，似间断的穗状花序；花数朵簇生于节上，花冠淡黄色，直径约 2cm。花期 5~6 月。

藿香 **Agastache rugosa** (Fisch. & C. A. Mey.) Kuntze
唇形科 Lamiaceae/Labiatae 藿香属

原产及栽培地: 原产亚洲北部(含中国北部)。中国北京、福建、广东、广西、贵州、黑龙江、湖北、江苏、江西、陕西、上海、四川、台湾、云南、浙江等地栽培。**习性:** 喜温暖湿润气候,要求向阳、疏松、肥沃及排水良好的砂壤土;耐寒、耐旱,适应性较强。**繁殖:** 播种、扦插、分株。**园林用途:** 可种植在草坪边缘、路旁及坡地。

特征要点 多年生草本。株高 0.5~1.5m。茎四棱,全株有短柔毛。叶对生,具长柄,心状卵形至长圆状披针形,缘具齿,纸质,有香气。轮伞花序,长达 12cm;花冠淡紫蓝色,上唇直伸,先端微凹,下唇3裂,花具香气。小坚果卵状长圆形。花期6~9月,果期9~11月。

筋骨草 **Ajuga ciliata** Bunge 唇形科 Lamiaceae/Labiatae 筋骨草属

原产及栽培地: 原产中国、日本。中国湖北、云南等地栽培。**习性:** 耐半阴;喜温和湿润气候,耐寒;喜土壤肥沃而湿润。**繁殖:** 播种、分株。**园林用途:** 适宜种植在林下,建筑物旁较阴处或山坡荫蔽处。

特征要点 多年生草本,高 20~40cm。茎四棱,基部略木质化,紫红或紫绿色,幼茎有长茸毛。叶对生,卵状椭圆或狭椭圆形,两面有粗毛。轮伞花序生于枝顶,花密生,苞片叶状,有时紫红色,花萼漏斗形,花冠紫色具蓝色条纹,二唇形。小坚果长圆状或卵状三棱形。花期4~8月,果期7~9月。

匍匐筋骨草 Ajuga reptans L. 唇形科 Lamiaceae/Labiatae 筋骨草属

原产及栽培地: 原产欧洲。中国北京、广东、云南、浙江等地栽培。**习性**: 喜温暖湿润气候及排水良好的砂质土壤。**繁殖**: 分株、扦插。**园林用途**: 适宜种植在林下，建筑物旁较阴处或山坡荫蔽处。

特征要点　多年生草本。株高 10~30cm。叶对生；叶片椭圆状卵圆形，纸质，绿色。轮伞花序 6 朵以上，密集成顶生穗状花序，花淡红色或蓝色。花期 6~7 月。

薄荷 Mentha canadensis L.【Mentha haplocalyx Briq.】
唇形科 Lamiaceae/Labiatae 薄荷属

原产及栽培地: 原产北半球温带地区。中国北京、福建、广东、广西、贵州、湖北、江苏、江西、陕西、上海、四川、台湾、新疆、云南、浙江等地栽培。**习性**: 适应性广，对土壤要求不严，湿地环境中生长更为茂盛。**繁殖**: 分株、扦插。**园林用途**: 庭院栽培，适宜布置在水湿处。

特征要点　多年生草本。株高 30~60cm。具匍匐根茎。茎四棱。叶对生，有柄，卵形，缘具齿，具清爽香气。轮伞花序腋生，球形；花冠唇形，上唇顶端 2 裂，淡蓝紫色。小坚果近圆形或卵圆形。花期 8~9 月。

留兰香 **Mentha spicata** L. 唇形科 Lamiaceae/Labiatae 薄荷属

原产及栽培地: 原产地不详。中国北京、福建、广东、广西、贵州、海南、湖北、江苏、江西、陕西、台湾、浙江等地栽培。**习性:** 喜温暖湿润气候,喜阳光及肥沃、湿润、排水良好的砂质壤土,耐寒,适应性较强。**繁殖:** 播种、扦插。**园林用途:** 很好地被植物材料,其香气甜爽,可提取芳香油。

特征要点 多年生草本。株高 40~100cm。茎四棱形,绿色。叶对生,具短柄,卵状矩圆形或矩圆状披针形,缘有锯齿,叶背脉上带白色明显隆起。轮伞花序组成圆柱形穗状花序;花冠淡紫色。花期 6~9 月。

美国薄荷 **Monarda didyma** L. 唇形科 Lamiaceae/Labiatae 美国薄荷属

原产及栽培地: 原产北美洲。中国北京、黑龙江、江苏、辽宁、上海、四川、台湾等地栽培。**习性:** 喜凉爽气候,要求疏松、肥沃及较湿润土壤,在阳光及半阴下均可生长,较耐寒。**繁殖:** 播种、分株。**园林用途:** 成片种植,或丛植、行植在林缘、岸边,溪旁,还作切花。

特征要点 多年生草本。株高 1~1.2m。茎直立,锐四棱形。叶对生,卵形或卵状披针形,有锯齿,叶背有柔毛,具薄荷味。轮伞花序聚生枝顶成头状;苞片红色;萼细长,喉部疏被长硬毛;花冠长 5cm,上唇先端稍外弯,猩红色。果实为 4 小坚果。花期 6~9 月。

拟美国薄荷（空茎美国薄荷）**Monarda fistulosa** L.
唇形科 Lamiaceae/Labiatae 美国薄荷属

原产及栽培地: 原产加拿大、美国、墨西哥。中国北京、湖北、江苏、江西、上海、台湾栽培。**习性:** 喜凉爽气候，要求疏松、肥沃及较湿润土壤，在阳光及半阴下均可生长，较耐寒。**繁殖:** 播种、分株。**园林用途:** 成片种植，或丛植、行植在林缘、岸边、溪旁，还作切花。

特征要点 多年生草本。株高80cm。茎钝四棱形。叶片较宽大，卵状披针形至阔卵形。花萼喉部密被白色长髯毛；花淡堇紫色；花冠上唇先端稍内弯。花期7~8月。

'六座大山法氏' 荆芥 **Nepeta** × **faassenii** 'Six Hills Giant'
唇形科 Lamiaceae/Labiatae 荆芥属

原产及栽培地: 杂交起源，英国选育。中国北京、云南等地栽培。**习性:** 喜温暖和阳光充足环境；土壤以排水良好的砂质壤土为宜。**繁殖:** 扦插。**园林用途:** 布置花坛、花境、岩石园，也可作地被。

特征要点 多年生草本。株高20~50cm。全株密被灰白色茸毛。茎四棱、细、密丛生，多分枝，易倾斜。叶对生，具短柄，卵圆形，基部心形，边缘具圆齿，叶面褶皱。轮伞花序排列成顶生圆锥花序；花密集，花冠小，堇紫色。花期5~9月。

滨藜叶分药花 Salvia yangii B. T. Drew【Perovskia atriplicifolia Benth.】
唇形科 Lamiaceae/Labiatae 鼠尾草属 / 分药花属

原产及栽培地: 原产中国。中国北京、上海、台湾等地栽培。**习性**: 喜光; 喜冷凉干爽气候, 耐寒; 要求排水良好的砂质壤土。**繁殖**: 分株。**园林用途**: 庭院栽培观赏, 或作地被。

特征要点 多年生植物。株高达 1m。全株密被灰白色短毛。茎上部多分枝, 纤细, 四棱形。叶对生, 卵圆状披针形, 边缘具缺刻状牙齿。圆锥状花序疏松开展, 大型; 花多数, 稀疏, 远离; 花萼密被长柔毛; 花冠蓝紫色, 冠檐二唇形。花期 6~7 月。

橙花糙苏 Phlomis fruticosa L. 唇形科 Lamiaceae/Labiatae 木糙苏属 / 糙苏属

原产及栽培地: 原产地中海沿岸、西亚、北非。中国上海、台湾栽培。**习性**: 喜光; 喜温暖湿润气候, 不耐寒; 喜排水良好的砂质壤土。**繁殖**: 播种。**园林用途**: 庭院栽培观赏, 可布置花境。

特征要点 多年生草本, 亚灌木状。株高 25~45cm。茎木质, 分枝开展, 密被星状茸毛。叶对生, 卵圆形, 边缘具细齿, 背面灰白色。轮伞花序生于茎顶; 花 10~15 朵, 花冠橙黄色。花期 6~7 月。

假龙头花（随意草） **Physostegia virginiana** (L.) Benth.
唇形科 Lamiaceae/Labiatae 假龙头花属

原产及栽培地: 原产北美洲。中国北京、福建、黑龙江、辽宁、陕西、上海、四川、台湾、新疆等地栽培。**习性:** 喜光；较耐寒，喜深厚、肥沃、疏松且排水良好的砂质壤土，夏季干旱则生长不良。**繁殖:** 播种、分株。**园林用途:** 布置花坛、花境，也可盆栽观赏或作切花。

特征要点 多年生草本。株高 1m。茎直立，丛生，四棱形，地下具葡匐状根茎。叶亮绿色，披针形，长达 12cm，先端渐尖，缘有锐齿。穗状花序顶生，长可达 30cm，小花花冠唇形，花筒长 2.5cm，花粉红或淡紫色。花期 7~9 月。

大花夏枯草 **Prunella grandiflora** (L.) Turra 唇形科 Lamiaceae/Labiatae 夏枯草属

原产及栽培地: 原产欧洲、西亚、亚洲中部。中国北京、江苏、上海、台湾、浙江等地栽培。**习性:** 喜温暖气候及阳光充足环境，不耐雨季高温高湿，要求肥沃及排水良好的砂质土壤。**繁殖:** 播种、分株。**园林用途:** 花境及岩石区优良花卉，也可点缀林缘、路边、草坪边缘。

特征要点 多年生草本。株高可达 60cm。根茎葡匐地下，节上有须根。茎四棱形。叶卵状长圆形，全缘，两面疏生硬毛。轮伞花序密集，每轮有小花 6 枚，花萼钟状，花冠筒向上弯曲，长 20~27mm，花冠蓝紫色，二唇形。花期 5~9 月。

林地鼠尾草 Salvia nemorosa L. 唇形科 Lamiaceae/Labiatae 鼠尾草属

原产及栽培地: 原产欧亚大陆。中国北京、上海、台湾、云南等地栽培。**习性**: 喜阳光充足及温暖湿润气候; 喜肥沃、疏松及排水良好的砂质壤土; 不耐寒、耐热。**繁殖**: 播种。**园林用途**: 适宜布置花坛、花境, 或庭院栽培观赏, 可作地被。

特征要点　多年生草本。株高 60~90cm。全株被柔毛。茎四棱。叶对生; 叶片披针形, 叶面具粗毛, 背面具密茸毛。花序长可达 40cm, 小花 6 枚轮生, 花冠紫色或随品种而异。花期 6~9 月。

药鼠尾草 Salvia officinalis L. 唇形科 Lamiaceae/Labiatae 鼠尾草属

原产及栽培地: 原产地中海地区。中国北京、福建、湖北、江苏、上海、四川、台湾、浙江等地栽培。**习性**: 喜阳光充足及温暖湿润气候; 喜肥沃、疏松及排水良好的砂质壤土; 耐寒、耐热。**繁殖**: 播种。**园林用途**: 适宜布置花坛、花境, 或庭院栽培观赏, 可作地被。

特征要点　多年生亚灌木。株高约 30cm。植株低矮, 茎半木质化, 被灰白色茸毛。叶对生, 具长柄, 叶片长椭圆形, 叶面皱, 灰绿色。轮伞花序排成顶生疏松穗状花序; 花冠二唇形, 长约 2cm, 蓝色、紫色或白色。花期 6 月。

草地鼠尾草 Salvia pratensis L. 唇形科 Lamiaceae/Labiatae 鼠尾草属

原产及栽培地：原产北非、西南亚、欧洲。中国北京、上海等地栽培。**习性：**喜光，亦耐半阴，喜温暖湿润气候；喜肥沃、疏松及排水良好的砂质壤土；耐寒。**繁殖：**播种。**园林用途：**适宜布置花坛、花境，或庭院栽培观赏，可作地被。

特征要点 多年生草本。株高 60~70cm。全株被柔毛。叶对生，叶片长椭圆形，基部心形，基生叶多，具长柄，茎生叶无柄，叶少。轮伞花序，小花 6 枚轮生，花冠蓝色，偶有红或白色，长 2.5cm。花期 6~7 月。

天蓝鼠尾草 Salvia uliginosa Benth. 唇形科 Lamiaceae/Labiatae 鼠尾草属

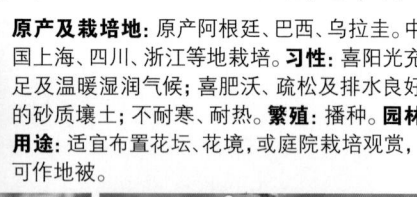

原产及栽培地：原产阿根廷、巴西、乌拉圭。中国上海、四川、浙江等地栽培。**习性：**喜阳光充足及温暖湿润气候；喜肥沃、疏松及排水良好的砂质壤土；不耐寒、耐热。**繁殖：**播种。**园林用途：**适宜布置花坛、花境，或庭院栽培观赏，可作地被。

特征要点 多年生草本。株高 30~90cm。茎四棱，分枝，基部略木质化。叶对生，有柄，长椭圆形，长 3~5cm，全缘或具钝锯齿，质厚，正面灰绿色，具皱褶，密布白色茸毛。轮伞花序排列成顶生穗状花序，每轮有花 10 朵；花冠二唇形，天蓝色。花期 6~8 月。

绵毛水苏（毛叶水苏）**Stachys byzantina** K. Koch ex Scheele

唇形科 Lamiaceae/Labiatae 水苏属

原产及栽培地：原产高加索、伊朗、欧洲。中国北京、黑龙江、湖北、辽宁、浙江等地栽培。**习性**：夏季露地栽培，冬季冷床越冬，喜排水良好的砂质壤土。**繁殖**：播种、分株。**园林用途**：常作花坛镶边材料，可布置岩石园，也作切花。

特征要点 多年生草本。株高 30~60cm，全株密被银白色绵毛。具匍匐茎，单一或分枝，近地表处生根。基生叶长圆状椭圆形，具柄，茎生叶无柄，椭圆形，有细锯齿缘。轮伞花序多花，密集成穗状；花冠二唇形，红紫色。花期 7~9 月。

宽叶山黧豆（阔叶山黧豆）**Lathyrus latifolius** L.

豆科 / 蝶形花科 Fabaceae/Leguminosae/Papilionaceae 山黧豆属

原产及栽培地：原产比利时、德国。中国北京、江苏、台湾、浙江等地栽培。**习性**：喜冬季温和湿润、夏季凉爽气候，忌炎热；好中性或微酸性、湿润而排水良好的肥沃土壤。**繁殖**：播种。**园林用途**：适宜各种不同地形的园地布置。

特征要点 多年生草本。株高可达 3m。茎四棱形，具翅。叶具 1 对小叶，形状多变，椭圆形至线形，长 3~15cm；托叶半箭形；卷须发达。总状花序具花 5~15 朵；花冠紫色至粉红色，长 20~30mm。荚果长 5~11cm，无毛；种子 10~15。花期 6~9 月。

石刁柏 Asparagus officinalis L.

天门冬科 / 百合科 Asparagaceae/Liliaceae 天门冬属

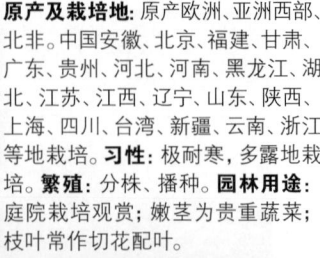

原产及栽培地：原产欧洲、亚洲西部、北非。中国安徽、北京、福建、甘肃、广东、贵州、河北、河南、黑龙江、湖北、江苏、江西、辽宁、山东、陕西、上海、四川、台湾、新疆、云南、浙江等地栽培。**习性**：极耐寒，多露地栽培。**繁殖**：分株、播种。**园林用途**：庭院栽培观赏；嫩茎为贵重蔬菜；枝叶常作切花配叶。

特征要点 多年生丛生草本。株高达 1m。茎直立，分枝较柔弱，后期常俯垂，叶状枝 3~6 枚簇生，近扁圆柱形。雌雄异株。花果 5~8 月，果期 9~8 月。

山菅 Dianella ensifolia (L.) Redoute.

阿福花科 / 百合科 Asphodelaceae/Liliaceae 山菅兰属

原产及栽培地：原产中国南部、南亚、东南亚。中国浙江、北京、福建、广东、广西、海南、湖北、上海、四川、云南等地栽培。**习性**：喜光，耐半阴；喜温暖湿润气候，不耐寒；对土壤适应性广，喜酸性土，耐瘠薄。**繁殖**：分株、播种。**园林用途**：适宜作花坛、花境材料，也可作地被。

特征要点 多年生草本。株高可达 1~2m。根状茎横走。叶基生，狭条状披针形，长 30~80cm，宽 1~2.5cm，有时具白色或黄色条纹。顶端圆锥花序长 10~40cm，分枝疏散；花小，绿白色至青紫色。浆果近球形，深蓝色。花果期 3~8 月。

嘉兰 **Gloriosa superba** L. 秋水仙科 / 百合科 Colchicaceae/Liliaceae 嘉兰属

原产及栽培地: 原产非洲东部热带地区。中国福建、广东、上海、台湾、云南、浙江等地栽培。**习性:** 耐阴; 不耐寒, 喜温暖湿润气候; 要求土壤疏松肥沃、保水力强而又排水良好。**繁殖:** 分切根状茎。**园林用途:** 南方作垂直绿化装饰廊架的良好攀缘花卉, 北方盆栽观赏。

特征要点 多年生蔓性草本。株高可达 3m。根状茎横生, 块状, 肥大。叶互生、对生或 3 片轮生, 卵状披针形, 先端延长卷曲。花单朵或数朵在顶端组成疏散的伞房花序; 花被片 6, 上部红色, 下部黄色, 反曲, 边缘皱波状。花期夏季。

黄花菜 **Hemerocallis citrina** Baroni
阿福花科 / 百合科 Asphodelaceae/Liliaceae 萱草属

原产及栽培地: 原产亚洲温带地区。中国北京、福建、甘肃、广东、广西、贵州、河北、河南、湖北、湖南、江苏、江西、山西、陕西、上海、四川、台湾、新疆、云南、浙江等地栽培。**习性:** 喜光; 耐寒, 喜冷凉湿润气候; 喜疏松肥沃、排水良好的砂质壤土。**繁殖:** 分株、播种。**园林用途:** 适宜作地被, 布置花坛、花境。

特征要点 多年生草本。株高 40~150cm。须根肉质, 常增粗成纺锤状。叶全部基生, 狭带状。花葶自叶丛中抽出; 苞片披针形; 花多数顶生; 花被管长 3~5cm, 花淡黄色, 具芳香。蒴果钝三棱状椭圆形。花果期 5~9 月。

萱草 Hemerocallis fulva (L.) L. 阿福花科 / 百合科 Asphodelaceae/Liliaceae 萱草属

原产及栽培地: 原产中国。安徽、北京、福建、甘肃、广东、广西、贵州、黑龙江、湖北、江苏、江西、辽宁、陕西、上海、四川、台湾、新疆、云南、浙江等地栽培。**习性:** 喜光；耐寒，喜冷凉湿润气候；喜疏松肥沃、排水良好的砂质壤土。**繁殖:** 分株、播种。**园林用途:** 适宜作地被，布置花坛、花境。

特征要点　多年生草本。株高1m。具短根状茎和纺锤状块根。叶基生，条形，排成两列，长可达80cm。花莛粗壮，高约100cm；螺旋状聚伞花序，有花十余朵；花冠漏斗形，直径约12cm，橘红色；花瓣中部有褐红色"V"字形色斑。花期夏季。

北黄花菜（萱草、黄花萱草）Hemerocallis lilioasphodelus L.
阿福花科 / 百合科 Asphodelaceae/Liliaceae 萱草属

原产及栽培地: 原产亚洲温带地区。中国北京、福建、甘肃、贵州、黑龙江、湖北、江苏、辽宁、新疆、浙江等地栽培。**习性:** 喜光；耐寒，喜冷凉湿润气候；喜疏松肥沃、排水良好的砂质壤土。**繁殖:** 分株、播种。**园林用途:** 适宜作地被，布置花坛、花境。

特征要点　多年生草本。株高60~100cm。花数朵至十余朵；花被管较短，长1~2.5cm，花黄色，颜色较深。其他特征似黄花菜。

大苞萱草（大花萱草） **Hemerocallis middendorffii** Trautv. & C. A. Mey.

阿福花科 / 百合科 Asphodelaceae/Liliaceae 萱草属

原产及栽培地：原产东亚。中国北京、黑龙江、辽宁、吉林等地栽培。**习性**：喜光；耐寒，喜冷凉湿润气候；喜疏松肥沃、排水良好的砂质壤土。**繁殖**：分株、播种。**园林用途**：适宜作地被，布置花坛、花境。

特征要点 多年生草本。株高 30~60cm。具纺锤根。植株单生或丛生。花莛少数；苞片宽阔；花数朵近簇生于花茎顶端，花被管 1/3~2/3 藏于苞片内；花冠橙黄色。花期夏季。

小黄花菜 **Hemerocallis minor** Mill.

阿福花科 / 百合 Asphodelaceae/Liliaceae 萱草属

原产及栽培地：原产亚洲北部。中国北京、福建、黑龙江、湖北、江西、辽宁、上海、新疆、云南、浙江等地栽培。**习性**：喜光；耐寒，喜冷凉湿润气候；喜疏松肥沃、排水良好的砂质壤土。**繁殖**：分株、播种。**园林用途**：适宜作地被，布置花坛、花境。

特征要点 多年生草本。株高 20~50cm。花序几乎不分枝，具 1~2 朵花，极少有 3 花。其余特征同北黄花菜。

白边玉簪 **Hosta sieboldii** Albo-marginata Group 【Hosta albo-marginata (Hook.) Ohwi】 天门冬科 / 百合科 Asparagaceae/Liliaceae 簪属

原产及栽培地: 原产日本。中国北京、广东、云南、浙江等地栽培。**习性:** 植株健壮,耐寒,耐阴,忌强烈日光照射;喜土层深厚、肥沃湿润、排水良好的砂质土壤。**繁殖:** 分株。**园林用途:** 主要作林下或荫蔽处地被材料。

特征要点 多年生草本。株高 30~60cm。叶卵状披针形至披针形,边缘白色。花淡紫色,较小,稀结种子。花期夏秋季。

狭叶玉簪 **Hosta sieboldiana** Fortunei Group 【Hosta fortunei (Baker) L. H. Bailey】 天门冬科 / 百合科 Asparagaceae/Liliaceae 玉簪属

原产及栽培地: 原产日本。中国北京栽培。**习性:** 植株健壮,耐寒,耐阴,忌强烈日光照射;喜土层深厚、肥沃湿润、排水良好的砂质土壤。**繁殖:** 分株。**园林用途:** 主要作林下或荫蔽处地被材料。

特征要点 多年生草本。株高 30~100cm。叶片较小,心状卵形,有粉,侧脉 10~20 对。花莛明显高出叶丛之上;花长约 4cm,淡堇色或近白色。花期夏秋季。

玉簪 Hosta plantaginea (Lam.) Asch.
天门冬科 / 百合科 Asparagaceae/Liliaceae 玉簪属

原产及栽培地：原产中国、日本、朝鲜。中国北京、福建、广东、广西、贵州、黑龙江、湖北、江苏、江西、辽宁、陕西、上海、四川、台湾、新疆、云南、浙江等地栽培。**习性**：植株健壮，耐寒，耐阴，忌强烈日光照射；喜土层深厚、肥沃湿润、排水良好的砂质土壤。**繁殖**：分株、播种。**园林用途**：作林下、岩石园、建筑物蔽荫处地被，亦可盆栽，或作切花。

特征要点 多年生草本。株高 60~100cm。地下茎粗壮。叶基生成丛，卵形至心状卵形，具长柄。顶生总状花序，高出叶面；花被筒长约 13cm，下部细小，形似簪，白色，具浓香气。花期夏秋季。

粉叶玉簪 Hosta sieboldiana (Hook.) Engl.
天门冬科 / 百合科 Asparagaceae/Liliaceae 玉簪属

原产及栽培地：原产日本。中国北京、广东、湖北、台湾、云南等地栽培。**习性**：植株健壮，耐寒，耐阴，忌强烈日光照射；喜土层深厚、肥沃湿润、排水良好的砂质土壤。**繁殖**：分株。**园林用途**：主要作林下或荫蔽处地被材料。

特征要点 多年生草本。株高 60~80cm。根茎粗壮。叶基生，有长柄；叶片大，广卵形，先端尖，基部心形，绿色，正面有白粉，蜡质，叶脉明显。总状花序；苞片紫绿色；花白色，漏斗状钟形。花期夏秋季。

117

波叶玉簪（玻叶玉簪） **Hosta undulata** (Otto & A. Dietr.) L. H. Bailey
天门冬科 / 百合科 Asparagaceae/Liliaceae 玉簪属

原产及栽培地: 原产日本。中国安徽、北京、福建、广东、广西、湖北、辽宁、云南、浙江等地栽培。**习性:** 植株健壮，耐寒，耐阴，忌强烈日光照射；喜土层深厚、肥沃湿润、排水良好的砂质土壤。**繁殖:** 分株。**园林用途:** 主要作林下或荫蔽处地被材料。

特征要点 多年生草本。株高 40~80cm。叶宽卵形，叶缘微波状，叶脉 6~10 对，叶面有乳黄或白色纵纹。花淡紫色或近白色，形较小。花期 6~7 月。

紫萼 **Hosta ventricosa** Stearn 天门冬科 / 百合科 Asparagaceae/Liliaceae 玉簪属

原产及栽培地: 原产中国、日本。中国北京、福建、广东、广西、贵州、黑龙江、湖北、江西、辽宁、上海、四川、云南、浙江等地栽培。**习性:** 植株健壮，耐寒，耐阴，忌强烈日光照射；喜土层深厚、肥沃湿润、排水良好的砂质土壤。**繁殖:** 分株、播种。**园林用途:** 主要作林下或荫蔽处地被材料。

特征要点 多年生草本。株高 60~100cm。叶卵状心形至卵圆形，长 8~19cm，宽 4~17cm，先端通常近短尾状或骤尖，基部心形或近截形。花葶具 10~30 朵花；花单生，长 4~5.8cm，紫红色，雄蕊伸出花被之外。花期 6~7 月，果期 7~9 月。

秋花火把莲 **Kniphofia rooperi** (T. Moore) Lem.
阿福花科 / 百合科 Asphodelaceae/Liliaceae 火把莲属

原产及栽培地: 原产南非。中国北京栽培。**习性:** 喜温暖,光照充足;对土壤要求不严,但以腐殖质丰富、排水良好的轻黏质壤土为适宜,忌雨涝积水。**繁殖:** 播种、分株。**园林用途:** 庭院栽培观赏,也可布置花境。

特征要点 多年生草本。株高130cm。叶长达120cm,宽4cm。花序圆锥状,长15cm,淡红至黄色。花期长,花期秋季。

三棱火把莲(小火炬花) **Kniphofia triangularis** Kunth
阿福花科 / 百合科 Asphodelaceae/Liliaceae 火把莲属

原产及栽培地: 原产南非。中国福建、台湾、浙江等地栽培。**习性:** 喜温暖,光照充足;对土壤要求不严,但以腐殖质丰富、排水良好的轻黏质壤土为适宜,忌雨涝积水。**繁殖:** 播种、分株。**园林用途:** 庭院栽培观赏,也可布置花境。

特征要点 多年生草本。植株60~100cm。叶具3脉,近三棱。花橙黄,色浓艳。花期夏秋季。

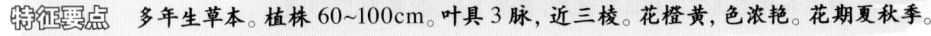

119

火把莲（火炬花） **Kniphofia uvaria** (L.) Oken

阿福花科 / 百合科 Asphodelaceae/Liliaceae 火把莲属

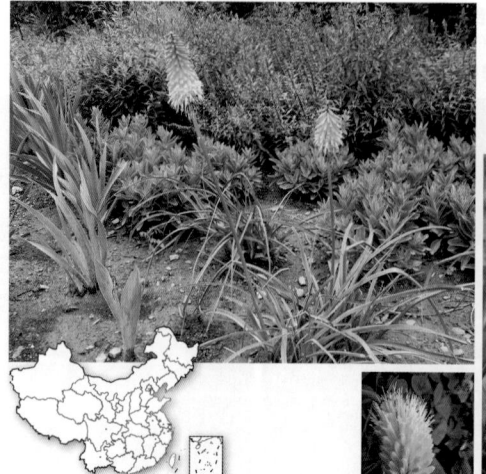

原产及栽培地：原产南非。中国安徽、北京、黑龙江、江苏、江西、上海、四川、台湾、云南、浙江等地栽培。**习性**：喜温暖，光照充足；对土壤要求不严，但以腐殖质丰富、排水良好的轻黏质壤土为适宜，忌雨涝积水。**繁殖**：播种、分株。**园林用途**：庭院栽培观赏，也可布置花境。

特征要点 多年生草本。株高可达 1m。根状茎稍带肉质，通常无茎。基生叶丛生，常绿，草质，稍带白粉，长 60~90cm。花莛高约 120cm，总状花序长约 30cm；小花圆筒形，长约 4.5cm，顶部花绯红色，下部花渐浅至黄色带红晕，雄蕊伸出。花期 6~7 月。

台湾油点草 **Tricyrtis formosana** Baker 百合科 Liliaceae 油点草属

原产及栽培地：原产中国、日本。中国北京、上海、台湾等地栽培。**习性**：耐阴；喜温暖湿润环境，不耐寒；要求疏松肥沃、排水良好的壤土。**繁殖**：分株、播种。**园林用途**：庭院中栽培观赏，可布置花境。

特征要点 多年生草本。株高达 65cm。茎直立，较细而柔弱。叶互生，狭椭圆形，两面绿色，背面疏生柔毛，上部叶基部通常心形抱茎。聚伞花序具疏散的花；花梗短；花冠淡紫色，具紫色斑点，直径 3~5cm，雄蕊和雌蕊通常不伸出花被外。蒴果下垂。花果期 7~11 月。

大花延龄草 **Trillium grandiflorum** (Michx.) Salisb.

藜芦科 / 百合科 Melanthiaceae/Liliaceae 延龄草属

原产及栽培地: 原产加拿大、美国。中国尚无栽培。**习性**: 喜半阴环境；喜冷凉湿润气候，耐寒，不耐旱；喜深厚肥沃、富含腐殖质的土壤。**繁殖**: 播种。**园林用途**: 庭院栽培观赏，花美丽。

特征要点　多年生草本。株高 20~40cm。根状茎短而壮。叶 3 枚轮生于茎上，无柄，卵圆形，先端具短尾尖，弧形脉显著。花单生茎顶，具长柄，直径可达 10cm；萼片 3 枚，窄披针形，绿色，开展；花瓣 3 枚，椭圆形或长圆形，边缘波状，白色。花期 5 月。

红花亚麻（大花亚麻）**Linum grandiflorum** Desf.　亚麻科 Linaceae 亚麻属

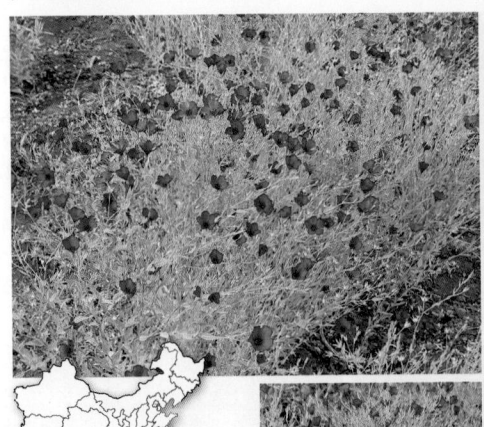

原产及栽培地: 原产阿尔及利亚。中国北京、福建、江苏、台湾等地栽培。**习性**: 喜光；喜温暖湿润气候；对土壤要求不严，以排水良好的砂质壤土为好。**繁殖**: 播种。**园林用途**: 庭院栽培观赏，也可布置花坛。

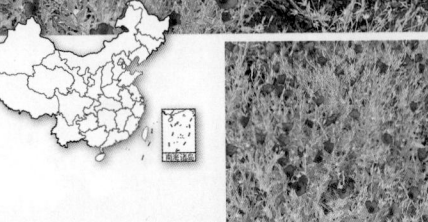

特征要点　多年生草本。株高 30~60cm。茎直立，纤细，分枝，顶部枝稍下垂。叶细而多，螺旋状排列，线形或狭披针形，粉绿色。圆锥花序松散，花梗纤细；花大，茎 2~3cm，深红色。蒴果球形或稍扁。花期 6~7 月，果期 7~9 月。

宿根亚麻 **Linum perenne** L. 亚麻科 Linaceae 亚麻属

原产及栽培地：原产中国北部、亚洲北部、欧洲。中国北京、福建、黑龙江、江苏、辽宁、上海、台湾、云南、浙江等地栽培。**习性**：喜光；喜冷凉干爽气候，耐寒；适生沙质壤土，耐瘠薄。**繁殖**：播种。**园林用途**：庭院栽培观赏，可作地被。

特征要点　多年生草本。株高 40~50cm。茎丛生，多由基部分枝。叶互生，线形至披针形，先端锐尖，基部常渐狭，无叶柄。聚伞花序顶生，花梗纤细；花瓣 5 枚，淡蓝色。蒴果球形，棕褐色或黄褐色。花期 5~6 月，果期 6~7 月。

细叶萼距花 **Cuphea hyssopifolia** Kunth 千屈菜科 Lythraceae 萼距花属

原产及栽培地：原产美洲热带地区。中国北京、福建、广东、海南、湖北、上海、四川、台湾、云南、浙江等地栽培。**习性**：喜光，也耐荫蔽；喜温暖湿润环境；对土壤要求不严，但以肥沃的酸性壤土为好。**繁殖**：扦插。**园林用途**：南方作地被，布置花坛、花镜，北方盆栽观赏。

特征要点　常绿小灌木。株高 20~40cm。分枝多而细密。叶对生，线状披针形，长 1~2cm。花单生叶腋，小而多，紫色、淡紫色或白色；花萼花冠状，高脚蝶状，具 5 齿，齿间具退化的花瓣。花期几全年。

蜀葵 **Alcea rosea** L. 锦葵科 Malvaceae 蜀葵属

原产及栽培地: 原产中国。北京、福建、甘肃、广东、广西、贵州、黑龙江、湖北、江苏、江西、辽宁、陕西、四川、台湾、新疆、云南、浙江等地栽培。**习性**: 喜肥沃、深厚土壤，能耐半阴环境，较喜冷凉气候。**繁殖**: 播种。**园林用途**: 可列植或作花坛背景，也可在墙垣、篱边种植，或盆栽。

特征要点 多年生草本，常作二年生栽培。株高 1~3m。茎直立，全株被柔毛。叶互生，近圆形，叶基心脏形，缘 5~7 浅裂，具长柄。花腋生，花瓣 5，直径约 10cm，7~9 月开花，有白、粉、黄、红、紫等色和单瓣、重瓣等。

药蜀葵 **Althaea officinalis** L. 锦葵科 Malvaceae 药葵属

原产及栽培地: 原产欧洲、亚洲西部、北非。中国北京、贵州、湖北、江苏、陕西、台湾、新疆、浙江等地栽培。**习性**: 喜肥沃、深厚土壤，能耐半阴环境，较喜冷凉气候。**繁殖**: 播种。**园林用途**: 栽培观花。

特征要点 多年生草本。株高 1m。叶卵圆形或心形，3 裂或不分裂，长 3~8cm，边缘具圆锯齿，两面密被星状茸毛。小苞片 9 枚，披针形；萼杯状，5 裂；花冠直径约 2.5cm，淡红色。果圆肾形，分果爿多数。花期 7 月。

123

小木槿 **Anisodontea capensis** (L.) D.M. Bates 锦葵科 Malvaceae 南非葵属

原产及栽培地：原产南非。中国广东栽培。**习性**：喜光；要求通透、排水良好的土壤。**繁殖**：播种。**园林用途**：适宜布置花坛，花境或作盆栽观赏。

特征要点 多年生草本。株高 60~150cm。茎具分枝，绿色、淡紫色或褐色。叶互生，具柄，三角状卵形，三裂，裂片三角形，具不规则齿。花单生叶腋，排列成总状花序；花小，5 瓣，粉色或粉红色。花期 4~5 月。

芙蓉葵 **Hibiscus moscheutos** L. 锦葵科 Malvaceae 木槿属

原产及栽培地：原产加拿大、美国。中国北京、福建、辽宁、上海、四川、台湾、新疆、云南、浙江等地栽培。**习性**：喜光；喜潮润环境，较耐寒，忌水涝；对土壤要求不严。**繁殖**：播种、分株。**园林用途**：适宜庭院栽培观赏，也可布置为花坛、花境背景材料。

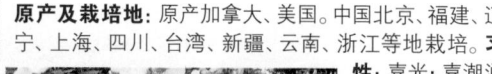

特征要点 多年生草本。株高 1~2.5m。茎丛生。叶互生，具长柄，叶片卵形至卵状披针形，长 10~18cm，边缘具钝圆锯齿。花单生于枝端叶腋间，具长花梗；花大，白色、粉色、鲜红色等，内面基部有深鲜红斑块，直径 10~25cm。蒴果圆锥状卵形，果爿 5。花期 7~9 月。

玫瑰茄 **Hibiscus sabdariffa** L. 锦葵科 Malvaceae 木槿属

原产及栽培地: 原产非洲。中国福建、广西、海南、上海、四川、台湾等地栽培。**习性**: 喜光; 喜温暖湿润气候, 不耐寒; 根系发达, 对土壤要求不严, 可在旱、瘠地生长。**繁殖**: 播种。**园林用途**: 庭院栽培, 观花赏果, 嫩叶、果腌渍后可食。

特征要点 多年生草本。株高达 2m。茎淡紫色, 无毛。叶异型, 不分裂或掌状 3 深裂, 具锯齿, 无毛。花单生叶腋, 近无梗; 小苞片红色, 肉质; 花淡红色, 基部深红色。蒴果卵球形, 紫红色, 直径约 1.5cm, 果爿 5; 种子肾形。花果期夏秋季。

新疆花葵 **Malva cachemiriana** (Cambess.) Alef. 【Lavatera cachemiriana Cambess.】 锦葵科 Malvaceae 锦葵属 / 花葵属

原产及栽培地: 原产中国新疆、亚洲西部。中国新疆栽培。**习性**: 较耐寒; 喜阳光充足、排水良好环境, 忌高温高湿; 对土壤要求不严。**繁殖**: 播种。**园林用途**: 用于花境或草坪丛植。

特征要点 多年生草本。株高 1m, 被星状疏柔毛。叶互生, 常 3~5 裂, 裂片三角形, 边缘具圆锯齿, 基部心形。花排列成近总状花序; 花梗长 4~8cm; 小苞片 3 枚, 全缘; 花冠淡紫红色, 直径约 8cm, 花瓣倒卵形, 基部楔形。蒴果分果爿 20~25。花期 6~8 月。

小果野蕉 **Musa acuminata** Colla 芭蕉科 Musaceae 芭蕉属

原产及栽培地: 原产中国西南、印度、中南半岛、东南亚。中国北京、福建、广东、广西、海南、湖北、江苏、上海、四川、云南、浙江等地栽培。**习性:** 喜光;喜温暖湿润气候,不耐寒;要求土壤肥沃、深厚及排水良好;易遭风害。**繁殖:** 分株。**园林用途:** 庭院丛植,观赏花序、果序。

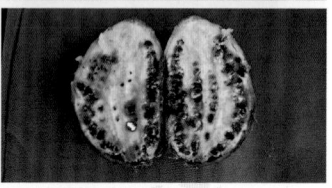

特征要点 多年生草本。株高 3~4m。叶片长圆形,长 1.9~2.3m,被蜡粉。穗状花序顶生,下垂。果序长可达 1m 以上,直径 4cm,被白色刚毛;浆果圆柱形,长约 9cm,内弯,具 5 棱角,基部下延成长不及 1cm 的柄,果内具多数种子。花期春夏季,果期秋冬季。

芭蕉 **Musa basjoo** Siebold 芭蕉科 Musaceae 芭蕉属

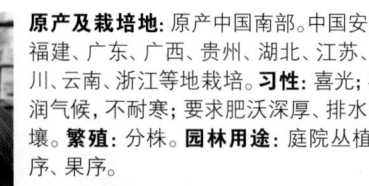

原产及栽培地: 原产中国南部。中国安徽、北京、福建、广东、广西、贵州、湖北、江苏、江西、四川、云南、浙江等地栽培。**习性:** 喜光;喜温暖湿润气候,不耐寒;要求肥沃深厚、排水良好的土壤。**繁殖:** 分株。**园林用途:** 庭院丛植,观赏花序、果序。

特征要点 多年生草本。株高 2.5~4m。叶片长圆形,长 2~3m,叶面有光泽,无蜡粉。花序顶生,下垂;苞片红褐色或紫色;每苞花约 10~16 朵,排成 2 列。浆果三棱状,长圆形,长 5~7cm,具 3~5 棱,近无柄,肉质,内具多数种子。花果期不定。

红蕉（红花蕉）**Musa coccinea** Andrews 芭蕉科 Musaceae 芭蕉属

原产及栽培地：原产中国西南、越南。中国云南、福建、广东、海南、上海、台湾等地栽培。**习性：**喜光；喜温暖湿润气候，不耐寒；要求肥沃深厚、排水良好的土壤。**繁殖：**分株。**园林用途：**庭院丛植，观赏花序、果序。

特征要点 多年生草本。株高 1~2m。叶片长圆形，长 1.8~2.2m，黄绿色，无白粉，基部无耳。花序直立；苞片鲜红色；每苞花一列，约 6 朵；花被片乳黄色。浆果直，灰白色，无棱，长 10~12cm，果柄长 3~3.5cm，种子极多。花果期不定。

阿希蕉 **Musa rubra** Wall. ex Kurz 芭蕉科 Musaceae 芭蕉属

原产及栽培地：原产中国西南、印度、缅甸、泰国、印度尼西亚。中国云南等地栽培。**习性：**喜温暖湿润气候，不耐寒；要求肥沃深厚、排水良好的土壤。**繁殖：**分株。**园林用途：**庭院丛植，观赏花序、果序。

特征要点 多年生草本。株高 1.5~2.4m。叶片卵状长圆形，长约 2m，具粉红色条纹。花序直立，长 40cm；苞片披针形，粉红色；每苞花一列，有花 5~6 朵；花被片黄色。浆果圆柱形，长 7cm，稍内弯；种子多数。花果期不定。

朝天蕉 **Musa velutina** H. Wendl. & Drude 芭蕉科 Musaceae 芭蕉属

原产及栽培地: 原产印度、缅甸、印度尼西亚。中国台湾、云南等地栽培。**习性**: 喜光; 喜温暖湿润气候, 不耐寒; 要求肥沃深厚、排水良好的土壤。**繁殖**: 分株。**园林用途**: 庭院丛植, 观赏花序、果序。

特征要点 多年生草本。株高 1~2m。叶片长圆形, 长 1m, 宽 30cm, 上面暗绿色, 中脉下面苍白色。果序直立, 苞片粉红色或红色, 花淡黄色, 果实小而短, 椭圆形, 长 2~5cm, 亮红色或紫色, 被茸毛。花果期不定。

紫茉莉 **Mirabilis jalapa** L. 紫茉莉科 Nyctaginaceae 紫茉莉属

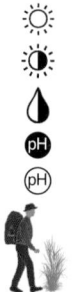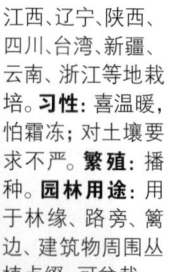

原产及栽培地: 原产美洲热带地区。中国北京、福建、广东、广西、贵州、海南、黑龙江、湖北、吉林、江苏、江西、辽宁、陕西、四川、台湾、新疆、云南、浙江等地栽培。**习性**: 喜温暖, 怕霜冻; 对土壤要求不严。**繁殖**: 播种。**园林用途**: 用于林缘、路旁、篱边、建筑物周围丛植点缀, 可盆栽。

特征要点 多年生草本, 常作一年生栽培。株高 60~90cm。主根略肥大。茎直立, 多分枝。叶对生, 卵形或卵状三角形。花漏斗形, 芳香, 数朵集生枝端; 花被管圆柱形, 筒长约 6cm, 顶部平展, 5 裂, 直径约 2.5cm。花期夏秋季。

柳兰 **Chamerion angustifolium** (L.) Holub【Epilobium angustifolium L.】
柳叶菜科 Onagraceae 柳兰属 / 柳叶菜属

原产及栽培地: 原产中国北部、亚洲北部。中国黑龙江、四川、内蒙古、新疆、西藏、甘肃等地栽培。**习性**: 喜半阴环境; 喜冷凉湿润环境; 喜深厚肥沃、富含腐殖质的壤土。**繁殖**: 播种、分株。**园林用途**: 长白山区成功引种作地被, 华北地区应加大引种力度。

特征要点 多年生草本。株高 30~200cm。茎粗壮, 直立, 丛生。叶螺旋状互生, 披针形, 长 7~14cm, 无毛, 近全缘。总状花序顶生, 直立; 花密集, 花冠粉红至紫红色, 柱头白色, 深 4 裂。蒴果长 4~8cm, 种子极小, 具白色长种缨。花期 6~9 月, 果期 8~10 月。

关节酢浆草(红花酢浆草) **Oxalis articulata** Savigny
酢浆草科 Oxalidaceae 酢浆草属

原产及栽培地: 原产南美洲。中国北京、福建、广东、广西、贵州、江苏、江西、陕西、四川、云南、浙江等地栽培。**习性**: 喜光; 不耐寒; 适应性广, 对土壤要求不严。**繁殖**: 分株、播种。**园林用途**: 适宜大片种植作地被也可盆栽观赏。

特征要点 多年生草本。株高 20~40cm。块根粗壮, 具关节。叶基生, 叶柄长, 叶片三裂, 小叶倒心形, 被毛, 叶脉基本不可见, 叶片大小划一, 顶端二裂。花莛自叶丛中抽出; 聚伞花序具多花; 花大, 粉红色, 喉部不为绿色。花期 4~5 月。

铜锤草（红花酢浆草）**Oxalis debilis** Kunth 【Oxalis corymbosa DC.】
酢浆草科 Oxalidaceae 酢浆草属

原产及栽培地: 原产巴西。中国北京、江苏、上海、台湾、浙江等地栽培。**习性:** 喜光; 不耐寒; 适应性广, 对土壤要求不严。**繁殖:** 分株、播种。**园林用途:** 基本为逸生状态, 少栽培。

特征要点 多年生草本。株高 20~30cm。鳞茎圆柱状, 具多数珠芽。叶基生, 具长柄, 小叶 3, 扁圆状倒心形, 顶端凹入, 叶片光滑, 叶脉清晰。花莛基生, 二歧聚伞花序; 花瓣 5, 倒心形, 长 1.5~2cm, 淡紫色至紫红色, 喉部微绿色。花期 4~11 月。

'紫叶'酢浆草 **Oxalis triangularis** 'Purpurea' 酢浆草科 Oxalidaceae 酢浆草属

原产及栽培地: 原产阿根廷、巴西、玻利维亚、巴拉圭。中国北京、福建、广东、湖北、四川、台湾、浙江等地栽培。**习性:** 喜凉爽、湿润, 畏寒冷、高温; 喜磷、钾有机肥, 忌直射强阳光与通风不良环境。**繁殖:** 分株、播种。**园林用途:** 优良观叶植物, 可布置花坛、花境, 作地被, 也常盆栽观赏。

特征要点 多年生草本。株高 20~40cm。根状茎直立。叶具长柄, 3 小叶阔倒三角形, 顶端凹缺, 常为紫红色(品种)。花莛与叶近等高; 花 1~8 朵组成伞状花序, 淡紫色。花期 4~11 月, 盛夏花较少。

新疆芍药（窄叶芍药） **Paeonia anomala** L.

芍药科 / 毛茛科 Paeoniaceae/Ranunculaceae 芍药属

原产及栽培地： 原产中国新疆、蒙古、俄罗斯。中国北京、甘肃、青海、四川、新疆等地栽培。**习性：** 喜光，稍耐阴；耐寒；栽培地选地形高燥、土层深厚、疏松肥沃壤土，排水良好地段。**繁殖：** 分株、播种。**园林用途：** 庭院栽培观赏可布置在半阴林缘等处。

特征要点 多年生草本。株高 50~70cm。肉质根纺锤状。小叶裂片披针形或镰形。单花顶生；花瓣 8~10 枚，深红色；心皮 2，无毛。蓇葖果无毛。花期 6~7 月，果期 7~8 月。

川赤芍 **Paeonia anomala** subsp. **veitchii** (Lynch) D. Y. Hong & K. Y. Pan

芍药科 / 毛茛科 Paeoniaceae/Ranunculaceae 芍药属

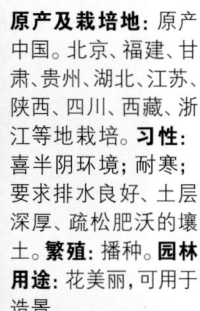

原产及栽培地： 原产中国。北京、福建、甘肃、贵州、湖北、江苏、陕西、四川、西藏、浙江等地栽培。**习性：** 喜半阴环境；耐寒；要求排水良好、土层深厚、疏松肥沃的壤土。**繁殖：** 播种。**园林用途：** 花美丽，可用于造景。

特征要点 多年生草本。株高 30~80cm。根圆柱形。二回三出复叶；小叶羽状分裂，裂片窄披针形至披针形，顶端渐尖，全缘。花 2~4 朵，直径 4~10cm；花瓣 6~9，倒卵形，紫红色或粉红色；心皮 2~5，密生黄色茸毛。蓇葖果密生黄色茸毛。花期 5~6 月，果期 7 月。

块根芍药 Paeonia anomala subsp. intermedia (C.A.Mey.) Trautv.【Paeonia intermedia C.A.Mey.】芍药科 / 毛茛科 Paeoniaceae/Ranunculaceae 芍药属

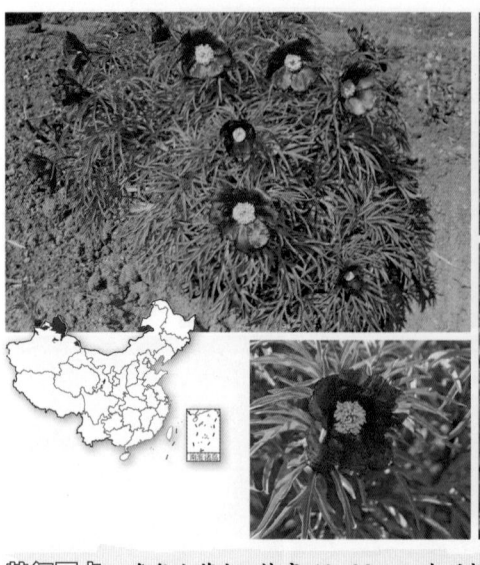

原产及栽培地: 原产中国新疆、中亚、俄罗斯。中国北京、山西、陕西、甘肃、新疆等地栽培。**习性:** 喜光,稍耐阴;耐寒;栽培地选地形高燥、土层深厚、疏松肥沃壤土,排水良好地段。**繁殖:** 分株、播种。**园林用途:** 庭院栽培观赏,可布置在半阴林缘等处。

特征要点 多年生草本。株高 40~80cm。肉质根近球形或纺锤状。小叶裂片披针形或镰形,狭窄,宽在 1cm 以下。单花顶生;花瓣 8~10 枚,深红色;心皮 3,密被黄色柔毛。蓇葖果密被黄色柔毛。花期 6~7 月,果期 7~8 月。

芍药 Paeonia lactiflora Pall. 芍药科 / 毛茛科 Paeoniaceae/Ranunculaceae 芍药属

原产及栽培地: 原产中国北部、日本、朝鲜、蒙古、俄罗斯。中国安徽、北京、福建、甘肃、广东、广西、贵州、黑龙江、湖北、吉林、江苏、江西、辽宁、山东、陕西、上海、四川、台湾、新疆、云南、浙江等地栽培。**习性:** 喜光,稍耐阴;耐寒;栽培地选地形高燥、土层深厚、疏松肥沃壤土,排水良好地段。**繁殖:** 分株、播种。**园林用途:** 可布置花境、花带,亦可筑台种植于庭院天井中,也作切花。

特征要点 多年生草本。株高可达 1m。肉质根粗壮发达。茎常多数丛生。下部茎生叶为二回三出复叶,上部茎生叶为三出复叶;小叶狭卵形至披针形,两端尖,边缘具细齿。花数朵,直径 8~10cm;花瓣 9~13,倒卵形,粉红色或白色。蓇葖果长圆形,顶端具喙。花期 5~6 月;果期 8 月。

草芍药 **Paeonia obovata** Maxim.
芍药科 / 毛茛科 Paeoniaceae/Ranunculaceae 芍药属

原产及栽培地: 原产中国北部、日本、朝鲜、蒙古、俄罗斯。中国安徽、北京、贵州、黑龙江、湖北、江西、辽宁、山东、陕西、上海、四川、浙江栽培。**习性:** 耐阴; 耐寒; 要求排水良好、土层深厚、疏松肥沃的壤土。**繁殖:** 播种。**园林用途:** 适宜林下种植, 花美丽。

特征要点 多年生草本。株高 50~70cm。二回三出复叶, 小叶倒卵形, 全缘。单花顶生, 直径 5~8cm; 花瓣 6 枚, 淡紫红色或白色。蓇葖果卵圆形, 长 2~3cm, 成熟时果皮反卷呈红色; 种子黑色, 球形。花期 5~6 月, 果期 9 月。

牡丹 **Paeonia suffruticosa** Andrews
芍药科 / 毛茛科 Paeoniaceae/Ranunculaceae 芍药属

原产及栽培地: 原产中国。安徽、北京、福建、甘肃、广西、贵州、河南、黑龙江、湖北、湖南、吉林、江苏、江西、辽宁、山东、陕西、上海、四川、台湾、新疆、云南、浙江等地栽培。**习性:** 喜光, 稍耐阴; 耐寒, 喜温凉高燥、忌炎热低湿环境; 要求疏松肥沃排水良好的壤土或砂壤土。**繁殖:** 分株、播种。**园林用途:** 传统名贵花卉, 庭院栽培, 可群植、丛植或孤植。

特征要点 落叶灌木。株高可达 3m。根肥, 肉质。叶大型, 二回三出复叶, 小叶阔卵形, 先端 3~5 裂, 全缘, 叶背有白粉。花单生枝顶, 大型, 直径 10~30mm; 花型有多种; 花色丰富, 有紫、深红、粉红、黄、白、豆绿等色; 雄蕊多数; 心皮 5 枚, 有毛。花期 4~5 月; 果期 9 月。

小药八旦子 Corydalis caudata (Lam.) Pers. 罂粟科 Papaveraceae 紫堇属

原产及栽培地: 原产中国。北京、山东、山西等地栽培。**习性:** 喜光; 喜冷凉干燥气候; 喜疏松肥沃的砂质壤土; 耐旱不耐涝, 怕热, 夏季休眠。**繁殖:** 分株。**园林用途:** 庭院栽培观赏。

特征要点 多年生草本。株高 15~20cm。块茎圆球形或长圆形, 长 8~20mm。叶二回三出, 具细长柄; 小叶圆形至椭圆形。总状花序具 3~8 花; 花蓝色或紫蓝色, 距圆筒形, 长 1~1.4cm。蒴果卵圆形, 具 4~9 种子。花期 4~5 月。

珠果黄堇 Corydalis speciosa Maxim. 罂粟科 Papaveraceae 紫堇属

原产及栽培地: 原产亚洲北部。中国辽宁、黑龙江、吉林、河北等地栽培。**习性:** 喜光; 喜冷凉干燥气候; 喜疏松肥沃的砂质壤土; 耐旱不耐涝, 怕热, 夏季休眠。**繁殖:** 播种、分株。**园林用途:** 庭院栽培观赏。

特征要点 多年生草本。株高 40~60cm, 灰绿色。具主根。叶片二回羽状全裂, 羽片卵状椭圆形, 羽状深裂, 裂片线形至披针形, 具短尖。总状花序密具多花; 苞片披针形; 花金黄色, 无鸡冠状突起。蒴果线形, 俯垂, 念珠状。花果期春夏季。

黄药（大花荷包牡丹）**Ichtyoselmis macrantha** (Oliv.) Lidén
罂粟科 Papaveraceae 黄药属

原产及栽培地：原产中国、缅甸。中国贵州、湖北、上海、四川等地栽培。**习性**：喜半阴环境；喜温暖湿润气候；要求土壤疏松肥沃、排水良好。**繁殖**：播种。**园林用途**：花美丽，可用于造景。

特征要点 多年生草本。株高 60~90cm。根状茎横走。叶 2~4，互生于茎上部，三回三出分裂，小裂片卵形至披针形，边缘具粗齿。总状花序聚伞状；花 3~14，下垂，美丽，长 4~5cm；外花瓣舟状，淡黄绿色或绿白色，中部缢缩。蒴果狭椭圆形。花果期 4~7 月。

荷包牡丹 **Lamprocapnos spectabilis** (L.) Fukuhara
罂粟科 Papaveraceae 荷包牡丹属

原产及栽培地：原产中国北部及日本、西伯利亚。中国北京、福建、黑龙江、吉林、江苏、江西、辽宁、四川、台湾、新疆、云南、浙江等地栽培。**习性**：喜向阳，亦耐半阴；耐寒，好湿润、富含腐殖质、疏松肥沃的砂质壤土；忌高温、高湿。**繁殖**：分株、播种、枝插或根插。**园林用途**：庭院中适宜布置花境、山石旁丛植；也可盆栽或作切花。

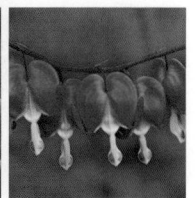

特征要点 多年生草本。株高 40~70cm。根粗壮而脆。叶对生，三出羽状复叶，似牡丹。总状花序长可达 50cm，向一侧成弓形，弯垂；花瓣 4，交叉排列为两层，外层稍联合为心脏形，基部膨大成囊状，外瓣玫瑰红色，内瓣白色。花期 4~5 月。

博落回 **Macleaya cordata** (Willd.) R. Br. 罂粟科 Papaveraceae 博落回属

原产及栽培地：原产中国、日本。中国北京、福建、广东、广西、贵州、黑龙江、湖北、江苏、江西、上海、四川、台湾、云南、浙江等地栽培。**习性**：喜阳光充足；喜温暖湿润环境，耐寒；喜疏松、排水良好土壤，植株强健，适应性广。**繁殖**：分株、播种。**园林用途**：宜植庭院角隅或作屏障，亦可点缀亭边池旁。

特征要点 多年生草本。茎高可达 2m。具橙色液汁。叶互生，有柄，叶片圆心形，边缘浅裂，裂片有粗齿，叶背面白色。大型圆锥花序顶生，长 15~40cm；小花多数；雄蕊 24~30，花丝与花药近等长；蒴果狭倒卵形或倒披针形；种子 4~6，生于缝线两侧。花期 6~8 月，果期 10 月。

小果博落回 **Macleaya microcarpa** (Maxim.) Fedde
罂粟科 Papaveraceae 绿绒蒿属

原产及栽培地：原产中国。中国北京、湖北、陕西等地栽培。**习性**：喜阳光充足；喜温暖湿润环境，耐寒；喜疏松、排水良好土壤，性强健，适应性广。**繁殖**：分株、播种。**园林用途**：宜植庭院角隅或作屏障，亦可点缀亭边池旁。

特征要点 多年生草本。茎高 0.8~1m。营养形态类似博落回。大型圆锥花序顶生，长 15~30cm；小花多数；雄蕊 8~12，花丝远短于花药；蒴果近圆形；种子 1，基生。花期 6~8 月，果期 10 月。

野罂粟（冰岛罂粟） **Papaver nudicaule** L. 罂粟科 Papaveraceae 罂粟属

原产及栽培地：原产亚洲。中国北京、黑龙江、湖北、江苏、陕西、台湾、新疆、云南等地栽培。**习性**：喜冷凉湿润的亚高山湿草甸气候。**繁殖**：播种。**园林用途**：庭院栽培观赏，可布置花坛、花境，也常大片种植作地被。

特征要点 多年生草本，多作一年生栽培。株高30~60cm。叶全部基生，羽状浅裂、深裂或全裂，具白粉，密被或疏被刚毛。花莛1至数枚；花单生于花莛先端，花蕾下垂；花冠直径3~8cm，花色有橙黄、白或带红白色等，芳香。花期春夏季。

鬼罂粟（东方罂粟） **Papaver orientale** L. 罂粟科 Papaveraceae 罂粟属

原产及栽培地：原产地中海沿岸至伊朗。中国北京、福建、湖北、江苏、辽宁、上海、台湾、新疆等地栽培。**习性**：喜光；耐寒；喜排水良好的砂质土壤。**繁殖**：分株、播种。**园林用途**：庭院栽培观赏，可布置花坛、花境。

特征要点 多年生草本。株高60~90cm或更高，被刚毛，具乳白色液汁。叶基生，二回羽状深裂，小裂片披针形或长圆形，具疏齿或缺刻状齿。花单生于长花梗顶端；花蕾卵形；花瓣4~6，长4~8cm，鲜红色；雄蕊多数。蒴果近球形。花期6~7月。

商陆 **Phytolacca acinosa** Roxb. 商陆科 Phytolaccaceae 商陆属

原产及栽培地：原产中国南部、南亚、东南亚。中国北京、福建、广东、广西、贵州、黑龙江、湖北、江苏、江西、辽宁、陕西、四川、新疆、云南、浙江等地栽培。**习性**：喜温暖、阴湿气候和富含腐殖质的疏松深厚砂壤土，忌积水。**繁殖**：播种。**园林用途**：美化宅旁庭院，或点缀山石岩边。

特征要点　多年生草本。株高可达 1.5m。块根肥厚，圆锥形。茎粗大，上部分叉。叶互生，椭圆形，全缘。总状花序直立，有总梗，较粗壮，花多而密；花被片通常白绿色，花后反折；雄蕊 8~10；心皮 8，分离。果序直立；种子较大，表面平滑。花期 5~8 月，果期 6~10 月。

垂序商陆 **Phytolacca americana** L. 商陆科 Phytolaccaceae 商陆属

原产及栽培地：原产墨西哥、美国。中国北京、福建、广东、广西、贵州、湖北、江西、陕西、上海、四川、台湾、云南、浙江等地栽培。**习性**：喜半阴，亦耐晒；喜温暖湿润气候，亦耐寒；喜肥沃土壤，但要求不严，酸碱土均能生长，耐瘠薄。**繁殖**：播种。**园林用途**：庭院宅旁种植观赏，应防止入侵。

特征要点　多年生草本。株高 1~2m。块根肥厚，倒圆锥形。茎带紫红色，上部分叉。叶互生，椭圆形，全缘。总状花序纤细，下垂，花稀疏；花被片稍带粉色；雄蕊 10；心皮 10，合生。果序下垂；种子较小，表面平滑。花期 6~8 月，果期 8~10 月。

巴西商陆 **Phytolacca thyrsiflora** Fenzl ex J. A. Schmidt

商陆科 Phytolaccaceae 商陆属

原产及栽培地: 原产中美洲和南美洲。云南等地栽培。**习性:** 喜半阴环境; 喜温暖湿润气候; 富含腐殖质的疏松深厚砂壤土, 忌积水。**繁殖:** 播种。**园林用途:** 美化宅旁庭院, 或点缀山石岩边。

特征要点 多年生草本。株高 1~2m。块根肥厚, 圆锥形。茎粗大, 上部分叉。叶互生, 椭圆形, 全缘。总状花序直立, 较细长, 花多而密; 花被片淡红色; 雄蕊约 10; 心皮 6~10, 合生。果序直立或平展; 种子较大, 表面具纤细同心条纹。花果期 6~8 月。

多雄蕊商陆 **Phytolacca polyandra** Batalin 商陆科 Phytolaccaceae 商陆属

原产及栽培地: 原产中国。云南、四川、贵州、广西等地栽培。**习性:** 喜温暖、阴湿气候和富含腐殖质的疏松深厚砂壤土, 忌积水。**繁殖:** 播种。**园林用途:** 美化宅旁庭院, 或点缀山石岩边。

特征要点 多年生草本。株高可达 1.5m。块根肥厚, 圆锥形。茎粗大, 上部分叉。叶互生, 椭圆形, 全缘。总状花序直立, 粗壮, 花多而密; 花被片通常粉红色, 花后不反折; 雄蕊 12~16; 心皮 8, 合生。果序直立; 种子较大, 表面平滑。花期 5~8 月, 果期 6~9 月。

'紫叶'大车前 **Plantago major** 'Rubrifolia' 车前科 Plantaginaceae 车前属

原产及栽培地: 原产欧洲。中国北京栽培。
习性: 喜光; 喜温暖湿润气候, 耐寒; 对土壤要求不严, 耐旱, 耐盐碱。**繁殖**: 分株、播种。
园林用途: 庭院栽培观赏, 可布置花境。

特征要点　多年生草本。株高可达 100cm。地下须根多数。叶基生, 具长柄, 叶片卵形或宽卵形, 全缘, 常被毛, 叶面绿色或为暗紫色。花葶粗壮直立, 花排成穗状花序。花小, 密生, 两性, 淡绿色。蒴果圆锥状。花期 5~8 月。果期 7~10 月。

阔叶补血草 **Limonium platyphyllum** Lincz.
白花丹科 Plumbaginaceae 补血草属

原产及栽培地: 原产罗马尼亚、保加利亚、俄罗斯。中国北京、黑龙江、台湾等地栽培。**习性**: 喜光; 耐寒, 喜冷凉干燥的草原气候; 喜沙地或盐碱化土地。**繁殖**: 播种。**园林用途**: 适宜点缀岩石园, 庭院栽培观赏, 可作地被。

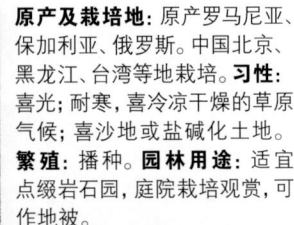

特征要点　多年生草本。株高 30~60cm。茎基部略木质化, 具星状毛。叶基生, 叶片长圆形至椭圆形, 长达 30cm, 基部渐窄成柄。花葶长达 60cm, 分枝极多, 并铺散近球形, 小穗 1~2 花, 小花蓝堇色。花期夏秋季。

宿根福禄考（天蓝绣球） **Phlox paniculata** L.

花葱科 Polemoniaceae 福禄考属 / 天蓝绣球属

原产及栽培地: 原产美国。中国北京、福建、黑龙江、辽宁、台湾、新疆、云南、浙江等地栽培。**习性**: 喜温暖向阳，稍耐寒，怕湿热及酷暑，要求肥沃、疏松及排水良好的土壤，忌积水。**繁殖**: 扦插、分株。**园林用途**: 布置花坛、花境，也用于街道绿化，作地被，亦可盆栽。

特征要点　多年生草本。株高 60~100cm。叶交互对生，上部常三叶轮生，长圆形或卵状披针形，全缘。大型圆锥花序顶生，直径达 15cm，花冠高脚碟状，白、粉、红、淡蓝、紫及复色，花冠筒长达 3cm，单直径 2.5cm。花期 6~7 月。

丛生福禄考（针叶天蓝绣球） **Phlox subulata** L.

花葱科 Polemoniaceae 福禄考属 / 天蓝绣球属

原产及栽培地: 原产美国。中国北京、福建、广东、黑龙江、辽宁、山东、四川、云南、浙江等地栽培。**习性**: 喜温暖向阳，稍耐寒，怕湿热及酷暑，要求肥沃、疏松及排水良好的土壤，忌积水。**繁殖**: 分株。**园林用途**: 布置花坛、花境、岩石园，作地被。

特征要点　多年生草本。株高 5~15cm。植株低矮，茎纤细密集，蔓延成片。叶细小，线形至针形。花顶生，多数密集排列，花色有白、粉、红、紫等色，直径约 2cm。花期 4~5 月。

金线草 Persicaria filiformis (Thunb.) Nakai 【Antenoron filiforme (Thunb.) Roberty & Vautier】蓼科 Polygonaceae 蓼属 / 金线草属

原产及栽培地: 原产中国南部、中南半岛。中国福建、广东、广西、贵州、湖北、江西、上海、四川、浙江等地栽培。**习性**: 耐阴；喜温暖湿润气候；喜疏松肥沃的砂质壤土。**繁殖**: 播种。**园林用途**: 适宜林下栽培观赏。

特征要点 多年生草本。株高 50~80cm。节膨大。叶椭圆形，长 6~15cm，全缘，被糙伏毛；托叶鞘筒状，膜质。总状花序呈穗状，纤细，花排列稀疏；花被 4 深裂，红色。瘦果卵形，双凸镜状。花期 7~8 月，果期 9~10 月。

狼尾花 Lysimachia barystachys Bunge 报春花科 Primulaceae 珍珠菜属

原产及栽培地: 原产中国、日本、朝鲜、蒙古、俄罗斯。中国北京、黑龙江、湖北、陕西、浙江等地栽培。**习性**: 喜光；喜温暖湿润气候；对土壤要求不严。**繁殖**: 分株、播种。**园林用途**: 庭院成片栽培观赏，或作地被。

特征要点 多年生草本。株高 30~100cm。根茎横走。全株密被卷曲柔毛。茎直立，不分枝。叶互生，披针形至线形，近无柄。总状花序顶生，长 4~6cm，常偏向一侧；花密集，花冠白色，长 7~10mm，5 裂。蒴果球形。花期 5~8 月，果期 8~10 月。

过路黄 Lysimachia christiniae Hance 报春花科 Primulaceae 珍珠菜属

原产及栽培地：原产中国。中国北京、福建、广东、广西、贵州、海南、湖北、江西、陕西、上海、四川、云南、浙江等地栽培。**习性**：喜半阴环境；喜温暖湿润气候；对土壤要求不严。**繁殖**：分株、扦插。**园林用途**：庭院成片栽培观赏，或作地被。

特征要点 多年生草本。茎长 20~60cm，柔弱，平卧延伸。叶对生，卵圆形、近圆形以至肾圆形。花单生叶腋；花梗长 1~5cm；花冠钟形，黄色，裂片狭卵形以至近披针形。蒴果球形。花期 5~7 月，果期 7~10 月。

矮桃 Lysimachia clethroides Duby 报春花科 Primulaceae 珍珠菜属

原产及栽培地：原产中国、日本、朝鲜、蒙古、俄罗斯。中国北京、广东、广西、贵州、湖北、江西、上海、台湾、云南、浙江等地栽培。**习性**：喜光；喜温暖湿润气候；对土壤要求不严。**繁殖**：分株、播种。**园林用途**：庭院成片栽培观赏，或作地被。

特征要点 多年生草本。株高 40~100cm。根茎横走。全株疏被毛。茎直立，红色，不分枝。叶互生，长椭圆形或阔披针形，两面散生黑色粒状腺点，近无柄。总状花序顶生，长约 6cm，常转向一侧；花密集，花冠白色，长 5~6mm，5 裂。蒴果近球形。花期 5~7 月；果期 7~10 月。

'金圆叶' 过路黄 **Lysimachia nummularia** 'Aurea'

报春花科 Primulaceae 珍珠菜属

原产及栽培地: 原产美国。中国北京、湖北、四川、云南、浙江等地栽培。**习性**: 喜光, 耐半阴环境, 但叶会变绿; 喜温暖湿润气候; 对土壤要求不严。**繁殖**: 分株、扦插。**园林用途**: 庭院成片栽培观赏, 或作地被。

特征要点 多年生草本。茎长 10~50cm, 匍匐, 节处生根。叶对生, 近正圆形, 长约 2.5cm, 黄色, 略肉质。黄单生叶腋; 花冠黄色。花期夏季。

斑点过路黄 **Lysimachia punctata** Walter 报春花科 Primulaceae 珍珠菜属

原产及栽培地: 原产欧洲西班牙、希腊、匈牙利等地。中国北京栽培。**习性**: 喜光; 喜温暖湿润气候; 对土壤要求不严。**繁殖**: 分株、播种。**园林用途**: 庭院成片栽培观赏, 或作地被。

特征要点 多年生草本。株高 40~80cm。全株被柔毛。叶 3~5 枚轮生, 或 2 叶对生, 卵状披针形。花数朵轮生于茎上部叶腋, 整体密集, 似总状; 花冠大, 钟状, 直径 1.5~2.5cm, 黄色, 5 裂, 边缘具细微茸毛。花期 5~6 月。

144

乌头 Aconitum carmichaelii Debeaux 毛茛科 Ranunculaceae 乌头属

原产及栽培地：原产中国、越南。中国北京、广西、贵州、湖北、江苏、江西、陕西、上海、四川、台湾、云南、浙江等地栽培。**习性**：喜光；喜凉爽湿润环境，耐寒性较强；忌酷暑炎热和黏土。**繁殖**：分根。**园林用途**：适宜灌木丛中配置，也可布置花境或作切花。

特征要点 多年生草本。茎高达150cm。块根倒圆锥形。叶五角形，3全裂，侧生裂片斜扇形，不等2深裂。总状花序狭长，顶生，密生反曲微柔毛；花多成串，侧向；萼片5，蓝紫色，上萼片高盔形，长2~4cm；花瓣2，有长爪。蓇葖果，种子有膜质翅。花期9~10月。

北乌头 Aconitum kusnezoffii Rchb. 毛茛科 Ranunculaceae 乌头属

原产及栽培地：原产亚洲北部。中国北京、广东、黑龙江、辽宁等地栽培。**习性**：喜半阴环境；耐寒；喜深厚肥沃、排水良好的壤土。**繁殖**：分根、播种。**园林用途**：适宜灌木丛中配置，也可布置花境或作切花。

特征要点 多年生草本。株高80~150cm。块根胡萝卜形，剧毒。叶具长柄，基生叶在开花时常枯萎，叶片一回裂片深裂，末回裂片近披针形。顶生总状花序多花，常形成圆锥花序；花冠盔形或高盔形，紫蓝色。花期7~9月。

银莲花 **Anemone cathayensis** (Kitag.) Kitag.

毛茛科 Ranunculaceae 欧银莲属 / 银莲花属

原产及栽培地：原产中国、朝鲜。中国北京、江苏、浙江等地栽培。**习性**：要求冷凉湿润气候。**繁殖**：播种、分株。**园林用途**：适宜林缘、草坡等种植。

特征要点 多年生草本。株高 15~40cm。基生叶 4~8，有长柄；叶片圆肾形，三全裂，裂片再分裂。花莛 2~6；苞片大，叶状，无柄；花 2~5，白色或带粉红色。瘦果扁平。花期 4~7 月。

欧洲银莲花（冠状银莲花） **Anemone coronaria** L.

毛茛科 Ranunculaceae 欧银莲属 / 银莲花属

原产及栽培地：原产地中海地区。中国北京、福建、台湾等地栽培。**习性**：喜凉爽潮润气候，阳光充足的环境；较耐寒、忌高温多湿；要求富含腐殖质、排水良好的砂质壤土。**繁殖**：播种、分株。**园林用途**：适宜布置花坛，花境或作盆栽。

特征要点 多年生草本，株高 30~40cm。地上茎极短。基生叶多；叶片掌状 3 裂，各裂片二至三回羽裂。花莛自叶丛中抽出，高出叶面；花萼花瓣状，直径 6cm，有黄、白、粉、橙、红、紫或复色花；雄蕊蓝色，形似罂粟花。花期 4~5 月。

打破碗花花（秋牡丹）**Eriocapitella hupehensis** (É. Lemoine) Christenh. & Byng【Anemone hupehensis (Lemoine) Lemoine】

毛茛科 Ranunculaceae 秋牡丹属 / 银莲花属

原产及栽培地：原产中国南部。中国北京、福建、广东、广西、贵州、湖北、江西、陕西、四川、台湾等地栽培。**习性**：耐半阴；喜温和湿润气候，稍耐寒；喜土壤肥沃而湿润。**繁殖**：播种、分株。**园林用途**：适宜林缘、草坡等大片栽植，或作花境背景。

特征要点 多年生草本。株高 50~80cm。三出复叶，叶大具长柄，小叶卵形，不分裂或不明显 3~5 浅裂。聚伞花序生于茎顶，总苞片 2~3 枚，叶状；花瓣状萼片 5~20 枚，紫红色，外被绢毛。花期 7~9 月。

大花银莲花（林生银莲花）**Anemonoides sylvestris** (L.) Galasso, Banfi & Soldano【Anemone sylvestris L.】 毛茛科 Ranunculaceae 西南银莲花属 / 银莲花属

原产及栽培地：原产中国东北地区、亚洲西南部、欧洲。中国北京、江苏等地栽培。**习性**：耐半阴；喜温和湿润气候，稍耐寒；喜土壤肥沃而湿润。**繁殖**：播种、分株。**园林用途**：适宜林缘、草坡等大片栽植，或作花境背景。

特征要点 多年生草本。株高 20~40cm。叶基生，3~5 全裂。花纯白色，直径 3~6cm，具芳香。花期 4~6 月。

大火草 **Eriocapitella tomentosa** (Maxim.) Christenh. & Byng【Anemone tomentosa (Maxim.) C. Pei】毛茛科 Ranunculaceae 秋牡丹属 / 银莲花属

原产及栽培地: 原产中国。中国北京、湖北、江苏、陕西浙江等地栽培。**习性:** 生长健壮,适应性强。**繁殖:** 播种、分株。**园林用途:** 适宜林缘、草坡等大片栽植,或作花境背景。

特征要点 多年生草本。株高 40~120cm。基生叶 3~4 枚,三出复叶,间或有 1~2 枚单叶,小叶卵形,3 裂,边缘有粗锯齿,叶背密生白茸毛。聚伞花序长 25~40cm,二至三回分枝,花被粉红色或白色,直径 3~5cm。花期 7~9 月。

野棉花(葡萄叶秋牡丹) **Eriocapitella vitifolia** (Buch.-Ham. ex DC.) Nakai 【Anemone vitifolia Buch.-Ham. ex DC.】毛茛科 Ranunculaceae 秋牡丹属 / 银莲花属

原产及栽培地: 原产中国西南。中国北京、云南、四川、西藏等地栽培。**习性:** 耐半阴;喜温和湿润气候,稍耐寒;喜土壤肥沃而湿润。**繁殖:** 播种、分株。**园林用途:** 适宜林缘、草坡等大片栽植,或作花境背景。

特征要点 多年生草本。株高 60~80cm。叶基生,5 浅裂。密聚伞花序,萼片内面紫色,外面被白毛;直径 5cm。花期 7 月。

杂种耧斗菜 **Aquilegia hybrid** Hort. 毛茛科 Ranunculaceae 耧斗菜属

原产及栽培地: 杂交起源。中国北方各地栽培。
习性: 喜富含腐殖质、湿润而又排水良好的土壤; 宜较高的空气湿度与充足阳光。**繁殖:** 分株、播种。**园林用途:** 可丛植花境、林缘、疏林下或岩石园,也可作小切花装饰。

特征要点 多年生草本。株高 15~50cm。花冠颜色丰富,有红色、黄色、蓝色、紫色以及不同色彩之间的组合,花冠直立或下垂。花期 4~6 月。

紫花耧斗菜 **Aquilegia viridiflora** var. **atropurpurea** (Willd.) Finet & Gagnep. 毛茛科 Ranunculaceae 耧斗菜属

原产及栽培地: 原产中国、蒙古。中国北京栽培。**习性:** 喜半阴环境; 耐寒; 喜深厚肥沃的森林壤土。**繁殖:** 播种。**园林用途:** 可丛植花境、林缘,疏林下赏花。

特征要点 多年生草本。株高 15~50cm。根肥大,圆柱形。叶基生,一至二回三出复叶,小叶楔状倒卵形,上部三裂。花 3~7 朵顶生,倾斜或微下垂; 萼片暗紫色或紫色,长椭圆状卵形; 距直或微弯,长 1.2~1.8cm。蓇葖果。花期 5~7 月,果期 7~8 月。

欧耧斗菜（耧斗菜）Aquilegia vulgaris L. 毛茛科 Ranunculaceae 耧斗菜属

原产及栽培地: 原产欧洲、西伯利亚。中国北京、福建、江苏、辽宁、上海、四川、台湾、云南等地栽培。**习性**: 喜富含腐殖质、湿润而又排水良好的土壤; 宜较高的空气湿度与充足阳光。**繁殖**: 播种。**园林用途**: 可丛植花境、林缘、疏林下或岩石园, 也可作小切花装饰。

特征要点 多年生草本。株高 40~80cm, 具细柔毛。叶基生及茎生, 三出复叶, 灰绿色, 叶端裂片阔楔形。花下垂（重瓣者近直立）, 蓝、紫或白色, 直径约 5cm; 萼片 5, 花瓣状, 花瓣 5, 卵形。花期 5~7 月。

华北耧斗菜 Aquilegia yabeana Kitag. 毛茛科 Ranunculaceae 耧斗菜属

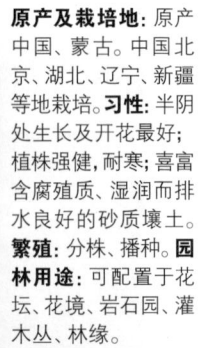

原产及栽培地: 原产中国、蒙古。中国北京、湖北、辽宁、新疆等地栽培。**习性**: 半阴处生长及开花最好; 植株强健, 耐寒; 喜富含腐殖质、湿润而排水良好的砂质壤土。**繁殖**: 分株、播种。**园林用途**: 可配置于花坛、花境、岩石园、灌木丛、林缘。

特征要点 多年生草本。株高 60cm。根粗壮。基生叶有长柄, 一至二回三出复叶; 茎生叶小。花序有少数花, 密被短腺毛; 花下垂, 美丽; 萼片紫色, 狭卵形; 花瓣紫色; 距长 1.7~2cm, 末端钩状内曲。蓇葖果长 1.5~2cm, 种子黑色。花期 5~6 月。

驴蹄草 *Caltha palustris* L. 毛茛科 Ranunculaceae 驴蹄草属

原产及栽培地：原产北半球温带及寒温带地区。中国黑龙江、湖北、上海、四川、台湾、云南、浙江等地栽培。**习性**：喜光；喜冷凉湿润的高山气候；对土壤要求不严，适应性广。**繁殖**：播种。**园林用途**：湿地或庭院栽培观赏，可入药。

特征要点 多年生草本。株高 20~48cm。具肉质须根。基生叶 3~7，有长柄；叶片圆形至心形，长 2.5~5cm，基部深心形，边缘具齿。单歧聚伞花序顶生；苞片三角状心形；花黄色，直径 2~3cm，萼片 5，雄蕊多数。花期 5~9 月。

兴安升麻 *Actaea dahurica* (Turcz. ex Fisch. & C. A. Mey.) Franch.【*Cimicifuga dahurica* (Turcz.) Maxim.】毛茛科 Ranunculaceae 类叶升麻属 / 升麻属

原产及栽培地：原产中国北部、亚洲北部。中国北京、黑龙江、辽宁等地栽培。**习性**：耐阴；喜冷凉湿润环境；喜疏松肥沃、富含腐殖质的土壤。**繁殖**：播种、分株。**园林用途**：适宜栽培林下观赏。

特征要点 多年生草本。株高达 1~2m。根状茎粗壮。叶大型，二至三回三出复叶，小叶长 5~10cm，3 深裂，边缘有锯齿。花序复总状或圆锥状，大型，顶生；雌雄异株；花小，密集，白色。蓇葖果。花期 7~8 月，果期 8~9 月。

高翠雀花（高飞燕草、美丽飞燕草）Delphinium elatum L.
毛茛科 Ranunculaceae 翠雀属

原产及栽培地: 原产欧洲温带地区。中国北京、江苏、台湾、新疆、云南等地栽培。**习性**: 喜阳光与冷凉气候; 性耐寒, 较耐旱, 亦耐半阴; 忌炎热与水涝。**繁殖**: 播种。**园林用途**: 适宜作花坛、花境材料, 亦可作切花。

特征要点 多年生草本。株高可达 1.8m, 多分枝。总状花序, 花朵密, 花蓝紫色, 直径约 2.5cm。

翠雀（大花飞燕草）Delphinium grandiflorum L.
毛茛科 Ranunculaceae 翠雀属

原产及栽培地: 原产中国、朝鲜、蒙古、俄罗斯。中国北京、福建、黑龙江、江苏、四川、台湾、云南等地栽培。**习性**: 喜阳光与冷凉气候; 性耐寒, 较耐旱, 亦耐半阴; 忌炎热与水涝。**繁殖**: 播种、分株、扦插。**园林用途**: 适宜作花坛、花境材料, 亦可作切花。

特征要点 多年生草本。株高 36~65cm。全株被柔毛。叶互生, 掌状深裂。总状花序疏散; 花直径 2.5~4cm; 萼片5, 1片延长成距, 蓝紫色; 花瓣2, 有距, 顶端微凹, 有黄色髯毛。心皮3, 蓇葖果, 种子小, 7~9月成熟。花期5~7月。

杂种铁筷子 **Helleborus × hybridus** H. Vilm. 毛茛科 Ranunculaceae 铁筷子属

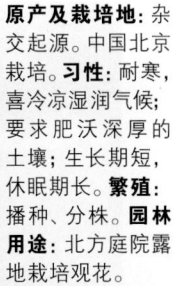

原产及栽培地: 杂交起源。中国北京栽培。**习性:** 耐寒,喜冷凉湿润气候;要求肥沃深厚的土壤;生长期短,休眠期长。**繁殖:** 播种、分株。**园林用途:** 北方庭院露地栽培观花。

特征要点 多年生草本。株高30~45cm。基生叶掌状裂,具长柄;小叶常7枚。花茎单生或分叉,花朵生于有红色斑驳的花梗上,直径5~6cm;萼片5,花瓣状,绿白色或粉红色;花瓣小而色淡。花期4~5月。

白头翁 **Pulsatilla chinensis** (Bunge) Regel 毛茛科 Ranunculaceae 白头翁属

原产及栽培地: 原产亚洲北部。中国北京、黑龙江、江苏、辽宁、四川等地栽培。**习性:** 耐寒、耐干旱瘠薄,喜阳光充足、排水良好的土壤。**繁殖:** 播种、分株。**园林用途:** 良好地被植物,最宜花境、草坪缀花及林缘散植。

特征要点 多年生草本。株高35cm。全株密被白色柔毛。叶基生,4~5片,三出复叶。花莛高15~35cm,花单生,直径8cm,萼片花瓣状,6片成两轮,蓝紫色;雄蕊多数,鲜黄色。纺锤形瘦果,具宿存长花柱,有长柔毛,密集成头状果序。花期3~5月。

毛茛 **Ranunculus japonicus** Thunb. 毛茛科 Ranunculaceae 毛茛属

原产及栽培地：原产亚洲北部。中国北京、福建、广东、广西、贵州、黑龙江、湖北、江西、辽宁、四川、浙江等地栽培。**习性**：喜水边或湿地冷凉湿润环境；耐寒，耐湿，怕旱。**繁殖**：播种、分株。**园林用途**：庭院中栽培观赏，可布置花境，也可成片栽培作地被。

特征要点 多年生草本。株高 30~70cm。须根多数。茎中空。基生叶多数，叶片圆心形或五角形，常 3 深裂不达基部，边缘有粗齿或缺刻。聚伞花序有多数花；花直径 1.5~2.2cm；萼片椭圆形；花瓣 5，黄色。聚合果近球形；瘦果扁平。花果期 4~9 月。

欧洲唐松草（黑汉子腿、唐松草） **Thalictrum aquilegiifolium** L.
毛茛科 Ranunculaceae 唐松草属

原产及栽培地：原产中国北部、欧亚大陆温带地区。中国北京、上海、四川、浙江等地栽培。**习性**：喜荫蔽环境；喜冷凉湿润气候，耐寒；要求疏松肥沃的森林壤土。**繁殖**：播种、分株。**园林用途**：庭院中栽培观赏，花美丽。

特征要点 多年生草本。株高可达 1m。三回羽状复叶；小叶椭圆形至长圆形，先端具三浅裂。圆锥花序大型，开展，平顶，似伞房状；小花多数，极密集；花萼短小，细线形，白色；雄蕊直立，白色、紫色或浅红色，长于白色的花萼。花期 5~6 月。

偏翅唐松草 **Thalictrum delavayi** Franch.
毛茛科 Ranunculaceae 唐松草属

原产及栽培地: 原产中国西南、缅甸。中国北京、贵州、湖北、云南等地栽培。**习性**: 喜荫蔽环境; 喜冷凉湿润气候, 耐寒; 要求疏松肥沃的森林壤土。**繁殖**: 播种、分株。**园林用途**: 庭院中栽培观赏, 花美丽。

特征要点　多年生草本。株高 60~90cm, 纤细。三出羽状复叶, 小叶具长柄, 卵圆形, 3~5 裂。圆锥花序大型, 狭长, 尖塔形; 花直径 2.5cm, 下垂; 花萼长卵形, 长 1.5~2cm, 带红色或带紫色; 雄蕊与花萼等长, 花丝丝状, 花药黄色。花期 6~9 月。

华东唐松草　**Thalictrum fortunei** S. Moore　毛茛科 Ranunculaceae 唐松草属

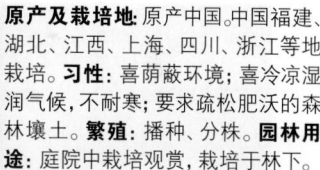

原产及栽培地: 原产中国。中国福建、湖北、江西、上海、四川、浙江等地栽培。**习性**: 喜荫蔽环境; 喜冷凉湿润气候, 不耐寒; 要求疏松肥沃的森林壤土。**繁殖**: 播种、分株。**园林用途**: 庭院中栽培观赏, 栽培于林下。

特征要点　多年生草本。株高 20~60cm。全体无毛。二至三回三出复叶; 小叶近圆形, 不明显三浅裂, 边缘有浅圆齿。复单歧聚伞花序圆锥状; 花梗丝形; 萼片 4, 白色或淡堇色, 倒卵形; 花丝上部倒披针形; 心皮 3~6, 花柱短, 顶端弯曲。瘦果无柄, 宿存花柱顶端拳卷。花期 3~5 月。

瓣蕊唐松草 **Thalictrum petaloideum** L. 毛茛科 Ranunculaceae 唐松草属

原产及栽培地：原产中国北部、朝鲜、蒙古、俄罗斯。中国北京、黑龙江、辽宁、内蒙古、青海、山西、陕西、四川等地栽培。**习性**：喜光照，喜冷凉湿润气候，耐寒；对土壤要求不严，喜砂质土，耐瘠薄、干旱、盐碱。**繁殖**：播种、分株。**园林用途**：庭院中栽培观赏，适宜布置岩石园。

特征要点　多年生草本。株高 20~80cm，植株无毛。三至四回三出或羽状复叶；小叶倒卵形至近圆形，三裂，裂片全缘。花序伞房状，花密集，平顶；萼片 4，早落；雄蕊多数，长 5~12mm，花丝上部倒披针形；心皮 4~13，无柄。瘦果卵形，有 8 条纵肋。花期 6~7 月。

箭头唐松草 **Thalictrum simplex** L. 毛茛科 Ranunculaceae 唐松草属

原产及栽培地：原产中国北部、欧亚大陆温带地区。中国北京、四川等地栽培。**习性**：喜半阴环境；喜温暖湿润环境，亦耐寒；喜湿润土壤，耐水湿、盐碱，不耐干旱。**繁殖**：播种、分株。**园林用途**：庭院中栽培观赏，适宜布置水池边、岩石园。

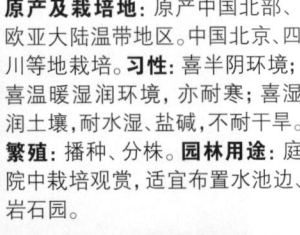

特征要点　多年生草本。株高 60~180cm。植株无毛，竖直，不分枝。二回羽状复叶；小叶圆菱形至长圆形，上部 3 裂，箭头状。圆锥花序大型，狭长，长可达 60cm；萼片 4，早落；雄蕊约 15，长约 5mm，花丝丝形；心皮 3~6，无柄。瘦果狭椭圆球形，有 8 条纵肋。花期 7 月。

展枝唐松草 **Thalictrum squarrosum** Stephan ex Willd.

毛茛科 Ranunculaceae 唐松草属

原产及栽培地: 原产中国北部、朝鲜、蒙古、俄罗斯。中国北京、广西、黑龙江、吉林、辽宁、内蒙古、甘肃、陕西等地栽培。**习性**: 喜光照;喜温暖干爽环境,耐寒;喜排水良好的疏松砂壤土,耐瘠薄。**繁殖**: 播种、分株。**园林用途**: 庭院中栽培观赏,适宜布置岩石园。

特征要点 多年生草本。株高 60~100cm。茎中部以上分枝。二至三回羽状复叶;小叶倒卵形至卵形,常 3 裂,全缘或具 2~3 小齿牙。圆锥花序多分枝,分枝纤细,密集成伞房状或圆球状;花小,黄绿色。蒴果长圆形,具棱。花果期 7~8 月。

金莲花 **Trollius chinensis** Bunge 毛茛科 Ranunculaceae 金莲花属

原产及栽培地: 原产亚洲北部。中国北京、吉林、内蒙古、山西、河北等地栽培。**习性**: 喜光,耐半阴;耐寒,喜冷凉湿润的草甸气候;喜深厚肥沃的壤土。**繁殖**: 播种。**园林用途**: 适宜布置花坛、花境,花美丽。

特征要点 多年生草本。株高 30~70cm,全株无毛。具须根。茎不分枝。基生叶有长柄,叶片五角形,3 全裂,裂片具锯齿。花多单朵顶生,直径 4.5cm 左右;苞片 3 裂;萼片花瓣状,金黄色;花瓣狭线形。聚合蓇葖果。花期 6~7 月,果期 8~9 月。

地榆 **Sanguisorba officinalis** L. 蔷薇科 Rosaceae 地榆属

原产及栽培地: 原产欧亚大陆。中国浙江、黑龙江、吉林、辽宁、内蒙古、山西、陕西等地栽培。**习性**: 喜光；喜冷凉湿润气候，耐寒；喜排水良好的砂质土壤。**繁殖**: 播种、分株。**园林用途**: 庭院中栽培观赏，可布置花境，药用植物。

特征要点　多年生草本。株高 30~120cm。基生叶为羽状复叶；小叶具柄，小叶片卵形或长圆状卵形，边缘有粗锯齿。穗状花序顶生，多数开展，紫红色，椭圆形、圆柱形或卵球形，直立，长 1~3cm，直径 0.5~1cm；萼片 4 枚；雄蕊 4 枚。花果期 7~10 月。

芸香 **Ruta graveolens** L. 芸香科 Rutaceae 芸香属

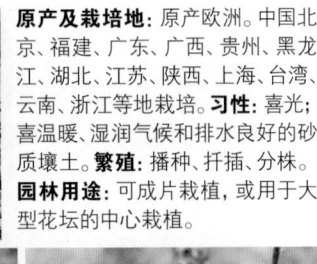

原产及栽培地: 原产欧洲。中国北京、福建、广东、广西、贵州、黑龙江、湖北、江苏、陕西、上海、台湾、云南、浙江等地栽培。**习性**: 喜光；喜温暖、湿润气候和排水良好的砂质壤土。**繁殖**: 播种、扦插、分株。**园林用途**: 可成片栽植，或用于大型花坛的中心栽植。

特征要点　多年生草本。株高可达 1m。各部无毛但具腺点，有强烈异香气味。二至三回羽状复叶，深裂至全裂，羽片倒卵状长圆形、倒卵形或匙形，叶蓝绿色。聚伞花序顶生；花黄色。蒴果，种子有棱，种皮有瘤状突起。花期 5~6 月。

阿伦兹落新妇 Astilbe × arendsii Buch.-Ham. ex D. Don
虎耳草科 Saxifragaceae 落新妇属

原产及栽培地: 杂交起源。中国北京栽培。**习性**: 耐半阴,喜腐殖质多的酸性和中性土,也耐轻碱地。**繁殖**: 分株。**园林用途**: 布置花境、湿度边缘或作地被。

特征要点 多年生草本。株高 30~60cm。营养特征基本同落新妇。圆锥花序较宽大,花密集,花色较丰富,紫红色至粉白色。花期 6 月。

落新妇 Astilbe chinensis (Maxim.) Franch. & Sav.
虎耳草科 Saxifragaceae 落新妇属

原产及栽培地: 原产亚洲北部温带地区。中国安徽、北京、福建、甘肃、贵州、河北、河南、黑龙江、湖北、江西、辽宁、山东、山西、陕西、上海、四川、云南、浙江等地栽培。**习性**: 耐半阴,喜腐殖质多的酸性和中性土,也耐轻碱地。**繁殖**: 播种、分株。**园林用途**: 适宜植于林下或半阴处观赏,花序可作切花。

特征要点 多年生草本。株高 50~100cm。地下有粗壮根状茎。基生叶为二至三回羽状复叶,小叶卵形或长卵形,先端尖,缘有重锯齿。圆锥花序长达 30cm,密生褐色弯曲柔毛,花小,密集,粉红色,后变白色。蒴果 2 室。花期初夏。

小花肾形草 **Heuchera micrantha** Douglas
虎耳草科 Saxifragaceae 矾根属 / 肾形草属

原产及栽培地: 原产美国。中国北京、江西、台湾、浙江等地栽培。**习性:** 喜光,亦耐阴; 喜温暖湿润气候; 需要排水良好的深厚肥沃壤土。**繁殖:** 分株。**园林用途:** 适宜作林下地被植物。

特征要点 多年生草本。株高 10~30cm。叶丛生基部,具长柄,叶片卵圆形,基部心形,边缘浅裂,颜色丰富,绿色、黄铜色至深紫色。花莛自叶丛抽出,顶生狭长的圆锥花序; 分枝繁多,纤细; 花小,绿色,带红色斑。花期 4~6 月。

红花肾形草(红肾形草) **Heuchera sanguinea** Engelm.
虎耳草科 Saxifragaceae 矾根属 / 肾形草属

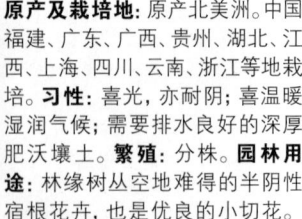

原产及栽培地: 原产北美洲。中国福建、广东、广西、贵州、湖北、江西、上海、四川、云南、浙江等地栽培。**习性:** 喜光,亦耐阴; 喜温暖湿润气候; 需要排水良好的深厚肥沃壤土。**繁殖:** 分株。**园林用途:** 林缘树丛空地难得的半阴性宿根花卉,也是优良的小切花。

特征要点 多年生草本。株高 10~30cm。叶基生,叶柄暗紫色,具柔毛,叶片绿色,基部心形,边缘具圆齿。花莛自叶丛抽出,花序具少数分枝; 花较大,钟状,鲜红色。花期 4~6 月。

七叶鬼灯檠 **Rodgersia aesculifolia** Batalin
虎耳草科 Saxifragaceae 鬼灯檠属

原产及栽培地: 原产中国、缅甸。中国北京、贵州、湖北、江苏、江西、陕西、上海、四川等地栽培。**习性:** 喜光,耐半阴;喜冷凉湿润气候,耐寒;喜疏松肥沃、排水良好的砂质壤土。**繁殖:** 分株、播种。**园林用途:** 庭院中成片栽培观赏,可配置花境。

特征要点 多年生草本。株高0.8~1.2m。根状茎圆柱形,横生。掌状复叶具长柄;小叶片5~7,草质,倒卵形至倒披针形,边缘具重锯齿,背面疏生腺毛。多歧聚伞花序圆锥状;花小,黄白色;萼片5,背面具毛,具弧曲脉。蒴果卵形。花果期5~10月。

羽叶鬼灯檠 **Rodgersia pinnata** Franch. 虎耳草科 Saxifragaceae 鬼灯檠属

原产及栽培地: 原产中国。北京、云南、四川等地栽培。**习性:** 喜光,耐半阴;喜冷凉湿润气候,耐寒;喜疏松肥沃、排水良好的砂质壤土。**繁殖:** 分株、播种。**园林用途:** 庭院中成片栽培观赏,可配置花境。

特征要点 多年生草本。株高0.4~1.5m。根状茎粗壮。近羽状复叶,上有顶生小叶3~5,下有轮生小叶3~4;小叶椭圆形或长圆形,边缘具重锯齿。多歧聚伞花序圆锥状;花小,花蕾带粉红色;萼片5,草质,近卵形,背面具毛,具弧曲脉3。蒴果紫色。花果期6~8月。

鬼灯檠 **Rodgersia podophylla** A. Gray 虎耳草科 Saxifragaceae 鬼灯檠属

原产及栽培地: 原产中国北部、日本、朝鲜、俄罗斯。中国上海栽培。**习性:** 喜光、耐半阴；喜冷凉湿润气候，耐寒；喜疏松肥沃、排水良好的砂质壤土。**繁殖:** 分株、播种。**园林用途:** 庭院中成片栽培观赏，可配置花境。

特征要点 多年生草本。株高 0.6~1m。根状茎粗壮，横生。掌状复叶具长柄；小叶片 5~7，草质，近倒卵形，先端 3~5 浅裂，边缘有粗锯齿，背面无毛。多歧聚伞花序圆锥状；花小，黄白色；萼片 5~7，白色，近卵形，背面具短腺毛，具羽状脉。蒴果。花果期 5~10 月。

西南鬼灯檠 **Rodgersia sambucifolia** Hemsl.
虎耳草科 Saxifragaceae 鬼灯檠属

原产及栽培地: 原产中国。贵州、云南、甘肃等地栽培。**习性:** 喜光，耐半阴；喜冷凉湿润气候，耐寒；喜疏松肥沃、排水良好的砂质壤土。**繁殖:** 分株、播种。**园林用途:** 庭院中成片栽培观赏，可配置花境。

特征要点 多年生草本。株高 0.8~1.2m。羽状复叶；小叶片 3~9，倒卵形至披针形，边缘有重锯齿，背面被糙伏毛。聚伞花序圆锥状；花小，花蕾时带粉红色；萼片 5，黄白色，近卵形，腹面无毛，背面疏生黄褐色膜片状毛。花果期 5~10 月。

香彩雀 **Angelonia angustifolia** Benth.

车前科 / 玄参科 Plantaginaceae/Scrophulariaceae 香彩雀属

原产及栽培地: 原产中美洲。中国北京、台湾等地栽培。
习性: 喜光; 喜温暖湿润气候; 喜疏松肥沃、富含腐殖质、排水良好的酸性壤土。**繁殖**: 扦插。**园林用途**: 适宜布置花坛, 花境或作盆栽, 也可做地被。

特征要点 多年生草本, 常作一年生栽培。株高 25~60cm, 冠幅 30~35cm。叶对生, 近无柄, 披针形。分枝性强, 株型紧凑丰满。单花腋生, 排列成具叶的总状花序; 花冠唇形, 花色有紫色、粉色或白色等。花期 7~9 月。

锈点毛地黄 **Digitalis ferruginea** L.

车前科 / 玄参科 Plantaginaceae/Scrophulariaceae 毛地黄属

原产及栽培地: 原产欧洲南部。中国北京、上海、江苏等地栽培。**习性**: 喜光, 耐半阴; 喜冷凉气候, 耐寒; 喜略旱, 要求肥沃、疏松及排水良好的砂质土壤。**繁殖**: 播种。**园林用途**: 适宜布置花坛、花境、庭院。

特征要点 多年生草本。株高 60~80cm。茎直立, 不分枝。叶互生, 无柄, 宽披针形, 基部抱茎, 先端渐尖, 边缘具不明显小齿。总状花序顶生; 花冠筒状, 淡黄色, 具斑点或斑块。花期 6~7 月。

狭叶毛地黄 **Digitalis lanata** Ehrh.

车前科 / 玄参科 Plantaginaceae/Scrophulariaceae 毛地黄属

原产及栽培地: 原产多瑙河流域和希腊。中国北京、广西、江苏、浙江等地栽培。**习性:** 喜光,耐半阴;喜冷凉气候,耐寒;喜略旱,要求肥沃、疏松及排水良好的砂质土壤。**繁殖:** 播种。**园林用途:** 适宜布置花坛、花境、庭院。

特征要点 多年生草本。株高可达 1m。茎直立,不分枝,常为紫色。叶互生,披针形,边缘具不明显小齿。总状花序有毛;花密集,花冠长约 2.5cm,筒部具黄褐色斑纹,下唇伸出,白色。花期 6~7 月。

黄花毛地黄 **Digitalis lutea** L.

车前科 / 玄参科 Plantaginaceae/Scrophulariaceae 毛地黄属

原产及栽培地: 原产欧洲南部、非洲西北部。中国北京、江苏、江西等地栽培。**习性:** 喜光,耐半阴;喜冷凉气候,耐寒;喜略旱,要求肥沃、疏松及排水良好的砂质土壤。**繁殖:** 播种。**园林用途:** 适宜布置花坛、花境、庭院。

特征要点 多年生草本。株高 30~60cm。茎直立,不分枝,绿色。叶互生,长圆形至披针形,边缘细锯齿显著。总状花序无毛;花密集,于花序一侧下垂;花冠长筒状,鲜黄色,长约 2cm。花期 6~7 月。

柳穿鱼 Linaria vulgaris subsp. chinensis (Debeaux) D. Y. Hong

车前科 / 玄参科 Plantaginaceae/Scrophulariaceae 柳穿鱼属

原产及栽培地：原产亚洲北部。中国北京、黑龙江、吉林、辽宁、内蒙古、陕西、上海等地栽培。**习性**：喜半阴环境；喜冷凉湿润的亚高山草甸气候；喜排水良好的砂质土壤。**繁殖**：播种。**园林用途**：适宜用于布置花坛、花境及草坪点缀，也可盆栽或作切花。

特征要点　多年生草本。株高 30~60cm。茎直立，上部常分枝。叶多互生，有时轮生，条形，常单脉。总状花序顶生，花萼裂片披针形，花冠筒基部成长距，花冠淡黄色，口喉部附属物为黄色。蒴果卵球状。花期 6~9 月。

红花钓钟柳（五蕊花） Penstemon barbatus (Cav.) Roth

车前科 / 玄参科 Plantaginaceae/Scrophulariaceae 钓钟柳属

原产及栽培地：原产北美洲。中国北京、广东、黑龙江、江苏、辽宁、台湾、云南等地栽培。**习性**：喜光；不耐寒，喜湿润及通风良好环境；要求排水良好的含石灰质土壤；忌炎热干燥。**繁殖**：播种、分株、扦插。**园林用途**：花境种植，草坪点缀，坡地大片种植，亦可盆栽及作切花。

特征要点　多年生草本。株高可达 2m，全株无毛。茎纤细，直立。单叶对生，全缘，倒披针形至条形。聚伞圆锥花序顶生，狭长，花冠长筒状，鲜红色，长约 2.5cm。花期 5~7 月。

钓钟柳 Penstemon campanulatus (Cav.) Willd.

车前科 / 玄参科 Plantaginaceae/Scrophulariaceae 钓钟柳属

原产及栽培地: 原产墨西哥、危地马拉。中国北京、福建、江苏、台湾、云南等地栽培。**习性:** 喜光;不耐寒,喜湿润及通风良好环境;要求排水良好的含石灰质土壤;忌炎热干燥。**繁殖:** 播种、分株、扦插。**园林用途:** 花境种植,草坪点缀,坡地大片种植,亦可盆栽及作切花。

特征要点 多年生草本。株高60cm,全株被茸毛。叶交互对生,卵形至披针形。花单生或3~4朵生于叶腋或总梗上,组成顶生长圆锥花序,花冠筒长约2.5cm,有紫、玫瑰红、紫红或白等色,内有白色条纹。花期5~6月或7~10月。

兔儿尾苗 Veronica longifolia L.【Pseudolysimachion longifolium (L.) Opiz】

车前科 / 玄参科 Plantaginaceae/Scrophulariaceae 婆婆纳属 / 穗花属

原产及栽培地: 原产中国北部、朝鲜、蒙古、俄罗斯。中国北京、江苏、江西、辽宁、台湾等地栽培。**习性:** 喜光;喜冷凉湿润气候,耐寒,喜排水良好的砂质土壤。**繁殖:** 播种、分株。**园林用途:** 布置花境、花坛或作切花应用。

特征要点 多年生草本。株高40~100cm。茎无毛或上部有疏柔毛。叶对生,披针形,边缘具深刻尖锯齿,无毛。花序长穗状,先端常俯垂;花梗长约2mm;花冠紫色或蓝色,长5~6mm,筒部占2/5~1/2长,雄蕊伸出。花期6~8月。

穗花婆婆纳（穗花）Veronica spicata L.【Pseudolysimachion spicatum (L.) Opiz】车前科 / 玄参科 Plantaginaceae/Scrophulariaceae 婆婆纳属 / 穗花属

原产及栽培地: 原产亚洲北部。中国北京、江苏、四川、台湾、浙江等地栽培。**习性:** 喜光；喜冷凉湿润气候，耐寒；喜排水良好的砂质土壤。**繁殖:** 播种、分株。**园林用途:** 布置花境、花坛或作切花应用，矮性品种适用于岩石园。

特征要点 多年生草本。株高 15~50cm。茎下部常密生白色长毛。叶对生，长矩圆形，边缘具圆齿或锯齿，具黏质腺毛。花序长穗状；花梗几乎没有；花冠紫或蓝色，长 6~7mm，筒部占 1/3 长，雄蕊略伸出。花期 7~9 月。

天目地黄 Rehmannia chingii H. L. Li
列当科 / 玄参科 Orobanchaceae/Scrophulariaceae 地黄属

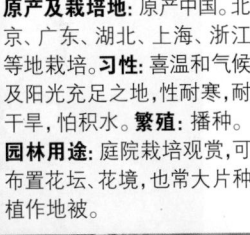

原产及栽培地: 原产中国。北京、广东、湖北、上海、浙江等地栽培。**习性:** 喜温和气候及阳光充足之地，性耐寒，耐干旱，怕积水。**繁殖:** 播种。**园林用途:** 庭院栽培观赏，可布置花坛、花境，也常大片种植作地被。

特征要点 多年生草本。株高 30~60cm。全株被长柔毛。基生叶多少莲座状，叶片椭圆形，纸质，边缘具不规则圆齿或粗锯齿。花单生叶腋，具长花梗；花冠紫红色，长 5.5~7cm；花冠筒膨大；萼齿及花冠裂片均为 5 枚，雄蕊 4 枚。蒴果卵形。花期 4~5 月，果期 5~6 月。

地黄 **Rehmannia glutinosa** (Gaertn.) Libosch. ex Fisch. & C. A. Mey.
列当科 / 玄参科 Orobanchaceae/Scrophulariaceae 地黄属

原产及栽培地: 原产中国北部、朝鲜、蒙古、俄罗斯。中国北京、福建、甘肃、广东、广西、贵州、湖北、江苏、江西、辽宁、陕西、浙江等地栽培。**习性:** 喜温和气候及阳光充足之地,性耐寒,耐干旱,怕积水,忌连作,其块根在25~28℃时增长迅速。**繁殖:** 播种、块根。**园林用途:** 可在岩石区、药用园内种植,我国栽培多作药用。

特征要点 多年生草本。株高 10~30cm。全体密被白色长柔毛和腺毛。根肉质。茎紫红色。叶多基生,卵形至长椭圆形,边缘具不整齐钝齿,背面略带紫色。总状花序顶生;花冠狭钟形,长约 4cm,二唇形,紫红色,内面有条纹,裂片5。花期 4~6 月,果期 7~8 月。

赛亚麻 **Nierembergia scoparia** Sendtner 茄科 Solanaceae 赛亚麻属

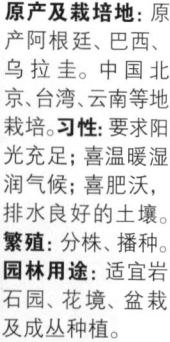

原产及栽培地: 原产阿根廷、巴西、乌拉圭。中国北京、台湾、云南等地栽培。**习性:** 要求阳光充足;喜温暖湿润气候;喜肥沃,排水良好的土壤。**繁殖:** 分株、播种。**园林用途:** 适宜岩石园、花境、盆栽及成丛种植。

特征要点 多年生草本。株高 10~30cm。茎细、多分枝,被白毛。叶互生,亮绿色,狭条形,长 1~3cm。花腋生或顶生;花杯状,蓝紫色,具条纹,花冠 5 浅裂。花期 6~9 月,果期 8~9 月。

酸浆 **Alkekengi officinarum** Moench 【Physalis alkekengi L.】
茄科 Solanaceae 酸浆属

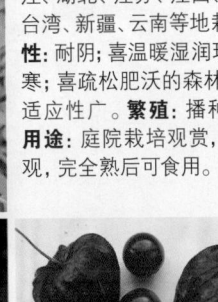

原产及栽培地：原产中国西部、欧亚大陆。中国福建、黑龙江、湖北、江苏、江西、四川、台湾、新疆、云南等地栽培。**习性**：耐阴；喜温暖湿润环境，耐寒；喜疏松肥沃的森林壤土，适应性广。**繁殖**：播种。**园林用途**：庭院栽培观赏，果实美观，完全熟后可食用。

特征要点 多年生草本。株高 0.4~0.8m。叶互生，卵形，基部下延，全缘或有粗牙齿，两面被柔毛。花单朵腋生，具长梗；花冠辐状，白色。果萼囊状，薄革质，橙黄色，网脉显著；浆果内藏，球状，橙红色，直径 10~15mm。花期 5~9 月，果期 6~10 月。

大星芹 **Astrantia major** L. 伞形科 Apiaceae/Umbelliferae 星芹属

原产及栽培地：原产欧洲。中国北京、上海、台湾等地栽培。**习性**：性耐寒，喜阳光与排水良好环境。**繁殖**：播种、分株。**园林用途**：园林多作花境装饰，花奇特美丽。

特征要点 多年生草本。株高 60~90cm。叶大部基生，有长柄，叶片 5 掌状深齿裂；茎生叶少，3~5 深裂，叶柄宽大而抱茎。复伞形花序为总苞片所包，苞片约 12~20 枚，紫色；花小，粉红色、玫瑰色或白色。双悬果倒卵状圆柱形，有棱。花期夏秋季。

珊瑚菜 Glehnia littoralis (A. Gray) F. Schmidt ex Miq.

伞形科 Apiaceae/Umbelliferae 珊瑚菜属

原产及栽培地：原产亚洲东部和北部。中国北京福建广东、吉林、陕西、台湾、云南、浙江等地栽培。**习性**：喜光；耐寒；喜排水良好的砂质土壤。**繁殖**：分株、播种。**园林用途**：适宜布置岩石园或药园，根可入药。

特征要点　多年生草本。株高 10~30cm，全株被白色柔毛。根圆柱形或纺锤形。叶多数基生，厚质，有长柄，三出式分裂至三出式二回羽状分裂。复伞形花序顶生；小伞形花序有花 15~20，花白色。果实近圆球形或倒广卵形。花果期 6~8 月。

短毛独活 Heracleum moellendorffii Hance

伞形科 Apiaceae/Umbelliferae 独活属

原产及栽培地：原产中国、日本、朝鲜。中国北京、广东、黑龙江、江西、上海、浙江等地栽培。**习性**：耐阴；喜冷凉湿润环境；喜疏松肥沃、富含腐殖质的土壤。**繁殖**：播种、分株。**园林用途**：适宜作林下地被植物，花序大而洁白。

特征要点　多年生草本。株高 1~2m。根圆锥形，粗壮。全株有柔毛。基生叶宽卵形，三出羽状全裂，裂片 5~7，不规则 3~5 浅裂至深裂，边缘有尖锐粗大锯齿；茎上部叶有膨大的叶鞘。复伞形花序大型，直径可达 30cm；花白色。双悬果扁平，有短刺毛。花期 7 月。

欧当归 Levisticum officinale W. D. J. Koch
伞形科 Apiaceae/Umbelliferae 欧当归属

原产及栽培地: 原产地中海地区、西亚。中国北京、黑龙江、陕西、台湾、云南等地栽培。**习性:** 喜光; 喜温暖湿润气候, 耐寒; 要求深厚肥沃、排水良好的壤土。**繁殖:** 分株、播种。**园林用途:** 庭院栽培观赏, 可入药。

特征要点　多年生草本。株高 1~2.5m, 全株有香气。根茎肥大。叶二至三回羽状分裂, 裂片倒卵形至卵状菱形, 近革质, 具粗大锯齿。复伞形花序, 直径可达 12cm; 小伞形花序近圆球形; 花小, 黄绿色。分生果椭圆形, 具翅。花期 6~8 月, 果期 8~9 月。

香堇菜 (香堇) Viola odorata L. 堇菜科 Violaceae 堇菜属

原产及栽培地: 原产欧洲。中国北京、福建、陕西、台湾、浙江等地栽培。**习性:** 喜荫蔽环境; 耐寒; 喜富含腐殖质的深厚土壤。**繁殖:** 分株、播种。**园林用途:** 常用于镶边或盆栽观赏, 亦作切花栽培。

特征要点　多年生草本。株高 10~20cm。有纤匐枝, 沿地面生长, 无茎。叶心状卵形, 被柔毛。花深紫堇、浅紫堇、粉红或纯白色, 罕带黄色, 直径 2cm, 芳香。花期 2~4 月。

紫花地丁 **Viola philippica** Cav. 堇菜科 Violaceae 堇菜属

原产及栽培地：原产东亚、东南亚。中国北京、福建、贵州、黑龙江、湖北、江苏、江西、辽宁、陕西、四川、云南、浙江等地栽培。**习性**：喜光；耐寒；适应性强，对土壤要求不严。**繁殖**：分株、播种。**园林用途**：适宜成片种植作地被植物。

特征要点 多年生草本。株高 4~20cm。无地上茎。叶基生，莲座状；叶片长圆形至狭卵状披针形，边缘具圆齿，无毛。花中等大，紫堇色或淡紫色。花果期 4~9 月。

火炬姜（瓷玫瑰）**Etlingera elatior** (Jack) R. M. Sm.
姜科 Zingiberaceae 茴香砂仁属

原产及栽培地：原产印度尼西亚、马来西亚、泰国。中国广东、云南、北京、福建、海南、上海、台湾等地栽培。**习性**：耐阴；喜高温潮湿气候；要求排水良好、疏松肥沃的壤土。**繁殖**：分株、播种。**园林用途**：温暖地区露地栽植，用于庭园观赏，布置花坛、花境。

特征要点 多年生丛生草本。株高 2~5m。茎秆被叶鞘所包。叶互生，2 行排列，叶片绿色，线形至椭圆状披针形，长 30~60cm，光滑，有光泽。头状花序基生，高可达 1~2m，花序圆锥形，直径为 15~20cm；苞片粉红色，肥厚，瓷质或蜡质，有光泽。花果期近全年。

红姜花 Hedychium coccineum Buch.-Ham. ex Sm. 姜科 Zingiberaceae 姜花属

原产及栽培地: 原产亚洲。中国福建、广东、湖北、云南等地栽培。**习性**: 喜温暖湿润气候和微酸性、湿润、肥沃、砂质壤土; 忌霜冻; 冬季休眠期需干燥。**繁殖**: 分根。**园林用途**: 南方露地庭园栽植, 北方盆栽或温室地栽, 花芳香美丽。

特征要点 多年生草本。株高 1.5~2m。根状茎粗壮。叶片狭线形, 宽 3~5cm。穗状花序顶生, 圆柱形, 长 15~25cm; 花红色; 花萼具 3 齿; 花冠管稍超过萼, 裂片线形, 反折; 侧生退化雄蕊披针形, 唇瓣圆形。蒴果球形。花期 6~8 月, 果期 10 月。

姜花 Hedychium coronarium J. Koenig 姜科 Zingiberaceae 姜花属

原产及栽培地: 原产亚洲。中国安徽、北京、福建、广东、广西、贵州、海南、湖北、上海、四川、台湾、云南、浙江等地栽培。**习性**: 喜温暖湿润气候和微酸性、湿润、肥沃、砂质壤土; 忌霜冻; 冬季休眠期需干燥。**繁殖**: 分根。**园林用途**: 南方露地庭园栽植, 北方盆栽或温室地栽, 花芳香美丽。

特征要点 多年生草本。株高可达 2m。根状茎粗壮。叶无柄, 长圆披针形, 长达 60cm, 叶背有细茸毛。穗状花序顶生, 长 10~20cm; 苞片覆瓦状排列; 花白色, 芳香; 花冠管长 8cm; 退化雄蕊侧生花瓣状, 长 5cm, 唇瓣长、宽约 6cm。花期秋季。

黄姜花 **Hedychium flavum** Roxb. 姜科 Zingiberaceae 姜花属

原产及栽培地：原产喜马拉雅地区。中国福建、广东、上海、云南等地栽培。**习性**：喜温暖湿润气候和微酸性、湿润、肥沃、砂质壤土；忌霜冻；冬季休眠期需干燥。**繁殖**：分根。**园林用途**：南方露地庭园栽植，北方盆栽或温室地栽，花芳香美丽。

特征要点　多年生草本。株高 1.5~2m。叶披针形，长 25~45cm，宽 5~8.5cm，无毛。穗状花序长圆形，长约 10cm；花黄色；花萼管长 4cm；侧生退化雄蕊倒披针形，长约 3cm；唇瓣倒心形，黄色，当中有一个橙色的斑。花期 8~9 月。

红球姜 **Zingiber zerumbet** (L.) Roscoe ex Sm. 姜科 Zingiberaceae 姜属

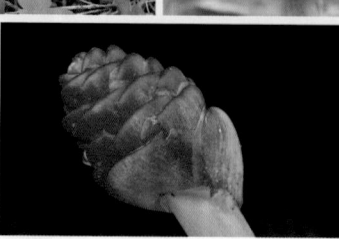

原产及栽培地：原产中国南部、亚洲热带地区。中国福建、广东、广西、海南、湖北、台湾、云南、浙江等地栽培。**习性**：喜温暖、潮湿与部分蔽荫环境，忌霜冻；要求肥沃、排水良好的土壤。**繁殖**：分切根状茎。**园林用途**：适宜冬暖之地露地布置山石角隅，可大片栽培作地被。

特征要点　多年生草本。株高 0.6~2m。根状茎块状。叶片披针形，长 15~40cm，宽 3~8cm。花莛高 20~50cm，花序球果状，长 8~9cm；苞片紧密覆瓦状排列，鲜红色；花冠管长 3cm，白色。蒴果椭圆形。花期 7~10 月。

（三）球根花卉

南美水仙（亚马逊石蒜）Urceolina × grandiflora (Planch. & Linden) Traub 【Eucharis × grandiflora Planch. & Linden】

石蒜科 Amaryllidaceae 瓶水仙属 / 南美水仙属

原产及栽培地：原产南美安第斯山脉。中国北京、福建、广东、海南、湖北、台湾、云南、浙江等地栽培。**习性**：耐阴，喜温暖潮湿热带雨林气候；要求富含腐殖质、排水良好的土壤。**繁殖**：分株、播种。**园林用途**：冬暖地适宜花坛、花境作宿根花卉栽植或作盆栽花卉。

特征要点　多年生草本。株高 60~80cm。具鳞茎，直径达 5cm。叶基生，叶片宽展，长 30cm，宽 15cm。花莛顶生伞形花序；花 3~6，白色，直径约 8cm，芳香，略下倾；花冠筒状，纤细，裂片6，开张呈星状，雄蕊着生于喉部，花丝宽展相连，呈明显的杯状。花期冬春季。

雪滴花（雪钟花）Galanthus nivalis L. 石蒜科 Amaryllidaceae 雪滴花属

原产及栽培地：原产欧洲中南部至高加索一带。中国台湾、浙江等地栽培。**习性**：喜凉爽气候；植株健壮，要求疏松肥沃、含腐殖质的湿润砂质壤土；不耐寒。**繁殖**：分栽小球法。**园林用途**：多植于路旁、花境或草地丛植或岩石园点缀。

特征要点　多年生草本。株高 20~40cm。鳞茎小，卵形，黑色。叶线形，2~3 片，具白霜。花莛实心，高约 15cm；花单生，下垂，直径约 2.5cm；花瓣裂片成 2 轮，内轮裂片较短，白色似雪，而于内轮片弯处带绿色。花期早春。

水鬼蕉（蜘蛛兰） **Hymenocallis littoralis** (Jacq.) Salisb.
石蒜科 Amaryllidaceae 水鬼蕉属

原产及栽培地：原产美洲热带地区。中国北京、福建、广东、上海、台湾、云南、浙江等地栽培。**习性**：要求温暖向阳、淤泥深厚的湿地或沼泽环境。**繁殖**：分鳞茎、播种。**园林用途**：南方可邻水露地栽培点缀，北方盆栽观赏。

特征要点 多年生草本。株高 40~60cm。叶全部基生，剑形。花葶基生，粗壮；花 8~11 朵，白色，花筒长 10~15cm，花被裂片线形，比花筒略短；由雄蕊花丝形成的杯状副花冠，长 2.5cm，具齿，雄蕊花丝长 5cm。花期夏秋季。

鸢尾蒜 **Ixiolirion tataricum** (Pall.) Herb.
鸢尾蒜科 / 石蒜科 Ixioliriaceae/Amaryllidaceae 鸢尾蒜属

原产及栽培地：原产中国新疆、亚洲西部。中国北京、台湾、新疆等地栽培。**习性**：耐寒、耐旱，喜凉爽、阳光充足与排水良好的地势。**繁殖**：分栽小鳞茎、播种。**园林用途**：适宜岩石园种植，或布置花境，还可作切花。

特征要点 多年生草本。株高 25~40cm。具卵球形鳞茎，直径约 2.5cm。茎纤细，直立。叶近基生，常 3~8 枚，狭条形，春季出叶。花葶具 1~3 枚较小叶，顶端由 3~6 朵花组成伞房总状花序；花淡蓝色或蓝紫色，花被片 6，倒披针形，长 3.5cm。蒴果。花期 4~5 月。

夏雪片莲（夏雪滴花） **Leucojum aestivum** L.
石蒜科 Amaryllidaceae 雪片莲属

原产及栽培地: 原产欧洲及西亚。中国北京、福建、湖北、陕西、台湾、云南、浙江等地栽培。**习性**: 喜凉爽、湿润向阳环境；要求肥沃、富含腐殖质、排水好的土壤；耐寒性较强。**繁殖**: 分球。**园林用途**: 宜坡地及草坪丛植，或作花境、花坛丛植及岩石园点缀。

特征要点　多年生草本。株高 30~50cm。鳞茎卵圆形。基生叶数枚，绿色，宽线形，宽 1~1.5cm，钝头。花莛中空；伞形花序有花 3 至数朵；花梗长短不一；花下垂；花被片长约 1.5cm，白色，顶端有绿点。蒴果近球形。花期春季。

忽地笑 **Lycoris aurea** (L' Hér.) Herb. 石蒜科 Amaryllidaceae 石蒜属

原产及栽培地: 原产东亚、东南亚。中国北京、福建、广东、广西、贵州、海南、湖北、江苏、江西、陕西、上海、四川、台湾、云南、浙江等地栽培。**习性**: 喜富含腐殖质而排水通气良好的土壤，性较耐寒亦较耐旱。**繁殖**: 分鳞茎、播种。**园林用途**: 宜作疏林下地被，或点缀溪涧、石旁，亦作盆栽、切花或水培观赏。

特征要点　多年生草本。株高 60~100cm。鳞茎卵形，直径约 5cm。秋季出叶，叶剑形，长约 60cm，最宽处达 2.5cm。花莛高约 60cm；伞形花序有花 4~8 朵；花黄色；花被裂片背面具淡绿色中肋，强度反卷和皱缩。蒴果具三棱。花期 8~9 月，果期 10 月。

中国石蒜 **Lycoris chinensis** Traub 石蒜科 Amaryllidaceae 石蒜属

原产及栽培地: 原产中国、朝鲜。中国北京、福建、上海、浙江等地栽培。**习性:** 喜富含腐殖质而排水通气良好的土壤,性较耐寒亦较耐旱。**繁殖:** 分鳞茎、播种。**园林用途:** 宜作疏林下地被,或点缀溪涧、石旁,亦作盆栽、切花或水培观赏。

特征要点 多年生草本。株高60~100cm。鳞茎卵球形,直径约4cm。春季出叶,叶带状,长约35cm,宽约2cm。花葶高约60cm;伞形花序有花5~6朵;花黄色;花被裂片背面具淡黄色中肋,强度反卷和皱缩;花柱上端玫瑰红色。花期7~8月,果期9月。

长筒石蒜 **Lycoris longituba** Y. C. Hsu & G. J. Fan 石蒜科 Amaryllidaceae 石蒜属

原产及栽培地: 原产中国。北京、福建、上海、台湾、浙江等地栽培。**习性:** 喜富含腐殖质而排水通气良好的土壤,性较耐寒亦较耐旱。**繁殖:** 分鳞茎、播种。**园林用途:** 宜作疏林下地被,或点缀溪涧、石旁,亦作盆栽、切花或水培观赏。

特征要点 多年生草本。株高60~100cm。鳞茎卵球形,直径约4cm。早春出叶,叶披针形,长约38cm,宽1.5cm,中间淡色带明显。花葶高60~80cm;伞形花序有花5~7朵;花白色,花被筒长4~6cm,花被片顶端稍反卷,稍具红纹,边缘不皱缩。花期7~8月。

178

石蒜 Lycoris radiata (L' Hér.) Herb. 石蒜科 Amaryllidaceae 石蒜属

原产及栽培地: 原产东亚。中国北京、福建、广东、广西、贵州、湖北、江苏、江西、陕西、上海、四川、台湾、新疆、云南、浙江等地栽培。**习性:** 喜富含腐殖质而排水通气良好的土壤,性较耐寒亦较耐旱。**繁殖:** 分鳞茎、播种。**园林用途:** 宜作疏林下地被,或点缀溪涧、石旁,亦作盆栽、切花或水培观赏。

特征要点 多年生草本。株高 60~100cm。鳞茎近球形,直径 1~3cm。秋季出叶,叶狭带状,长约 15cm,宽约 0.5cm。花莛高 30~50cm;伞形花序有花 4~7 朵;花鲜红色;花被裂片狭倒披针形,强度皱缩和反卷,花被筒绿色。花期 8~9 月,果期 10 月。

换锦花 Lycoris sprengeri Comes ex Baker 石蒜科 Amaryllidaceae 石蒜属

原产及栽培地: 原产中国。北京、福建、上海、浙江等地栽培。**习性:** 喜富含腐殖质而排水通气良好的土壤,性较耐寒亦较耐旱。**繁殖:** 分鳞茎、播种。**园林用途:** 宜作疏林下地被,或点缀溪涧、石旁,亦作盆栽、切花或水培观赏。

特征要点 多年生草本。株高 60~100cm。鳞茎卵形,直径约 3.5cm。早春出叶,叶带状,长约 30cm,宽约 1cm。花莛高约 60cm;伞形花序有花 4~6 朵;花淡玫红色,花被裂片顶端常带蓝色,边缘不皱缩。蒴果具三棱。花期 8~9 月。

鹿葱 **Lycoris squamigera** Maxim. 石蒜科 Amaryllidaceae 石蒜属

原产及栽培地: 原产东亚。中国北京、福建、陕西、四川、台湾、浙江等地栽培。**习性:** 喜富含腐殖质而排水通气良好的壤土,性较耐寒亦较耐旱。**繁殖:** 分鳞茎、播种。**园林用途:** 宜作疏林下地被,或点缀溪涧、石旁,亦作盆栽、切花或水培观赏。

特征要点　多年生草本。株高 60~100cm。鳞茎卵形,直径约 5cm。秋季出叶,长约 8cm,立即枯萎,到第二年早春再抽叶,叶带状,宽约 2cm。花葶高约 60cm;伞形花序有花 4~8 朵;花淡紫红色;花被裂片边缘基部微皱缩,花被筒长约 2cm。花期 8 月。

长寿水仙(丁香水仙) **Narcissus jonquilla** L. 石蒜科 Amaryllidaceae 水仙属

原产及栽培地: 原产欧洲。中国安徽、北京、福建、广东、海南、湖北、江苏、上海、四川、台湾、云南、浙江等地栽培。**习性:** 喜光;耐寒;喜疏松肥沃、排水良好的砂质壤土。**繁殖:** 分鳞茎。**园林用途:** 庭院中布置花坛、花境,也可栽培作地被。

特征要点　多年生草本。株高 30~60cm。鳞茎卵圆形。叶基生,细长,下部近圆柱状,浓绿色。2~6 朵花聚生于花葶上,水平或略下倾,花被筒长 2.5cm,直径约 2cm,花鲜黄色,副冠橘黄色,边缘有波皱,芳香。花期早春。

红口水仙 Narcissus poeticus L. 石蒜科 Amaryllidaceae 水仙属

原产及栽培地: 原产欧洲。中国北京、福建、广东等地栽培。**习性:** 喜光; 耐寒; 喜疏松肥沃、排水良好的砂质壤土。**繁殖:** 分鳞茎。**园林用途:** 庭院中布置花坛、花境, 也可栽培作地被。

特征要点 多年生草本。株高 30~60cm。叶扁平, 光滑。花单生或 2 朵, 花被片白色, 副冠浅杯状, 黄色, 质厚, 边缘皱褶色橘红。其余特征近似黄水仙。

黄水仙(喇叭水仙) Narcissus pseudonarcissus L.
石蒜科 Amaryllidaceae 水仙属

原产及栽培地: 原产欧洲。中国北京、福建、广东、湖北、江西、陕西、四川、云南、浙江等地栽培。**习性:** 喜光; 耐寒; 喜疏松肥沃、排水良好的砂质壤土。**繁殖:** 分鳞茎。**园林用途:** 庭院中布置花坛、花境, 也可作地被。

特征要点 多年生草本。株高 30~60cm。鳞茎卵圆形, 数个簇生。叶宽带形, 灰绿色, 光滑。花大, 单朵, 平伸, 直径约 5cm; 副冠钟状或喇叭状, 与花被等长或稍长, 边缘皱褶或波状, 略向外展, 同为鲜黄色, 或花被白色, 副冠黄色。花期早春。

水仙（中国水仙）**Narcissus tazetta** subsp. **chinensis** (M. Roem.) Masam. & Yanagita【Narcissus tazetta var. chinensis M. Roem.】

石蒜科 Amaryllidaceae 水仙属

原产及栽培地： 原产中国、日本。中国北京、福建、广东、广西、贵州、湖北、江苏、江西、陕西、上海、四川、台湾、云南、浙江等地栽培。**习性：** 喜光；喜温暖湿润润气候，不耐寒；喜疏松肥沃、排水良好的砂质壤土。**繁殖：** 分鳞茎。**园林用途：** 主要供春节期间室内水培观赏。

特征要点 多年生草本。株高 30~60cm。鳞茎粗大，白色。叶芽 4~9 叶，花芽 4~5 叶。花 4~8 朵聚生，副冠组织柔软，具芳香；花被片平展如盘，副花冠黄色浅杯状。花期春季。

尼润花 **Nerine bowdenii** S. Watson 石蒜科 Amaryllidaceae 纳丽花属

原产及栽培地： 原产南非。中国台湾栽培。**习性：** 喜温和、阳光充足环境与排水良好的土壤；忌水涝与高温。**繁殖：** 播种、分栽鳞茎。**园林用途：** 冬暖之地布置花坛或点缀岩石园，北方盆栽，亦可作切花。

特征要点 多年生草本。株高可达 60cm。鳞茎近圆形。基生叶带状，通常花后发出。花莛高达 60cm，无叶；花 5~12 朵，排成伞形状，水平展开；花冠鲜玫瑰粉红色，直径 10~15cm，花瓣 6，带状，边缘常波状或略扭曲，先端反折，花丝粉红色。花期秋季，种子次年春季成熟。

晚香玉 **Agave amica** (Medik.) Thiede & Govaerts 【*Polianthes tuberosa* L.】

天门冬科 / 石蒜科 Asparagaceae/Amaryllidaceae 龙舌兰属 / 晚香玉属

原产及栽培地: 原产墨西哥。中国安徽、北京、福建、广东、广西、贵州、黑龙江、江苏、辽宁、陕西、四川、台湾、云南、浙江等地栽培。**习性:** 喜温暖湿润、阳光充足的环境,要求深厚肥沃、黏质壤土;耐冷凉,忌寒冻与积水。**繁殖:** 分株。**园林用途:** 重要切花材料,亦宜布置花坛、花境、石旁、路旁、草坪等。

特征要点 多年生草本。株高约100cm。地下部分为鳞茎状块茎。基生叶6~9片,带状披针形,茎生叶越向上越短。总状花序有花10~20朵,成对着生,自下而上陆续开放;花漏斗状,白色,芳香,夜间更浓。花期春夏季。

燕水仙(龙头花) **Sprekelia formosissima** (L.) Herb.

石蒜科 Amaryllidaceae 燕水仙属

原产及栽培地: 原产墨西哥。中国福建、台湾、广东等地栽培。**习性:** 喜向阳、温暖气候和疏松、排水良好的土壤;冬季温度不低于10℃,并保持较干燥条件。**繁殖:** 分栽小鳞茎。**园林用途:** 极美丽的盆栽花卉,冬暖之地亦可地栽。

特征要点 多年生草本。株高20~40cm。鳞茎卵形,被褐色膜。叶基生,线形,与花葶近等长。花葶中空,高约30cm;花单生,鲜红色;花被下部有3个花被片彼此卷绕形成一个水平圆筒,在圆筒一端有3个直立窄花被片,长约10cm,宽约2.5cm,花冠倾斜,形成二唇状。花期春夏季。

紫娇花 **Tulbaghia violacea** Harv. 石蒜科 Amaryllidaceae 紫娇花属

原产及栽培地: 原产南非。中国福建、上海、四川、台湾、云南、浙江等地栽培。**习性**: 喜光，全日照、半日照均可，但不宜庇荫；喜高温，耐热，生育适温 24~30℃；喜肥沃而排水良好的砂壤土。**繁殖**: 播种、分鳞片、分鳞茎、分珠芽。**园林用途**: 适宜作花境中景，或作地被植于林缘或草坪中，可作切花。

特征要点 多年生草本。株高 40~60cm。鳞茎肥厚，球形，直径达 2cm。叶基生，密集，半圆柱形，长约 30cm，具韭菜味。伞形花序球形，直径 2~5cm；花多数，具梗，花冠漏斗状，粉红色；花被片卵状长圆形。花期 5~7 月。

葱莲（玉帘、葱兰） **Zephyranthes candida** (Lindl.) Herb.
石蒜科 Amaryllidaceae 葱莲属

原产及栽培地: 原产南美洲。中国安徽、北京、福建、广东、广西、海南、湖北、陕西、上海、四川、台湾、云南、浙江等地栽培。**习性**: 喜深厚肥沃、有机质丰富的壤土；适应性广，但较不耐寒。**繁殖**: 分鳞茎。**园林用途**: 常成片栽培作地被，也可盆栽观赏。

特征要点 多年生草本。株高 15~30cm。鳞茎卵形，丛生。叶全部基生，狭线形，肥厚，亮绿色，宽 2~4mm。花单生于花莲顶端；苞片白色；花白色，外面常带淡红色；花被片 6；雄蕊 6；花柱细长。蒴果近球形。花期夏秋季。

韭莲 (风雨花)　**Zephyranthes carinata** Herb.　石蒜科 Amaryllidaceae 葱莲属

原产及栽培地：原产中、南美洲。中国北京、福建、广东、广西、海南、湖北、陕西、四川、台湾、云南、浙江等地栽培。**习性**：喜阳光充足和排水良好、有机质丰富的砂质壤土；亦可耐半阴和潮湿，性较耐寒。**繁殖**：分鳞茎。**园林用途**：宜作花坛、花境、草地镶边，或盆栽，亦可作地被。

特征要点　多年生草本。株高 20~40cm。鳞茎卵形有膜，单生或丛生。叶线形，扁平，宽 6~8mm。花单生花葶顶端；苞片红粉色；花冠漏斗状，花被长 5~7cm，粉红色或淡玫瑰红色。花期 6~9 月。

大花美人蕉　**Canna × hybrida** Rodigas　【**Canna × generalis** L. H. Bailey】
美人蕉科 Cannaceae 美人蕉属

原产及栽培地：杂交起源。中国安徽、北京、福建、广东、广西、海南、黑龙江、湖北、江苏、辽宁、陕西、四川、台湾、新疆、云南、浙江等地栽培。**习性**：喜阳光充足，日照 7 小时以上，温暖、湿润的气候；要求疏松肥沃、排水良好的深厚土壤，酸碱度要求不严。**繁殖**：分株。**园林用途**：适宜庭园自然式大片或小丛丛植，或用作背景，亦可盆栽。

特征要点　多年生草本。株高 80~150cm。具肉质粗壮根状茎。茎叶被蜡质白粉。叶大型，椭圆状披针形，全缘，粉绿、亮绿或古铜色。总状花序，花瓣直伸，具 4 枚退化雄蕊，有 1 枚具单室花药；直径 10~20cm。主要花期 4~6 月，9~10 月。

185

兰花美人蕉（意大利美人蕉）**Canna × orchioides** L. H. Bailey
美人蕉科 Cannaceae 美人蕉属

原产及栽培地: 杂交起源, 意大利选育。中国北京、福建、广东、广西、云南、浙江等地栽培。**习性:** 喜阳光充足, 日照 7 小时以上, 温暖、湿润的气候; 要求疏松肥沃、排水良好的深厚土壤, 对酸碱度要求不严。**繁殖:** 分株。**园林用途:** 庭院栽培观花。

特征要点　多年生草本。株高约 lm。叶绿色或青铜色。花序单生, 直立。花最大时直径达 15cm, 鲜黄至深红色, 有斑点或条纹, 基部筒状; 花瓣于开花次日反卷, 瓣化雄蕊 5 枚, 宽阔柔软; 唇瓣基部呈漏斗状。本种缺少纯白及粉红色花朵。花期 8~10 月。

柔瓣美人蕉（黄花美人蕉）**Canna flaccida** Salisb.
美人蕉科 Cannaceae 美人蕉属

原产及栽培地: 原产美国南部至巴西。中国福建、广东、广西、贵州、江西、云南、浙江等地栽培。**习性:** 喜光; 喜温暖湿润的气候; 对土壤要求不严。**繁殖:** 分株。**园林用途:** 庭院栽培观赏, 为兰花美人蕉重要亲本。

特征要点　多年生草本。株高 80~150cm。茎叶绿色, 光滑。花基部筒状, 花瓣强烈反卷, 具 3 枚退化雄蕊, 花黄色。花期夏秋季。

粉美人蕉 **Canna glauca** L. 美人蕉科 Cannaceae 美人蕉属

原产及栽培地: 原产美洲热带地区。中国北京、福建、广东、江西、四川、云南等地栽培。**习性:** 喜光; 喜温暖湿润的水湿地环境。**繁殖:** 分株。**园林用途:** 适宜湿地边缘大片自然式丛植观赏。

特征要点 多年生湿生草本。株高80~150cm。茎叶绿色带白粉, 叶缘白色透明。花黄色、粉红色、白色。花期春夏季。

美人蕉(紫叶美人蕉) **Canna indica** L. 美人蕉科 Cannaceae 美人蕉属

原产及栽培地: 原产美洲。中国北京、福建、广东、广西、贵州、海南、湖北、吉林、江苏、江西、辽宁、陕西、上海、四川、台湾、云南、浙江等地栽培。**习性:** 喜光; 不耐寒, 华北冬季挖根越冬; 喜土壤肥沃, 耐湿。**繁殖:** 分株。**园林用途:** 适宜庭园自然式大片或小丛丛植, 或用作背景, 块茎喂猪。

特征要点 多年生草本。株高可达3m。茎紫色。叶大, 卵状长圆形, 背面被紫晕。总状花序疏花; 苞片卵形, 绿色; 花小、单生, 鲜红色; 萼片3, 披针形; 花冠管长不及1cm, 花冠裂片披针形; 瓣化雄蕊3枚, 鲜红色。花期夏秋季。

鸢尾美人蕉（鸢尾花美人蕉） **Canna iridiflora** Ruiz & Pav.

美人蕉科 Cannaceae 美人蕉属

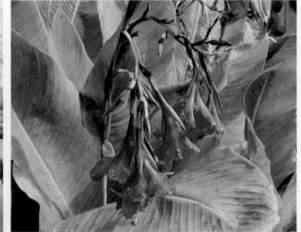

原产及栽培地: 原产秘鲁。中国很少栽培。**习性**: 喜阳光充足，日照 7 小时以上，温暖、湿润的气候；要求疏松肥沃、排水良好的深厚土壤，对土壤酸碱度要求不严。**繁殖**: 分株。**园林用途**: 庭院栽培观花。

特征要点　多年生草本。株高 2~4m。叶广椭圆形，表面散生软毛。花序总状稍下垂；花大，长约 12cm，淡红色，瓣化雄蕊倒卵形；唇瓣狭长，端部深凹。

大丽花 **Dahlia pinnata** Cav. 菊科 Asteraceae/Compositae 大丽花属

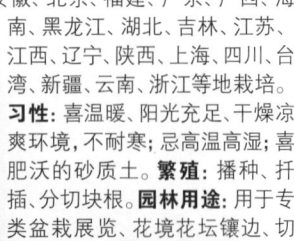

原产及栽培地: 原产墨西哥。中国安徽、北京、福建、广东、广西、海南、黑龙江、湖北、吉林、江苏、江西、辽宁、陕西、上海、四川、台湾、新疆、云南、浙江等地栽培。**习性**: 喜温暖、阳光充足、干燥凉爽环境，不耐寒；忌高温高湿；喜肥沃的砂质土。**繁殖**: 播种、扦插、分切块根。**园林用途**: 用于专类盆栽展览、花境花坛镶边、切花，世界栽培最广。

特征要点　多年生草本。株高可达 1.5m。肉质块根纺锤状。叶对生，一至三回羽状裂，缘具粗齿。头状花序具长梗，直径可达 25cm，舌状花有白、黄、粉、橙红、紫等多种颜色，顶端有不明显 3 齿或全缘，管状花黄色或全为舌状花。花型花色丰富多彩。花期夏秋季。

雄黄兰（火星花、杂种观音兰） **Crocosmia × crocosmiiflora** (Lemoine) N. E. Br. 鸢尾科 Iridaceae 雄黄兰属

原产及栽培地: 杂交起源。中国各地均有栽培。**习性**: 喜光,耐半阴,喜温暖湿润气候; 对土壤要求不严。**繁殖**: 分株。**园林用途**: 主要供花境栽植或作切花。

特征要点 多年生草本。株高 90~120cm。具球茎。叶多基生,宽线形或剑形。花葶分枝多而纤细,"之"字形,常高出叶上,花朵橙绯红色,直径约 5cm,花被筒弯曲,短于开展的花被片,有时花被片色稍深或下面中央有红线条。花期夏秋季。

番黄花 **Crocus flavus** Weston 鸢尾科 Iridaceae 番红花属

原产及栽培地: 原产捷克、土耳其。中国北京栽培。**习性**: 喜凉爽湿润气候,阳光充足,较耐寒; 忌酷热、积涝与连作; 喜砂质土。**繁殖**: 分株。**园林用途**: 适宜作花坛、草地镶边,岩石园栽植,也可盆栽或水养。

特征要点 多年生草本。株高 10~20cm。叶 6~8 枚,明显高于花葶,花杯形,金黄色至橙色。花期 3~4 月。

番红花 **Crocus sativus** L. 鸢尾科 Iridaceae 番红花属

原产及栽培地：原产小亚细亚。中国北京、福建、广东、广西、贵州、湖北、江苏、江西、陕西、上海、四川、台湾、浙江等地栽培。**习性**：喜凉爽湿润气候，阳光充足，较耐寒；忌酷热、积涝与连作；喜砂质土。**繁殖**：分植小球茎。**园林用途**：适宜作花坛、草地镶边，岩石园栽植，也可盆栽或水养。

特征要点　多年生草本。株高仅 15cm。地下球茎扁圆形，膜质鳞片褐色。叶片 9~15，基生，窄条形，边缘反卷，具纤毛。花 1~3 朵顶生，花被长 3.5~5cm，开展，花被管细长，花色有雪青、红紫或白色；花柱细长，3 深裂，伸出花被外，血红色。花期 4~5 月。

唐菖蒲（唐草蒲）**Gladiolus × gandavensis** Van Houtte
鸢尾科 Iridaceae 唐菖蒲属

原产及栽培地：原产南非。中国安徽、北京、福建、广西、贵州、黑龙江、湖北、吉林、江苏、江西、陕西、四川、天津、新疆、云南、浙江等地栽培。**习性**：喜光；喜温暖湿润环境；要求排水良好的肥沃砂质壤土。**繁殖**：分球、播种。**园林用途**：世界著名切花，也可庭院栽培，布置花坛、花境。

特征要点　多年生草本。株高 60~150cm。地下球茎扁球形。茎粗壮而直立。叶剑形，二列状，抱茎互生。蝎尾状聚伞花序顶生；花 12~24 朵，排成二列，侧向一边；花大形，左右对称，花冠筒漏斗状，色彩丰富，有白、黄、粉、红、紫、蓝等深浅不一的单色或复色，或具斑点、条纹，或呈波状、褶皱状。花期夏秋季。

190

三色魔杖花（三色裂缘莲）**Sparaxis tricolor** (Schneev.) Ker Gawl.
鸢尾科 Iridaceae 魔杖花属

原产及栽培地: 原产南非。中国北京、广东等地栽培。**习性**: 喜光; 喜温暖, 不耐霜冻; 好肥沃、疏松、排水良好的土壤。**繁殖**: 分植小球。**园林用途**: 南方适宜作冬春花坛花卉, 北方是美丽的早春盆花。

特征要点　多年生草本。株高可达 60cm。鳞茎卵球形, 具网状纤维。叶基生, 二列, 线形或披针形, 长 15~30cm。穗状花序; 花 3~6 朵, 直径 2~3cm, 花冠喉部带黄色, 花被片 6 枚, 深紫色, 基部有深色斑块。花期春季。

虎皮花　**Tigridia pavonia** (L. f.) DC. 鸢尾科 Iridaceae 虎皮花属

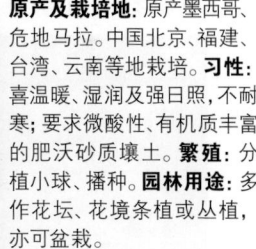

原产及栽培地: 原产墨西哥、危地马拉。中国北京、福建、台湾、云南等地栽培。**习性**: 喜温暖、湿润及强日照, 不耐寒; 要求微酸性、有机质丰富的肥沃砂质壤土。**繁殖**: 分植小球、播种。**园林用途**: 多作花坛、花境条植或丛植, 亦可盆栽。

特征要点　多年生草本。株高 40~60cm。球茎圆锥形, 直径约 3.5cm, 具皮。叶基生, 1~5 枚, 扁平剑状。花莛顶端着生花 6~7 朵; 花冠酒杯状, 直径可达 8cm; 花瓣 6 枚, 外 3 瓣大, 内 3 瓣小, 红色, 花被片中央有鲜明相异的黄色或紫色斑点。花期春夏季。

黄花葱 **Allium condensatum** Turcz. 石蒜科 / 百合科 Amaryllidaceae/Liliaceae 葱属

原产及栽培地: 原产中国北部、亚洲北部。中国北京、内蒙古、黑龙江、吉林、辽宁等地栽培。**习性**: 喜光,喜冷凉气候,耐寒,耐旱;喜排水良好的砂质壤土。**繁殖**: 播种。**园林用途**: 适宜岩石园栽培。

特征要点 多年生草本。株高 30~80cm。鳞茎单生,狭卵状柱形至近圆柱状;鳞茎外皮红褐色。叶圆柱状或半圆柱状。花葶粗壮,圆柱状,实心;伞形花序球状;小花具短梗,近直立,花冠淡黄色或白色。花果期 7~9 月。

地中海黄花葱(新拟) **Allium flavum** L.
石蒜科 / 百合科 Amaryllidaceae/Liliaceae 葱属

原产及栽培地: 原产地中海地区。中国尚无栽培。**习性**: 喜光;适应夏季炎热干燥、冬季温和多雨的地中海气候;喜砂质壤土。**繁殖**: 播种。**园林用途**: 适宜岩石园栽培。

特征要点 多年生草本。株高 25~40cm。鳞茎多数丛生。叶纤细,圆柱形,蓝绿色。花葶纤细,实心;伞形花序疏松;花小,具细长花梗,常下垂;花冠近钟状,鲜黄色;雄蕊伸出。花果期 7~9 月。

大花葱 **Allium giganteum** Regel 石蒜科 / 百合科 Amaryllidaceae/Liliaceae 葱属

原产及栽培地：原产地中海地区。中国北京栽培。习性：喜温暖，要求土壤疏松肥沃。繁殖：分鳞茎。园林用途：花、叶观赏效果均佳。

特征要点 多年生草本。株高 60~120cm。鳞茎粗壮，褐色。基生叶宽带形，长约 60cm，宽约 5cm。花葶高可达 120cm；伞形花序球状，直径达 10~15cm，鲜淡紫色；小花多达 2000~3000 朵；雄蕊伸出。种子黑色。花期 5~6 月，果期 7 月上旬。

金韭（黄花荞葱）**Allium moly** L. 石蒜科 / 百合科 Amaryllidaceae/Liliaceae 葱属

原产及栽培地：原产地中海地区。中国北京栽培。习性：喜温暖，要求土壤疏松肥沃。繁殖：分鳞茎。园林用途：花、叶观赏效果均佳。

特征要点 多年生草本。花葶高 40cm，花序径可达 7cm，花梗长于花被片，花鲜黄色。花期 5~6 月。

193

蒙古韭 **Allium mongolicum** Regel 石蒜科 / 百合科 Amaryllidaceae/Liliaceae 葱属

原产及栽培地: 原产中国北部、亚洲北部。中国甘肃、内蒙古、宁夏、青海、新疆等地栽培。**习性**: 强喜光; 喜冷凉气候, 耐寒, 耐旱; 喜排水良好的砂质壤土。**繁殖**: 分鳞茎。**园林用途**: 适宜岩石园沙地上栽培。

特征要点　多年生草本。株高 40~60cm。鳞茎密集地丛生, 圆柱状; 鳞茎外皮褐黄色, 纤维状。叶半圆柱状至圆柱状。伞形花序半球状至球状, 花淡红色、淡紫色至紫红色, 大; 花被片卵状矩圆形, 长 6~9mm。花期 7~8 月。

金黄六出花　**Alstroemeria aurea** Graham
六出花科 / 百合科 Alstroemeriaceae/Liliaceae 六出花属

原产及栽培地: 原产智利、玻利维亚。中国福建、云南等地栽培。**习性**: 喜光; 不耐寒, 只能在保护地、室内越冬; 忌积水, 稍耐旱; 喜肥沃、湿润而排水良好的中性土壤。**繁殖**: 播种、分株。**园林用途**: 优良的花坛装饰材料, 也可盆栽观赏, 或作鲜切花。

特征要点　多年生草本。株高可达 1.5m。根肥厚肉质。茎直立细长, 被白粉。叶片多数, 互生, 披针形, 光滑, 长 7.5~10cm, 具平行脉。总花梗 5, 各具花 2~3 朵, 鲜橙色或黄色, 花瓣 6, 排成 2 轮, 上有红褐色条纹斑点; 外轮 3 片较大而形似, 外缘中部微凹。花期 6~7 月。

六出花 **Alstroemeria hybrida** hort.
六出花科 / 百合科 Alstroemeriaceae/Liliaceae 六出花属

原产及栽培地：杂交起源，美国培育。中国北京、广东、台湾等地栽培。**习性**：喜光；不耐寒，只能在保护地、室内越冬；忌积水，稍耐旱；喜肥沃、湿润而排水良好的中性土壤。**繁殖**：播种、分株。**园林用途**：优良的花坛装饰材料，也可盆栽观赏，或生产鲜切花。

特征要点 多年生草本。株高可达 1.5m。营养形态类似金黄六出花。花颜色丰富，花瓣粉红色至白色，具深紫色条纹。花期 5~6 月。

绵枣儿（天蒜）**Barnardia japonica** (Thunb.) Schult. & Schult. f.
天门冬科 / 百合科 Liliaceae 绵枣儿属

原产及栽培地：原产亚洲东北部。中国北京、广东、黑龙江、湖北、江苏、江西、辽宁、上海、浙江等地栽培。**习性**：喜光；耐寒；耐旱，不耐涝，喜疏松肥沃、排水良好的砂质壤土。**繁殖**：分株。**园林用途**：适宜庭院中丛植观赏，也可片植作地被。

特征要点 多年生草本。株高 20~40cm。鳞茎单生或少数簇生，外皮黑褐色。基生叶通常 2~5 枚，狭带状，柔软。花莛通常比叶长；总状花序长 2~20cm；花小，紫红色、粉红色至白色，直径 4~5mm。果近倒卵形；种子 1~3 颗，黑色。花果期 7~11 月。

大百合 Cardiocrinum giganteum (Wall.) Makino
百合科 Liliaceae 大百合属

原产及栽培地: 原产中国南部、南亚、东南亚。中国北京、福建、广西、湖北、上海、四川、台湾、云南等地栽培。**习性:** 耐阴; 喜凉爽、阴湿环境,稍耐寒; 要求疏松肥沃、富含腐殖质、排水良好的酸性土壤。**繁殖:** 播种、分小鳞茎。**园林用途:** 多栽于阴湿林下,观赏其长达80cm的大型花序与大型叶。

特征要点 多年生草本。株高1~2m。具鳞茎,卵形。基生叶卵状心形,茎生叶向上渐小,靠近花序的几片为船形,网状脉。总状花序,有花10余朵,花狭喇叭形,筒长12~15cm,花白色,里面有淡紫红色斑纹。蒴果。花期夏季,果期秋季。

秋水仙 Colchicum autumnale L.
秋水仙科 / 百合科 Colchicaceae/Liliaceae 秋水仙属

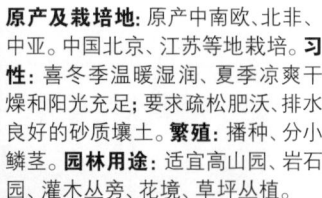

原产及栽培地: 原产中南欧、北非、中亚。中国北京、江苏等地栽培。**习性:** 喜冬季温暖湿润、夏季凉爽干燥和阳光充足; 要求疏松肥沃、排水良好的砂质壤土。**繁殖:** 播种、分小鳞茎。**园林用途:** 适宜高山园、岩石园、灌木丛旁、花境、草坪丛植。

特征要点 多年生草本。株高20~40cm。鳞茎具膜质外皮。一般9~10月间自地下茎抽出花1~4朵,近无梗,直径5~10cm,堇红色,花丝贴生于细长花冠筒内壁上。春季发叶3~5,阔披针形至卵状披针形。子房在球茎内部。花后次年发叶时抽出莛,顶部着生蒴果。花期9~10月。

铃兰 **Convallaria majalis** L. 天门冬科 / 百合科 Asparagaceae/Liliaceae 铃兰属

原产及栽培地: 原产欧亚大陆及北美洲。中国北京、福建、黑龙江、江苏、江西、辽宁、上海、台湾、浙江等地栽培。**习性:** 植株健壮,耐严寒,喜湿润及半阴凉爽气候,忌炎热干燥。**繁殖:** 分株。**园林用途:** 适宜作为花境、草坪、坡地、林缘地被可盆栽或作切花。

特征要点 多年生草本。株高 15~20cm。具长葡匐根状茎。叶通常 2 枚,正面粉绿色,具长柄,鞘状相抱。花莛侧生,稍向外弯;总状花序偏向一侧,着花 10 余朵;花小,直径约 8mm,钟状,下垂,芳香。浆果,熟时红色。花期春季。

阿尔泰独尾草 **Eremurus altaicus** (Pall.) Stev.
阿福花科 / 百合科 Asphodelaceae/Liliaceae 独尾草属

原产及栽培地: 原产中国新疆、中亚。中国新疆栽培。**习性:** 喜光;喜冷凉干爽气候,耐寒;适生砂质壤土,耐瘠薄。**繁殖:** 播种。**园林用途:** 株型美丽,可用于造景。

特征要点 多年生宿根草本。株高 60~120cm。根肉质,肥大。茎直立,不分枝,被疏短毛。叶基生,条形,叶宽 0.8~1.7 (~4) cm。苞片膜质,先端有长芒,边缘具长柔毛;花小,花被窄钟形,黄绿色。蒴果平滑,直径 6~10mm。花期 5~6 月,果期 7~8 月。

川贝母 **Fritillaria cirrhosa** D. Don 百合科 Liliaceae 贝母属

原产及栽培地：原产中国西部、喜马拉雅地区。中国北京、江苏、陕西、四川、云南等地栽培。**习性**：喜温暖湿润的山地气候；喜疏松深厚的森林壤土。**繁殖**：分球、播种。**园林用途**：庭院中作花坛、花境、疏林丛植，也可盆栽。

特征要点 多年生草本。株高 30~60cm。鳞茎较扁，直径 1~1.5cm，鳞片少而肉质。叶对生或 3~6 枚轮生，线状披针形，多分布在茎中部。花单生或数朵聚生，下垂，长 3.5~4.5cm，黄绿色，具暗紫色条纹。花期 5~7 月，果期 8~10 月。

王贝母（皇冠贝母、花贝母）**Fritillaria imperialis** L.
百合科 Liliaceae 贝母属

原产及栽培地：原产阿富汗、土耳其、以色列、巴基斯坦、伊朗。中国北京、台湾等地栽培。**习性**：喜阳光充足或略遮阴；耐严寒，喜凉爽温和气候；要求排水通畅的肥沃深厚砂壤土。**繁殖**：分栽小鳞茎、扦插鳞片。**园林用途**：庭院中作花坛、花境、疏林丛植，也可盆栽。

特征要点 多年生草本。株高 60~150cm。鳞茎大，直径可达 1.5cm，鳞片少数，肥厚。地上茎健壮，上部有紫红色点，具浓异味。叶片多数，散生，披针形，浅亮绿色，宽约 2.5cm，光滑。花数朵簇生于梗顶叶丛之下；花钟形，下垂，长约 5cm，黄色。花期春季。

太白贝母 **Fritillaria taipaiensis** P. Y. Li 百合科 Liliaceae 贝母属

原产及栽培地: 原产中国; 尚无栽培。**习性**: 喜温暖湿润的山地气候; 喜疏松深厚的森林壤土。**繁殖**: 分球、播种。**园林用途**: 庭院中作花坛、花境、疏林丛植, 也可盆栽。

特征要点　多年生草本。株高 30~40cm。鳞茎由 2 枚鳞片组成, 直径 1~1.5cm。叶通常对生, 条形至条状披针形, 长 5~10cm, 先端常不卷曲。花单朵, 下垂, 绿黄色, 无方格斑。蒴果, 棱上具狭翅。花期 5~6 月, 果期 6~7 月。

浙贝母 **Fritillaria thunbergii** Miq. 百合科 Liliaceae 贝母属

原产及栽培地: 原产中国、日本。中国福建、广西、江苏、陕西、台湾、浙江等地栽培。**习性**: 喜温暖湿润的山地气候; 喜疏松深厚的森林壤土。**繁殖**: 分球、播种。**园林用途**: 庭院中作花坛、花境、疏林丛植, 也可盆栽。

特征要点　多年生草本。株高 30~80cm。鳞茎圆形或扁圆形, 由 2~3 枚肥厚的鳞片组成。叶常 3 片轮生, 披针形或长卵形, 先端卷须状。花 1~3 朵着生于茎端叶腋; 小花长 2~3cm, 花被片长椭圆形, 淡黄绿色, 外被绿色条纹; 内面具紫色网纹。花期 3~4 月。

平贝母 **Fritillaria ussuriensis** Maxim. 百合科 Liliaceae 贝母属

原产及栽培地: 原产中国东部、朝鲜、俄罗斯。中国北京、黑龙江、吉林、辽宁等地栽培。**习性**: 耐阴; 喜冷凉湿润环境; 喜疏松肥沃、富含腐殖质的土壤。**繁殖**: 分球、播种。**园林用途**: 庭院中作花坛、花境、疏林丛植, 也可盆栽。

特征要点 多年生草本。株高 30~60cm。鳞茎较小, 直径 1~1.5cm。叶下部者轮生, 上部者对生, 线形, 上部叶的端部呈卷须状。花单生或 2~3 朵聚生; 花冠狭钟形, 外面紫色, 内面淡紫色带绛红晕, 散生黄色网纹, 端部带黄色。花期 5~6 月。

西班牙蓝铃花(聚铃花) **Hyacinthoides hispanica** (Mill.) Rothm.
天门冬科 / 百合科 Asparagaceae/Liliaceae 蓝铃花属

原产及栽培地: 原产葡萄牙及西班牙。中国江苏、台湾、云南等地栽培。**习性**: 喜温暖、向阳、湿润, 但亦耐半阴及干旱; 要求腐殖质丰富、排水良好的土壤。**繁殖**: 分鳞茎、播种。**园林用途**: 宜作草坡地及疏林下地被, 作花坛、岩石园栽植, 亦可盆栽。

特征要点 多年生草本。株高达 50cm。鳞茎卵状, 白色光滑。叶窄带状, 长达 50cm。总状花序自鳞茎抽出, 有花 10~30 朵; 小花钟形, 下垂, 花被片开张不外弯, 蓝色至玫瑰紫色或白色。花期 5~6 月。

风信子 **Hyacinthus orientalis** L. 天门冬科 / 百合科 Asparagaceae/Liliaceae 风信子属

原产及栽培地: 原产南欧、地中海东部沿岸及小亚细亚。中国北京、福建、广东、湖北、江苏、陕西、上海、四川、台湾、天津、云南、浙江等地栽培。**习性**: 要求冬暖夏凉及半阴环境; 耐寒性较差; 要求疏松肥沃、排水良好的砂壤土。**繁殖**: 分鳞茎、播种。**园林用途**: 布置毛毡花坛或林缘、草坪、花境及小径旁, 又可盆栽。

特征要点　多年生草本。株高 10~30cm。鳞茎球形。叶 4~6 枚, 带状, 长 20~25cm, 较肥厚, 先端钝圆。花茎中空, 略高于叶; 总状花序上部密生小钟状花 10~20 朵; 花长 2.5cm, 斜生或略下垂, 单瓣或重瓣, 芳香。花期早春。

野百合 **Lilium brownii** F. E. Brown ex Miellez　百合科 Liliaceae 百合属

原产及栽培地: 原产中国南部、东亚、南亚、东南亚。中国北京、福建、广东、广西、湖北、湖南、江苏、江西、上海、四川、台湾、云南、浙江等地栽培。**习性**: 喜半阴环境; 不耐寒; 喜湿润肥沃、腐殖质丰富的酸性土壤。**繁殖**: 分栽子球、播种。**园林用途**: 庭院栽植、灌木林缘配置或作花坛中心及花境背景。

特征要点　多年生宿根草本。株高 0.7~2m。鳞茎球形, 黄白色。叶互生, 披针形至条形, 长 7~15cm, 具 5~7 脉, 全缘。花单生或几朵排成近伞形; 花喇叭形, 有香气, 花冠乳白色, 长 13~18cm, 花筒长约为花长的 1/3。蒴果矩圆形。花期 5~6 月, 果期 9~10 月。

百合 **Lilium brownii** var. **viridulum** Baker 百合科 Liliaceae 百合属

原产及栽培地: 原产中国。中国安徽、北京、福建、广东、广西、贵州、海南、湖北、湖南、江苏、江西、陕西、新疆、云南、浙江等地栽培。**习性**: 喜半阴环境; 不耐寒; 喜湿润肥沃、腐殖质丰富的酸性土壤。**繁殖**: 分栽子球、播种。**园林用途**: 庭院栽植、灌木林缘配置、花坛中心及花境背景。

特征要点 多年生宿根草本。株高 0.5~1.5m。叶倒披针形至倒卵形。其他形态同野百合。

有斑百合 **Lilium concolor** var. **pulchellum** (Fisch.) Baker
百合科 Liliaceae 百合属

原产及栽培地: 原产中国、日本、朝鲜、蒙古。中国北京、浙江、内蒙古、黑龙江、吉林、辽宁、河北等地栽培。**习性**: 喜光或半阴环境; 喜冷凉气候, 耐寒; 喜湿润肥沃、腐殖质丰富、土层深厚、排水良好的疏松砂质土壤。**繁殖**: 分栽子球、播种。**园林用途**: 庭院栽植、灌木林缘配置, 作花坛中心及花境背景。

特征要点 多年生宿根草本。株高 30~60cm。植株上部稍有绵毛。鳞茎卵圆形, 直径 2~2.5cm, 鳞片较少, 白色。叶互生, 狭披针形。花 1 至数朵顶生, 向上开放呈星形, 不反卷, 红色, 有深色斑点。花期 6~7 月。

毛百合（兴安百合） **Lilium pensylvanicum** Ker Gawl.【Lilium dauricum Ker Gawl.】 百合科 Liliaceae 百合属

原产及栽培地: 原产中国北部、朝鲜、蒙古、俄罗斯。中国北京、黑龙江、辽宁、台湾等地栽培。**习性**: 喜光或半阴环境；喜冷凉气候，耐寒；喜湿润肥沃、腐殖质丰富、土层深厚、排水良好的疏松砂质土壤。**繁殖**: 分栽子球、播种。**园林用途**: 庭院栽植、灌木林缘配置、疏林下片植、草地丛植。

特征要点 多年生宿根草本。株高 60~80cm。植株上部（尤其花蕾）有白毛。鳞茎直径约 3cm，白色，鳞片狭而有节，抱合较松。叶近轮生，宽披针形。花单生或 2~6 朵顶生，直立向上呈杯状，直径 7~12cm；花被片分离，无筒部，橙红色，具淡紫色小斑点。花期 5~6 月。

川百合 **Lilium davidii** Duch. ex Elwes 百合科 Liliaceae 百合属

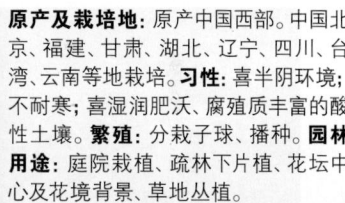

原产及栽培地: 原产中国西部。中国北京、福建、甘肃、湖北、辽宁、四川、台湾、云南等地栽培。**习性**: 喜半阴环境；不耐寒；喜湿润肥沃、腐殖质丰富的酸性土壤。**繁殖**: 分栽子球、播种。**园林用途**: 庭院栽植、疏林下片植、花坛中心及花境背景、草地丛植。

特征要点 多年生宿根草本。株高 60~180cm。鳞茎白色。叶线形，多而密集。花可达 30~40 朵，下垂，花被片反卷，里面近基部 2/3 处有斑点或突起。花期 7~8 月。

台湾百合 **Lilium formosanum** Wallace 百合科 Liliaceae 百合属

原产及栽培地: 原产中国。江苏、台湾等地栽培。**习性**: 喜半阴环境; 不耐寒, 喜湿润肥沃、腐殖质丰富的酸性土壤。**繁殖**: 分栽子球、播种。**园林用途**: 重要观花栽培种, 庭院栽植观赏。

特征要点 多年生宿根草本。株高可达 180cm。鳞茎黄色。叶互生, 披针形至条形, 全缘。花 1~3 朵, 有时近 10 朵排成伞形, 平伸, 狭漏斗状, 直径约 12cm, 花被片先端反卷, 白色, 外有淡紫红色晕。花期 7 月。

湖北百合 **Lilium henryi** Baker 百合科 Liliaceae 百合属

原产及栽培地: 原产中国。北京、福建、贵州、湖北、江苏、江西、四川、台湾、浙江等地栽培。**习性**: 喜光或半阴环境; 喜温暖湿润, 适应性较强, 喜湿润肥沃、腐殖质丰富、土层深厚、排水良好的疏松砂质土壤。**繁殖**: 分栽子球、播种。**园林用途**: 庭院栽植、灌木林缘配置、疏林下片植、草地丛植。

特征要点 多年生宿根草本。株高 150~200cm。鳞茎黄褐红色, 质厚而粗硬, 常弯曲。茎绿色, 具褐色斑点。叶二型, 下部叶宽披针形。圆锥花序顶生, 一茎可有花多达数十朵; 花下垂, 花瓣反卷, 橙黄色, 基部中央为绿色, 两边有流苏状突起。花期 7 月。

麝香百合 **Lilium longiflorum** Thunb. 百合科 Liliaceae 百合属

原产及栽培地: 原产中国南部、东亚、东南亚。中国北京、福建、广东、广西、黑龙江、江苏、辽宁、上海、台湾、云南等地栽培。**习性**: 喜光; 耐寒性较差, 华北栽培需风障、阳畦保护, 或覆草防寒越冬。**繁殖**: 分栽子球、播种。**园林用途**: 世界著名花卉, 可作香精原料, 福建漳州有大面积栽培。

特征要点 多年生宿根草本。株高 45~100cm。鳞茎球形或扁球形, 黄白色, 鳞片抱合紧密。茎绿色, 平滑而无斑点。叶多数, 散生, 狭披针形。花单生或 2~3 朵生于短花梗上, 平伸或稍下垂; 花冠蜡白色, 基部带绿晕, 筒长 10~15cm, 上部扩张呈喇叭状, 直径 10~12cm, 具浓香。花期 5~6 月。

山丹(细叶山丹、细叶百合) **Lilium pumilum** Redouté
百合科 Liliaceae 百合属

原产及栽培地: 原产中国北部、朝鲜、蒙古、俄罗斯。中国北京、广东、贵州、黑龙江、江苏、台湾、浙江等地栽培。**习性**: 喜光; 喜冷凉湿润气候, 植株强健, 耐寒, 易结实; 对土壤要求不严, 耐干旱。**繁殖**: 分栽子球、播种。**园林用途**: 庭院栽植、灌木林缘配置、疏林下片植、草地丛植。

特征要点 多年生宿根草本。株高 30~80cm。鳞茎长椭圆形或圆锥形, 直径 2~3cm, 鳞片少而密集, 无苦味, 可食用, 不具茎根。叶密集于茎中部, 狭线形。花单生或数朵呈总状; 花下垂, 直径 4~5cm, 花被片反卷, 橘红色, 无斑点, 有香气。花期 6~7 月。

岷江百合（王百合） **Lilium regale** E. H. Wilson 百合科 Liliaceae 百合属

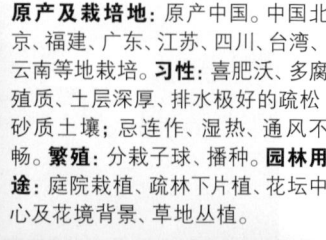

原产及栽培地：原产中国。中国北京、福建、广东、江苏、四川、台湾、云南等地栽培。**习性**：喜肥沃、多腐殖质、土层深厚、排水极好的疏松砂质土壤；忌连作、湿热、通风不畅。**繁殖**：分栽子球、播种。**园林用途**：庭院栽植、疏林下片植、花坛中心及花境背景、草地丛植。

特征要点　多年生宿根草本。株高 50~100cm。鳞茎宽卵圆形，红紫色。叶散生，多数，狭条形，宽2~3mm。花 1 至数朵，芳香，喇叭形，白色，喉部为黄色，长达 10cm，直径 6~8cm；外轮花被片披针形，喉部黄色，外面或带淡紫色晕，有香气。花期 6~7 月。

卷丹　**Lilium lancifolium** Tigrinum Group 【Lilium tigrinum Ker Gawl.】
百合科 Liliaceae 百合属

原产及栽培地：原产中国、日本、朝鲜、缅甸。中国北京、福建、广东、广西、贵州、黑龙江、湖北、江苏、江西、辽宁、山西、上海、四川、台湾、云南、浙江等地栽培。**习性**：喜光；喜冷凉湿润气候，性强健，耐寒；喜疏松肥沃土壤，植株强健，栽培容易。**繁殖**：分栽子球、播种。**园林用途**：庭院栽植、草地丛植；鳞茎富含淀粉，供食用和药用。

特征要点　多年生宿根草本。株高 50~150cm。鳞茎圆形至扁圆形，直径 5~8cm，白色至黄白色。茎紫褐色，被蛛网状白色茸毛，叶腋生黑色珠芽。叶互生，狭披针形。圆锥状总状花序；花 8~20 朵，下垂，直径约 12cm，花被片披针形，橙红色，反卷，橘红色，内面散生紫黑色斑点。花期 7~8 月。

蓝壶花（串铃花、葡萄风信子） **Muscari botryoides** (L.) Mill.
天门冬科 / 百合科 Asparagaceae/Liliaceae 蓝壶花属

原产及栽培地: 原产中南欧至高加索。中国北京、福建、湖北、江苏、上海、台湾、天津、浙江等地栽培。**习性**: 喜温暖，向阳，亦耐半阴；要求富含腐殖质、疏松肥沃、排水良好的土壤。**繁殖**: 播种、分小鳞茎繁殖。**园林用途**: 适宜花坛、草地镶边及岩石园栽植，又可小盆栽。

特征要点 多年生草本。株高 10~30cm。鳞茎卵圆形，皮膜白色。叶基生，线形，稍肉质，长 10~30cm，宽 0.6cm，暗绿色，边缘常向内卷，常伏生地面。花莛高 10~30cm，顶端簇生多数花；花坛状，密生而下垂，碧蓝色或蓝紫色。花期 3~5 月。

地中海蓝钟花（地中海绵枣儿） **Scilla peruviana** L.
天门冬科 / 百合科 Asparagaceae/Liliaceae 蓝瑰花属

原产及栽培地: 原产地中海地区。中国福建、台湾、浙江等地栽培。**习性**: 喜光；喜温暖湿润气候，不耐寒；要求排水良好的砂质壤土。**繁殖**: 分株、播种。**园林用途**: 庭院栽培观赏。

特征要点 多年生草本。株高 30~60cm。鳞茎较大。叶基生，莲座状，叶片宽带状，宽 4~6cm。花莛生于叶丛中央；总状花序花密集，圆锥状；小花多达 50~100 朵，星状；花被 6，开展，蓝紫色；雄蕊 6，花丝蓝紫色，花药黄色；子房蓝色。花期 4 月。

郁金香 **Tulipa gesneriana** L. 百合科 Liliaceae 郁金香属

原产及栽培地: 原产地中海及亚洲西部。中国安徽、北京、福建、广东、贵州、黑龙江、湖北、江苏、江西、山东、陕西、上海、四川、台湾、天津、新疆、云南、浙江等地栽培。**习性**: 喜光; 极耐寒, 喜夏季干热、冬季严寒环境; 喜疏松肥沃、排水良好的砂质壤土。**繁殖**: 播种、分鳞茎。**园林用途**: 春季花坛重要花卉, 更是著名切花。

特征要点 多年生草本。株高 40~80cm。鳞茎扁圆锥形, 有淡黄色至棕褐色皮膜。茎叶光滑, 被白粉, 叶 3~5, 披针形至卵状披针形。花大, 单生, 直立杯形, 花色及花型随品种而异, 极为丰富多彩。花期春季。

花毛茛 **Ranunculus asiaticus** L. 毛茛科 Ranunculaceae 毛茛属

原产及栽培地: 原产土耳其、叙利亚、伊朗及欧洲东南部。中国北京、福建、江苏、山东、四川、台湾、云南、浙江等地栽培。**习性**: 喜向阳环境和通风凉爽气候; 忌湿热与强光; 不耐冻; 宜排水良好的砂质壤土。**繁殖**: 播种、分株。**园林用途**: 布置花坛、花境或在草地、林缘丛植, 亦宜盆栽或切花。

特征要点 多年生草本。株高 20~50cm。地下部有小型块根。叶片根出, 二回三出羽状浅裂或深裂。春季抽生直立地上茎, 中空, 有毛。花单朵或数朵顶生; 萼片绿色; 花瓣 5 至数十枚, 主要为黄色。花期 4~5 月。

（四）攀缘花卉

山牵牛 **Thunbergia grandiflora** Roxb. 爵床科 Acanthaceae 山牵牛属

原产及栽培地：原产中国南部、南亚、东南亚。中国北京、福建、广东、广西、台湾、云南等地栽培。**习性**：喜光，亦耐半阴，要求通风；喜温暖湿润气候，不耐寒，越冬气温不低于10℃；喜肥沃、深厚及湿润土壤。**繁殖**：播种、扦插。**园林用途**：宜植于花架、矮墙或栅栏旁、庭院山石旁，可盆栽。

特征要点 常绿木质藤本。藤茎长达20m以上，缠绕。叶对生，卵形、宽卵形至心形，长4~10cm，边缘有宽三角形裂片，两面粗糙。花在叶腋单生或成顶生总状花序，直径达7cm，花冠近似漏斗状，二唇形，5裂，蓝紫色，喉部淡黄色。蒴果被短柔毛。花期夏秋季。

络石 **Trachelospermum jasminoides** (Lindl.) Lem.
夹竹桃科 Apocynaceae 络石属

原产及栽培地：原产中国。中国福建、广东、湖北、江苏、江西、四川、台湾、云南、浙江等地栽培。**习性**：喜光，耐阴；喜温暖湿润气候，耐寒性不强；对土壤要求不严，且抗干旱；也抗海潮风。**繁殖**：分株、扦插。**园林用途**：南方片植作地被，北方多盆栽观赏。

特征要点 常绿木质藤本。茎长可达10m。茎常有气根。叶椭圆形或卵状披针形，全缘，背面有柔毛。聚伞花序；花萼5深裂，花后反卷；花冠白色，芳香，花冠筒中部以上扩大，喉部有毛，5裂片开展并右旋，形如风车。蓇葖双生。花期3~7月，果期7~12月。

马兜铃 **Aristolochia debilis** Siebold & Zucc.

马兜铃科 Aristolochiaceae 马兜铃属

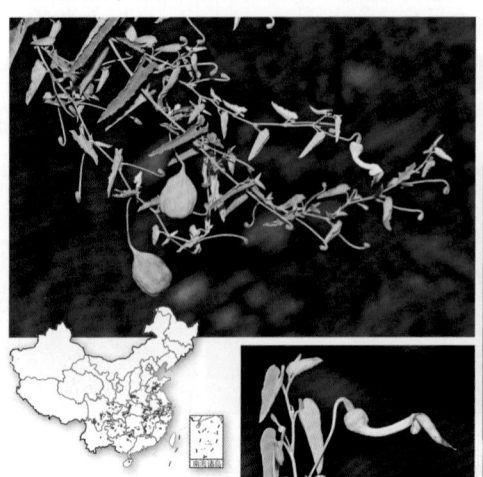

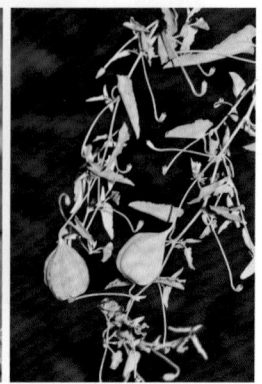

原产及栽培地：原产中国、日本。中国北京、福建、广西、贵州、海南、湖北、江西、上海、四川、云南、浙江等地栽培。**习性**：多生于干燥荒坡半阴处的灌丛及草坡中；对环境要求不严。**繁殖**：播种。**园林用途**：竹篱、墙垣或假山石攀缘材料，赏花观果。

特征要点 草质藤本。茎长 1~2m。单叶互生，广卵形、全缘，稍波状内卷。单花腋生，呈"S"形弯曲，筒口喇叭状；外面淡黄绿色，里面具紫色斑及条纹。蒴果长圆球形，具纵棱，熟时开裂成兜状。花期 7~8 月，果期 9~10 月。

巨花马兜铃 **Aristolochia gigantea** Mart.

马兜铃科 Aristolochiaceae 马兜铃属

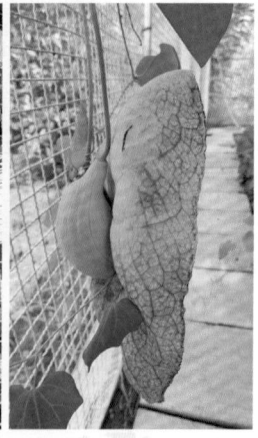

原产及栽培地：原产巴拿马、巴西等。中国福建、广东、湖北、云南等地栽培。**习性**：喜光；喜高温多湿气候。**繁殖**：播种。**园林用途**：布置藤架或篱笆，奇特观花藤本。

特征要点 常绿缠绕藤本。藤茎长达 10m。单叶，互生，阔卵状三角形，长 5~10cm，顶端钝，基部近心形，全缘。花大，常可达 10cm 以上，单生于茎干或叶腋，咖啡色，布满紫色或白色条纹。花期 6~11 月。

夜来香 Telosma cordata (Burm. f.) Merr.

夹竹桃科 / 萝藦科 Apocynaceae/Asclepiadaceae 夜来香属

原产及栽培地：原产中国南部、亚洲热带地区。中国福建、广东、广西、海南、黑龙江、江苏、江西、上海、台湾、云南、浙江等地栽培。**习性**：喜阳光充足；喜温暖、潮湿环境；要求肥沃而又排水良好的土壤。**繁殖**：播种、扦插、压条、分株。**园林用途**：攀缘藤架观赏，花香，还可食用。

特征要点 常绿木质藤本。分枝柔弱。叶对生，长圆形，具短茸毛，有长柄，质薄，先端有小尖，基部四陷，长 5~10cm。伞形花序腋生；小花黄绿色，极芳香；花萼 5 裂，裂片长 0.6cm；花冠具短筒，裂片 5，长约 1.2cm，分离开张。果狭圆锥形。花期 5~9 月。

落葵 Basella alba L. 落葵科 Basellaceae 落葵属

原产及栽培地：原产美洲热带地区。中国北京、福建、甘肃、广东、广西、贵州、海南、黑龙江、湖北、湖南、江苏、江西、青海、山西、陕西、四川、台湾、新疆、云南、浙江等地栽培。**习性**：喜高温高湿的气候；不择土壤，微酸性土也可适应；忌积水，亦不耐寒。**繁殖**：播种。**园林用途**：庭院中用作绿化篱垣、阳台或作掩蔽其他物体的植材。

特征要点 一年生缠绕草本。茎长达 1.5m。茎、叶绿色或淡紫色，稍肉质光滑。单叶互生，叶片卵形或近圆形。穗状花序腋生，长可达 15cm；萼片 5 枚，花冠状，淡紫或淡红色。果实球形，浆果状，暗紫色。花期 8~9 月，果期 9~10 月。

凌霄 **Campsis grandiflora** (Thunb.) K. Schum. 紫葳科 Bignoniaceae 凌霄属

原产及栽培地: 原产亚洲南部。中国安徽、北京、福建、广东、广西、贵州、湖北、江苏、江西、辽宁、陕西、四川、台湾、新疆、云南、浙江等地栽培。**习性:** 喜温暖湿润气候,喜光,略耐阴,喜排水良好的壤土,较耐寒,有一定抗盐碱能力。**繁殖:** 播种、扦插、分株。**园林用途:** 适宜立体绿化或布置藤架、篱栏。

特征要点 落叶木质藤本。茎长可达 20m,具气生根。奇数羽状复叶对生,小叶 7~9,无毛,卵形至卵状披针形,边缘具粗齿。顶生聚伞圆锥花序;花萼 5 裂,裂深至 1/2 处,裂片大,披针形;花冠钟状漏斗形,直径 6~8cm,橙红色。蒴果长如豆荚。花期 5~8 月。

杂种凌霄(美国凌霄) **Campsis × tagliabuana** (Vis.) Rehder
紫葳科 Bignoniaceae 凌霄属

原产及栽培地: 原产美国。中国北京、福建、广东、广西、湖北、江苏、江西、辽宁、陕西、上海、新疆、云南、浙江等地栽培。**习性:** 喜光,略耐阴;耐寒,华北地区可栽培;喜排水良好的壤土,有一定抗盐碱能力。**繁殖:** 播种、扦插、分株。**园林用途:** 适宜立体绿化或布置藤架、篱栏。

特征要点 落叶木质藤本。茎长可达 10m。小叶 9~11 枚,叶比凌霄稍小,叶背具毛。花序紧密,花朵紧凑;花萼 5 裂,裂深至 1/3 处,裂片短,卵状三角形;花冠亦较凌霄稍小,花筒长于花冠,内为橙红色至深红色。花期 7~9 月。

啤酒花 **Humulus lupulus** L. 大麻科 / 桑科 Cannabaceae/Moraceae 葎草属

原产及栽培地：原产欧洲、西亚、北美洲。中国北京、福建、甘肃、黑龙江、吉林、江苏、山西、上海、台湾、新疆、云南、浙江等地栽培。**习性**：喜光，长日照植物；喜冷凉，耐寒畏热，生长适温 14~25℃；要求深厚疏松、肥沃、通气性良好的壤土。**繁殖**：扦插根茎法。**园林用途**：用于攀缘花架或篱棚，雌花序可制干花，做啤酒苦味剂。

特征要点 多年生攀缘草本。茎长达 2~3m。茎缠绕，密生茸毛和倒钩刺。叶互生，具柄，叶片卵形或宽卵形，基部心形或近圆，不裂或 3~5 裂，具粗齿。雄花排列为圆锥花序；雌花每两朵生于苞片腋间；苞片呈覆瓦状排列为一近球形的穗状花序。果穗球果状，直径 3~4cm。花期秋季。

忍冬 **Lonicera japonica** Thunb. 忍冬科 Caprifoliaceae 忍冬属

原产及栽培地：原产中国、日本。中国北京、黑龙江、湖北、吉林、江苏、辽宁、内蒙古、山西、新疆、云南、浙江等地栽培。**习性**：喜光，耐阴；耐寒；耐旱及水湿；对土壤要求不严，酸碱土壤均能生长。**繁殖**：扦插、分株、播种。**园林用途**：多栽为棚架或作山石缠绕材料，老根桩制作盆景。

特征要点 半常绿木质藤本。茎长 2~4m。叶对生，全缘。双花单生叶腋；苞片大，叶状；花冠长 3~4cm，先白色后转黄色，芳香，唇形，下唇反转，约等长于花冠筒。浆果球形，黑色。花期 5~7 月，果期 7~10 月。

贯月忍冬 Lonicera sempervirens L. 忍冬科 Caprifoliaceae 忍冬属

原产及栽培地: 原产美国。中国北京、福建、广东、河北、辽宁、台湾、新疆、云南等地栽培。**习性**: 喜光, 不耐寒, 适宜排水良好、湿润肥沃疏松土壤。**繁殖**: 扦插、播种。**园林用途**: 可用作棚架, 花廊等垂直绿化, 可盆栽观赏。

特征要点 常绿藤本。茎长 1~3m。叶对生, 卵形至椭圆形, 先端圆钝, 表面深绿, 背面灰白色。花 6 朵一轮, 数轮排成穗状花序; 花冠长筒形, 长约 4cm, 橘红色至深红色; 雄蕊 5。浆果球形。花期晚春至秋季。

旋花 Calystegia sepium (L.) R. Br. 旋花科 Convolvulaceae 打碗花属

原产及栽培地: 原产中国、欧洲、大洋洲。中国云南、黑龙江、吉林、辽宁、北京等地栽培。**习性**: 喜光; 适应性广, 条件要求不严, 耐寒、耐盐碱, 砂质土壤生长较好。**繁殖**: 播种。**园林用途**: 适宜作坡地地被。

特征要点 一年生蔓生草本。茎常可达 1m 以上。叶互生, 三角状卵形或宽卵形。花单生叶腋, 具长柄及苞片; 花冠漏斗形, 淡红色或紫色, 有时白色, 雄蕊 5, 花丝基部扩大, 被细鳞毛。

田旋花 **Convolvulus arvensis** L. 旋花科 Convolvulaceae 旋花属

原产及栽培地: 原产亚洲北部地区。中国北部栽培或野生。**习性**: 喜阳,耐瘠薄与干旱;为田间路旁常见的杂草。**繁殖**: 切根状茎法。**园林用途**: 适宜作矮篱笆、围栏与坡地美化材料。

特征要点 多年生草本。茎长 30~60cm。根状茎横走。茎蔓性或缠绕,被疏柔毛。叶互生,戟形,全缘或 3 裂。花序腋生,1~3 花,花梗长 3~8cm,细弱;二线形苞与萼远离;萼片 5;花冠漏斗状,长 2cm 余,粉红色,顶端 5 浅裂。蒴果球形或圆锥形;种子 4,黑褐色。花期 6~8 月,果期 7~9 月。

槭叶茑萝 **Ipomoea × multifida** (Raf.) Shinners 【Ipomoea × sloteri (House) Ooststr.】 旋花科 Convolvulaceae 番薯属

原产及栽培地: 杂交起源,北京、山东、江苏、浙江、江西、云南等地栽培。**习性**: 喜温暖及阳光,喜疏松肥沃的深厚壤土。**繁殖**: 播种。**园林用途**: 可覆盖墙垣、竹篱、棚架或阳台,盆栽或地栽,生长迅速。

特征要点 一年生草本。茎长可达 4m,缠绕。叶片宽卵圆形,呈 5~7 掌状裂,裂片长而锐尖。花腋生,直径 2~2.5cm,漏斗状,大红至深红色。花期 9~10 月。

月光花 **Ipomoea alba** L. 【Calonyction aculeatum (L.) House】

旋花科 Convolvulaceae 番薯属 / 月光花属

原产及栽培地: 原产美洲热带地区。中国北京、福建、广东、广西、台湾、云南、浙江等地栽培。**习性:** 喜阳光充足、温暖、湿润气候;不耐寒;对土壤要求不严,但更喜砂质壤土。**繁殖:** 播种。**园林用途:** 优良的垂直绿化材料,可点缀夜景,还可作临时切花。

特征要点 多年生缠绕草本。茎长可达 10m,具乳汁。花 1 至多朵排成总状,腋生;花冠高脚碟状,直径 10cm,白色,芳香,夜间开放,次晨闭合。蒴果 4 瓣裂,种子 4 枚。花期夏秋季;果期 8~10 月。

五爪金龙 **Ipomoea cairica** (L.) Sweet 旋花科 Convolvulaceae 番薯属

原产及栽培地: 原产非洲干热地区。中国福建、广东、广西、海南、台湾、云南等地栽培。**习性:** 喜阳光充足、温暖湿润气候,不耐寒;喜疏松肥沃土壤扩散能力强,常成为入侵物种。**繁殖:** 播种、扦插。**园林用途:** 可覆盖墙垣、竹篱、棚架或阳台;应防止入侵。

特征要点 多年生缠绕草本。茎长可达 10m。老时根上具块根。叶掌状 5 深裂或全裂,裂片卵状披针形、卵形或椭圆形,中裂片较大,两侧裂片稍小。聚伞花序腋生,具 1~3 花,花冠紫红色、紫色或淡红色,偶有白色,漏斗状;开花时清晨开放,中午闭合。蒴果近球形。花期 6~10 月。

圆叶茑萝(橙红茑萝) **Ipomoea cholulensis** Kunth 【Quamoclit cholulensis (Kunth) G.Don】 旋花科 Convolvulaceae 番薯属/茑萝属

原产及栽培地: 原产美洲。中国北京、福建、贵州、陕西、浙江等地栽培。**习性:** 喜温暖及阳光,喜疏松肥沃的深厚壤土。**繁殖:** 播种。**园林用途:** 可覆盖墙垣、竹篱、棚架或阳台,盆栽或地栽,生长迅速。

特征要点 一年生缠绕草本。茎长 1~2m。叶具柄,叶片心形,长 3~5cm,宽 2.5~4cm,全缘。聚伞花序腋生,有花 3~6 朵;花冠高脚碟状,橙红色,喉部带黄色。花期秋季。

裂叶牵牛(喇叭花) **Ipomoea hederacea** Jacq. 【Pharbitis hederacea (Jacq.) Choisy】 旋花科 Convolvulaceae 番薯属/牵牛属

原产及栽培地: 原产美洲热带地区。中国福建、云南等地栽培。**习性:** 植株健壮,喜温湿、阳光充足气候;耐寒、耐旱、耐瘠薄;有自播繁衍能力,常成为入侵物种。**繁殖:** 播种。**园林用途:** 可覆盖墙垣、竹篱、棚架或阳台,盆栽或地栽,生长迅速。

特征要点 一年生缠绕草本。与牵牛相似,但叶 3 深裂,深达叶片中部。花 1~3 朵腋生,无梗或具短总梗;花色堇蓝色、玫红色或白色等;萼片线形,长至少为花冠筒之半,并向外开展。花期 7~8 月。

金鱼花（鱼花茑萝） **Ipomoea lobata** (Cerv.) Thell. 【Mina lobata Cerv.】
旋花科 Convolvulaceae 番薯属 / 金鱼花属

原产及栽培地: 原产美洲热带地区。中国福建、台湾、广东等地栽培。**习性**: 喜温暖及阳光, 喜疏松肥沃的深厚壤土。**繁殖**: 播种。**园林用途**: 可覆盖墙垣、竹篱、棚架或阳台, 花美丽。

特征要点 多年生缠绕草本。茎长可达数米。叶心形, 具3深裂。花序腋生, 总状, 有时分两叉; 花多数, 上部未开花蕾深红色, 下部开花者黄色, 花冠长筒形, 具棱, 长2cm, 开放时雄蕊十分突出。花期8~9月。

牵牛（大花牵牛） **Ipomoea nil** (L.) Roth 【Pharbitis nil (L.) Choisy】
旋花科 Convolvulaceae 番薯属 / 牵牛属

原产及栽培地: 原产美洲热带地区。中国北京、福建、广东、广西、贵州、湖北、江苏、江西、陕西、四川、台湾、新疆、云南、浙江等地逸生或栽培。**习性**: 植株健壮, 喜温湿、阳光充足气候, 但耐半阴, 亦适应干旱瘠薄土壤, 有自播繁衍能力。**繁殖**: 播种。**园林用途**: 可覆盖墙垣、竹篱、棚架或阳台, 盆栽或地栽, 生长迅速。

特征要点 一年生缠绕草本。茎长1~3m。全株具粗毛。叶常3裂。花腋生, 常1~3朵, 花冠漏斗状, 直径约10cm, 有白、粉红、紫红、蓝紫等色。种子黑色, 卵状三角形。种子入药, 有泻下、利尿、消肿、驱虫之效。花期夏、秋, 花后约1个月蒴果成熟。

圆叶牵牛 **Ipomoea purpurea** (L.) Roth 【Pharbitis purpurea (L.) Bojer】

旋花科 Convolvulaceae 番薯属 / 牵牛属

原产及栽培地: 原产美洲热带地区。中国北京、福建、广东、广西、贵州、海南、黑龙江、湖北、江西、陕西、四川、台湾、新疆、云南、浙江等地逸生或栽培。**习性:** 植株健壮,喜温湿、阳光充足气候;耐寒、耐旱、耐瘠薄;有自播繁衍能力,常成为入侵物种。**繁殖:** 播种。**园林用途:** 可覆盖墙垣、竹篱、棚架或阳台;应防止入侵。

特征要点 一年生缠绕草本。茎长 1~4m。茎被倒向短柔毛及稍开展的硬毛。单叶互生,圆心形,全缘。花单生或 3~5 朵组成聚伞花序,苞片 2,线形;萼片 5,花冠漏斗状,紫红色,花冠筒近白色,雄蕊 5,柱头 3 裂。蒴果近球形。花期 5~7 月,果期 6~9 月。

茑萝(羽叶茑萝) **Ipomoea quamoclit** L.【Quamoclit pennata (Desr.) Boj.】

旋花科 Convolvulaceae 番薯属 / 茑萝属

原产及栽培地: 原产美洲热带地区。中国北京、福建、广东、广西、贵州、海南、黑龙江、湖北、江苏、江西、陕西、四川、台湾、新疆、云南、浙江等地栽培。**习性:** 喜温暖及阳光,不择土壤,华北常见自播繁衍。**繁殖:** 播种。**园林用途:** 常见垂直绿化材料,可覆盖墙垣、竹篱、棚架或阳台。

特征要点 一年生缠绕草本。茎长可达 6m。叶羽状分裂,裂片纤细。花腋生,直立,高出叶面;花冠筒长 4cm,花冠高脚碟状,洋红色。花期 7~10 月。

观赏南瓜 **Cucurbita melopepo** Ovifera Group 【Cucurbita pepo subsp. ovifera (L.) D. S. Decker】 葫芦科 Cucurbitaceae 南瓜属

原产及栽培地：原产美洲热带地区。中国福建、海南、陕西、云南、安徽、北京、甘肃、广东、贵州、河北、河南、黑龙江、湖北、湖南、吉林、江苏、江西、辽宁、内蒙古、宁夏、青海、山东、山西、上海、四川、台湾、天津、西藏、新疆、重庆等地栽培。**习性**：喜温暖、湿润、向阳，不耐寒，也忌炎热，偶有自播繁衍；要求肥沃湿润而排水良好的微酸性土壤。**繁殖**：播种。**园林用途**：适宜栽于棚架、花廊旁，观赏大型黄色成熟瓠果。

特征要点 一年生草质藤本。茎长可达 10m。有粗糙毛。雌雄同株，异花，单生，花冠黄色。果柄有棱沟，果肉硬，味苦不可食；果形有圆、扁圆、长圆、卵形、钟形、梨形等不同；果色有白、黄、橙等单色或双色、条纹等变化。种子白色。夏季开花、结果。

葫芦 **Lagenaria siceraria** (Molina) Standl. 葫芦科 Cucurbitaceae 葫芦属

原产及栽培地：原产非洲南部。中国北京、福建、湖北、陕西、云南、浙江、安徽、广东、海南、黑龙江、湖南、江苏、江西、台湾、新疆、甘肃、广西、贵州、河北、河南、辽宁、宁夏、青海、山东、山西、上海、四川、重庆等地栽培。**习性**：喜温暖、湿润、向阳环境；要求肥沃、湿润、排水良好的土壤。**繁殖**：播种。**园林用途**：多栽植在棚架篱旁，观赏其形状别致的葫芦果。

特征要点 一年生攀缘草本。蔓长可达 10m，卷须 2 叉。全体密被短茸毛。叶互生，具长柄，卵圆形，灰绿色。雄花总梗极长，高出叶上；花瓣 5，白色。瓠果下垂，中部缢细，下部大于上部，大小因品种而变化很多，成熟后果皮变木质，后期转黄。花期夏季，果熟期秋至冬初。

丝瓜 **Luffa aegyptiaca** Mill. 【Luffa cylindrica (L.) Roem.】

葫芦科 Cucurbitaceae 丝瓜属

原产及栽培地：原产印度尼西亚或印度。中国安徽、北京、福建、甘肃、广东、广西、贵州、海南、河北、河南、黑龙江、湖北、湖南、江苏、江西、山东、山西、陕西、上海、四川、台湾、新疆、云南、浙江、重庆等地栽培。**习性：**喜光；喜温暖气候，耐高温、高湿，忌低温；要求深厚肥沃、排水良好的土壤。**繁殖：**播种。**园林用途：**适宜攀爬藤架上，果实可观赏，也为重要蔬菜。

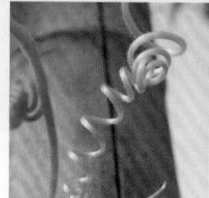

特征要点 一年生藤本。蔓长可达 10m。茎枝粗糙，有棱沟。卷须 2~4 歧。叶片大，三角形或近圆形，掌状 5~7 裂，边缘有锯齿。雌雄同株；雄花 15~20 朵，排成总状花序，花冠黄色；雌花单生。果实圆柱状，长可达 1m 以上，熟后干燥，具网状纤维。花果期夏秋季。

苦瓜 **Momordica charantia** L. 葫芦科 Cucurbitaceae 苦瓜属

原产及栽培地：原产印度或印度尼西亚。中国安徽、北京、福建、甘肃、广东、广西、贵州、海南、河北、河南、黑龙江、湖北、湖南、江西、山西、陕西、上海、四川、台湾、新疆、云南、浙江等地栽培。**习性：**适应性极强，但喜温暖阳光充足，要求湿润、肥沃、透气性良好的土壤；忌水涝和通风不良。**繁殖：**播种。**园林用途：**多栽植在廊架、凉亭旁，果可观赏，亦可食用。

特征要点 一年生蔓生草本。茎长可达 5m。茎纤细，有棱，被柔毛；卷须单生。花单性，同株，黄色，具芳香。果具细柄，悬垂，形状变化大，表面密生瘤突，熟时橙黄色，3 片裂；种子具刻纹，外被深红色假种皮。花期 5~9 月，果期 6~10 月。

蛇瓜 Trichosanthes cucumerina L. 【Trichosanthes anguina L.】
葫芦科 Cucurbitaceae 栝楼属

原产及栽培地: 原产中国南部、亚洲热带地区。中国安徽、北京、福建、广东、海南、河南、江西、山东、山西、台湾、云南等地栽培。**习性:** 喜光;喜温暖、耐湿热,生长适温 20~35℃;对土壤要求不严,但以深厚肥沃、富含腐殖质的土壤为好。**繁殖:** 播种。**园林用途:** 适宜攀爬藤架上,果实稀奇而美观。

特征要点 一年生攀缘草本。茎长可达数米。叶膜质,圆形或肾状圆形,3~7 浅裂至中裂,有时深裂,裂片常倒卵形,两侧不对称。雌雄同株;雄花组成总状花序,常有 1 单生雌花并生;花冠白色。果长圆柱形,长 1~2m,直径 3~4cm,扭曲,绿色,具苍白色条纹。花果期夏秋季。

栝楼 Trichosanthes kirilowii Maxim. 葫芦科 Cucurbitaceae 栝楼属

原产及栽培地: 原产中国、朝鲜、日本。中国北京、福建、广东、广西、贵州、湖北、江苏、江西、陕西、上海、四川、云南、浙江等地栽培。**习性:** 适应性强,耐寒,生长健壮。**繁殖:** 播种、分株。**园林用途:** 多栽植在高大棚架、墙垣旁,花果美观。

特征要点 多年生宿根攀缘草本。茎蔓长达 10m 以上;根肥厚粗壮;卷须分 2~5 叉。雌雄异株,雄花数朵生总梗上,雌花单生;花冠白色,花瓣边缘流苏状。果实圆球形,直径约 10cm,呈橙黄至赭黄色。花期 6~8 月,果期 9~10 月。

荷包豆（红花菜豆） **Phaseolus coccineus** L.
豆科 / 蝶形花科 Fabaceae/Leguminosae/Papilionaceae 菜豆属

原产及栽培地: 原产中美洲。中国北京、福建、甘肃、贵州、黑龙江、湖北、湖南、吉林、江西、内蒙古、山西、陕西、四川、台湾、新疆、云南等地栽培。**习性**: 喜阳光充足; 喜温暖, 不耐寒; 要求深厚肥沃土壤。**繁殖**: 播种。**园林用途**: 美丽的篱垣材料, 种子可供食用。

特征要点 多年生蔓生草本。植株长可达 3m。全体具短毛。叶互生, 小叶 3 枚, 菱状卵形。总状花序腋生, 总梗长达 18cm; 花具短梗, 花冠火红色, 旗瓣与翼瓣较大。荚果线形, 稍扁, 被柔毛。花果期 8~9 月。

海金沙 **Lygodium japonicum** (Thunb.) Sw. 海金沙科 Lygodiaceae 海金沙属

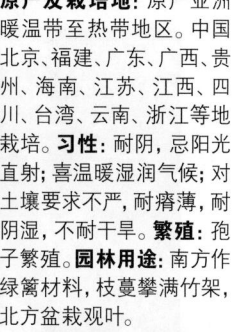

原产及栽培地: 原产亚洲暖温带至热带地区。中国北京、福建、广东、广西、贵州、海南、江苏、江西、四川、台湾、云南、浙江等地栽培。**习性**: 耐阴, 忌阳光直射; 喜温暖湿润气候; 对土壤要求不严, 耐瘠薄, 耐阴湿, 不耐干旱。**繁殖**: 孢子繁殖。**园林用途**: 南方作绿篱材料, 枝蔓攀满竹架, 北方盆栽观叶。

特征要点 多年生常绿攀缘蕨类。株高可达 4m。叶多数, 对生在茎上短枝两侧, 二型, 纸质; 不育羽片尖三角形, 长宽各 10~12cm, 二回羽裂, 小羽片掌状 3 裂; 能育羽片卵状三角形, 长宽各 10~12cm, 小羽片边缘具流苏状稀疏孢子囊穗, 暗褐色。

海南海金沙 *Lygodium circinatum* (Burm. f.) Sw.

海金沙科 Lygodiaceae 海金沙属

原产及栽培地: 原产东南亚、澳大利亚。中国广东、广西、湖北、上海、云南等地栽培。**习性:** 耐阴,忌阳光直射;喜温暖湿润气候;对土壤要求不严,耐瘠薄,耐阴湿,不耐干旱。**繁殖:** 孢子繁殖。**园林用途:** 南方作绿篱材料,枝蔓攀满竹架,北方盆栽观叶。

特征要点 多年生常绿攀缘蕨类。株高可达 5~6m。羽片二型:不育羽片生于叶轴下部,掌状深裂几达基部,裂片 6 个,披针形,常水平开展,全缘,具软骨质狭边,近革质,两面光滑;能育羽片二叉掌状深裂,裂片几达基部,无关节。孢子穗囊穗排列较紧密,褐棕色或绿褐色。

小叶海金沙 *Lygodium microphyllum* (Cav.) R. Br.

海金沙科 Lygodiaceae 海金沙属

原产及栽培地: 原产中国南部、亚洲热带地区、非洲、澳洲。中国广东、广西、湖北、江西、云南等地栽培。**习性:** 耐阴,忌阳光直射;喜温暖湿润气候;对土壤要求不严,耐瘠薄,耐阴湿,不耐干旱。**繁殖:** 孢子繁殖。**园林用途:** 南方作绿篱材料,枝蔓攀满竹架,北方盆栽观叶。

特征要点 多年生常绿攀缘蕨类。株高达 5~7m。叶多数,二型,纸质;不育羽片长圆形,长 7~8cm,奇数羽状,小羽片 4 对,互生,有小柄,卵状三角形、阔披针形至狭长圆形,基部心脏形;能育羽片长圆形,长 8~10cm,常奇数羽状,小羽片边缘具流苏状密集孢子囊穗,黄褐色。

蝙蝠葛 **Menispermum dauricum** DC. 防己科 Menispermaceae 蝙蝠葛属

原产及栽培地: 原产亚洲北部。中国北京、福建、广东、黑龙江、湖北、江西、陕西、云南、浙江等地栽培。**习性**: 喜湿润、耐半阴,好通气及排水良好的砂质土壤,短期水浸亦无碍生存。**繁殖**: 分株、播种。**园林用途**: 可攀缘山石、篱垣和覆盖山坡、荒滩,可保持水土。

特征要点 草质藤本。茎长 30~100cm。根茎粗壮。叶互生,具柄,叶片盾形,卵圆形,长 6~12cm,边缘有 3~7 角裂或有时全缘。花序圆锥状腋生,雌雄异株;花小,黄白色。核果黑色,扁圆形,直径 7~10mm。花期 4~5 月,果期 9~10 月。

金线吊乌龟 **Stephania cephalantha** Hayata
防己科 Menispermaceae 千金藤属

原产及栽培地: 原产中国。中国福建、广东、广西、贵州、湖北、江西、上海、四川、云南、浙江等地栽培;**习性**: 耐阴;喜温暖湿润环境,要求排水良好的疏松深厚土壤。**繁殖**: 播种、分株。**园林用途**: 多盆栽观赏其奇特块茎,南方可攀缘藤架上。

特征要点 草质藤本。茎长 1~2m 或过之。块根团块状或不规则。叶互生,具柄,叶片三角状扁圆形至近圆形,全缘;掌状脉 7~9 条。雌雄花序同形,均为头状花序;花小,黄绿色。核果阔倒卵圆形,熟时红色。花期 4~5 月,果期 6~7 月。

225

地不容 **Stephania epigaea** Lo 防己科 Menispermaceae 千金藤属

原产及栽培地: 原产中国。中国北京、福建、云南、浙江等地栽培。**习性**: 耐阴；喜温暖湿润环境，要求排水良好的疏松深厚土壤。**繁殖**: 分株、播种。**园林用途**: 多盆栽观赏其奇特块茎，南方可攀缘藤架上。

特征要点　多年生草质藤本。茎缠绕，长可达4m。全株无毛。块根常扁球状，较大，暗灰色。叶盾状着生于叶柄上，叶片扁圆形，全缘，正面暗绿色，背面稍粉白。伞形聚伞花序腋生，下垂；花稍肉质，常紫红色，被白粉。核果红色，肉质。花期3~4月，果期5~6月。

千金藤 **Stephania japonica** (Thunb.) Miers
防己科 Menispermaceae 千金藤属

原产及栽培地: 原产亚洲。中国北京、福建、湖北、江苏、江西、上海、四川、云南、浙江等地栽培。**习性**: 耐阴；喜温暖湿润环境，要求排水良好的疏松深厚土壤。**繁殖**: 播种、分株。**园林用途**: 可攀缘藤架上，观赏其叶、果。

特征要点　稍木质藤本。株高1~2m，全株无毛。根条状，褐黄色。叶片三角状近圆形，长6~15cm，背面粉白色；叶柄明显盾状着生。复伞形聚伞花序腋生，小聚伞花序近无柄，密集呈头状；花小，黄色。果倒卵形至近圆形，熟时红色。花果期夏秋季。

西番莲 **Passiflora caerulea** Linnaeus 西番莲科 Passifloraceae 西番莲属

原产及栽培地：原产南美洲巴西、阿根廷、巴拉圭等。中国北京、福建、广东、海南、湖北、江西、上海、四川、台湾、云南、浙江等地栽培。**习性**：喜阳、温暖、潮湿环境，不耐寒，忌水涝；要求疏松肥沃的酸性壤土。**繁殖**：播种、扦插。**园林用途**：供篱垣、廊架装饰，为奇特观花植物。

特征要点 草质藤本。茎长可达数米。叶互生，纸质，基部心形，掌状 5 深裂，全缘；叶柄具腺体。花腋生，淡绿色，直径 6~10cm；萼片与花瓣各 5 枚，近等大，内面绿白色；外副花冠裂片 3 轮，丝状，顶端天蓝色，中部白色、下部紫红色。浆果卵球形，长约 6cm。花期 5~7 月。

红花西番莲 **Passiflora coccinea** Aubl. 西番莲科 Passifloraceae 西番莲属

原产及栽培地：原产南美洲热带地区。中国福建、广东、海南、台湾、云南等地栽培。**习性**：喜光，耐阴；喜温暖湿润气候；喜湿润而排水良好的酸性壤土。**繁殖**：播种、扦插。**园林用途**：供篱垣、廊架装饰，为奇特观花植物。

特征要点 草质藤本。茎长可达数米。单叶互生，叶片长圆形至长卵形，叶缘具不规则疏浅齿，背面被茸毛。花腋生，花蕾圆柱形；花大，直径 8~10cm，花冠猩红色。浆果近球形。花期冬春季。

鸡蛋果（百香果）**Passiflora edulis** Sims 西番莲科 Passifloraceae 西番莲属

原产及栽培地：原产巴西、阿根廷、巴拉圭。中国福建、广东、广西、贵州、海南、湖北、江苏、江西、上海、四川、台湾、云南、浙江等地栽培。**习性**：喜光，耐阴，喜温暖湿润气候；喜湿润而排水良好的酸性壤土。**繁殖**：播种、扦插。**园林用途**：供篱垣、廊架装饰，为奇特观花植物，果实为著名热带水果。

特征要点 草质藤本。茎高达 6m。叶互生，纸质，掌状 3 深裂，边缘具细锯齿，无毛。花大，芳香，直径约 4cm；副花冠裂片丝状，基部淡绿色，中部紫色，顶部白色。浆果卵球形，直径 3~4cm，无毛，熟时紫色。花期 6 月，果期 11 月。

蓝花丹 **Plumbago auriculata** Lam. 白花丹科 Plumbaginaceae 白花丹属

原产及栽培地：原产南非。中国北京、福建、广东、海南、江苏、台湾、云南、浙江等地栽培。**习性**：喜半阴环境；喜温暖湿润气候，易受霜冻；要求疏松肥沃、排水良好的酸性土壤。**繁殖**：分株、扦插、播种。**园林用途**：庭院栽培观赏，布置花境，或作地被。

特征要点 常绿半灌木。株高达 1m。茎纤细，上端蔓状。叶互生，质薄，长卵形，全缘，渐尖。穗状花序顶生，花轴密被短茸毛；花萼筒状，仅上部被具柄长腺毛；花冠高脚碟状，淡蓝色或白色，直径 1.6~1.8cm，5 裂。蒴果。花期 6~9 月和 12 月至翌年 4 月。

紫花丹 **Plumbago indica** L. 白花丹科 Plumbaginaceae 白花丹属

原产及栽培地: 原产印度。中国福建、广西、台湾、云南等地栽培。**习性:** 喜半阴环境;喜温暖湿润气候,易受霜冻;要求疏松肥沃、排水良好的酸性土壤。**繁殖:** 分株、扦插、播种。**园林用途:** 庭院栽培观赏。

特征要点 多年生草本。株高 0.5~2m。茎纤细,上端蔓状。叶互生,质薄,长卵形,全缘,渐尖。穗状花序顶生,无头状腺体或草毛;花萼筒状,密被具柄长腺毛;花冠高脚碟状,红色或紫红色,直径约 1.5cm,5 裂。蒴果。花期 11 月至翌年 4 月。

白花丹 **Plumbago zeylanica** L. 白花丹科 Plumbaginaceae 白花丹属

原产及栽培地: 原产中国南部、东南亚。中国福建、广东、广西、贵州、海南、湖北、台湾、云南、浙江等地栽培。**习性:** 喜半阴环境;喜温暖湿润气候,易受霜冻;要求疏松肥沃、排水良好的酸性土壤。**繁殖:** 分株、扦插、播种。**园林用途:** 庭院栽培观赏,布置花境,或作地被。

特征要点 常绿半灌木。株高 1~3m。茎纤细,上端蔓状。叶互生,质薄,长卵形,全缘,渐尖。穗状花序顶生,有头状腺体;花萼筒状,全部密被具柄长腺毛;花冠高脚碟状,白色,直径 1.6~1.8cm,5 裂。蒴果。花果期冬春季。

珊瑚藤 **Antigonon leptopus** Hook. & Arn. 蓼科 Polygonaceae 珊瑚藤属

原产及栽培地: 原产美洲热带地区。中国福建、广东、贵州、海南、四川、台湾、云南等地栽培。

习性: 喜光; 要求高温高湿的环境; 要求疏松肥沃的酸性壤土。**繁殖**: 播种。

园林用途: 适宜布置藤架或篱笆, 可观花。

特征要点 多年生草质藤本。蔓长达 10m, 借助卷须攀缘, 地下有肥大块茎。茎被棕褐色短柔毛, 有棱。单叶互生, 质薄, 心形或卵状三角形, 网脉明显, 两面有褐色茸毛。总状花序近顶生, 密生绯红色花朵, 也有白色花的栽培种。花期春末至秋季。

木藤蓼 (山荞麦) **Fallopia aubertii** (L. Henry) Holub 【Polygonum aubertii L.Henry】 蓼科 Polygonaceae 藤蓼属 / 何首乌属 / 蓼属

原产及栽培地: 原产中国西部。中国北京、甘肃、河南、辽宁、内蒙古、宁夏、青海、山西、陕西、西藏、云南等地栽培。**习性**: 喜光; 喜温暖湿润环境, 耐寒; 喜排水良好的砂质壤土。

繁殖: 播种、扦插、分株。**园林用途**: 适宜庭院栽培, 攀缘于篱笆、拦网上。

特征要点 半灌木状藤本。茎长达 4m 以上, 缠绕。叶簇生稀互生, 长卵形或卵形。圆锥状花序, 腋生或顶生, 苞片膜质, 花被片淡绿色或白色。瘦果卵形, 黑褐色, 微有光泽。花期 9~10 月, 果期 10~11 月。

何首乌 **Reynoutria multiflora** (Thunb.) Moldenke 【Fallopia multiflora (Thunb.) Haraldson】蓼科 Polygonaceae 虎杖属 / 何首乌属

原产及栽培地: 原产东亚。中国安徽、北京、福建、甘肃、广东、广西、贵州、河南、湖北、江苏、江西、山西、陕西、四川、台湾、云南、浙江等地栽培。**习性:** 喜光; 较不耐寒; 喜排水良好的砂质壤土。**繁殖:** 播种、扦插、分根。**园林用途:** 适宜庭院栽培, 攀缘于篱笆、拦网上, 也可支架盆栽观赏。

特征要点 多年生草质藤本。茎长 1~3m。根细长, 末端膨大成黑褐色肉质块根, 内部紫红色。茎缠绕, 中空, 多分枝。叶互生, 有柄, 叶片卵形。圆锥花序大而开展; 花小, 白色。花期秋季。

火炭母 **Persicaria chinensis** (L.) H. Gross 【Polygonum chinense L.】
蓼科 Polygonaceae 蓼属

原产及栽培地: 原产亚洲。中国福建、广东、广西、贵州、海南、黑龙江、湖北、江西、上海、四川、台湾、云南、浙江等地栽培。**习性:** 喜阳光充足、温暖湿润的环境, 对土壤要求不严。**繁殖:** 分株。**园林用途:** 适宜布置在水边或湖岸边。

特征要点 多年生草本。茎长 70~100cm。根状茎粗壮。叶互生, 具短柄; 叶片卵形或长卵形, 全缘, 两面无毛; 托叶鞘膜质。花序头状, 通常数个排成圆锥状, 顶生或腋生; 花小, 白色或淡红色。花期 7~9 月, 果期 8~10 月。

杰克铁线莲（杰克曼氏铁线莲）**Clematis × jackmanii** T. Moore
毛茛科 Ranunculaceae 铁线莲属

原产及栽培地: 杂交起源。中国北京栽培。**习性**: 喜光，耐阴，喜温暖湿润气候；喜深厚肥沃、排水良好的壤土。**繁殖**: 扦插、分株。**园林用途**: 现代铁线莲中最受欢迎的种类。

特征要点　木质藤本。株高 1~3m。植株叶片羽状排列或上部单叶。直径可达 15cm，花色丰富。花期夏季。

铁线莲（铁线莲）**Clematis florida** Thunb. 毛茛科 Ranunculaceae 铁线莲属

原产及栽培地: 原产中国。中国北京、广东、辽宁、四川、台湾、浙江等地栽培。**习性**: 喜光，耐阴；喜温暖湿润气候；喜深厚肥沃、排水良好的壤土。**繁殖**: 扦插、分株、播种。**园林用途**: 多用于攀缘装饰点缀花柱、拱门、凉亭支架、花架与墙篱等园林小品。

特征要点　木质藤本。株高 1~2m。二回三出复叶。花单生叶腋，花被片 4~8，直径约 10cm，乳白色，瓣背有绿色条纹。

毛叶铁线莲 **Clematis lanuginosa** Lindl. 毛茛科 Ranunculaceae 铁线莲属

原产及栽培地: 原产中国。浙江、台湾等地栽培。**习性**: 喜光, 耐阴; 喜温暖湿润气候; 喜深厚肥沃、排水良好的壤土。**繁殖**: 扦插、分株、播种。**园林用途**: 多用于攀缘装饰点缀花柱、拱门、凉亭支架、花架与墙篱等园林小品。

特征要点 木质藤本。株高 1~2m。多卵圆形单叶, 叶背被灰色绵毛。单花顶生, 直径 7~15cm, 淡紫色。

转子莲 **Clematis patens** C. Morren & Decne. 毛茛科 Ranunculaceae 铁线莲属

原产及栽培地: 原产东亚。中国北京、黑龙江、辽宁、台湾、云南等地栽培。**习性**: 喜光, 耐阴; 喜温暖湿润气候; 喜深厚肥沃、排水良好的壤土。**繁殖**: 扦插、分株、播种。**园林用途**: 多用于攀缘装饰点缀花柱拱门、凉亭支架、花架与墙篱等园林小品。

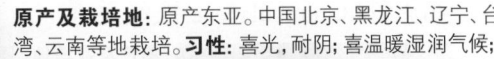

特征要点 木质藤本。株高 1~2m。茎纤细, 缠绕攀缘。羽状复叶对生, 小叶片 3 枚。花大, 单生枝顶, 直径 8~14cm, 白色或淡黄色; 花柱被金黄色长柔毛。瘦果卵形, 有金黄色长柔毛。花期 5~6 月, 果期 6~7 月。

圆锥铁线莲（辣蓼铁线莲） Clematis terniflora DC.
毛茛科 Ranunculaceae 铁线莲属

原产及栽培地: 原产中国、日本、朝鲜、蒙古、俄罗斯。中国北京、湖北、江西、台湾、浙江等地栽培。**习性:** 喜光，耐阴；喜温暖湿润气候；喜深厚肥沃、排水良好的壤土。**繁殖:** 扦插、分株、播种。**园林用途:** 多用于攀缘装饰点缀花柱、拱门、凉亭支架、花架与墙篱等园林小品。

特征要点 木质藤本。株高 1~2m。一回羽状复叶，小叶片卵形至披针状卵形。圆锥状聚伞花序，长达 25cm；花小而多数，直径 1.5~3cm；萼片通常 4，白色，开展。花期 6~8 月。

红花铁线莲（深红铁线莲） Clematis texensis Buckley
毛茛科 Ranunculaceae 铁线莲属

原产及栽培地: 原产美国。中国北京、台湾等地栽培。**习性:** 喜光，耐阴；喜温暖湿润气候；喜深厚肥沃、排水良好的壤土。**繁殖:** 扦插、分株、播种。**园林用途:** 多用于攀缘装饰点缀花柱、拱门、凉亭支架、花架与墙篱等园林小品。

特征要点 木质藤本。株高 1~2m。羽状复叶，小叶 4~8 枚，广卵形，质厚，灰绿色，有蜡质。花单生，花瓶形而下垂，洋红色，长约 2.5cm；宿存花柱羽毛状，长 2.5~5cm。花期 6 月至晚秋。瘦果具淡黄色羽状花柱。

倒地铃（风船葛） **Cardiospermum halicacabum** L.
无患子科 Sapindaceae 倒地铃属

原产及栽培地： 原产亚洲热带、非洲、澳洲。中国北京、福建、广东、广西、贵州、湖北、江苏、辽宁、陕西、台湾、云南、浙江等地栽培。**习性：** 喜光；喜湿润，好阳光；要求肥沃而排水好的土壤。**繁殖：** 播种。**园林用途：** 种植于竹篱、墙垣、栏杆旁或支架，美化庭院，可垂吊盆栽。

特征要点 一年生攀缘草本。茎长可达 3m。二回羽状复叶，顶生小叶大，椭圆状卵形。花序聚伞状腋生，总梗细长，花小，白色，杂性。蒴果扁球形，肿胀囊状，3 棱，3 果瓣裂。花期夏季，果熟秋季。

乌蔹莓 **Causonis japonica** (Thunb.) Raf.【Cayratia japonica (Thunb.) Gagnep.】葡萄科 Vitaceae 乌蔹莓属

原产及栽培地： 原产亚洲。中国北京、福建、广东、广西、贵州、湖北、江苏、江西、陕西、上海、四川、云南、浙江等地栽培。**习性：** 喜光，耐半阴，好湿耐旱，不甚耐寒，黄河以北常变为冬枯春生宿根草本。**繁殖：** 播种。**园林用途：** 攀爬藤架或墙边，主要观赏秀丽的枝叶及紫黑色的浆果。

特征要点 多年生缠绕草本。茎长 1~2m。茎蔓具卷须，缠绕他物上升。掌状复叶互生，具 5 枚小叶呈鸟爪状，顶端小叶大，其他 4 片小叶披针形。聚伞花序腋生或与叶对生，花小，黄色。浆果卵形，紫黑色，浆汁紫红色。花期 6~7 月，果期 9~10 月。

岩生花卉

缕丝花（满天星） **Gypsophila elegans** M. Bieb.
石竹科 Caryophyllaceae 石头花属

原产及栽培地：原产小亚细亚、高加索。中国北京、福建、广东、广西、江苏、江西、台湾、浙江等地栽培。**习性**：喜光；耐寒，忌炎热和过于潮湿；要求含石灰质、肥沃而排水良好的微碱性砂壤土。**繁殖**：播种。**园林用途**：配置花境、花丛及岩石园，可单作切花、插花配花、干花，还可盆栽。

特征要点　一、二年生草本。株高 30~45cm。全株光滑，被白粉。叶对生，粉绿色。聚伞花序呈疏松扩展状，花小，直径约 1cm，白色或淡红色，花朵分布均匀，各有一长花梗，似繁星点点。蒴果球形，4 裂，种子细小。花期 5~6 月，果期 6~7 月。

长蕊石头花（霞草） **Gypsophila oldhamiana** Miq.
石竹科 Caryophyllaceae 石头花属

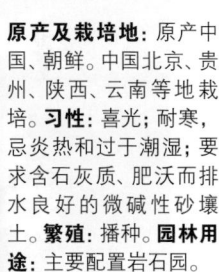

原产及栽培地：原产中国、朝鲜。中国北京、贵州、陕西、云南等地栽培。**习性**：喜光；耐寒，忌炎热和过于潮湿；要求含石灰质、肥沃而排水良好的微碱性砂壤土。**繁殖**：播种。**园林用途**：主要配置岩石园。

特征要点　多年生草本。株高 60~100cm。全株无毛，粉绿色。主根粗壮。叶对生，长圆状披针形，宽可达 1cm 以上，具 3~5 脉，中脉明显，两面淡绿色，无毛。聚伞花序顶生，密集，花序分枝开展；花瓣 5，粉红色或白色，狭倒卵形，先端截形。蒴果卵球形，先端 4 裂。花期 7~9 月。

圆锥石头花（锥花丝石竹）Gypsophila paniculata L.

石竹科 Caryophyllaceae 石头花属

原产及栽培地: 原产中国北部、亚洲北部。中国北京、福建、江苏、台湾、新疆、云南、浙江等地栽培。**习性:** 喜光；耐寒，忌炎热和过于潮湿；要求含石灰质、肥沃而排水良好的微碱性砂壤土。**繁殖:** 播种。**园林用途:** 主要配置岩石园。

特征要点 多年生草本。株高可达 1m。主根粗壮。分枝多而铺散。叶对生，狭条形，长 2~5cm，宽 2.5~7mm，具 1 脉。圆锥状聚伞花序，小花白色，花朵可多达千朵。花期 6~8 月。

小红菊 Chrysanthemum chanetii H. Lév.　菊科 Asteraceae/Compositae 菊属

原产及栽培地: 原产中国、朝鲜、蒙古、俄罗斯。中国北京、黑龙江、吉林、辽宁、内蒙古、山西等地栽培。**习性:** 喜半阴环境；喜冷凉湿润环境；喜深厚肥沃、富含腐殖质的壤土。**繁殖:** 分株。**园林用途:** 可作地被或布置花镜、岩石园。

特征要点 多年生草本。株高 10~35cm。叶互生，掌状或羽状浅裂，稀深裂，被灰白色毛。头状花序直径 2.5~5cm，单生或 2~5 朵在茎顶排列或伞房状，舌状花粉红色、红紫色或白色。花期 8 月。

砂蓝刺头 **Echinops gmelinii** Turcz. 菊科 Asteraceae/Compositae 蓝刺头属

原产及栽培地: 原产亚洲北部。中国北京、内蒙古、新疆、山西、河北、陕西等地栽培。**习性:** 喜沙,旱生植物;强喜光;耐干旱瘠薄;适生于沙地上。**繁殖:** 播种。**园林用途:** 适宜岩石园栽培,观花。

特征要点 一年生草本。株高 20~50cm。茎直立,常单一,灰白色。叶互生,条形或条状披针形,长 1~5cm,边缘有白色硬刺。复头状花序单生枝端,球形,直径约 3cm,淡蓝色或白色;小头状花序具 1 花,花冠淡蓝色。瘦果。花期 7~8 月,果期 9~10 月。

蓼子朴 **Inula salsoloides** (Turcz.) Ostenf.
菊科 Asteraceae/Compositae 土木香属 / 旋覆花属

原产及栽培地: 原产中国北部、蒙古、俄罗斯。中国甘肃、内蒙古、青海、宁夏、陕西、河北等地栽培。**习性:** 极耐旱,生于干旱戈壁及沙地上。**繁殖:** 播种。**园林用途:** 易繁殖,是良好的固沙植物,可用于岩石园。

特征要点 多年生草本。株高约 45cm。具横走地下茎,茎多分枝。叶互生,细小,披针形或矩圆状条形。头状花序直径约 1.5cm,花淡黄色。花期 6~7 月。

菊蒿（艾菊） **Tanacetum vulgare** L. 菊科 Asteraceae/Compositae 菊蒿属

原产及栽培地: 原产中国西部、欧亚大陆温带地区。中国北京、陕西、上海、台湾等地栽培。**习性:** 喜光；喜温暖干爽气候，耐寒，耐旱；要求排水良好的砂质壤土。**繁殖:** 播种、分株。**园林用途:** 适宜配置岩石园。

特征要点 多年生草本。株高30~150cm。叶二回羽状分裂，裂片卵形或长椭圆形，边缘全缘至深裂，绿色。伞房或复伞房花序顶生，稠密；头状花序多数；总苞直径5~13mm；花冠黄色，小花全部管状。花果期6~8月。

瓦松 **Orostachys fimbriata** (Turcz.) A. Berger 景天科 Crassulaceae 瓦松属

原产及栽培地: 原产中国北部、蒙古、朝鲜、俄罗斯。中国北京、贵州、湖北、江苏、江西、陕西、四川、浙江等地栽培。**习性:** 喜光；喜温暖环境，亦较耐寒；要求排水良好的砂质土壤或环境，耐瘠薄，极耐干旱。**繁殖:** 分株、播种。**园林用途:** 适宜布置岩石园，瓦房上常自然生长，也可盆栽观赏。

特征要点 多年生草本。株高10~20cm。叶基生，莲座状，线形，先端增大，具白色软骨质及短尖。花序总状，紧密，金字塔形；花多数，密集；花瓣5，红色，披针状椭圆形，长5~6mm；雄蕊10，花药紫色；鳞片5，近四方形。菁葖5，长圆形。花期8~9月，果期9~10月。

山庭荠 **Alyssum montanum** L. 十字花科 Brassicaceae/Cruciferae 庭荠属

原产及栽培地：原产欧洲中南部、高加索。中国北京、上海、台湾、云南等地栽培。**习性**：喜光；适应冷凉干燥气候；喜砂质壤土。**繁殖**：播种。**园林用途**：岩石园栽培。

特征要点 多年生草本。株高 10~20cm。株形低矮而紧密。叶倒卵状长圆形至线形，被星状银灰色毛。花小，黄色，香气较浓。花期 6~7 月。

金庭荠（岩生庭荠） **Aurinia saxatilis** (L.) Desv.
十字花科 Brassicaceae/Cruciferae 金庭荠属

原产及栽培地：原产欧洲中部、南部。中国北京、辽宁、上海等地栽培。**习性**：喜光；适应冷凉干燥气候；喜砂质壤土。**繁殖**：播种。**园林用途**：适宜岩石园及小盆栽培。

特征要点 宿根草本。株高 15~30cm。茎丛生，呈垫状，基部木质。叶倒披针形，有时匙状，有细齿，灰色，被软毛。伞房状圆锥花序顶生；花密集，金黄色。花期 4 月。

241

屈曲花 Iberis amara L. 十字花科 Brassicaceae/Cruciferae 屈曲花属

原产及栽培地: 原产西班牙、法国、葡萄牙。中国北京、福建、江苏、浙江等地栽培。**习性:** 较耐寒,喜夏季凉爽向阳环境,对土壤要求不严,忌暑热湿涝。**繁殖:** 播种。**园林用途:** 布置花坛、花境、岩石园、草地边缘及盆栽,也可作切花。

特征要点 一、二年生草本。株高约40cm,疏生柔毛。叶互生,披针形,全缘。大型总状花序,初开时密集成伞房状;花瓣4,外两枚花瓣较大,白色,芳香。花期春夏间。

岩生屈曲花 Iberis saxatilis L. 十字花科 Brassicaceae/Cruciferae 屈曲花属

原产及栽培地: 原产西班牙、德国、意大利等。中国北京栽培。**习性:** 较耐寒,喜夏季凉爽向阳环境,对土壤要求不严,忌暑热湿涝。**繁殖:** 播种。**园林用途:** 主要用于布置岩石园。

特征要点 多年生草本。株高仅8cm,株幅可达30cm。总状花序,初开时密集成伞房状;花瓣4,白色。花期5月。

紫盆花 Scabiosa atropurpurea L.

忍冬科 / 川续断科 Caprifoliaceae/Dipsacaceae 蓝盆花属

原产及栽培地：原产欧洲南部。中国北京、福建、江苏、台湾、新疆、云南等地栽培。**习性**：喜向阳通风环境；耐寒，适应性强，但忌炎热、高湿和雨涝；要求排水良好的石灰质壤土。**繁殖**：播种。**园林用途**：适宜作花坛、花境条植或丛植材料，亦可盆栽或作切花。

特征要点 一、二年生草本。株高 30~100cm。茎多分枝。基生叶长圆状匙形，不分裂或琴状羽裂；茎生叶对生，羽状裂。花序圆头形，直径 5cm，具长总梗，萼片刺毛状，花冠 4~5 裂，黑紫色、粉红色或白色。花期 5~7 月。

窄叶蓝盆花（大花蓝盆花、蓝盆花） Scabiosa comosa Fisch. ex Roem. & Schult.【Scabiosa tschiliensis Grün.】 忍冬科 / 川续断科 Caprifoliaceae/ Dipsacaceae 蓝盆花属

原产及栽培地：原产中国北部、日本、朝鲜、俄罗斯。中国福建、台湾、内蒙古、黑龙江、吉林、辽宁等地栽培。**习性**：喜向阳通风环境；耐寒，适应性强，但忌炎热、高湿和雨涝；要求排水良好的石灰质壤土。**繁殖**：分株、播种。**园林用途**：可用于花境、花坛及切花。

特征要点 多年生草本。株高 30~80cm。基生叶成丛，叶片羽状全裂，裂片线形，宽 1~1.5mm；茎生叶对生，抱茎。头状花序单生或 3 出，花时直径 3~3.5cm，半球形；花冠蓝紫色。瘦果，顶端具萼刺。花期 7~8 月，果期 9 月。

华北蓝盆花 **Scabiosa comosa** Fisch. ex Roem. & Schult.【Scabiosa tschiliensis Grün.】忍冬科 / 川续断科 Caprifoliaceae/Dipsacaceae 蓝盆花属

原产及栽培地: 原产中国、朝鲜、蒙古。中国北京、辽宁、黑龙江、内蒙古等地栽培。**习性**: 喜向阳通风环境; 耐寒, 适应性强, 但忌炎热、高湿和雨涝; 要求排水良好的石灰质壤土。**繁殖**: 分株、播种。**园林用途**: 适宜作花坛、花境条植或丛植材料。

特征要点 多年生草本。株高 30~60cm。茎具白色卷伏毛。基生叶簇生, 卵状披针形至椭圆形, 有疏钝锯齿或浅裂片; 茎生叶对生, 羽状深裂至全裂。头状花序顶生, 花扁球形, 直径 2.5~4cm; 花冠蓝紫色, 边花花冠二唇形。瘦果椭圆形。花期 7~8 月, 果期 8~9 月。

线叶龙胆 **Gentiana lawrencei** Burkill【Gentiana lawrencei var. farreri (Balf.) T. N. Ho】龙胆科 Gentianaceae 龙胆属

原产及栽培地: 原产中国。国外有栽培, 国内尚无栽培。**习性**: 性耐寒, 喜阳光或半阴及湿润环境, 忌酷暑, 忌春旱。**繁殖**: 播种、分株。**园林用途**: 很好的庭园观赏植物, 花美丽。

特征要点 多年生草本。株高 5~10cm。根略肉质, 须状。花枝多数丛生, 铺散。叶对生, 线形, 长 6~20mm, 宽 1.5~2mm。花单生枝顶; 花冠大, 长 4.5~6cm, 直径 4~5cm, 上部亮蓝色, 下部黄绿色, 具蓝色条纹, 裂片卵状三角形。花期 8~9 月。

观赏龙胆 **Gentiana prolata** Balf. f. 龙胆科 Gentianaceae 龙胆属

原产及栽培地: 原产中国、喜马拉雅地区。其他地区尚无栽培。**习性:** 性耐寒,喜阳光或半阴及湿润环境,忌酷暑,忌春旱。**繁殖:** 播种、分株。**园林用途:** 很好的庭园观赏植物,花美丽。

特征要点 多年生草本。株高 5~8cm。根略肉质,须状。花枝短。叶大多基生,狭椭圆形或线状披针形,长 8~22mm,宽 3~3.5mm。花单生枝顶;花冠大,长 4.5~6cm,直径 3~4cm,深蓝色或蓝紫色,具深蓝色条纹,裂片卵状三角形。花果期 8~10 月。

类华丽龙胆 **Gentiana sinoornata** Balf. f. 龙胆科 Gentianaceae 龙胆属

原产及栽培地: 原产中国、缅甸;国外栽培,中国尚无栽培。**习性:** 性耐寒,喜阳光或半阴及湿润环境,忌酷暑,忌春旱。**繁殖:** 播种、分株。**园林用途:** 可布置林下、树丛畔、阴湿坡地、岩石园。

特征要点 匍匐状常绿多年生草本。株高 5~15cm。具肉质根。茎斜生,光滑。叶对生,条形,长 1~3.5cm。花单生顶端,近无柄;花冠漏斗状,长 5~6cm,鲜蓝色,或有淡黄色条纹,裂片 5,卵状三角形。花期 5~6 月或秋季。

灰叶老鹳草 **Geranium cinereum** Cav. 牻牛儿苗科 Geraniaceae 老鹳草属

原产及栽培地: 原产欧洲比利牛斯山。中国北京、台湾等地栽培。**习性:** 喜光; 耐寒, 喜冷凉气候; 要求排水良好的砂质壤土。**繁殖:** 分株、播种。**园林用途:** 适宜布置岩石园。

特征要点 多年生草本。株高达 15cm, 展幅 30cm。叶深裂, 灰绿色。花序顶生, 花数朵, 花冠粉红色, 有条纹, 中心黑色。花期 5~6 月。

血红老鹳草 **Geranium sanguineum** L. 牻牛儿苗科 Geraniaceae 老鹳草属

原产及栽培地: 原产欧洲。中国北京、台湾等地栽培。**习性:** 喜全日照或半遮阴的环境; 要求土壤排水良好。**繁殖:** 分株、播种。**园林用途:** 适宜作地被, 也可庭院栽培观赏, 布置花境。

特征要点 多年生草本。株高 30~50cm。植株蔓生, 茎葡匐。叶片较草原老鹳草小, 叶片分裂更深。花小, 红色。深绿色的叶片到了秋季变红色, 与花色形成鲜明的对比。花期 5~8 月。

毛建草(岩青兰) **Dracocephalum rupestre** Hance

唇形科 Lamiaceae/Labiatae 青兰属

原产及栽培地: 原产中国、朝鲜、蒙古。中国北京、辽宁、内蒙古等地栽培。**习性:** 喜光,耐半阴;喜冷凉湿润气候,耐寒;喜疏松肥沃、排水良好的砂质壤土。**繁殖:** 分栽、播种。**园林用途:** 适宜作地被,庭院中布置花镜、岩石园。

特征要点 多年生草本。株高 15~42cm。茎自基部抽出,不分枝,渐升,四棱形,被短柔毛。叶对生,具柄,叶片三角状卵形,基部心形,边缘具圆锯齿。轮伞花序密集,通常成头状;花冠紫蓝色,二唇形,长 3.8~4cm。花期 7~9 月。

百里香 **Thymus mongolicus** (Ronniger) Ronniger

唇形科 Lamiaceae/Labiatae 百里香属

原产及栽培地: 原产亚洲北部。中国北京、湖北、江苏、辽宁、陕西、台湾、浙江等地栽培。**习性:** 植株强健,喜光、耐寒,在夏季冷凉气候及排水良好的砂质土壤中生长良好,适应性较强。**繁殖:** 分株、扦插。**园林用途:** 适宜作镶边,布置花坛、花境、路边、岩石园,也作地被。

特征要点 落叶半灌木。株高约 25cm。茎常平卧,茎叶有香味。叶对生,2~4 对,叶片卵形,全缘。花枝自茎节处抽出,长 2~10cm,头状花序顶生,花萼筒状钟形或狭钟状,花冠紫红至粉红色,二唇,芳香。小坚果近圆形或卵圆形。花期 5~9 月。

地椒 Thymus quinquecostatus Čelak. 唇形科 Lamiaceae/Labiatae 百里香属

原产及栽培地: 原产亚洲北部。中国安徽、北京、福建、广东、广西、贵州、海南、湖北、江苏、江西、辽宁、陕西、上海、四川、台湾、新疆、云南、浙江等地栽培。**习性**: 植株强健, 喜光、耐寒, 在夏季冷凉气候及排水良好的砂质土壤中生长良好, 适应性较强。**繁殖**: 分株、扦插。**园林用途**: 适宜作镶边, 布置花坛、花境、路边、岩石园, 也作地被。

特征要点 落叶半灌木。株高 3~15cm。茎常平卧。叶对生, 叶片长圆状椭圆形或长圆状披针形, 显著具 5 脉。花序头状或稍伸长成长圆状的头状花序; 花萼管状钟形; 花冠紫红至粉红色, 二唇, 芳香。花期 8 月。

米口袋 Gueldenstaedtia verna (Georgi) Boriss.
豆科 / 蝶形花科 Fabaceae/Leguminosae/Papilionaceae 米口袋属

原产及栽培地: 原产中国北部、亚洲北部中国北京黑龙江、湖北、陕西、新疆、云南等地栽培。**习性**: 喜光; 植株强健, 耐寒, 耐旱, 耐土壤瘠薄。**繁殖**: 播种。**园林用途**: 适合岩石园栽培, 观花赏果。

特征要点 多年生草本。株高 4~20cm, 全株被白色长绵毛。主根粗壮。奇数羽状复叶丛生; 小叶 9~21, 卵形或近披针形, 全缘。伞形花序, 花近无梗; 花冠蝶形, 紫堇色。荚果圆筒状, 被长柔毛。种子肾形, 表面有光泽, 具凹陷。花期 4~5 月, 果期 5~7 月。

罂粟葵（蔓锦葵）**Callirhoe involucrata** (Torr. & A. Gray) A. Gray
锦葵科 Malvaceae 罂粟葵属

原产及栽培地: 原产美国。中国北京栽培。**习性:** 喜光；喜温暖干爽环境，耐寒；喜疏松而排水良好的砂质土壤。**繁殖:** 播种。**园林用途:** 宜作地被植物应用。

特征要点 蔓生多年生草本。株高 30cm。茎粗壮，铺散于地面，被绵毛。叶近圆形，5~7 掌状深裂。花单生于顶端及叶腋，直径约 6cm，粉色或红色，基部有时白色。花期 5~6 月。

藿香叶绿绒蒿 **Meconopsis betonicifolia** Franch.
罂粟科 Papaveraceae 绿绒蒿属

原产及栽培地: 原产中国、缅甸。中国西藏、云南、台湾等地栽培。**习性:** 性耐寒，喜冬季干燥、夏季湿润而冷凉、土壤排水良好的高山环境条件。**繁殖:** 播种。**园林用途:** 著名高山花卉，适宜岩石园、花境或疏林空间布置。

特征要点 一年生或多年生草本。株高 30~150cm。植株无毛或少毛。叶基生或茎生；基生叶卵状披针形，具长柄；茎生叶较小，无柄，抱茎。花 3~6 朵，具花梗，腋生，直径 6~8cm；花瓣 4，卵圆形，天蓝色或紫色。蒴果长圆状椭圆形。花果期 6~11 月。

多刺绿绒蒿 Meconopsis horridula Hook. f. & Thoms.
罂粟科 Papaveraceae 绿绒蒿属

原产及栽培地: 原产中国西南、喜马拉雅地区。四川、青海、西藏、新疆等地栽培。**习性**: 性耐寒，喜冬季干燥、夏季湿润而冷凉、土壤排水良好的高山环境。**繁殖**: 播种。**园林用途**: 著名高山花卉，适宜岩石园、花境或疏林空间布置。

特征要点　一年生草本。株高 10~30cm。全体被黄褐色长硬刺。主根肥厚。叶全部基生，叶片披针形，边缘全缘或波状。花葶 5~12 或更多；花单生，半下垂，直径 2.5~4cm；花瓣 5~8，有时 4，宽倒卵形，天蓝色或粉紫色。蒴果倒卵形，具刺。花果期 6~9 月。

全缘叶绿绒蒿 Meconopsis integrifolia (Maxim.) Franch.
罂粟科 Papaveraceae 绿绒蒿属

原产及栽培地: 原产中国、缅甸。中国甘肃、青海、四川、云南等地栽培。**习性**: 性耐寒，喜冬季干燥、夏季湿润而冷凉、土壤排水良好的高山环境。**繁殖**: 播种。**园林用途**: 著名高山花卉，适宜岩石园、花境或疏林空间布置。

特征要点　多年生草本。株高 25~90cm。全株被棕色长柔毛。基生叶多数，倒披针形或倒卵形，长达 30cm。花葶数个，自叶丛中抽出；花常单朵顶生；直径约 12cm，浅黄色，花瓣 6~10 枚。蒴果椭圆形，密被毛。花期 5~7 月，果期 7~8 月。

红花绿绒蒿 **Meconopsis punicea** Maxim. 罂粟科 Papaveraceae 绿绒蒿属

原产及栽培地: 原产中国。四川、青海、甘肃、宁夏等地栽培。**习性**: 性耐寒,喜冬季干燥、夏季湿润而冷凉、土壤排水良好的高山环境。**繁殖**: 播种。**园林用途**: 著名高山花卉,适宜岩石园、花境或疏林空间布置。

特征要点 多年生草本。株高 30~75cm。全株密被黄褐色刺刚毛。叶全部基生,莲座状,叶片倒披针形或狭倒卵形,全缘。花葶 1~6,从莲座叶丛中生出;花单生花葶顶端,下垂:花瓣 4,有时 6,椭圆形,长 3~10cm,深红色。蒴果椭圆状长圆形。花果期 6~9 月。

景天点地梅 **Androsace bulleyana** Forrest. 报春花科 Primulaceae 点地梅属

原产及栽培地: 原产中国云南西北部。国外有引种栽培,中国其他地区尚无栽培。**习性**: 要求冷凉湿润气候。**繁殖**: 播种。**园林用途**: 适宜岩石园栽培观花。

特征要点 二年生或多年生草本。基生叶莲座状,直径 5~10cm;叶片匙形,长 2~5cm,宽 4~8mm,质厚,两面无毛。花葶高 10~28cm;伞形花序多花;花冠鲜红色,喉部色较深,直径 8~10mm。花期 6~7 月。

绵毛点地梅 Androsace lanuginosa Wall. 报春花科 Primulaceae 点地梅属

原产及栽培地: 原产中国喜马拉雅地区西北部。国外有引种栽培,中国其他地区尚无栽培。**习性:** 要求冷凉湿润气候。**繁殖:** 播种。**园林用途:** 适宜岩石园栽培观花。

特征要点 多年生草本,具匍匐茎。株高5cm。叶密集,形成大丛;叶椭圆形或卵圆形,两面被银白色毛。花葶自叶丛顶端抽出,长3~4cm;伞形花序具多数花,密集,被长绵毛;花淡粉红色或近白色。花期6~7月。

刺叶点地梅 Androsace spinulifera (Franch.) R. Knuth
报春花科 Primulaceae 点地梅属

原产及栽培地: 原产中国。云南、四川、甘肃等地栽培。**习性:** 要求冷凉湿润气候。**繁殖:** 播种。**园林用途:** 适宜岩石园栽培观花。

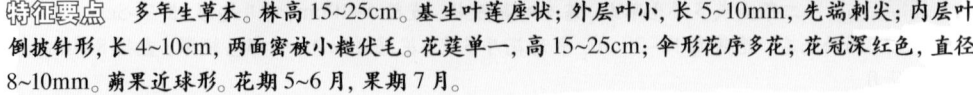

特征要点 多年生草本。株高15~25cm。基生叶莲座状;外层叶小,长5~10mm,先端刺尖;内层叶倒披针形,长4~10cm,两面密被小糙伏毛。花葶单一,高15~25cm;伞形花序多花;花冠深红色,直径8~10mm。蒴果近球形。花期5~6月,果期7月。

点地梅 **Androsace umbellata** (Lour.) Merr. 报春花科 Primulaceae 点地梅属

原产及栽培地：原产亚洲。中国北京、福建、贵州、湖北、江苏、江西、浙江等地栽培。**习性**：喜湿润、温暖、向阳环境，肥沃排水好的土壤。也耐瘠薄。常生于山野草地或路旁。**繁殖**：播种。**园林用途**：适宜池旁坡地、岩石园、灌木丛旁、草地等的缀花地被。

特征要点　二年生草本。株高5~20cm。无茎。全株被节状细柔毛。基生叶莲座状，小叶通常10~30片丛生，有1~2cm长柄，叶近圆形，直径5~15mm。伞形花序有4~15朵花，花白色，直径4~6mm。蒴果球形，种子细小，多数，棕色。花期4~5月。

仙女木 **Dryas octopetala** L. 蔷薇科 Rosaceae 仙女木属

原产及栽培地：原产中国北部、欧亚大陆温带地区。中国北京、江苏、新疆等地栽培。**习性**：喜光；喜冷凉湿润的高山气候；要求排水良好的砂质土壤。**繁殖**：分栽、播种。**园林用途**：可用作地被植物。

特征要点　常绿半灌木。株高3~6cm。茎丛生，匍匐。叶亚革质，椭圆形或近圆形，边缘外卷，有圆钝锯齿，背面有白色茸毛。花茎长2~3cm；花直径1.5~2cm，白色。瘦果矩圆卵形，先端具宿存花柱，有白色羽状绢毛。花果期7~8月。

委陵菜 **Potentilla chinensis** Ser. 蔷薇科 Rosaceae 委陵菜属

原产及栽培地：原产中国北部、亚洲北部。中国北京、福建、贵州、黑龙江、湖北、江苏、辽宁、四川、新疆、浙江等地栽培。**习性：**喜光；喜冷凉干爽环境，耐寒，耐旱；要求排水良好的砂质土壤，耐瘠薄。**繁殖：**分株、播种。**园林用途：**适宜布置岩石园。

特征要点 多年生草本。株高 30~60cm，全株密被灰白色绵毛。根茎粗壮，木质。奇数羽状复叶，基生叶小叶 15~30，羽状深裂，正面绿色，背面灰白色。聚伞花序开展，多花；萼片、副萼片各 5，花瓣 5，黄色。瘦果卵形，微皱。花期 5~9 月，果期 6~10 月。

尼泊尔委陵菜 **Potentilla nepalensis** Raf. 蔷薇科 Rosaceae 委陵菜属

原产及栽培地：原产印度、尼泊尔。中国尚无栽培，俄罗斯有栽培。**习性：**喜光；喜冷凉湿润的高山气候，耐寒；要求富含腐殖质、疏松肥沃的土壤。**繁殖：**分株、播种。**园林用途：**庭院栽培观赏，花美丽。

特征要点 多年生草本。株高 30~60cm。植株丛生，茎纤细。复叶具小叶 3 枚，草莓状。花单朵生于长花梗顶端；花大，猩红色或深粉红色，直径可达 2.5cm，花瓣 5 枚，雄蕊多数。花期 7~8 月。

水生花卉

东方泽泻（泽泻） **Alisma plantago-aquatica** subsp. **orientale** (Sam.) Sam. 【Alisma orientale (Sam.) Juz.】 泽泻科 Alismataceae 泽泻属

原产及栽培地：原产中国各地、东亚。中国北京、福建、广东、广西、贵州、海南、黑龙江、湖北、江苏、江西、陕西、四川、云南、浙江等地栽培。**习性**：喜光，稍耐半阴，不可长期离水。**繁殖**：分株、切割块茎。**园林用途**：南北静水水域均可栽植，观叶、观花。

特征要点　多年生沼生草本。株高 50~80cm。地下有球形块茎。叶基生，广卵状椭圆形至广卵形，全缘，主脉 5~7。花茎由叶丛抽生，直立，复轮生圆锥花序由聚伞花序形成，花小，具苞，萼片、花冠 3 枚，花冠白色，多少染红晕。瘦果斜倒卵形。花期 6~7 月。

泽泻 **Alisma plantago-aquatica** L. 泽泻科 Alismataceae 泽泻属

原产及栽培地：原产欧亚大陆、北美洲、大洋洲等地。中国北京、福建、广西、湖北、云南等地栽培。**习性**：要求水边或湿地沼泽环境，适应性广。**繁殖**：分株、播种。**园林用途**：本种花较大，花期较长，用于花卉观赏。

特征要点　多年生水生或沼生草本。株高 60~150cm。具块茎。叶全部基生，具长柄，叶片宽披针形、椭圆形至卵形，叶脉通常 5 条。花莛高大；花序多轮分枝，宽大，开展；花小，两性，白色、粉红色或浅紫色。瘦果扁平椭圆形。花果期 5~10 月。

泽苔草 Caldesia parnassifolia (Bassi ex L.) Parl.
泽泻科 Alismataceae 泽苔草属

原产及栽培地: 原产亚洲、非洲、澳洲、欧洲。中国北京、福建、广东、湖北、云南等地栽培。**习性:** 喜光照充足; 生长适宜温度范围 16~30℃; 喜浅水, 不耐干旱; 对水质、土壤 pH 要求一般为 5.5~6.5。**繁殖:** 播种。**园林用途:** 水景绿化及盆栽, 在水体边缘或浅水片植、丛植或条植。

特征要点 多年生水生草本。株高 20~40cm。根状茎直立。叶基生, 二型, 浮水叶较大, 卵圆形, 基部心形; 叶柄长 15~50cm。花莛直立, 高 30~60cm; 花序分枝轮生; 花两性; 外轮花被片 3 枚, 绿色, 卵圆形, 内轮花被片白色, 匙形或近倒卵形; 雄蕊 6 枚。花果期 7~9 月。

野慈姑 Sagittaria trifolia L. 泽泻科 Alismataceae 慈姑属

原产及栽培地: 原产亚洲。中国安徽、北京、福建、广东、广西、贵州、河北、河南、黑龙江、湖北、江苏、江西、辽宁、上海、四川、台湾、云南、浙江等地栽培。**习性:** 喜阳光, 适应性较强, 多生于稻田或沼泽地, 在富含有机质的黏质壤土上生长最好。**繁殖:** 分株、播种。**园林用途:** 庭园中池塘种植慈姑可绿化水面, 盆栽亦有较高观赏价值。

特征要点 多年生水生植物。株高 40~100cm。有纤匐枝, 枝端膨大成球茎。叶具长柄, 叶形变化极大, 通常呈剪刀状或戟形。圆锥花序三出, 轮生; 雌雄同株异花; 花白色, 雄花生于花序上部, 雌花生于下部。花期夏季, 果熟期 8~9 月。

菖蒲 Acorus calamus L. 菖蒲科 / 天南星科 Acoraceae/Araceae 菖蒲属

原产及栽培地: 原产中国。北京、福建、广东、湖北、云南、浙江等地栽培。**习性:** 要求水湿地或沼泽环境,适应性强。**繁殖:** 分株。**园林用途:** 栽培赏其清雅优美芳香的叶丛。

特征要点 多年生挺水草本。株高 50~100cm。植株具香气。根状茎粗壮。叶基生,剑状线形,每侧有 3~5 条平行脉。花茎基生;佛焰苞叶状;肉 花序圆柱形,黄绿色;花密集。浆果红色,长圆形。花期 6~9 月,果期 8~10 月。

金钱蒲(石菖蒲) Acorus gramineus Sol. ex Aiton
菖蒲科 / 天南星科 Acoraceae/Araceae 菖蒲属

原产及栽培地: 原产中国。北京、福建、广东、广西、贵州、海南、湖北、江苏、江西、陕西、上海、四川、台湾、云南、浙江等地栽培。**习性:** 要求水湿地或沼泽环境,适应性强。**繁殖:** 分株。**园林用途:** 可作为林下地被或在湿地栽植,亦可盆栽观赏。

特征要点 多年生草本。株高 20~30cm。根茎横走,芳香。叶基生,质厚,线形,绿色,长 20~30cm,极狭,宽不足 6mm,平行脉多数。花序柄长 2.5~9(~15)cm;叶状佛焰苞短;肉穗花序黄绿色,圆柱形。花期 5~6 月,果期 7~8 月。

'金线' 石菖蒲 Acorus gramineus 'Ogon'
菖蒲科 / 天南星科 Acoraceae/Araceae 菖蒲属

原产及栽培地: 原产中国。北京、福建、广东、广西、贵州、海南、湖北、江苏、江西、陕西、上海、四川、台湾、云南、浙江等地栽培。**习性:** 要求水湿地或沼泽环境,适应性强。**繁殖:** 分株。**园林用途:** 可作为林下地被或在湿地栽植,亦可盆栽观赏。

特征要点　多年生草本。株高 20~30cm。叶片具纵向金黄色条纹。其余特征同金钱蒲。

钱蒲 Acorus gramineus 'Pusillus'【Acorus gramineus var. pusillus (Siebold) Engl.】 菖蒲科 / 天南星科 Acoraceae/Araceae 菖蒲属

原产及栽培地: 原产中国南部、东亚、东南亚。中国北京、福建、广东、广西、贵州、海南、湖北、江苏、江西、陕西、上海、四川、台湾、云南、浙江等地栽培。**习性:** 喜温暖、湿润、半阴环境,适生温度为 18~25℃,适于在肥沃河泥土中生长。**繁殖:** 分株。**园林用途:** 可作为林下地被或在湿地栽植,亦可盆栽观赏。

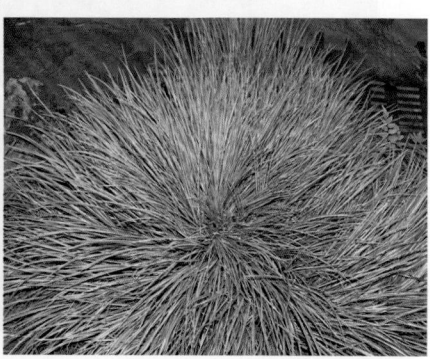

特征要点　多年生草本。株高 30~50cm。具地下葡匐茎。叶线形,禾草状,叶缘及叶心有金黄色线条。肉穗花序圆柱状,花白色。花期 2~4 月,果期 3~7 月。

水芋 **Calla palustris** L. 天南星科 Araceae 水芋属

原产及栽培地: 原产中国北部、欧亚大陆温带地区。中国北京、黑龙江、湖北、江苏、云南等地栽培。**习性**: 喜光; 喜冷凉湿润的湿地环境; 对水质酸碱度要求不严。**繁殖**: 分株、播种。**园林用途**: 湿地浅水处成片栽培观赏。

特征要点 多年生水生草本。株高 10~20cm。根茎匍匐, 圆柱形, 粗壮。叶基生, 具长柄, 叶片心形、宽卵形至圆形, 骤狭锐尖。花序柄长 15~30cm; 佛焰苞外面绿色, 内面白色, 宿存。肉穗花序; 果序近球形。花期 6~7 月, 果期 8 月。

芋 **Colocasia esculenta** (L.) Schott 天南星科 Araceae 芋属

原产及栽培地: 原产中国、印度、马来半岛。中国安徽、北京、福建、广东、广西、河南、湖北、湖南、江苏、江西、山东、上海、四川、台湾、云南、浙江、重庆等地栽培。

习性: 喜高温湿润, 不耐旱, 较耐阴, 具有水生植物的特性; 土壤适应性广, 以肥沃深厚、保水力强的黏质土为宜。**繁殖**: 分株。**园林用途**: 适宜湿地边缘种植, 观赏其叶片。

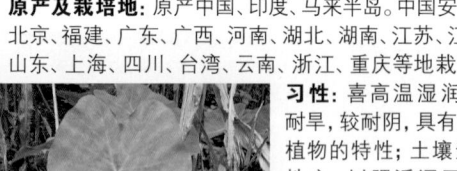

特征要点 多年生湿生草本。株高 1~2m。块茎卵圆形, 常生多数小球茎, 均富含淀粉。叶基生, 具长柄, 叶片卵状, 大型, 叶基盾状, 叶面具蜡质, 不透水。花序腋生; 佛焰苞长短不一, 黄色, 管部绿色或紫色; 肉穗花序短于佛焰苞。花期因地而异。

大薸 **Pistia stratiotes** L. 天南星科 Araceae 大薸属

原产及栽培地: 原产南亚、东南亚、南美、非洲。中国北京、福建、广东、广西、湖北、江西、四川、台湾、云南、浙江等地栽培。**习性**: 喜光，耐半阴；喜高温湿润气候，不耐严寒；生长适温 23~35℃；喜富氮的静水环境。**繁殖**: 分株。
园林用途: 用来点缀园林水景、庭院小池。

特征要点 多年生浮水草本。株高 5~10cm。须根发达，白色，垂悬水中。具匍匐茎。叶基生，莲座状，叶片倒卵状楔形，长 2~8cm，顶端钝圆而呈微波状，两面都有白色细毛，脉多而直，近扇状。花序生叶腋间，佛焰苞长约 1.2cm，白色，背面生毛。浆果，椭圆形。花期 6~7 月。

花蔺 **Butomus umbellatus** L. 花蔺科 Butomaceae 花蔺属

原产及栽培地: 原产北半球温带。中国北京、黑龙江、湖北、江苏等地栽培。**习性**: 生沼泽、湿地；喜温暖、湿润、通风良好的环境。**繁殖**: 播种。**园林用途**: 布置水池、河边等浅水环境，花、叶美观，可供观赏。

特征要点 多年生水生草本。株高 60~100cm。根茎粗壮横生。叶基生，线形，三棱状，基部成鞘状。花茎圆柱形，直立，有纵纹；花两性，成顶生伞形花序；外轮花被 3，带紫色，宿存；内轮花被 3，淡红色。花期 5~7 月，果期 6~9 月。

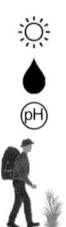

莼菜 **Brasenia schreberi** J. F. Gmél. 莼菜科 Cabombaceae 莼菜属

原产及栽培地: 原产中国南部、东亚、非洲、澳洲。中国福建、广东、湖北、江苏、江西、四川、台湾、云南、浙江等地栽培。**习性:** 喜温暖、向阳的水生环境; 要求酸性水质。**繁殖:** 分根。**园林用途:** 除观赏外, 嫩梢、嫩叶供炒食或做汤菜。

特征要点 多年生水生草本。地下茎白色。叶互生, 每节 1 叶, 节上生根; 叶片浮于水面, 广椭圆形至圆形, 盾状着生, 表面绿色, 背面暗红。花茎自叶腋抽生, 顶开暗红色小花, 水面开放。花期 4~6 月, 果期 9~10 月。

金鱼藻 **Ceratophyllum demersum** L. 金鱼藻科 Ceratophyllaceae 金鱼藻属

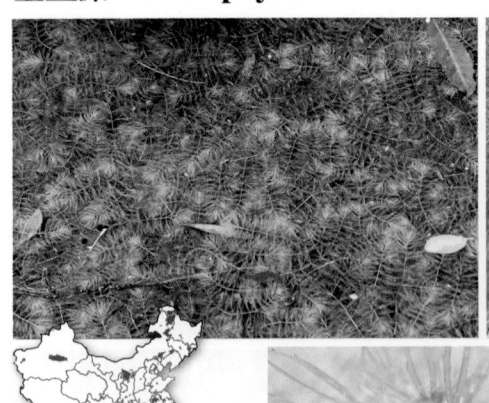

原产及栽培地: 全球广布。中国北京、福建、广东、广西、贵州、海南、湖北、江苏、江西、四川、台湾、云南、浙江等地分布。**习性:** 喜光; 常生于淡水湖泊、池沼及流速很小的河湾浅水中, 可养殖于金鱼缸中。**繁殖:** 营养体分割繁殖。**园林用途:** 为室内瓷缸或玻璃鱼缸的理想观赏材料。

特征要点 多年生沉水草本。茎长可达 1m。叶线形, 4~12 枚轮生于小枝上, 分叉, 裂片具小齿。花细小, 单性, 雌雄同株, 单生叶腋, 雄花被 12 片, 雌花被 9~10 片, 白色。坚果扁椭圆形, 常具刺。花果期 8~10 月。

畦畔莎草 Cyperus haspan L. 莎草科 Cyperaceae 莎草属

原产及栽培地：原产非洲。中国北京、福建、湖北、江西、四川、云南、浙江等地栽培。**习性**：具有一定耐阴性，也可适应全日照；喜温暖气候环境，生长适宜温度22~28℃。**繁殖**：根茎繁殖、分株。**园林用途**：南方露地丛植或片植，作湖岸浅水区装饰，北方盆栽。

特征要点 多年生草本。株高20~100cm。秆扁三棱形。叶短于秆，宽2~3mm。叶状苞片2枚；辐射枝多数，细长松散；小穗通常3~6个呈指状排列，线形或线状披针形，绿色，两侧紫红色或苍白色。花果期很长，随地区而改变。

风车草（伞草） Cyperus alternifolius subsp. flabelliformis Kük. 【Cyperus involucratus Rottb.】 莎草科 Cyperaceae 莎草属

原产及栽培地：原产马达加斯加。中国北京、福建、广东、广西、海南、湖北、四川、台湾、云南、浙江等地栽培。**习性**：喜温暖、潮湿及通风良好环境；耐阴性极强，不耐寒及干旱，生长适温15~20℃；要求富含有机质黏重土壤。**繁殖**：播种、分株、扦插。**园林用途**：南方露地丛植或片植，作湖岸浅水区装饰，北方盆栽。

特征要点 多年生草本。株高60~100cm。茎秆丛生，三棱形，直立无分枝。叶鞘状，秆顶有多数叶状总苞苞片，密集螺旋状排列，伞状。复伞形花序，小穗短矩形，扁平，每边有花6~12朵，聚于辐射枝顶；无花被。花果期4~8月。

纸莎草（大伞莎草） **Cyperus papyrus** L. 莎草科 Cyperaceae 莎草属

原产及栽培地：原产非洲。中国北京、福建、广东、湖北、台湾、云南、浙江等地栽培。**习性**：具有一定耐阴性，也可适应全日照；喜温暖气候环境，生长适宜温度 22~28℃。**繁殖**：分株。**园林用途**：南方露地丛植或片植，作湖岸浅水区装饰，北方盆栽。

特征要点 多年生草本。株高 1~3m。秆丛生，粗壮，三棱形。叶常绿，退化成鞘状，棕色，包裹茎秆基部。总苞叶状，多而长，细丝状，长 20~30cm。花小，淡紫色。瘦果三棱形。花期 6~7 月。

荸荠 **Eleocharis dulcis** (Burm. f.) Trin. ex Hensch. 莎草科 Cyperaceae 荸荠属

原产及栽培地：原产中国南部、东亚、南亚、东南亚、非洲、澳洲。中国湖北、安徽、北京、福建、广东、广西、贵州、河北、河南、江苏、江西、陕西、上海、四川、台湾、云南、浙江等地栽培。**习性**：喜温爱湿怕冻，适宜生长在耕层松软、底土坚实的壤土中。**繁殖**：球茎繁殖。**园林用途**：适宜浅水处栽培观赏，块茎可食用。

特征要点 多年生草本。株高 15~60cm。根状茎细长，匍匐；块茎生于根状茎顶端，扁圆形，红褐色，俗称荸荠。秆丛生，密集，直立，圆柱状，绿色，直径 1.5~3mm。小穗顶生，圆柱状，淡绿色。花果期 5~10 月。

孔雀蔺 **Isolepis cernua** (Vahl) Roem. & Schult. 莎草科 Cyperaceae 细莞属

原产及栽培地: 原产欧洲。中国福建、陕西、台湾等地栽培。**习性:** 不耐寒,喜温暖湿润气候;要求肥沃湿润土壤。**繁殖:** 分株。**园林用途:** 主要赏其细柔茎叶。

特征要点 多年生草本。株高 20~30cm。丛生秆圆柱形,直径 1~2mm,绿色,柔软,常下垂。花序顶生,黄褐色;花小,密集。花期 6~9 月。

水葱 **Schoenoplectus tabernaemontani** (C. C. Gmel.) Palla 【Scirpus tabernaemontani C.C.Gmel.】 莎草科 Cyperaceae 水葱属 / 藨草属

原产及栽培地: 原产欧亚大陆。中国各地栽培。**习性:** 生于沼泽或湿地环境,适应性极广。**繁殖:** 分株、播种。**园林用途:** 在水池、溪流平缓处种植,盆栽,置庭院、厅堂也具特色。

特征要点 多年生挺水草本。秆高 1~2m。秆圆柱状,中空,绿色,似葱。圆锥状花序假侧生,花序似顶生;苞片由秆顶延伸而成;小穗椭圆形或卵形,棕褐色。小坚果倒卵形,双凸状。花果期 6~9 月。

芦苇 **Phragmites australis** (Cav.) Trin. ex Steud. 禾本科 Poaceae/Gramineae 芦苇属

原产及栽培地: 全球广布。中国各地均有栽培。**习性:** 适应性极广,全球广布,耐盐碱、水涝与严寒,干旱沙丘也能生长。**繁殖:** 分植匍匐根茎、播种。**园林用途:** 庭院池边种植,也是固堤植物;花序作切花;嫩茎叶作饲料。

特征要点　多年生高大禾草。秆高 1~3m。根状茎粗壮,植株蔓延成大片。茎节有白粉。叶带状披针形,中上部具显著齿印。圆锥花序顶生,疏散多分枝,长可达 40cm;小穗细小,紫色或黄白色,具芒及柔毛。花期 8~9 月。

水鳖 **Hydrocharis dubia** (Blume) Backer　水鳖科 Hydrocharitaceae 水鳖属

原产及栽培地: 原产中国北部、欧亚大陆温带地区。中国北京、福建、湖北、江苏、江西、四川、云南、浙江等地栽培。**习性:** 喜光,耐半阴;喜温暖湿润、营养丰富的水体环境。**繁殖:** 分株、播种。**园林用途:** 点缀池塘、湖泊等湿地浅水处,也可盆栽观赏。

特征要点　一年生浮水草本。茎匍匐,褐绿色,节上簇生长须根、叶和花,顶端生芽,并可产生越冬芽。叶具长柄,叶片圆形,基部心形,边缘全缘,背面微带红紫色,有广卵形的气室。花少数生于佛焰苞内,单性,3 数,花瓣宽卵形,白色。果实肉质,近球形,种子多数。花期 7~8 月,果期 9 月。

海菜花 **Ottelia acuminata** (Gagnep.) Dandy
水鳖科 Hydrocharitaceae 水车前属

原产及栽培地: 原产中国。湖北、云南、贵州等地栽培。**习性:** 喜光; 喜温暖湿润气候; 对水质要求较高, 要求水质清洁、温暖的相对静水环境, 对污染较敏感。**繁殖:** 分株、播种。**园林用途:** 适宜清洁的池塘、湖泊静水处栽培, 开花极美丽、壮观。

特征要点 多年生沉水草本。叶基生, 具柄, 车前叶状, 膜质。花莛具长柄, 顶具佛焰苞, 内含 40~50 朵雄花或 2~3 朵雌花; 花浮于水面开放, 直径 1.5~2.5cm; 花瓣 3, 白色, 基部黄色; 雄花具 9~12 枚雄蕊, 雌花具 3 橙黄色花柱。果三棱状纺锤形, 具刺。花果期 5~10 月。

苦草 **Vallisneria natans** (Lour.) H. Hara 水鳖科 Hydrocharitaceae 苦草属

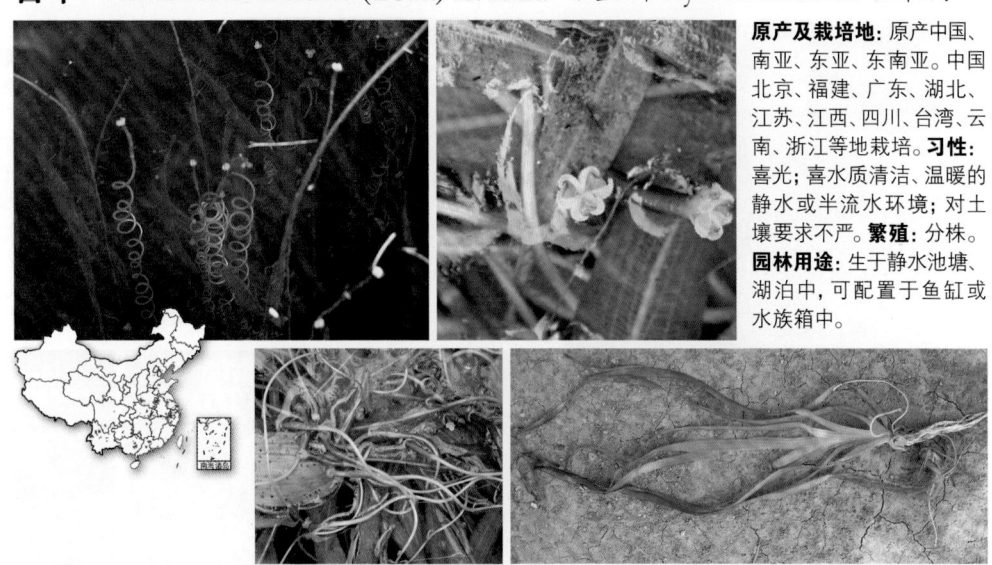

原产及栽培地: 原产中国、南亚、东亚、东南亚。中国北京、福建、广东、湖北、江苏、江西、四川、台湾、云南、浙江等地栽培。**习性:** 喜光; 喜水质清洁、温暖的静水或半流水环境; 对土壤要求不严。**繁殖:** 分株。**园林用途:** 生于静水池塘、湖泊中, 可配置于鱼缸或水族箱中。

特征要点 沉水草本。株高随水深而变化。叶基生, 线形或带形, 柔软, 海绵质。花单性, 雌雄异株, 成熟时浮在水面开放。雄佛焰苞含多数雄花。雌佛焰苞筒状, 梗纤细, 雌花在水面开花, 受精后花梗螺旋状卷曲, 将子房拉回水底。果实圆柱形。花果期夏秋季。

田菁 Sesbania cannabina (Retz.) Poir.
豆科 / 蝶形花科 Fabaceae/Leguminosae/Papilionaceae 田菁属

原产及栽培地: 原产亚洲东部。中国安徽、北京、福建、甘肃、广东、广西、贵州、湖北、江苏、江西、辽宁、山东、陕西、上海、台湾、天津、新疆、云南、浙江等地栽培。**习性:** 要求水边或湿地沼泽环境,适应性广。**繁殖:** 播种。**园林用途:** 多配置于水边潮湿处,也可盆栽观赏。

特征要点　一年生湿生草本。株高 1~3.5m。茎单生,粗壮,分枝。羽状复叶互生;小叶 20~40 对,对生,线状长圆形,两面被紫色小腺点。总状花序腋生;花 2~6 朵,疏松,下垂;花冠黄色,散生紫黑点和线。荚果细长,长圆柱形。花果期 7~12 月。

千屈菜 Lythrum salicaria L. 千屈菜科 Lythraceae 千屈菜属

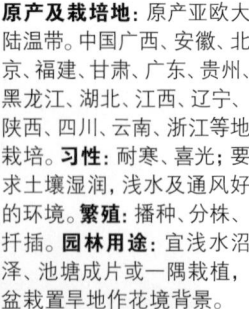

原产及栽培地: 原产亚欧大陆温带。中国广西、安徽、北京、福建、甘肃、广东、贵州、黑龙江、湖北、江西、辽宁、陕西、四川、云南、浙江等地栽培。**习性:** 耐寒、喜光;要求土壤湿润,浅水及通风好的环境。**繁殖:** 播种、分株、扦插。**园林用途:** 宜浅水沼泽、池塘成片或一隅栽植,盆栽置旱地作花境背景。

特征要点　多年生湿地草本。株高 80~120cm。茎四棱形。叶对生,披针形或窄卵状长圆形,长 2~5cm,全缘。长穗状顶生花序;花小,多而密集;花萼筒长管状,上端 4~6 齿裂,裂片间各具一附属体;花冠紫红色,花瓣 6 片,直径约 2cm。花期 6~8 月。

'落紫帚枝' 千屈菜（帚状千屈菜）Lythrum virgatum 'Dropmore Purple'
千屈菜科 Lythraceae 千屈菜属

原产及栽培地： 原产欧洲。中国北京、新疆等地栽培。
习性： 喜强光和潮湿以及通风良好的环境；尤喜水湿，但可地栽；耐寒性强；喜深厚、富含腐殖质的壤土。**繁殖：** 播种、扦插、分株。**园林用途：** 常作盆栽观赏或供切花用。

特征要点　多年生草本。株高 50~100cm。叶线状披针形至披针形，长 3~13cm，边缘有时具微小锯齿，基部狭楔形；花 2~3 朵成聚伞花序，生于枝顶组成穗状花序状。花期 7~8 月。

水竹芋（再力花）Thalia dealbata Fraser 竹芋科 Marantaceae 水竹芋属

原产及栽培地： 原产美国。中国安徽、北京、福建、广东、海南、湖北、四川、云南、浙江等地栽培。**习性：** 要求温暖湿润地区的水边或湿地沼泽环境。**繁殖：** 分株。**园林用途：** 适宜布置池塘、湖边、湿地浅水处，也可盆栽观赏。

特征要点　多年生挺水草本。株高 1~2m，全株被白粉。叶大部基生；叶鞘互相叠套；叶柄细长；叶片卵状披针形。花莛细长坚挺；圆锥花序多花，密集成穗状；花小，紫堇色或蓝色。花期夏秋季。

水金莲花 Nymphoides aurantiaca (Dalz.) Kuntze
睡菜科 Menyanthaceae 荇菜属

原产及栽培地: 原产中国、印度、印度尼西亚、马来西亚。中国北京栽培。**习性**: 喜阳光充足,通风良好,水质清洁、温暖的静水环境;要求腐殖质丰富的黏质土壤;不耐寒;宜水深 0.25~0.5m。**繁殖**:分株、播种。**园林用途**:覆盖水面的优良植物。

特征要点　多年生水生草本。茎伸长,节上不生根。每节上常具 2 叶,叶圆形,直径约 4.5cm,基部深心形,背面紫色,具腺斑。花 5 数,每节上常生 2 朵;花冠黄色,裂片楔形,边缘具睫毛,长 8~10mm。蒴果近圆球形。花期 8~9 月。

金银莲花 Nymphoides indica (L.) Kuntze　睡菜科 Menyanthaceae 荇菜属

原产及栽培地: 原产中国南部、南亚、东南亚。中国北京、福建、广东、湖北、四川、台湾、云南等地栽培。**习性**:喜阳光充足,通风良好,水质清洁、温暖的静水环境;要求腐殖质丰富的黏质土壤;不耐寒;宜水深0.25~0.5m。**繁殖**:分株、播种。**园林用途**:水面覆盖的优良植物,叶大,花美丽。

特征要点　多年生水生草本。茎圆柱形,细长。叶大,飘浮,近革质,宽卵圆形或近圆形,长 3~18cm,基部心形,全缘。花多数,簇生节上,5 数;花冠白色,基部黄色,直径 6~8mm,5 裂,裂片腹面密生流苏状长柔毛。蒴果椭圆形。花果期 8~10 月。

荇菜（莕菜） **Nymphoides peltata** (S. G. Gmel.) Kuntze
睡菜科 Menyanthaceae 荇菜属

原产及栽培地: 原产中国、日本、朝鲜、蒙古、俄罗斯。中国北京、福建、广东、黑龙江、湖北、江苏、江西、辽宁、四川、台湾、云南、浙江等地栽培。**习性:** 喜生池塘或不甚流动的河溪,性耐寒,适应性广。**繁殖:** 分株、播种。**园林用途:** 水面覆盖的优良植物,花朵盛开时金黄一片。

特征要点 多年生水生草本。茎圆柱形,细长,多分枝。叶互生或近对生,具长叶柄,叶片漂浮,卵状圆形,基部心形,全缘。花序伞形,束生于叶腋,花梗不等长。花略呈钟状,直径约3.8cm,黄色,花冠5深裂,边缘具长睫毛,柱头2裂。蒴果椭圆形,不开裂。花期5~9月,果期9~10月。

大茨藻 **Najas marina** L. 水鳖科 / 茨藻科 Hydrocharitaceae/Najadaceae 茨藻属

原产及栽培地: 原产北半球各地。中国北京、福建、湖北、江西等地栽培。**习性:** 喜光,也耐荫蔽,有一定侧光或散射光即可生存;生于静水中。**繁殖:** 分株。**园林用途:** 静水和鱼缸种植,既可观赏,又有净水和增氧效果。

特征要点 一年或多年生沉水草本。茎多二叉状分枝。叶对生或聚于枝顶,带状,宽3~5mm,叶缘具刺状浅齿6~12,两面有棘刺状突起于中脉处。花序单生叶腋,雌雄异株,雄花有佛焰苞而雌花无花被。果椭圆形,黑褐色,长约6mm。花果期夏秋季。

莲 **Nelumbo nucifera** Gaertn. 莲科 Nelumbonaceae 莲属

原产及栽培地: 原产中国、北半球温带。中国安徽、北京、福建、广东、广西、贵州、海南、河北、河南、黑龙江、湖北、湖南、吉林、江苏、江西、辽宁、山东、山西、陕西、上海、四川、台湾、云南、浙江、重庆等地栽培。**习性:** 喜强光照,极不耐阴;喜热,耐高温,生长适温 23~33℃;喜相对静水;喜富含有机质、肥沃黏性湖塘泥。**繁殖:** 播种、分藕。**园林用途:** 大面积水景荷花十分壮观,小型池塘荷景更富诗意,又适宜缸植、盆栽,布置庭院、阳台。

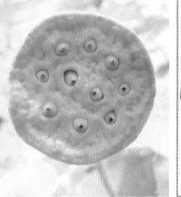

特征要点 多年生水生草本。株高 0.5~3m。具地下茎(藕)。叶柄挺出水面,具刺;叶片大,盾状圆形,上被蜡质,蓝绿色。花大,单生于顶,清香,直径 6~30cm,有红、粉红、淡绿、白、紫色、复色和间色等;单瓣、重瓣、千瓣等。花期 6~8 月。

芡实(芡) **Euryale ferox** Salisb. 睡莲科 Nymphaeaceae 芡属

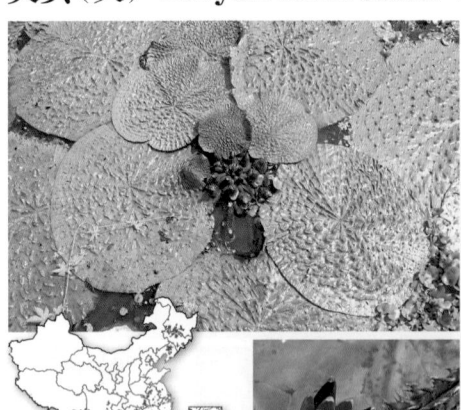

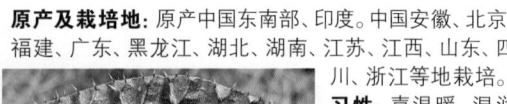

原产及栽培地: 原产中国东南部、印度。中国安徽、北京、福建、广东、黑龙江、湖北、湖南、江苏、江西、山东、四川、浙江等地栽培。**习性:** 喜温暖、湿润的浅水环境和充足的阳光;生命发育周期约 180~200 天。**繁殖:** 播种。**园林用途:** 可在园林水池或水缸中栽培观赏,叶片硕大新颖,花奇特。

特征要点 一年生水生草本。全株多刺。叶二型,沉水叶小型,箭头状,膜质,有长柄;浮水叶大型,直径可达 1m 以上,革质,圆盾形,有皱褶,正面绿褐色,背面紫色;叶柄长,中空。花单生,紫红色,水面开放。浆果球形,似鸡头,海绵质,密生刺,内含多数种子。花期 7~8 月,果期 8~9 月。

欧亚萍蓬草（欧亚萍蓬莲） **Nuphar lutea** (L.) Sm.
睡莲科 Nymphaeaceae 萍蓬草属

原产及栽培地： 原产美国。中国北京、湖北、台湾等地栽培。**习性：** 喜光；性耐寒；生于湖沼、湿地中，喜肥沃土壤。肥力好，则花期长，花多，色艳。**繁殖：** 播种、分株。**园林用途：** 重要观赏水生植物，适宜浅水池或盆栽，叶花供观赏。

特征要点 多年生水生草本。根状茎粗，可达 10cm。叶近革质，椭圆形，较挺直，长 15~20cm，宽 10~18cm。花常挺直，直径 4~5cm；萼片宽卵形至圆形；花瓣条形；柱头盘裂，黄色。浆果长 2~3cm。花期 7~8 月，果期 9~10 月。

萍蓬草（萍蓬莲） **Nuphar pumila** (Timm) DC.
睡莲科 Nymphaeaceae 萍蓬草属

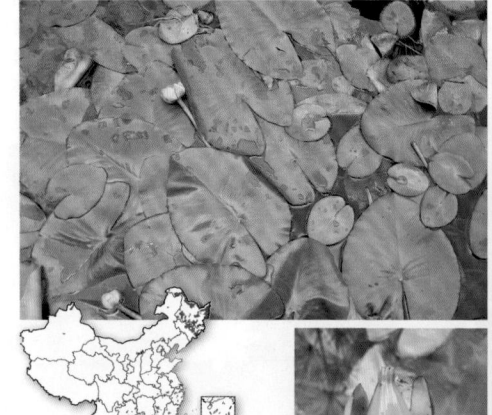

原产及栽培地： 原产中国、亚洲北部、欧洲。中国北京、福建、广东、广西、河北、黑龙江、湖北、吉林、江苏、江西、四川、台湾、云南、浙江等地栽培。**习性：** 喜光；性耐寒；生于湖沼湿地中，喜肥沃土壤。肥力好，则花期长，花多，色艳。**繁殖：** 播种、分株。**园林用途：** 重要观赏水生植物，适宜浅水池或盆栽，叶花供观赏。

特征要点 多年生水生草本。根状茎粗，横卧。叶大多漂浮，卵形，基部深心形，具弯缺，背面密生柔毛。花单生花梗顶端，浮于水面，直径 3~4cm；萼片 5，花瓣状，黄色，革质；花瓣多数，狭楔形；雄蕊多数；柱头常 10 浅裂，红褐色。浆果卵形，长 3cm。花期 7~8 月，果期 9~10 月。

中华萍蓬草（中华萍蓬莲） **Nuphar pumila** subsp. **sinensis** (Hand.-Mazz.)
Padgett 睡莲科 Nymphaeaceae 萍蓬草属

原产及栽培地：原产中国。中国北京、湖北等地栽培。**习性**：喜阳光充足；喜温暖湿润；生于清水池沼、湖泊及河流等浅水处。**繁殖**：播种、分株。**园林用途**：可供水面绿化，也可盆栽。

特征要点 多年生水生草本。根茎肥大，呈块状。浮水叶心状卵形，长 8~17cm，基部开裂，纸质或近革质，背面紫红色，边缘密被柔毛。花单生花梗顶端，伸出水面；花冠金黄色，直径 2~3cm；萼片花瓣状；花瓣小，窄楔形；柱头盘裂，紫红色。浆果。花期 5~7 月。

白睡莲 **Nymphaea alba** L. 睡莲科 Nymphaeaceae 睡莲属

原产及栽培地：原产欧洲、北非。中国北京、福建、广东、湖北、四川、云南、浙江等地栽培。**习性**：喜阳光充足，通风良好，水质清洁、温暖的静水环境；要求腐殖质丰富的黏质土壤；较耐寒；水宜水深 0.6~1.2m。**繁殖**：分株、播种。**园林用途**：重要水生花卉，点缀平静水面，盆养布置于庭院，也可作切花。

特征要点 多年生水生草本。植株常蔓延成大片。叶片纸质，近圆形，直径 10~25cm，基部具深弯缺，全缘或波状，两面无毛。花开于近水面上，直径 8~10cm，芳香；萼片披针形；花瓣 20~25，白色，卵状矩圆形；花药先端不延长；柱头扁平。浆果。花期 6~8 月，果期 8~10 月。

红睡莲 **Nymphaea alba** var. **rubra** Lonnr. 睡莲科 Nymphaeaceae 睡莲属

原产及栽培地: 原产地中海地区。中国北京、福建、广东、湖北、四川、云南、浙江等地栽培。**习性**: 喜阳光充足，通风良好，水质清洁、温暖的静水环境；要求腐殖质丰富的黏质土壤；较耐寒；宜水深 0.6~1.2m。

繁殖: 分株、播种。**园林用途**: 重要水生花卉，点缀平静水面，盆养布置于庭院，也可作切花。

特征要点 多年生水生草本。花颜色为玫瑰红色，直径约 10cm。其余形态与白睡莲相同。

大睡莲（白睡莲） **Nymphaea ampla** (Salisb.) DC.
睡莲科 Nymphaeaceae 睡莲属

原产及栽培地: 原产美洲热带地区。中国北京栽培。**习性**: 喜阳光充足，通风良好，水质清洁、温暖的静水环境；要求腐殖质丰富的黏质土壤；稍耐寒；宜水深 0.3~0.6m。**繁殖**: 分株、播种。**园林用途**: 重要水生花卉，点缀平静水面，盆养布置于庭院，也可作切花。

特征要点 多年生水生草本。植株大型，叶丛蔓延，幅宽可达 2m。叶片近圆形，直径 20~30cm，基部具深弯缺，边缘具尖齿。花莲常挺出水面达 50cm；直径 10~15cm；萼片狭长圆形；花瓣多数，白色，卵状披针形；花药先端稍延长。花期 8~9 月。

雪白睡莲 **Nymphaea candida** C. Presl 睡莲科 Nymphaeaceae 睡莲属

原产及栽培地: 原产欧洲。中国北京、湖北、新疆等地栽培。**习性**: 喜阳光充足,通风良好,水质清洁、温暖的静水环境;要求腐殖质丰富的黏质土壤;较耐寒;宜水深 0.6~1.2m。**繁殖**: 分株、播种。**园林用途**: 重要水生花卉,点缀平静水面,盆养布置于庭院,也可作切花。

特征要点　多年生水生草本。根状茎直立或斜升。叶的基部裂片邻接或重叠。花托略四角形;内轮花丝披针形;柱头具 6~14 条辐射线,深凹。其他特征同白睡莲。花期 6 月,果期 8 月。

齿叶睡莲(埃及白睡莲) **Nymphaea lotus** L. 睡莲科 Nymphaeaceae 睡莲属

原产及栽培地: 原产北非至东非。中国北京、福建、广东、湖北、上海、台湾、云南等地栽培。**习性**: 喜阳光充足,通风良好,水质清洁、温暖的静水环境;要求腐殖质丰富的黏质土壤;不耐寒;宜水深 0.3~0.6m。**繁殖**: 分株、播种。**园林用途**: 重要水生花卉,点缀平静水面,盆养布置于庭院,也可作切花。

特征要点　多年生水生草本。植株中型,叶丛蔓延,幅宽 1~2m。叶片深绿色,常稍举出水面,近圆形,直径 10~20cm,边缘微皱,具密尖齿,背面带紫色。花莛挺出水面 10~20cm;直径 10~15cm;萼片狭长卵圆形;花瓣白色,内瓣半直立,外瓣常平展或反折。花期 8~9 月。

柔毛齿叶睡莲 **Nymphaea lotus** var. **pubescens** (Willd.) Hook. f. &
Thomson 睡莲科 Nymphaeaceae 睡莲属

原产及栽培地: 原产中国、印度、中南半岛。中国福建、广东、湖北、台湾、云南等地栽培。**习性:** 喜阳光充足,通风良好,水质清洁、温暖的静水环境;要求腐殖质丰富的黏质土壤;不耐寒;宜水深0.3~0.6m。**繁殖:** 分株、播种。**园林用途:** 重要水生花卉,点缀平静水面,盆养布置于庭院,也可作切花。

特征要点 多年生水生草本。叶背常具柔毛。花瓣淡粉红色或红色;花药延长部分紫红色。其余特征同齿叶睡莲。

黄睡莲(墨西哥黄睡莲) **Nymphaea mexicana** Zucc.
睡莲科 Nymphaeaceae 睡莲属

原产及栽培地: 原产墨西哥。中国北京、福建、广东、湖北、江苏、四川、台湾、云南、浙江等地栽培。**习性:** 喜阳光充足,通风良好,水质清洁、温暖的静水环境;要求腐殖质丰富的黏质土壤;不耐寒;宜水深0.2~0.4m。**繁殖:** 分株、播种。**园林用途:** 重要水生花卉,点缀平静水面,盆养布置于庭院,也可作切花。

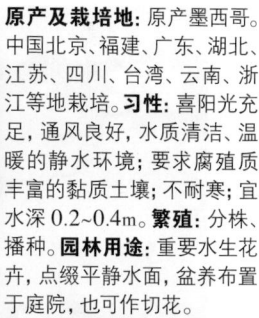

特征要点 多年生水生草本。根状茎直生,植株小,丛生。叶浮生或稍高出水面,圆卵形,直径10~20cm,具不明显波状边缘;背面红褐色,具紫褐色小斑点。花莲稍挺出水面;花鲜黄色,直径约10cm;下午开放。花期8~9月。

延药睡莲 **Nymphaea nouchali** Burm. f. 睡莲科 Nymphaeaceae 睡莲属

原产及栽培地：原产中国南部、南亚、东南亚。中国北京、湖北、台湾等地栽培。**习性**：喜阳光充足，通风良好，水质清洁、温暖的静水环境；要求腐殖质丰富的黏质土壤；不耐寒，宜水深 0.3~0.6m。

繁殖：分株、播种。**园林用途**：重要水生花卉，点缀平静水面，盆养布置于庭院，也可作切花。

特征要点 　多年生水生草本。植株常蔓延成大片。叶片近圆形，直径 10~20cm，基部具深弯缺，边缘具稍钝齿，背面紫红色，无毛。花莛常挺出水面 10~30cm；直径 10~15cm；萼片卵状披针形，常反折；花瓣多数，白色、青紫或紫红色，披针形；花药先端显著延长，紫红色。花期 8~9 月。

蓝睡莲 **Nymphaea nouchali** var. **caerulea** (Savigny) Verdc.
睡莲科 Nymphaeaceae 睡莲属

原产及栽培地：原产埃及。中国北京、海南、湖北、台湾、云南等地栽培。**习性**：喜阳光充足，通风良好，水质清洁、温暖的静水环境；要求腐殖质丰富的黏质土壤；不耐寒；宜水深 0.3~0.6m。**繁殖**：分株、播种。**园林用途**：重要水生花卉，点缀平静水面，盆养布置于庭院，也可作切花。

特征要点 　多年生水生草本。植株小型，叶丛幅宽常在 1m 之内。叶片近圆形，直径 10~20cm，基部弯缺较窄，边缘具波状钝齿，背面紫红色。花莛常挺出水面约 20cm；直径 8~15cm；萼片披针形，长于花瓣，有时叶状；花瓣多数，浅蓝色，披针形；花药先端延长，蓝紫色。花期 8~9 月。

香睡莲 **Nymphaea odorata** Aiton 睡莲科 Nymphaeaceae 睡莲属

原产及栽培地: 原产北美洲。中国北京、福建、广东、湖北、上海、四川、台湾、云南、浙江等地栽培。**习性**: 喜阳光充足,通风良好,水质清洁、温暖的静水环境;要求腐殖质丰富的黏质土壤;不耐寒;宜水深 0.2~0.4m。**繁殖**: 分株、播种。**园林用途**: 重要水生花卉,点缀平静水面,盆养布置于庭院,也可作切花。

特征要点 多年生水生草本。根分叉少。萼褐色,花白色,直径 8~13cm,芳香,午前开放,可连续开放 3 天。花期 8~9 月。

睡莲(野生睡莲) **Nymphaea tetragona** Georgi
睡莲科 Nymphaeaceae 睡莲属

原产及栽培地: 原产亚洲东部、东亚、欧洲。中国北京、福建、广东、广西、贵州、海南、黑龙江、湖北、陕西、四川、云南、浙江等地栽培。**习性**: 喜阳光充足,通风良好,水质清洁、温暖的静水环境;要求腐殖质丰富的黏质土壤;极耐寒;宜水深 0.25~0.5m。**繁殖**: 分株、播种。**园林用途**: 重要水生花卉,点缀平静水面,盆养布置于庭院,也可作切花。

特征要点 多年生水生草本。植株常蔓延成大片。叶盾状圆形,浮于水面,边缘全缘,表面浓绿,背面暗紫色。花浮于水面,直径 7~10cm;花托四方形;萼片 4,卵状披针形;花瓣 7~10,白色,卵状矩圆形;花药较短。花期 7~8 月,果期 9~10 月。

王莲（亚马孙王莲） **Victoria amazonica** (Poepp.) J. C. Sowerby
睡莲科 Nymphaeaceae 王莲属

原产及栽培地：原产南美亚马孙河流域。中国福建、广东、江苏、台湾、云南、浙江等地栽培。**习性：**喜高温、高湿、早晚温差较小，但忌逆温差；要求水不过深，阳光充足的环境。**繁殖：**播种。**园林用途：**名贵水生观赏花卉，宜布置于静水池塘。

特征要点 大型多年生水生草本。植株幅宽可达 2m。浮水叶片圆形，直径 0.6~1m，叶缘稍翘起，翘起部分高仅 2~5cm，有皱纹，背面紫色。花两性，飘浮水面，有芳香，直径 10~15cm，白色至粉红色。浆果球形。花果期夏秋季。

克鲁兹王莲 **Victoria cruziana** A. D. Orb. 睡莲科 Nymphaeaceae 王莲属

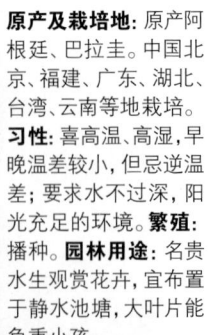

原产及栽培地：原产阿根廷、巴拉圭。中国北京、福建、广东、湖北、台湾、云南等地栽培。**习性：**喜高温、高湿，早晚温差较小，但忌逆温差；要求水不过深，阳光充足的环境。**繁殖：**播种。**园林用途：**名贵水生观赏花卉，宜布置于静水池塘，大叶片能负重小孩。

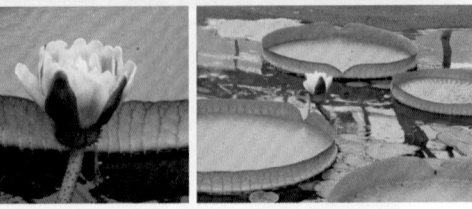

特征要点 大型多年生水生草本。植株幅宽可达 5m。浮水叶片圆形，直径 0.6~2m，叶缘强烈翘起，翘起部分高 15~20cm，有皱纹，背面常绿色，边缘及叶脉上带紫红色。花大，飘浮水面，有芳香，直径 10~20cm，白色至粉红色。浆果球形；萼片基部有刺。花果期夏秋季。

长木王莲 Victoria Longwood Hybrid 睡莲科 Nymphaeaceae 王莲属

原产及栽培地: 原产美国。中国北京栽培。**习性:** 喜高温、高湿、早晚温差较小,但忌逆温差;要求水不过深,阳光充足的环境。**繁殖:** 播种。**园林用途:** 名贵水生观赏花卉,宜布置于静水池塘,大叶片能负重小孩。

特征要点 大型多年生水生草本。植株幅宽可达 6m。浮水叶片大,叶缘强烈翘起,翘起部分高 15~20cm,叶背全部紫红色。其余特征基本同克鲁兹王莲。

柳叶菜 Epilobium hirsutum L. 柳叶菜科 Onagraceae 柳叶菜属

原产及栽培地: 原产中国各地、欧亚大陆。中国北京、贵州、湖北、江西、上海、四川、云南、浙江等地栽培。**习性:** 喜光;要求向阳开阔、淤泥深厚的湿地环境。**繁殖:** 播种、分株。**园林用途:** 适宜在湿地浅水处栽培观赏,花美丽。

特征要点 多年生半灌木状草本。株高达 1m。全株密生长茸毛。叶对生或互生,长圆状披针形,基部抱茎,边缘具向前弯曲的锐锯齿。花单生叶腋,粉红色;萼裂片 4,花瓣 4,雄蕊 8,2 轮,柱头 4 裂。蒴果线形。种子具白色种缨。花期 6~8 月,果期 9 月。

凤眼莲（凤眼蓝）**Eichhornia crassipes** (Mart.) Solms
雨久花科 Pontederiaceae 凤眼莲属

原产及栽培地: 原产美洲热带地区。中国安徽、北京、福建、广东、广西、贵州、湖北、湖南、江西、辽宁、陕西、四川、台湾、云南、浙江等地逸生或栽培。**习性:** 喜生于温暖向阳、富含有机质的静水中，忌霜冻；繁殖极为迅速。**繁殖:** 分蘖。**园林用途:** 可装饰池塘、湖面、河沟，可净化水面，还作为饲料和绿肥。

特征要点 多年生浮水草本。株高 30~50cm。根漂浮或生于浅水泥沼中。茎极短，具葡匐枝。叶基生，近倒卵状圆形，叶柄长于叶片，长 10~20cm，基部常膨大成葫芦形，内部海绵质。穗状花序，花淡蓝紫色，1 枚略大的花被裂片中央具蓝色及黄色构成的眼状斑。花期 7~9 月。

箭叶雨久花 **Monochoria hastata** (L.) Solms
雨久花科 Pontederiaceae 雨久花属

原产及栽培地: 原产中国南部。中国北京、湖北、台湾、云南等地栽培。**习性:** 喜阳光充足，也耐半阴；喜温暖、潮湿气候，不耐寒；要求水湿环境，常生于浅水或稻田。**繁殖:** 分株、播种。**园林用途:** 适宜布置于湿地浅水处，也可盆栽观赏。

特征要点 一年生水生草本。株高 30~60cm。叶较小，箭形或三角状披针形，顶端锐尖，基部楔形。花蓝紫色。花期稍晚，秋季开放。

雨久花 **Monochoria korsakowii** Regel & Maack
雨久花科 Pontederiaceae 雨久花属

原产及栽培地: 原产中国东部、日本、朝鲜、东南亚。中国北京、广东、湖北、江苏、四川、云南等地栽培。**习性**: 喜阳光充足，也耐半阴；喜温暖、潮湿气候，不耐寒；要求水湿环境，常生于浅水或稻田。**繁殖**: 分株、播种。**园林用途**: 适宜布置于湿地浅水处，也可盆栽观赏。

特征要点　一年生水生草本。株高 30~70cm。根状茎粗壮，具柔软须根。叶卵状心形，长 7~13cm，宽 3~12cm，全缘，具弧状脉；叶柄长。总状花序顶生，花 10 余朵；花蓝色，直径约 3cm；雄蕊 6 枚，花药黄色。蒴果长卵圆形。花期 7~8 月，果期 9~10 月。

鸭舌草 **Monochoria vaginalis** (Burm. f.) C. Presl
雨久花科 Pontederiaceae 雨久花属

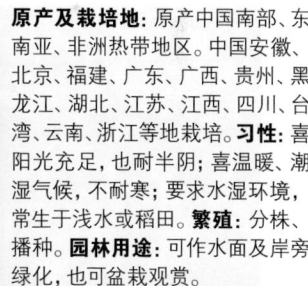

原产及栽培地: 原产中国南部、东南亚、非洲热带地区。中国安徽、北京、福建、广东、广西、贵州、黑龙江、湖北、江苏、江西、四川、台湾、云南、浙江等地栽培。**习性**: 喜阳光充足，也耐半阴；喜温暖、潮湿气候，不耐寒；要求水湿环境，常生于浅水或稻田。**繁殖**: 分株、播种。**园林用途**: 可作水面及岸旁绿化，也可盆栽观赏。

特征要点　一年生水生草本。株高不及 50cm。地下茎半匍匐状。叶丛生，心状阔卵形至卵状披针形，全缘，先端具短突尖；叶柄长可达 20cm，中下部扩大呈开裂的鞘；花葶长 1~1.5cm，基部具鞘状佛焰苞，端部着花 3~5 朵；花蓝紫色，带红晕。花期 7~9 月。

梭鱼草 **Pontederia cordata** L. 雨久花科 Pontederiaceae 梭鱼草属

原产及栽培地: 原产中南美洲热带地区。中国安徽、北京、福建、广东、广西、贵州、黑龙江、湖北、江苏、江西、四川、台湾、云南、浙江等地栽培。**习性**: 喜光; 喜温暖湿润气候, 稍耐寒; 要求浅水环境, 喜富含有机质、肥沃黏性塘泥。**繁殖**: 分株、播种。**园林用途**: 适宜布置湿地浅水处, 也常盆栽观赏。

特征要点 多年生挺水草本。株高 80~150cm。根状茎粗壮。叶柄高大, 绿色, 圆筒形; 叶片倒卵状披针形, 长 10~20cm, 全缘, 具弧状脉。穗状花序顶生, 长 5~20cm; 花密集, 蓝紫色带黄色斑点, 直径约 1cm 左右; 花被裂片 6 枚。蒴果。花果期 5~10 月。

细果野菱 **Trapa incisa** Sieb. et Zucc. 【**Trapa maximowiczii** Korsh.】
千屈菜科 / 菱科 Lythraceae/Trapaceae 菱属

原产及栽培地: 原产中国各地、欧亚大陆。中国安徽、北京、福建、广东、黑龙江、湖北、湖南、江苏、江西、上海、台湾、云南、浙江等地栽培。**习性**: 喜光; 喜温暖水生环境, 适应性广。**繁殖**: 播种。**园林用途**: 装饰水面好材料, 能净化水面; 菱果形状奇特, 可食用。

特征要点 多年生水生草本。植株漂浮在水面, 具蔓性葡萄枝, 长达 1m 以上。沉水叶根状, 对生; 浮水叶呈莲座状, 聚生茎顶, 三角形, 具粗齿, 背面草毛, 叶柄中部膨大呈纺锤形, 内为海绵状组织。花单生叶腋, 白色或粉红色。坚果常具硬刺状角小。花果期秋季。

水烛 **Typha angustifolia** L. 香蒲科 Typhaceae 香蒲属

原产及栽培地：原产欧亚大陆。中国北京、福建、广东、广西、黑龙江、湖北、江西、四川、台湾、新疆、云南、浙江等地栽培。**习性**：喜光；喜湿润的浅水环境，适应性广；对土壤要求不严。**繁殖**：分株、播种。**园林用途**：湿地重要植物材料，在园林水景中广泛运用。

特征要点 多年生水生草本。株高 1.5~3m。根状茎横走，乳白色。叶基生，条形，长可达 2m 以上，宽 1cm 左右，稍扁平，横切面呈半圆形。雌肉穗花序长 30~60cm，与顶生雄花序间隔一段距离；花粉量极大，黄色。果序干后开裂，散出带白毛的小坚果。花期 5~6 月，果期 9~10 月。

宽叶香蒲 **Typha latifolia** L. 香蒲科 Typhaceae 香蒲属

原产及栽培地：原产北半球各地。中国北京、福建、广东、黑龙江、湖北、山东、上海、云南等地栽培。**习性**：喜光；喜湿润的浅水环境，适应性广；对土壤要求不严。**繁殖**：分株、播种。**园林用途**：湿地重要植物材料，在园林水景中广泛运用。

特征要点 多年生水生草本。株高 1~1.5m。叶宽剑形，长 1m 左右，宽 1cm 以上。雌肉穗花序短棒状，暗褐色，长 8~10cm，与顶生雄花序紧密相接；雄花序长约为雌花序的一半；雌花白毛短于花柱。花果期 6~8 月。

小香蒲 **Typha minima** Funck ex Hoppe 香蒲科 Typhaceae 香蒲属

原产及栽培地：原产欧亚大陆温带地区。中国北京、湖北、四川、云南、浙江等地栽培。**习性**：喜光；喜湿润的浅水环境，适应性广；对土壤要求不严。**繁殖**：分株、播种。
园林用途：湿地重要植物材料，园林水景中广泛运用。

特征要点 多年生水生草本。株高 0.4~1m。叶线形，宽 1~2mm，常短于花莛；花莛基部叶鞘状，短小，无叶片。雌花序长 2~5cm，与雄花序间隔 1~3cm；雄花序长 3~8cm，基部具 1 枚长 4~6cm 的叶状苞片。花果期 5~8 月。

水芹 **Oenanthe javanica** (Blume) DC. 伞形科 Apiaceae 水芹属

原产及栽培地：原产亚洲。中国安徽、北京、福建、广东、广西、贵州、海南、河南、黑龙江、湖北、湖南、江苏、江西、山东、上海、四川、台湾、云南、浙江等地栽培。**习性**：要求水边或湿地沼泽环境，适应性广。**繁殖**：分株、播种。
园林用途：适宜布置湿地浅水地区，嫩叶可食用。

特征要点 多年生湿生草本。株高 15~80cm。茎直立或基部葡匐。叶片轮廓三角形，一至二回羽状分裂，末回裂片卵形至菱状披针形，边缘有牙齿或圆齿状锯齿。复伞形花序顶生；花白色。果椭圆形，侧棱较背棱和中棱隆起。花期 6~7 月，果期 8~9 月。

泽芹 **Sium suave** Walter 伞形科 Apiaceae/Umbelliferae 泽芹属

原产及栽培地: 原产亚洲北部地区。中国北京、黑龙江、湖北、江西、四川、台湾等地栽培。**习性:** 要求冷凉湿润地区的水边或湿地沼泽环境。**繁殖:** 分株、播种。**园林用途:** 适宜配置于湿地浅水处。

特征要点　多年生沼生草本。株高60~120cm。一回羽状分裂；羽片3~9对，披针形至线形，边缘有细锯齿或粗锯齿。复伞形花序顶生和侧生；花白色。果实卵形，分生果的果棱肥厚。花期8~9月，果期9~10月。

温室花卉

（一）一、二年生花卉

彩虹花 **Dorotheanthus bellidiformis** (Burm. f.) N. E. Br.
番杏科 Aizoaceae 彩虹花属

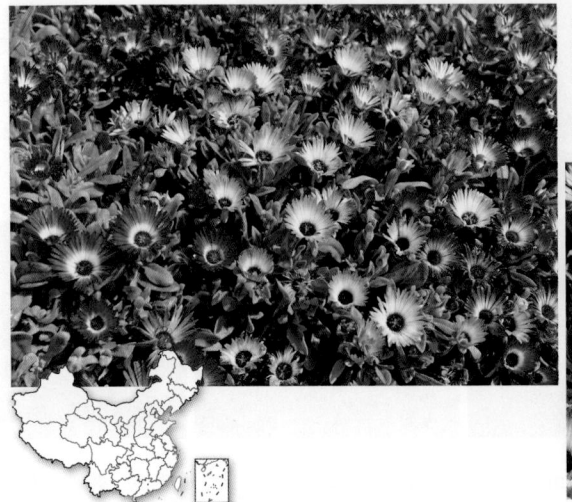

原产及栽培地: 原产南非。中国北京、台湾等地栽培。**习性:** 喜光; 喜温暖、向阳环境; 适生温度15~30℃, 不耐寒; 要求疏松、肥沃的砂壤土。**繁殖:** 播种。**园林用途:** 吊钵、盆栽和露地栽培于花坛和花境, 亦可布置岩石园。

特征要点 一年生草本。株高达25cm。叶对生, 肉质, 狭长圆形。花单生叶丛中, 具长柄, 高于叶面; 花冠雏菊状, 花瓣多数, 细长, 渐变色调, 颜色丰富, 有白色、黄色、橙色、奶油色、粉色或绯红色。花期4~5月。

红花山梗菜（墨西哥半边莲） **Lobelia cardinalis** L.
桔梗科 Campanulaceae 半边莲属

原产及栽培地: 原产墨西哥。中国北京、福建、黑龙江、上海等地栽培。**习性:** 喜光; 喜温暖湿润气候, 半耐寒性; 要求深厚肥沃的土壤。**繁殖:** 播种。**园林用途:** 多用于花坛。

特征要点 多年生草本。株高60~90cm。全株被柔毛或无毛。茎直立, 自基部分枝。叶互生, 长圆状披针形, 无柄, 多带紫褐色。总状花序长, 顶生; 苞片叶状, 披针形; 花冠鲜红色, 花冠筒狭长, 裂片5, 偏向一侧, 中间3裂片平展, 两侧裂片斜生。花期8~10月。

半边莲 Lobelia chinensis Lour. 桔梗科 Campanulaceae 半边莲属

原产及栽培地：原产中国南部、东亚、南亚、东南亚。中国北京、福建、广东、广西、贵州、湖北、江苏、江西、四川、台湾、云南、浙江等地野生或栽培。**习性**：喜潮湿环境，稍耐轻湿、干旱，耐寒；土壤以排水好、肥沃、疏松的腐叶土或泥炭土为合适。**繁殖**：播种、扦插、分株。**园林用途**：庭院栽培观赏，也可盆栽。

特征要点 多年生草本。株高6~15cm。茎细弱，匍匐，节上生根。叶互生，近无柄，椭圆状披针形至条形。花小，通常1朵，生于分枝的上部叶腋；花冠粉红色或白色，裂片全部平展于下方，呈一个平面，两侧裂片披针形，中间3枚较短。蒴果倒锥状。花果期5~10月。

南非山梗菜（六倍利、山梗菜）Lobelia erinus L.
桔梗科 Campanulaceae 半边莲属

原产及栽培地：原产南非。中国北京、福建、广东、广西、贵州、湖北、江苏、江西、四川、台湾、云南、浙江等地栽培。**习性**：喜凉爽，忌霜冻；在湿润、肥沃、排水良好的土壤中生长繁茂。**繁殖**：播种。**园林用途**：多作花境、花台丛栽，是很好的悬篮花卉。

特征要点 一、二年生草本。株高约30cm。茎直立或蔓延成片。叶互生，条状披针形。总状花序顶生；花碧蓝色或堇色，喉部白色或淡黄色，直径约1.8cm；花冠在一侧裂至基部，先端5裂，上3裂构成一唇，下2裂小。花期春夏季。

山梗菜 Lobelia sessilifolia Lamb. 桔梗科 Campanulaceae 半边莲属

原产及栽培地： 原产中国、日本、朝鲜、蒙古、俄罗斯。中国江苏、江西、台湾、云南、浙江等地栽培。**习性：** 喜温暖湿润气候；怕旱，耐寒，耐涝；以疏松肥沃的黏壤土栽培为宜。**繁殖：** 播种。**园林用途：** 庭院栽培观赏，适宜布置于水边、湿地。

特征要点 多年生草本。株高 60~120cm。茎圆柱状，常不分枝。叶螺旋状排列，无柄，披针形，边缘有细锯齿。总状花序顶生，长 8~35cm；花冠蓝紫色，长 2.5~3.5m，近二唇形，上唇 2 裂片长匙形，下唇裂片椭圆形。蒴果倒卵状。花果期 7~9 月。

瓜叶菊 Pericallis × hybrida (Bosse) B.Nord.
菊科 Asteraceae/Compositae 瓜叶菊属

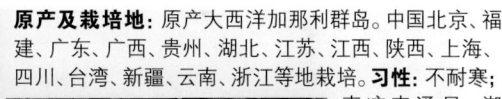

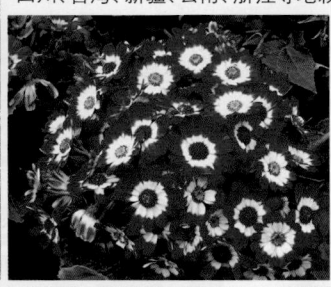

原产及栽培地： 原产大西洋加那利群岛。中国北京、福建、广东、广西、贵州、湖北、江苏、江西、陕西、上海、四川、台湾、新疆、云南、浙江等地栽培。**习性：** 不耐寒；喜凉爽通风、潮湿环境，要求疏松肥沃、排水良好的砂质壤土。**繁殖：** 播种。**园林用途：** 冬春季布置厅堂会场重要盆花，亦作切花供制花环、花篮。

特征要点 多年生草本，通常作一年生栽培。株高 30~60cm。全株被毛。叶心状卵圆形或心状三角形，具柄，叶面浓绿，叶背有白毛。头状花序多数，排列成伞房状，舌状花有红、粉红、白、蓝、紫等色和具各种环纹或斑点。花期 11 月至翌年 4 月。

贝壳花 **Moluccella laevis** L. 唇形科 Lamiaceae/Labiatae 贝壳花属

原产及栽培地: 原产亚洲西部。中国北京、江苏、台湾、云南等地栽培。**习性:** 喜阳光充足及肥沃土壤。**繁殖:** 播种。**园林用途:** 作为鲜切花或干花应用于室内装饰。

特征要点 一年生草本。株高90cm。茎四棱,常不分枝。叶对生,具柄,光滑,心状圆形,有齿。轮状聚伞花序;花萼大,贝壳状,黄绿色,边缘有5个矮齿;花冠白色,着生在萼筒底部。小坚果具棱。花期7~8月。

五彩苏(彩叶草、小纹草) **Coleus scutellarioides** (L.) Benth.【Plectranthus scutellarioides (L.) R. Br.】 唇形科 Lamiaceae/Labiatae 鞘蕊花属/马刺花属

原产及栽培地: 原产印尼爪哇岛。中国各地栽培。**习性:** 不耐寒;喜阳光充足、通风良好的栽培环境。要求肥沃而排水良好的砂质壤土。**繁殖:** 播种。**园林用途:** 优良盆栽观叶植物,布置夏秋花坛,枝叶作插花等彩色配叶。

特征要点 多年生草本,常作一、二年生栽培。株高50~80cm。全株有毛,茎四棱。叶对生,有柄,卵圆形,先端尖,边缘具齿或有缺刻,表面常具各种斑纹,黄色、紫色或红色。顶生总状花序,花小,蓝白色。花期7~8月。观叶期很长。

香豌豆 Lathyrus odoratus L.

豆科 / 蝶形花科 Fabaceae/Leguminosae/Papilionaceae 山黧豆属

原产及栽培地: 原产意大利。中国北京、福建、江苏、江西、台湾、新疆、云南、浙江等地栽培。**习性**: 喜冬季温和湿润、夏季凉爽气候,忌炎热;好中性或微酸性、湿润而排水良好的肥沃土壤。**繁殖**: 播种。**园林用途**: 著名温室花卉,花色品种很多,栽培要求特殊,极少有栽培。

特征要点　一、二年生草本。蔓长可达 3m。茎缠绕蔓生,具叶状狭翼。羽状复叶互生,小叶 2 枚,披针形,稍弯曲,脉显著;卷须 3 叉。总状花序腋生;花 1~4 朵,有香味,花冠蝶形,直径 2.5cm,旗瓣有白、粉、红、蓝、紫等色,翼瓣与龙骨瓣不相连,色较淡。花期 7~8 月。

含羞草 Mimosa pudica L.

豆科 / 含羞草科 Fabaceae/Leguminosae/Mimosaceae 含羞草属

原产及栽培地: 原产美洲热带地区。中国北京、福建、广东、广西、贵州、海南、黑龙江、湖北、江苏、江西、陕西、上海、四川、台湾、新疆、云南、浙江等地逸生栽培。**习性**: 喜光,在荫蔽处生长不良;喜温暖、湿润,亦较耐旱;对土壤要求不严;苗期生长缓慢;不耐水涝。**繁殖**: 播种。**园林用途**: 常盆栽植于室内案头,供闲时玩赏。

特征要点　多年生草本或半灌木,常作一、二年生栽培。株高可达 1m。茎上有倒钩刺。二回羽状复叶,2~4 羽片掌状排列于一总柄顶端,小叶 10~20 对,条状长圆形;受触动小叶闭合至整个复叶闭合下垂。头状花序矩圆形,腋生;花冠淡红色。荚果扁平,具 3~5 节,被刺毛。花果期夏秋季。

望江南 Senna occidentalis (L.) Link
豆科 / 云实科 Fabaceae/Leguminosae/Caesalpiniaceae 决明属

原产及栽培地: 原产美洲热带地区。中国北京、福建、广东、广西、贵州、湖北、江苏、江西、陕西、四川、台湾、云南、浙江等地逸生或栽培。**习性:** 喜光,耐半阴;喜温暖湿润环境,不耐寒;对土壤要求不严,好肥。**繁殖:** 播种。**园林用途:** 南方露地栽培,北方盆栽观赏。

特征要点 一年生草本。株高 50~100cm。茎直立,多分枝。羽状复叶互生;小叶 4~5 对,椭圆形。伞房总状花序顶生;花冠蝶形,黄色,直径 3~4cm。荚果线形,扁平,长可达 10cm。花期 7~8 月。

报春花 Primula malacoides Franch. 报春花科 Primulaceae 报春花属

原产及栽培地: 原产中国。中国北京、福建、广东、贵州、江苏、陕西、上海、四川、台湾、云南、浙江等地栽培。**习性:** 喜冷凉、湿润的高山气候;要求富含腐殖质的疏松肥沃土壤;忌炎热。**繁殖:** 播种。**园林用途:** 重要室内盆花,布置花坛、花境、假山、岩石园、野趣园。

特征要点 一年生草本。株高 40~60cm。叶全部基生,卵形或矩圆状卵形,叶背有白粉或疏毛。花葶高 20~30cm;伞形花序 2~6 轮;花萼背面有白粉;花冠高脚碟状,直径 1.5cm,深红色、浅红色或白色,具香气。花期 1~4 月。

胭脂花 **Primula maximowiczii** Regel 报春花科 Primulaceae 报春花属

原产及栽培地: 原产中国、蒙古。中国北京、吉林等地栽培。**习性:** 喜凉爽、湿润环境,以含腐殖质多而排水良好的酸性壤土为宜。**繁殖:** 播种。**园林用途:** 美丽的高山花卉,可用于造景。

特征要点 多年生草本,作一年生栽培。株高 30~60cm。全株无毛。叶全部基生,长圆状倒披针形,边缘有细牙齿。花葶粗壮,带紫红色;伞形花序 1~3 轮,每轮 4~16 朵花;花具短梗,下垂;花萼钟状,暗紫红色;花冠鲜红色,裂片反折。蒴果圆柱形。花期 6~7 月。

鄂报春(四季报春) **Primula obconica** Hance
报春花科 Primulaceae 报春花属

原产及栽培地: 原产中国。北京、福建、贵州、湖北、湖南、江苏、江西、陕西、上海、四川、台湾、西藏、云南、浙江等地栽培。**习性:** 喜冷凉、湿润的高山气候;要求富含腐殖质的疏松肥沃土壤;忌炎热。**繁殖:** 播种。**园林用途:** 多盆栽观赏。

特征要点 多年生草本,常作一、二年生栽培。株高 20~30cm。叶基生,具长柄,叶片椭圆形至卵状椭圆形;缘具缺刻状齿,或稀浅裂,正面光滑,背面有纤毛。花葶高 15~30cm,为顶生伞形花序;花粉红或淡紫色,稍有香气。花期常 12 月至翌年 5 月。

樱草 **Primula sieboldii** E. Morren 报春花科 Primulaceae 报春花属

原产及栽培地：原产中国北部、日本、朝鲜、俄罗斯。中国福建、黑龙江、江苏、辽宁、四川、浙江等地栽培。**习性：**喜半阴；喜温暖湿润，夏季要求凉爽通风环境，不耐炎热；忌酸性土，要求含适量钙、铁的土壤；喜水分充足。

繁殖：播种。**园林用途：**重要室内盆花，布置花坛、花境、假山、岩石园、野趣园。

特征要点 多年生草本，常作一年生栽培。株高 20~40cm。叶基生，长椭圆形，先端钝圆，基部心形，边缘具不整齐圆缺刻和锻齿，叶柄长 7~9cm。伞形花序着花 6~15 朵，花冠淡紫色或粉红色，高脚碟状，裂片开展，倒心形，顶端凹缺。花期春季。

藏报春 **Primula sinensis** Sabine ex Lindl.
报春花科 Primulaceae 报春花属

原产及栽培地：原产中国。中国北京、湖北、陕西、四川、云南、浙江等地栽培。**习性：**喜半阴；喜温暖湿润，夏季要求凉爽通风环境，不耐炎热；忌酸性土，要求含适量钙、铁的土壤；喜水分充足。**繁殖：**播种。**园林用途：**重要室内盆花，布置花坛、花境、假山、岩石园、野趣园。

特征要点 多年生草本，常作温室一、二年生栽培。株高 15~30cm。全株密被腺毛。叶卵圆形，有浅裂，缘具缺刻状锯齿，基部心形，有长柄。伞形花序 1~3 轮，花呈高脚碟状，直径约 3cm，花色有粉红、深红、淡蓝和白色等；萼基部膨大，上部稍紧缩。花期冬春季。

黄花九轮草 **Primula veris** L. 报春花科 Primulaceae 报春花属

原产及栽培地： 原产北非、西南亚、南欧。中国北京、江西、台湾等地栽培。**习性：** 喜半阴；喜温暖湿润，夏季要求凉爽通风环境，不耐炎热；忌酸性土，要求含适量钙、铁的土壤；喜水分充足。**繁殖：** 播种。**园林用途：** 多盆栽观赏。

特征要点 多年生草本。株高 10~20cm。全株被细柔毛。叶皱，卵形或卵状椭圆形，钝头，基部急狭成有翼的柄。花序伞状；花数朵，黄色，底部有橙色斑，园艺品种花色有橙黄、鲜红等色，稀紫色，具芳香。花期春季。

欧洲报春（多花报春） **Primula vulgaris** Huds.
报春花科 Primulaceae 报春花属

原产及栽培地： 原产欧洲。中国北京、福建、江苏、四川、台湾、云南等地栽培。**习性：** 喜冷凉、湿润的高山气候；要求富含腐殖质的疏松肥沃土壤；忌炎热。**繁殖：** 播种。**园林用途：** 重要室内盆花，布置花坛、花境、假山、岩石园、野趣园。

特征要点 多年生草本。株高 8~15cm。叶片长椭圆形或倒卵状圆形，钝头，叶面皱。花莛多数，单花顶生，有香气；直径约 4cm，喉部一般黄色，花色有白、黄、蓝、肉红、紫、暗红、蓝堇、淡蓝、粉、橙黄、淡红、青铜色以及条纹、斑点、镶边等类型。花期春季。

蒲包花（荷包花）**Calceolaria × herbeohybrida** Voss
荷包花科 / 玄参科 Calceolariaceae/Scrophulariaceae 荷包花属

原产及栽培地：原产智利。中国北京、福建、湖北、江苏、台湾、云南等地栽培。**习性**：喜温暖、湿润及通风良好环境；不耐寒，生长适温 7~15℃；要求肥沃、疏松及排水良好的砂质壤土。**繁殖**：播种。**园林用途**：冬春季节重要温室花卉，正值元旦、春节期间开花。

特征要点 一年生草本。株高 30cm。叶片卵形或卵状椭圆形，叶缘具齿，两面有茸毛。不规则伞形花序顶生，萼片 4，花瓣二唇形，上唇小，稍向前伸，下唇发育呈荷包状，直径约 4cm，有乳白、淡黄、粉、红、紫等花色及红、褐等色斑点。花期 1~5 月。

墨西哥蒲包花 **Calceolaria mexicana** Benth.
荷包花科 / 玄参科 Calceolariaceae/Scrophulariaceae 荷包花属

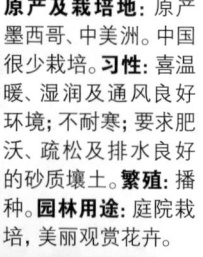

原产及栽培地：原产墨西哥、中美洲。中国很少栽培。**习性**：喜温暖、湿润及通风良好环境；不耐寒；要求肥沃、疏松及排水良好的砂质壤土。**繁殖**：播种。**园林用途**：庭院栽培，美丽观赏花卉。

特征要点 一年生草本。株高 30cm。茎上有软黏毛。下部叶 3 深裂或浅裂，上部叶羽状全裂。花小，浅黄色，上唇小，下唇为长倒卵形，基部急缢缩，有耳。花期 4~5 月。

红花猴面花 Erythranthe cardinalis (Douglas ex Benth.) Spach 【Mimulus cardinalis Douglas ex Benth.】 透骨草科 / 玄参科 Phrymaceae/Scrophulariaceae 沟酸浆属 / 猴面花属

原产及栽培地：原产墨西哥、美国。中国北京栽培。习性：喜冷凉、湿润，半耐寒；要求富含腐殖质的疏松肥沃土壤；忌炎热。繁殖：播种。园林用途：宜作花坛、草坪及花境、路边栽植，或盆栽，亦可作地被。

特征要点 多年生草本，常作一、二年生栽培。株高可达80cm。具腺毛，稍具麝香气味。叶卵圆形，具锐齿。花冠红色，长4~5cm，喉部黄色。花期6~8月。

猴面花 Erythranthe lutea (L.) G. L. Nesom 【Mimulus hybridus Wettst.】 透骨草科 / 玄参科 Phrymaceae/Scrophulariaceae 沟酸浆属 / 猴面花属

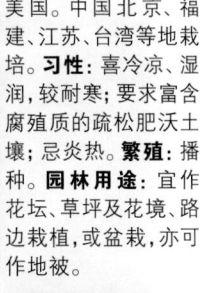

原产及栽培地：原产美国。中国北京、福建、江苏、台湾等地栽培。习性：喜冷凉、湿润，较耐寒；要求富含腐殖质的疏松肥沃土壤；忌炎热。繁殖：播种。园林用途：宜作花坛、草坪及花境、路边栽植，或盆栽，亦可作地被。

特征要点 多年生草本，常作一、二年生栽培。株高30~40cm。茎平卧，匍匐生根。叶对生，卵圆形至心形。花单生叶腋或集成稀疏总状花序，花冠漏斗状，花筒长3~4cm，黄色，有红色或紫色斑点，形似猴面。花期4~5月。

蓝猪耳 **Torenia fournieri** Linden ex E. Fourn.
母草科 / 玄参科 Linderniaceae/Scrophulariaceae 蝴蝶草属

原产及栽培地: 原产越南。中国北京、福建、广东、海南、江苏、上海、四川、台湾、云南、浙江等地栽培。**习性:** 喜温暖湿润气候及部分荫蔽条件,要求土壤肥沃而湿润,不耐寒。**繁殖:** 播种。**园林用途:** 盆栽、地栽均可,温带地区地栽作一年生草花种植。

特征要点 一年生草本。株高 15~50cm。茎具 4 窄棱。叶对生,长卵形或卵形,缘具粗齿。总状花序顶生,小花对生,萼绿色或边缘与顶部略带紫红色,花冠筒淡青紫色,上唇淡蓝色,张开如翅,下唇深蓝色,中间裂片基部黄色。蒴果长椭圆形。花果期 6~12 月。

蓝英花(布落华丽) **Browallia speciosa** Hook.
茄科 Solanaceae 蓝英花属 / 歪头花属

原产及栽培地: 原产中美洲热带地区。中国北京、台湾、云南等地栽培。**习性:** 喜日照充足及凉爽环境,不耐寒;喜土层深厚、肥沃及排水良好土壤,生长期间要求通风良好。**繁殖:** 播种。**园林用途:** 供作花坛、花境及盆栽,可布置岩石园,还作切花插瓶。

特征要点 一年生草本或亚灌木。株高 60~150cm,多分枝,茎基部半木质化。叶对生或互生,卵圆形。花单生叶腋,花冠筒长 2.5cm 以上,为萼长的 2~3 倍,花瓣 5,开展,蓝紫色至白色,直径约 5cm。花期夏季。

美人襟（智利喇叭花） **Salpiglossis sinuata** Ruiz & Pav.
茄科 Solanaceae 美人襟属

原产及栽培地: 原产智利。中国台湾栽培。**习性:** 喜凉爽温和气候及阳光充足环境, 不耐寒; 要求疏松、肥沃而湿润的砂质壤土, 忌干旱。**繁殖:** 播种。
园林用途: 可供花坛、花境栽植, 亦作盆栽及切花。

特征要点　　一、二年生草本。株高达 80cm。全株具腺毛。单叶互生, 下部叶椭圆形, 有柄, 边缘有深波状齿或羽状半裂, 上部叶狭长, 全缘, 几无柄。花大, 花冠斜漏斗状, 先端5裂, 直径7cm, 有白、黄、粉、红、紫等色, 上面有蓝、黄、褐、红等色斑纹。蒴果。花期4~6月。

蛾蝶花 **Schizanthus pinnatus** Ruiz & Pav.　茄科 Solanaceae 蛾蝶花属

原产及栽培地: 原产玻利维亚、智利、厄瓜多尔。中国北京、江苏、台湾、云南等地栽培。**习性:** 喜凉爽温和及通风环境, 不耐高温高湿; 要求阳光充足, 土壤肥沃。**繁殖:** 播种。**园林用途:** 可供花坛、花境种植, 亦作盆栽及切花。

特征要点　　一、二年生草本。株高45~120cm。全株有腺毛, 茎多分枝。叶一至二回羽状全裂, 裂片有齿或深裂。总状圆锥花序; 花冠漏斗状, 略二唇, 冠筒比萼片短, 直径2~4cm, 花色变化大, 有白、红、堇、紫等色及花纹变化。蒴果。花期4~6月。

（二）宿根花卉

网纹草（白网纹草、姬白网纹草）**Fittonia albivenis** (Lindl. ex Veitch) Brummitt 爵床科 Acanthaceae 网纹草属

原产及栽培地： 原产秘鲁、巴西、玻利维亚等。中国北京、福建、广东、湖北、四川、台湾、云南、浙江等地栽培。**习性：** 喜荫蔽环境及温和湿润气候；要求肥沃、疏松及排水良好土壤，生长适宜温度为18~22℃。**繁殖：** 分株、扦插。**园林用途：** 适宜盆栽观赏，为良好温室观叶植物，室内外布置装饰。

特征要点 多年生常绿草本。株高5~10cm。植株低矮，茎匍匐，着地生根。叶对生，椭圆形至卵圆形，长7~12cm，先端钝，全缘，对生，绿色，网脉红色或白色。花小，花冠黄色，生于叶腋，筒状，二唇形，有较大苞片，生于柱状花梗上。

细斑粗肋草（细斑亮丝草）**Aglaonema commutatum** Schott

天南星科 Araceae 广东万年青属 / 粗肋草属

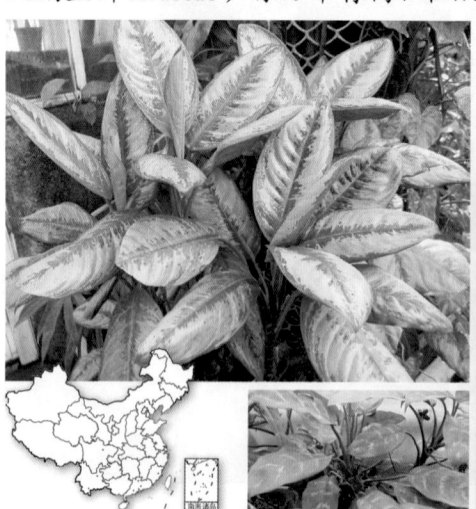

原产及栽培地： 原产菲律宾、印度尼西亚。中国北京、福建、广东、海南、四川、台湾、云南、浙江等地栽培。**习性：** 性较嫩弱，越冬温度宜10℃以上，需较明亮的光线，应给予适当的透射侧向阳光。**繁殖：** 分株、扦插。**园林用途：** 室内观叶植物。

特征要点 多年生草本。株高45~60cm。叶披针形，底色绿，中央有不规则的黄绿色斑块。茎和叶柄也有黄绿色斑纹。

心叶粗肋草（爪哇万年青） **Aglaonema costatum** N. E. Br.

天南星科 Araceae 广东万年青属 / 粗肋草属

原产及栽培地：原产中南半岛、东南亚。中国福建、广东、海南、台湾、云南等地栽培。**习性：**耐阴；喜温暖而潮润空气；喜肥沃壤土。**繁殖：**分株、扦插。**园林用途：**室内观叶植物。

特征要点 多年生草本。株高 30~100cm。茎直立。叶聚生茎顶，具长柄，叶片长椭圆形，长 15~25cm，宽 8~10cm，叶面具白斑。肉穗花序腋生；果成熟时红色。花期夏季，果期冬季。

白雪粗肋草 **Aglaonema robeleynii** (Van Geert) Pitcher & Manda
【*Aglaonema crispum* (Pitcher & Manda) Nicolson】

天南星科 Araceae 广东万年青属 / 粗肋草属

原产及栽培地：原产菲律宾吕宋岛。中国福建、广东、台湾、云南等地栽培。**习性：**植株健壮。扦插繁殖适温为20~28℃。在光线较暗淡的地方也能生长，越冬温度不低于8℃。**繁殖：**分株、扦插。**园林用途：**室内观叶植物。

特征要点 多年生草本。株高达 50~80cm 以上。叶片椭圆披针形，表面革质，缘略带波状起伏，浓暗油绿色，中央有银白色斑块。花果期秋冬季。

广东万年青 Aglaonema modestum Schott ex Engl.
天南星科 Araceae 广东万年青属 / 粗肋草属

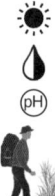

原产及栽培地: 原产中国南部、中南半岛、东南亚。中国四川、云南、广东、广西等地栽培。**习性:** 喜温暖阴湿环境, 能耐0℃低温; 要求疏松肥沃的酸性土壤。**繁殖:** 分株、扦插。**园林用途:** 阴地片植作地被, 室内盆栽观叶。

特征要点 多年生草本。株高60~150cm。叶暗绿色, 卵形, 长10~25cm, 宽8~10cm, 叶柄长, 基部具阔鞘。肉穗花序, 长3~5cm, 花小, 绿色, 具柄; 浆果成熟后黄色或红色。花期夏秋。

黑叶观音莲 Alocasia × mortfontanensis André 天南星科 Araceae 海芋属

原产及栽培地: 原产亚洲热带。中国广东、云南等地栽培。**习性:** 喜温暖、潮湿和半阴环境, 要求排水良好的土壤。**繁殖:** 分株。**园林用途:** 室内观叶植物, 布置大型厅堂、室内花园或热带温室。

特征要点 多年生草本。株高30~50cm。具肉质块茎, 分蘖形成丛生植物。叶具长柄, 箭形盾状, 先端尖锐, 边缘波状, 侧脉直达缺刻, 正面浓绿色, 富有金属光泽, 叶脉银白色明显, 叶背紫褐色。佛焰花序, 从茎端抽生, 白色。

海芋 **Alocasia odora** (G. Lodd.) Spach 天南星科 Araceae 海芋属

原产及栽培地: 原产中国南部、南亚、东南亚。中国北京、台湾、云南等地栽培。**习性:** 喜温暖、潮湿和半阴环境,要求排水良好的土壤。**繁殖:** 分株、扦插、播种。**园林用途:** 大型观叶植物,布置大型厅堂、室内花园或热带温室。

特征要点 多年生常绿草本。株高可达 3m。茎粗壮,叶聚生茎顶。叶片卵状戟形,长 15~90cm。总花梗长 10~30cm,佛焰苞全长 10~20cm,下部筒状,上部稍弯曲呈舟形,肉穗花序稍短于佛焰苞;雌花在下部,仅具雌蕊,子房 1 室,雄花在上部,具 4 个聚药雄蕊。花期 3~6 月,果期冬季。

尖尾芋 **Alocasia cucullata** (Lour.) G. Don 天南星科 Araceae 海芋属

原产及栽培地: 原产中国南部、东南亚。中国北京、福建、广西、上海、四川、台湾、云南、浙江等地栽培。**习性:** 喜半阴环境,喜温暖、潮湿的环境;对土壤要求不高,以排水良好、含有机质的砂质壤土或腐殖质壤土为好。**繁殖:** 分株、播种、扦插。**园林用途:** 室内观叶植物,布置大型厅堂、室内花园或热带温室。

特征要点 多年生直立草本。株高达 2m。地下有肉质根茎。叶柄长,有宽叶鞘,叶大型,盾状阔箭形,聚生茎顶,端尖,边缘微波状,主脉明显。佛焰苞黄绿色,肉穗花序。花期冬春季。

花烛（红掌、哥伦比亚花烛） **Anthurium andraeanum** Linden
天南星科 Araceae 花烛属

原产及栽培地：原产哥伦比亚、厄瓜多尔。中国北京、福建、广东、海南、湖北、上海、四川、台湾、云南、浙江等地栽培。**习性**：耐阴；要求温暖湿润环境；要求疏松肥沃、富含腐殖质的壤土。**繁殖**：扦插、分株。**园林用途**：现代流行盆栽观花、观叶花卉。

特征要点 多年生草本。株高可达 1m。具肉质根，无茎。叶自根茎抽出，具长柄，单生，心形，鲜绿色，纸质，叶脉四陷。单花顶生，花梗长约 50cm；佛焰苞广心形，鲜红色；肉穗花序圆柱状，黄色。花期夏季。

水晶花烛（晶状花烛） **Anthurium crystallinum** Linden & André
天南星科 Araceae 花烛属

原产及栽培地：原产哥伦比亚。中国福建、广东、上海、台湾、云南等地栽培。**习性**：耐阴；要求温暖湿润环境；要求疏松肥沃、富含腐殖质的壤土。**繁殖**：扦插、分株。**园林用途**：现代流行盆栽观花观叶花卉。

特征要点 多年生草本。株高 30~60cm。茎节短。叶茎顶密生，暗绿色，带有天鹅绒状光泽，叶脉银白色。佛焰苞绿色，反折，长 12cm，肉穗花序长于佛焰苞，淡绿色。花期夏季。

火鹤花（花烛） **Anthurium scherzerianum** Schott
天南星科 Araceae 花烛属

原产及栽培地: 原产危地马拉。中国北京、福建、广东、台湾、云南、浙江等地栽培。**习性**: 耐阴；要求温暖湿润环境；要求疏松肥沃、富含腐殖质的壤土。**繁殖**: 扦插、分株。**园林用途**: 现代流行盆栽观花、观叶花卉。

特征要点 多年生草本。株高 30~60cm。茎短。叶簇生，叶片长椭圆至宽披针形，深绿色；花序由绯红佛焰苞和朱红色肉穗花序组成，高出叶面；肉穗花序卷曲。有许多杂交变种，佛焰苞有红色、白色、白底红苞、红底白斑、黄色、绿色等变异。

鹊巢花烛 **Anthurium schlechtendalii** Kunth 天南星科 Araceae 花烛属

原产及栽培地: 原产墨西哥。中国北京、广东、台湾等地栽培。**习性**: 耐阴；要求温暖湿润环境；要求疏松肥沃、富含腐殖质的壤土。**繁殖**: 扦插、分株。**园林用途**: 优良观叶植物，冬暖地区可露地栽培。

特征要点 多年生草本。株高 30~100cm。茎粗，常具密集气生根。叶莲座状着生，具短柄，直立，大型，长可达 1m，宽 10~60cm，全缘。花序生于叶腋，下部具长柄，肉穗细长，长 10~20cm，基部佛焰苞较短小。花期春夏季。

五彩芋 **Caladium bicolor** (Aiton) Vent. 天南星科 Araceae 五彩芋属

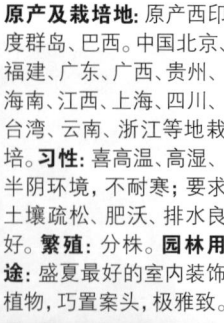

原产及栽培地: 原产西印度群岛、巴西。中国北京、福建、广东、广西、贵州、海南、江西、上海、四川、台湾、云南、浙江等地栽培。**习性:** 喜高温、高湿、半阴环境,不耐寒;要求土壤疏松、肥沃、排水良好。**繁殖:** 分株。**园林用途:** 盛夏最好的室内装饰植物,巧置案头,极雅致。

特征要点　多年生草本。株高 50~70cm。块茎扁圆形,黄色。叶心形,长达 30cm,表面绿色,具红或白色斑点,背面粉绿色,叶柄长为叶片的 3~7 倍。佛焰苞外面绿色,里面粉绿色,喉部带紫,苞片锐尖,顶部褐白色。花期 4 月。

大王万年青(大王黛粉芋) **Dieffenbachia amoena** Bull.
天南星科 Araceae 黛粉芋属

原产及栽培地: 原产阿根廷。中国北京、福建、广东、湖北、四川、台湾、云南等地栽培。**习性:** 喜高温、高湿及半阴环境;不耐寒,冬季最低温度需保持在 15℃以上;要求疏松肥沃、排水良好的土壤。**繁殖:** 扦插。**园林用途:** 室内盆栽观叶。

特征要点　多年生草本。株高达 2m。茎粗壮,直立。盆栽时株高有 1m 左右。叶常绿,叶片大,长椭圆形,深绿色,有光泽,沿中脉两侧有乳白色条纹和斑点。全年观叶。

花叶万年青（星点万年青、鲍斯氏花叶万年青） **Dieffenbachia seguine**
(Jacq.) Schott【Dieffenbachia picta (Lodd.) Schott】天南星科 Araceae 黛粉芋属

原产及栽培地: 原产南美洲。中国北京、福建、广东、广西、海南、湖北、四川、台湾、云南、浙江等地栽培。**习性:** 喜高温、高湿及半阴环境; 不耐寒, 冬季最低温度需保持在 15℃以上; 要求疏松肥沃、排水良好的土壤。**繁殖:** 扦插。**园林用途:** 室内盆栽观叶。

特征要点 多年生草本。株高 40cm。叶长椭圆形, 先端逐渐细长, 长 30cm 左右, 宽 12~13cm, 叶柄的 2/3 为鞘状, 叶面黄绿色, 有白色和深绿色的鲜明斑点, 背面和叶柄淡绿色。全年观叶。

麒麟叶（绿萝） **Epipremnum pinnatum** (L.) Engl.
天南星科 Araceae 麒麟叶属

原产及栽培地: 原产马来半岛。中国北京、福建、广东、广西、贵州、海南、湖北、上海、四川、台湾、云南、浙江等地栽培。**习性:** 喜温暖、荫蔽、湿润; 要求土壤疏松、肥沃、排水良好。**繁殖:** 扦插。**园林用途:** 南方吸附墙壁垂直绿化或攀附林下, 北方大型立柱盆栽观赏。

特征要点 常绿大藤本。蔓长达 10m 以上, 具气根, 可附着其他物体上。茎节间具小沟。叶卵形, 幼株上叶全缘, 成年株上叶具不规则深裂, 光亮, 淡绿色, 有淡黄色斑块, 长达 60cm, 垂挂。全年观叶。

龟背竹（蓬莱蕉） **Monstera deliciosa** Liebm. 天南星科 Araceae 龟背竹属

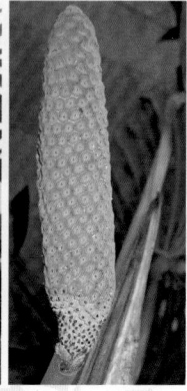

原产及栽培地: 原产墨西哥。中国北京、福建、广东、广西、海南、湖北、江苏、陕西、上海、四川、台湾、云南、浙江等地栽培。**习性:** 忌夏季阳光直晒; 喜温暖、半荫蔽、湿润, 不耐寒; 要求土质肥沃、排水良好。**繁殖:** 扦插。**园林用途:** 盆栽装饰厅堂、会场阴暗角隅, 极为适宜。

特征要点 常绿大藤本。茎可长达数米, 粗壮, 气根可长达 1~2m, 细柱形, 褐色。叶大型, 具柄, 羽状深裂, 各叶脉间有穿孔, 革质, 下垂。花茎多瘤, 佛焰苞淡黄色, 长可达 30cm; 花穗长 20~25cm, 乳白色。浆果球形。花果期秋冬季。

斜叶龟背竹 **Monstera obliqua** Miq. 天南星科 Araceae 龟背竹属

原产及栽培地: 原产南美洲北部。中国北京、福建、广东、上海、台湾、云南等地栽培。**习性:** 忌夏季阳光直晒; 喜温暖、半荫蔽、湿润, 不耐寒; 要求土质肥沃、排水良好。**繁殖:** 扦插。**园林用途:** 可作中小型盆栽, 也可作悬挂植物。

特征要点 常绿藤本。茎长可达 1m。植株较弱小。茎扁平, 绿色。叶具柄, 斜卵形, 两侧不对称, 中间具窗孔, 叶缘完整, 叶脉偏向一方。全年观叶。

羽叶喜林芋（羽裂蔓绿绒）Thaumatophyllum bipinnatifidum (Schott ex Endl.) Sakur. , Calazans & Mayo 【Philodendron bipinnatifidum Schott ex Endl.】天南星科 Araceae 鹅掌芋属 / 喜林芋属

原产及栽培地: 原产阿根廷、巴西。中国北京、福建、广东、海南、湖北、上海、四川、台湾、云南、浙江等地栽培。**习性:** 极耐阴, 在室内弱光下亦生长良好; 喜高温多湿环境, 冬季耐 10℃低温; 喜肥沃、疏松、排水良好的微酸性土壤。**繁殖:** 扦插。**园林用途:** 南方多庭院露地栽培, 北方盆栽观赏。

特征要点 多年生常绿藤本。株高可达 3~4m。茎粗壮, 具气生根, 叶痕显著。叶片羽状深裂, 裂片长圆形, 底边裂片又 1~4 二次裂, 裂片大小不一。花序生于叶腋, 佛焰苞内面黄色; 肉穗花序黄色。果序长棒状, 绿色。花果期春夏季。

红苞喜林芋 Philodendron erubescens K. Koch & Augustin
天南星科 Araceae 喜林芋属

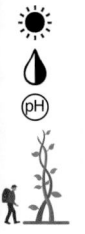

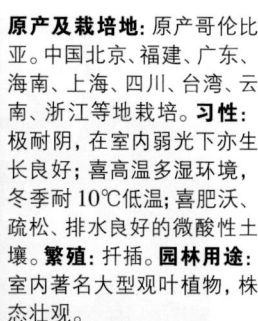

原产及栽培地: 原产哥伦比亚。中国北京、福建、广东、海南、上海、四川、台湾、云南、浙江等地栽培。**习性:** 极耐阴, 在室内弱光下亦生长良好; 喜高温多湿环境, 冬季耐 10℃低温; 喜肥沃、疏松、排水良好的微酸性土壤。**繁殖:** 扦插。**园林用途:** 室内著名大型观叶植物, 株态壮观。

特征要点 多年生常绿藤本。株高可达数米。茎粗壮, 绿色, 节部有气生根, 叶痕环状。叶柄、叶背和幼嫩部分常为暗红色; 叶片卵圆状三角形, 有光泽, 不分裂。佛焰苞长达 15cm, 紫红色; 肉穗花序白色。通常不开花。

心叶蔓绿绒（心叶喜林芋） **Philodendron hederaceum** (Jacq.) Schott
天南星科 Araceae 喜林芋属

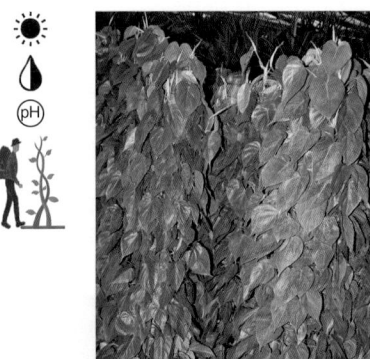

原产及栽培地：原产波多黎各。中国北京、福建、广东、海南、湖北、江苏、四川、台湾、云南、浙江等地栽培。**习性**：极耐阴，在室内弱光下亦生长良好；喜高温多湿环境，冬季耐10℃低温；喜肥沃、疏松、排水良好的微酸性土壤。**繁殖**：扦插。**园林用途**：室内盆栽观赏。

特征要点　多年生常绿藤本。株高常1~2m。茎较细，绿色，节间长。嫩茎带红色。叶卵状心形，嫩叶黄色，成龄叶绿色，具5~6对明显脉。

琴叶喜林芋 **Philodendron panduriforme** (Kunth) Kunth
天南星科 Araceae 喜林芋属

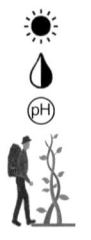

原产及栽培地：原产南美洲等。中国北京、福建、广东、台湾、云南等地栽培。**习性**：极耐阴，在室内弱光下亦生长良好；喜高温多湿环境，冬季耐10℃低温；喜肥沃、疏松、排水良好的微酸性土壤。**繁殖**：扦插。**园林用途**：盆栽观赏，适宜室内、厅堂摆设。

特征要点　多年生常绿藤本。株高常1~2m。茎蔓性，呈木质状，具多数气生根。叶片革质，形似小提琴，基部具二长裂片，中部凹缩，先端尖，正面暗绿色，有光泽。

星点藤 **Scindapsus pictus** Hassk. 天南星科 Araceae 藤芋属

原产及栽培地: 原产印度、缅甸、菲律宾等。中国福建、广东、台湾、云南等地栽培。**习性**: 耐阴; 喜温暖湿润环境; 要求富含腐殖质的肥沃壤土。**繁殖**: 分株、扦插。**园林用途**: 室内蔽荫处理想攀缘观叶植物, 也适宜吊挂装饰。

特征要点 多年生攀缘藤本。茎长可达数米, 纤细、绿色, 节处生气生根。叶互生, 具短柄, 卵圆形至椭圆形, 偏斜, 两侧不等大, 基部心形, 全缘, 叶面粉绿色, 具银白色斑点。

银苞芋 **Spathiphyllum floribundum** (Linden & André) N. E. Br.
天南星科 Araceae 白鹤芋属

原产及栽培地: 原产秘鲁、圭亚那。中国福建、广东、湖北、四川、台湾、云南等地栽培。**习性**: 喜高温多湿和半阴环境; 以肥沃、含腐殖质丰富的壤土为好。**繁殖**: 分株。**园林用途**: 盆栽或在荫蔽处丛植、列植, 也可在岩石或水池边缘绿化。

特征要点 多年生草本。株高 20~40cm。叶丛生基部, 具柄, 叶片椭圆至宽倒披针形, 边全缘, 正面深绿色, 侧脉平行。花莛具长柄, 高出叶丛; 佛焰苞大, 椭圆形, 长约 7.5cm, 淡绿色至白色, 先端具尾尖; 肉穗花序淡绿色至黄白色。花期春季。

白鹤芋 **Spathiphyllum lanceifolium** (Jacq.) Schott【Spathiphyllum kochii Engl. & Krause】天南星科 Araceae 白鹤芋属

原产及栽培地: 原产委内瑞拉。中国广东、海南、湖北、上海、台湾、云南等地栽培。**习性:** 喜高温多湿和半阴环境;以肥沃、含腐殖质丰富的壤土为好。**繁殖:** 分株、播种、组培。**园林用途:** 盆栽或在荫蔽处丛植、列植,也可在岩石或水池边缘绿化。

特征要点 多年生草本。株高40cm。具短根茎。叶丛生基部,叶片长椭圆状披针形,两端渐尖,叶脉明显;叶柄长,基部呈鞘状。花葶直立,高出叶丛;佛焰苞直立向上,白色,长卵圆形,稍卷,先端长渐尖;肉穗花序圆柱状,白色。花期春季。

合果芋 **Syngonium podophyllum** Schott 天南星科 Araceae 合果芋属

原产及栽培地: 原产中南美洲墨西哥至巴拿马热带雨林。中国北京、福建、广东、海南、湖北、上海、四川、台湾、云南、浙江等地栽培。**习性:** 喜高温、高湿的半阴环境,忌低温寒冷;要求富含腐殖质的疏松肥沃、排水良好的土壤。**繁殖:** 扦插。**园林用途:** 最适宜作图腾柱式栽植,或立支架任其攀缘。

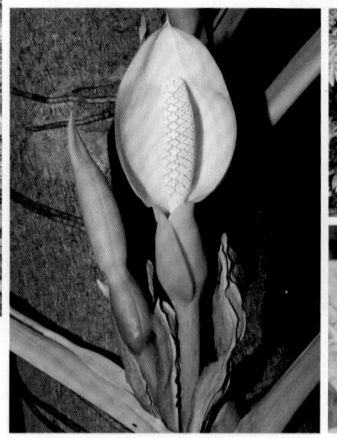

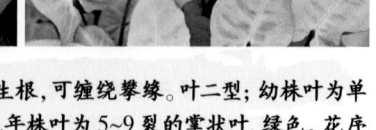

特征要点 多年生常绿蔓生草本。根略肉质,肥厚。枝上具气生根,可缠绕攀缘。叶二型;幼株叶为单叶,箭形或戟形,颜色因品种而异,绿色、白色、黄色至紫红色;成年株叶为5~9裂的掌状叶,绿色。花序腋生;佛焰苞外面浅绿色,内面黄色。花期秋季。

雪铁芋 **Zamioculcas zamiifolia** (Lodd.) Engl. 天南星科 Araceae 雪铁芋属

原产及栽培地: 原产南非、坦桑尼亚。中国北京、福建、广东、海南、四川、台湾、云南、浙江等地栽培。**习性:** 喜暖热略干、半阴环境,忌强光暴晒;耐干旱,但畏寒冷;要求疏松肥沃、排水良好、富含有机质的酸性土壤。**繁殖:** 分株、扦插、叶插。**园林用途:** 流行的室内大型盆景,适合客厅、书房、起居室内摆放。

特征要点 多年生草本。株高 40~100cm。块茎肥大;无地上茎。羽状复叶基生;叶轴粗壮,绿色,基部膨大,肉质,茎达 2cm;小叶对生或近对生,6~10 对,具短柄,叶片肉质,椭圆形至长圆形,暗绿色,有光泽。肉穗花序黄色,长于绿色佛焰苞。花期春季。

西藏吊灯花 **Ceropegia pubescens** Wall.
夹竹桃科 / 萝藦科 Apocynaceae/Asclepiadaceae 吊灯花属

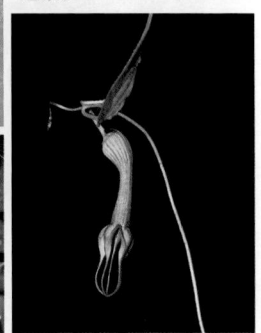

原产及栽培地: 原产中国西南地区。云南、贵州、四川等地栽培。**习性:** 耐半阴;喜温暖湿润环境;喜肥沃土壤。**繁殖:** 播种。**园林用途:** 花形奇特美丽,可用于造景。

特征要点 草质藤本。株高 30cm 以上。叶对生,有柄,膜质,卵圆形,亮绿色。聚伞花序腋生,着花约 8 朵;花萼深 5 裂,裂片披针形;花冠膜质,长达 5cm,筒部紫色,基部椭圆状膨胀,檐部黄色,裂片钻状披针形,端部内折而黏合。菁葖果。花期 7~9 月,果期 10~11 月。

吊金钱（爱之蔓）Ceropegia woodii Schltr.

夹竹桃科 / 萝藦科 Apocynaceae/Asclepiadaceae 吊灯花属

原产及栽培地：原产南非。中国北京、福建、广东、湖北、江苏、江西、云南、浙江等地栽培。**习性**：喜光；喜温暖干爽环境；喜疏松而排水良好的砂质土壤。**繁殖**：插茎、小块茎。**园林用途**：可作悬挂盆花，或置高架上使茎蔓下垂，是很好的装饰盆花。

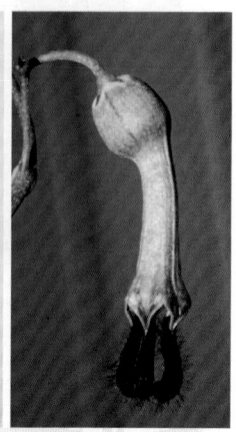

特征要点　多年生蔓生草本。茎长可达 1m，细软低垂，节间长 2~8cm，常滋生深褐色小块茎。叶对生，肉质，心形，长 1.5~2cm，具短柄，叶脉深陷，边缘具白色斑纹。花肉黄色，长 2.5cm，具弯曲长筒；花冠 5 针状直裂片，顶端带黑色。几乎全年有花。

青蛙藤（爱元果）Dischidia vidalii Becc.

夹竹桃科 / 萝藦科 Apocynaceae/Asclepiadaceae 眼树莲属

原产及栽培地：原产菲律宾。中国广州等地栽培。**习性**：喜半阴；喜温暖湿润环境，不耐寒；要求排水良好的腐殖土。**繁殖**：扦插、压条。**园林用途**：小型盆栽观叶，室内常做支架或图腾柱式栽培。

特征要点　多年生附生肉质草本；茎节易生根。单叶对生，肥厚多肉，卵形，先端急尖，全缘；具变态叶，膨大中空，状若元宝，外部翠绿色，内部紫红色，且具根群。小花数朵，簇生叶腋，鲜红色。菁葖果针状圆柱形。花期夏秋季。

316

球兰 Hoya carnosa (L. f.) R. Br.

夹竹桃科 / 萝藦科 Apocynaceae/Asclepiadaceae 球兰属

原产及栽培地: 原产中国、印度、中南半岛、东南亚。中国北京、福建、广东、广西、海南、湖北、江苏、上海、台湾、云南、浙江等地栽培。**习性:** 喜半阴,忌烈日暴晒;喜高温高湿环境,适生温度为20~25℃;喜肥沃、透气、排水良好的土壤。**繁殖:** 扦插、压条。**园林用途:** 盆栽观赏,可支架攀缘或垂吊悬挂。

特征要点 肉质攀缘藤本。长可达1m以上。叶对生,肉质,卵圆形,长3.5~12cm,脉不明显。聚伞花序伞形状,腋生,着花约30朵;花白色,直径2cm;花冠辐状,花冠筒短;副花冠星状,基部紫红色。蓇葖果线形。花期4~6月,果期7~8月。

新几内亚凤仙花 Impatiens hawkeri W. Bull

凤仙花科 Balsaminaceae 凤仙花属

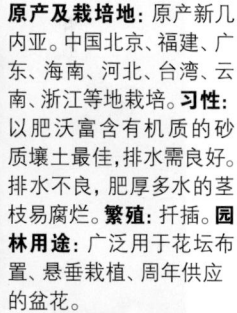

原产及栽培地: 原产新几内亚。中国北京、福建、广东、海南、河北、台湾、云南、浙江等地栽培。**习性:** 以肥沃富含有机质的砂质壤土最佳,排水需良好。排水不良,肥厚多水的茎枝易腐烂。**繁殖:** 扦插。**园林用途:** 广泛用于花坛布置、悬垂栽植、周年供应的盆花。

特征要点 多年生草本。株高15~50cm,茎肉质,光滑,暗红色。叶互生,披针形,叶面着生各种鲜艳色彩。花腋生,两侧对称,有距,花色丰富,有白色、粉色、桃红、朱红、玫瑰红、橘红、深红、古铜等色。花期几全年。

苏丹凤仙花（玻璃翠） **Impatiens walleriana** Hook. f.
凤仙花科 Balsaminaceae 凤仙花属

原产及栽培地: 原产非洲桑给巴尔。中国北京、福建、广东、海南、黑龙江、湖北、江苏、四川、台湾、云南、浙江等地栽培。**习性:** 以肥沃富含有机质的砂质壤土最佳，排水需良好。排水不良，肥厚多水的茎枝易腐烂。**繁殖:** 扦插。**园林用途:** 用于花坛布置，盆花栽培。

特征要点 半灌木。株高30~60cm，全株无毛。茎粗壮，绿色。叶互生或轮生，卵状披针形，具钝锯齿。花腋生，有距，直径约4cm，原为深红色，也有白色及淡红色的。花期几全年。

丽格秋海棠 **Begonia × hiemalis** Fotsch 秋海棠科 Begoniaceae 秋海棠属

原产及栽培地: 杂交起源，德国培育。中国北京、四川、台湾、云南、浙江等地栽培。**习性:** 喜温暖、湿润、半阴环境，适生温度为15~22℃，宜于深厚腐殖质土生长。**繁殖:** 扦插。**园林用途:** 冬季美化室内环境的优良品种，也是四季室内观花植物。

特征要点 多年生草本。株高20~30cm。具球根。叶卵圆形，翠绿色。花朵亮丽，花色丰富，品种甚多，常见栽培品种的花色有大红、粉红、黄、白等。花期几全年。

四季秋海棠 **Begonia cucullata** Willd. 【Begonia semperflorens Link & Otto】秋海棠科 Begoniaceae 秋海棠属

原产及栽培地: 原产巴西。中国各地栽培。**习性**: 喜长日照; 喜温暖湿润气候, 要求微荫蔽环境, 不耐暴晒, 忌高温及渍涝, 不耐寒。**繁殖**: 播种、扦插、分株。**园林用途**: 布置花坛、草地镶边、立柱、花墙, 可室内盆栽装饰。

特征要点 多年生草本。株高 15~30cm。茎光滑, 多由基部分枝。叶肉质, 卵形或卵圆形, 基部微斜, 缘有齿及睫毛, 有绿、紫红或绿带紫晕等变化。聚伞花序, 雌雄同株异花, 花色有红、粉红及白等色, 花瓣或重瓣或单瓣。蒴果绿黄色, 翅带微红。花期长, 可四季开放。

球根秋海棠(球茎秋海棠) **Begonia × tuberhybrida** Voss
秋海棠科 Begoniaceae 秋海棠属

原产及栽培地: 杂交起源, 法国选育。中国北京、福建、广东、江苏、上海、四川、台湾、云南等地栽培。**习性**: 喜半阴; 生长适温 15~20℃; 要求空气湿度 75%~80%; 要求疏松、肥沃、排水良好和微酸性的砂质壤土。**繁殖**: 播种、扦插、分割块茎。**园林用途**: 夏秋盆栽花卉, 可装饰会议室、餐桌、案头, 可吊盆观赏。

特征要点 多年生草本。株高 30~100cm。地下部具块茎, 扁球形。茎有分枝, 肉质。叶互生, 偏心状卵形。花单性同株, 雄花大而美丽, 直径 5cm 以上; 雌花小型, 5 瓣; 雄花具单瓣、半重瓣和重瓣; 花色有白、淡红、红、紫红、橙、黄及复色等, 尚无蓝色。花期秋季。

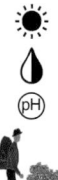

银星秋海棠 Begonia × albopicta W. Bull 秋海棠科 Begoniaceae 秋海棠属

原产及栽培地：原产巴西。中国北京、福建、广东、广西、江苏、上海、四川、台湾、云南、浙江等地栽培。**习性**：喜长日照；喜温暖、湿润、荫蔽及空气湿度大的环境；要求土层深厚、排水良好的砂质壤土。**繁殖**：播种、扦插、分株。**园林用途**：宜盆栽，点缀居室。

特征要点 亚灌木。株高60~120cm。茎红褐色、平滑直立，茎节处膨大，多分枝。叶片长圆形至长卵圆形，叶面绿色，密布小型银白色斑点，叶背有红晕，叶面微皱。花序腋生，花白色染红晕。蒴果玫红、粉红色。四季有花，盛花期在夏季。

玻利维亚秋海棠 Begonia boliviensis A. DC.
秋海棠科 Begoniaceae 秋海棠属

原产及栽培地：原产阿根廷、玻利维亚、秘鲁。中国云南、浙江、北京、台湾等地栽培。**习性**：喜长日照；喜温暖、湿润、荫蔽及空气湿度大的环境；要求土层深厚、排水良好的砂质壤土。**繁殖**：播种、扦插、分株。**园林用途**：适宜盆栽观赏。

特征要点 多年生草本。株高60~100cm。块茎扁平球形，茎分枝下垂，绿褐色。叶长，卵状披针形。花橙红色。花期夏秋。

槭叶秋海棠 Begonia digyna Irmsch. 秋海棠科 Begoniaceae 秋海棠属

原产及栽培地：原产中国。中国福建、广西、贵州、湖北、湖南、云南、浙江等地栽培。**习性：**耐阴；喜温暖气候；要求湿润、肥沃、深厚的土壤。**繁殖：**播种、叶插、分株。**园林用途：**宜盆栽，点缀居室。

特征要点 多年生草本。株高 25~37cm。根状茎短，横走。叶基生，具长柄，叶片 6~7 中裂，裂片常再浅裂。花莛基生，短于叶，有花 2~4 朵；花粉红至玫瑰色。蒴果下垂，具不等 3 翅。花期 7 月，果期 8 月。

白芷叶秋海棠（枫叶秋海棠） Begonia heracleifolia Schltdl. & Cham.
秋海棠科 Begoniaceae 秋海棠属

原产及栽培地：原产墨西哥、南美洲。中国福建、广东、江苏、上海、云南、浙江等地栽培。**习性：**喜半阴；要求疏松、肥沃、排水良好和微酸性的砂质壤土。**繁殖：**播种、扦插、分株。**园林用途：**适宜盆栽观赏。

特征要点 多年生草本。株高 40~100cm。根状茎粗短。叶圆形，具 5~9 裂，有长柄，带刺毛。花梗长，带毛。花白色或带粉红色。花期 4~5 月。

铁甲秋海棠 **Begonia masoniana** Irmsch. ex Ziesenh.
秋海棠科 Begoniaceae 秋海棠属

原产及栽培地: 原产中国、越南。中国北京、福建、广东、湖北、四川、台湾、云南等地栽培。**习性**: 喜长日照; 喜温暖、湿润、荫蔽及空气湿度大的环境; 要求土层深厚、排水良好的砂质壤土。**繁殖**: 播种、扦插、分株。**园林用途**: 适宜盆栽观赏。

特征要点　多年生草本。株高 40~60cm。根茎粗大。叶卵圆形, 表面具皱纹及刺毛, 叶色淡绿, 叶片中央有不规则的红褐色环纹, 或自叶中央有 4 或 5 道古铜紫色向外放射条斑, 或具十字状斑纹。花小, 白色。花期 7~8 月。

大王秋海棠（蟆叶秋海棠、紫叶秋海棠）**Begonia rex** Putz.
秋海棠科 Begoniaceae 秋海棠属

原产及栽培地: 原产印度。中国北京、福建、广东、广西、贵州、海南、湖北、江苏、江西、上海、台湾、云南、浙江等地栽培。**习性**: 喜长日照; 喜温暖、湿润、荫蔽及空气湿度大的环境; 要求土层深厚、排水良好的砂质壤土。**繁殖**: 播种、分株、叶插。**园林用途**: 重要盆栽观叶植物。

特征要点　多年生草本。株高 20~50cm。无地上茎。肉质根茎粗大, 平卧于地下, 呈匍匐状, 叶及花均自根茎抽出。叶卵圆形, 表面暗绿色, 具皱纹, 中间有银白色环纹, 叶背红色, 叶脉叶柄多毛。花粉红色, 高出叶面。花期 4~10 月。

美叶光萼荷 **Aechmea fasciata** (Lindl.) Baker
凤梨科 Bromeliaceae 尖萼凤梨属 / 光萼荷属

原产及栽培地：原产巴西。中国北京、福建、广东、台湾、云南、浙江等地栽培。**习性**：喜温暖、潮湿、阳光充足环境，疏松、透气、丰富营养的栽培基质；易受霜害。**繁殖**：播种、分栽吸芽。**园林用途**：著名室内观叶、观花植物。

特征要点 多年生草本。株高 40~60cm。植株常附生，一次性开花，无茎。叶莲座状，10~20 枚，条状弓剑形，长 50cm，宽 6cm，边缘有黑刺，叶鞘圆，内面红褐色，背面有大理石状横纹。花莛高约 30cm，密生圆锥花序；苞片红色至粉红色，小花初开为蓝色后变红色。花期秋冬季。

珊瑚凤梨 **Aechmea fulgens** Brongn. 凤梨科 Bromeliaceae 尖萼凤梨属 / 光萼荷属

原产及栽培地：原产巴西。中国北京、福建、广东、上海、台湾、云南等地栽培。**习性**：喜温暖、潮湿、阳光充足环境，疏松、透气、丰富营养的栽培基质；易受霜害。**繁殖**：分株。**园林用途**：著名室内观叶、观花植物。

特征要点 多年生草本。株高 40~80cm。叶丛较松，绿色，叶片长达 50cm。圆锥花序，塔形；苞片鲜红色；小花紫色。浆果红色。花期夏季。

凤梨 **Ananas comosus** (L.) Merr. 凤梨科 Bromeliaceae 凤梨属

原产及栽培地: 原产巴西、巴拉圭。中国北京、福建、广东、广西、海南、湖北、陕西、上海、四川、台湾、云南、浙江等地栽培。**习性:** 喜光; 喜温暖湿润气候; 喜疏松肥沃、富含腐殖质、排水良好的酸性壤土。**繁殖:** 催芽、营养体繁殖、组织培养。**园林用途:** 盆栽可观叶赏花, 果实为著名热带水果。

特征要点 多年生草本。株高 40~100cm。茎短。叶莲座式排列, 剑形, 长 40~90cm, 顶端渐尖, 背面粉绿色; 花序下部叶鲜红色。花序顶生, 松球状, 长 6~8cm; 萼片肉质; 花瓣长椭圆形, 长约 2cm, 上部紫红色, 下部白色。聚花果肉质, 长 15cm 以上。花期夏季至冬季。

垂花水塔花(俯垂水塔花) **Billbergia nutans** H. Wendl. ex Regel
凤梨科 Bromeliaceae 水塔花属

原产及栽培地: 原产阿根廷、巴西、巴拉圭、乌拉圭。中国北京、福建、广东、广西、贵州、江苏、陕西、上海、台湾、云南、浙江等地栽培。**习性:** 喜温暖、湿润, 半阴或光线充足; 要求疏松、肥沃、排水良好的栽培基质。**繁殖:** 分株。**园林用途:** 室内盆栽观赏。

特征要点 多年生草本。株高及冠幅可达 40cm。叶丛生, 基部莲座状, 线状披针形。花下垂, 苞片粉红色, 花冠黄绿色, 边缘蓝紫色。花期春季。

水塔花 **Billbergia pyramidalis** (Sims) Lindl. 凤梨科 Bromeliaceae 水塔花属

原产及栽培地: 原产巴西。中国北京、福建、广东、广西、海南、湖北、江苏、上海、台湾、云南、浙江等地栽培。**习性:** 喜温暖、湿润,半阴或光线充足;要求疏松、肥沃、排水良好的栽培基质。**繁殖:** 分株。**园林用途:** 室内盆栽,优良观叶赏花植物。

特征要点 多年生草本。株高 40~80cm。植株附生性,莲座状,无茎。叶阔条形或披针形,基部略膨大,筒状簇生,正面绿色,背面粉绿色。穗状花序,直立,稍高于叶,苞片粉红色,萼片暗红色,被粉;花冠鲜红色,开花时旋扭。花期春季。

斑马水塔花(斑缟水塔花) **Billbergia zebrina** (Herb.) Lindl.
凤梨科 Bromeliaceae 水塔花属

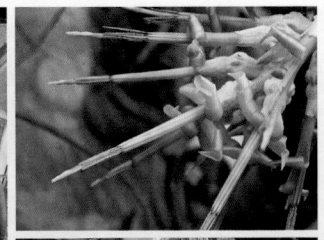

原产及栽培地: 原产阿根廷、巴西、巴拉圭、乌拉圭。中国北京、广东、台湾、云南等地栽培。**习性:** 喜温暖、湿润,半阴或光线充足;要求疏松、肥沃、排水良好的栽培基质。**繁殖:** 分株。**园林用途:** 室内盆栽,优良观叶赏花植物。

特征要点 多年生草本。株高约 60cm。植株莲座状。叶厚,叶尖反卷,叶背横斑极明显。穗状花序垂俯,长约 45cm,具小花 30 多朵,苞片红色,花黄绿色或绿色,花瓣长约 5cm。花期 8 月。

姬凤梨 **Cryptanthus acaulis** (Lindl.) Beer 凤梨科 Bromeliaceae 姬凤梨属

原产及栽培地：原产巴西。中国北京、福建、广东、上海、台湾、云南等地栽培。**习性**：喜高温、半阴、湿度大，能耐阳光；亦较耐旱；以排水良好的砂砾土为宜。**繁殖**：分株。**园林用途**：南方作花坛镶边或林下附生于矮树旁，北方供案头装饰。

特征要点 多年生草本。株高 8~10cm，幅宽 15~20cm。植株莲座状，常绿，无茎。叶硬，密生莲座状，阔披针形，长 10~20cm，宽 1~3cm，先端尖，边缘具稀疏锯齿，叶面中间绿色，边缘具紫色条纹。小头状花序在叶筒内，花白色，芳香。花期夏秋季。

星花凤梨（果子蔓） **Guzmania lingulata** (L.) Mez
凤梨科 Bromeliaceae 星花凤梨属

原产及栽培地：原产美洲热带地区。中国安徽、北京、福建、广东、上海、台湾、云南、浙江等地栽培。**习性**：喜高温高湿、半阴与排水良好环境，易受霜害。**繁殖**：分植吸芽、播种。**园林用途**：著名观赏盆花，花叶均美丽。

特征要点 多年生无茎草本。株高 30~60cm。莲座状叶丛生于短缩茎上，叶片带状，弓形，长达 40cm，宽约 4cm，叶面平滑，边缘有疏细齿，亮绿色。花序生于叶丛中央；花序圆锥状或短穗状；苞片叶状，鲜红色至黄色；花冠筒浅黄色。花期几全年。

彩叶凤梨（美艳羞凤梨）**Neoregelia carolinae** (Beer) L. B. Sm.
凤梨科 Bromeliaceae 彩叶凤梨属

原产及栽培地: 原产巴西。中国北京、福建、广东、湖北、上海、台湾、云南、浙江等地栽培。**习性:** 喜温暖与半阴环境，易受霜冻；要求富含腐殖质、排水良好的土壤。**繁殖:** 播种、分栽吸芽。**园林用途:** 重要的观赏盆花。

特征要点 多年生草本。株高 20~40cm。植株附生性。叶基生，莲座状，叶片光滑，正面绿色，背面色较深，长约 40cm，基部在莲座丛四周折套，向外渐窄而平展；开花期中央叶片色变鲜红或紫红色；叶丛中心常积水；头状花序直径约 5cm；花茎蓝色。花期春夏季。

端红凤梨（羞凤梨）**Neoregelia spectabilis** (T. Moore) L. B. Sm.
凤梨科 Bromeliaceae 彩叶凤梨属

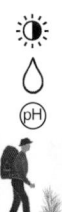

原产及栽培地: 原产巴西。中国北京、福建、广东、贵州、湖北、江苏、上海、台湾、云南、浙江等地栽培。**习性:** 喜温暖与半阴环境，易受霜冻；要求富含腐殖质、排水良好的土壤。**繁殖:** 播种、分栽吸芽。**园林用途:** 重要的观赏盆花。

特征要点 多年生草本。株高 20~40cm，幅宽约 60cm。植株附生性，无茎。莲座状叶丛具 20~30 枚叶；叶片带形，反曲，边缘有疏齿；花期叶尖玫瑰红色至血红色。头状花序密生于莲座叶中央；小花多，白色变为浅蓝色。浆果。花期未知。

红杯巢凤梨 **Nidularium fulgens** Lem. 凤梨科 Bromeliaceae 鸟巢凤梨属

原产及栽培地: 原产巴西。中国北京、广东、台湾、云南等地栽培。**习性:** 喜半阴; 喜高温高湿,易受霜害; 要求富含腐殖质的疏松壤土。**繁殖:** 分蘖芽、播种。**园林用途:** 主要供盆栽观赏。

特征要点 多年生草本。株高 20~40cm。植株附生性, 无茎。莲座状叶 15~20 片, 条形, 长 30cm, 宽 5cm, 边缘有刺, 浅绿色, 有深绿色不定形斑。圆锥花序着生在莲座状叶中央基部, 直径约 8cm, 每朵花有一红色或紫红色苞片; 花葶蓝色。花期夏秋季。

铁兰(紫花凤梨) **Wallisia cyanea** Barfuss & W. Till 【Tillandsia cyanea L. B. Sm.】 凤梨科 Bromeliaceae 缟纹凤梨属 / 铁兰属

原产及栽培地: 原产厄瓜多尔。中国北京、福建、广东、台湾、云南等地栽培。**习性:** 喜高温、通风、半阴或光线充足环境; 畏霜寒。**繁殖:** 分株、分栽吸芽。**园林用途:** 重要盆栽花卉, 观花, 赏叶。

特征要点 多年生附生草本。株高 30cm。叶丛莲座状, 叶片 20~30 枚, 线形, 长约 30cm, 中部下凹, 弓状, 正面绿色, 基部褐色, 叶背面绿褐色。花梗粗, 总苞呈扇状, 深红色; 小花蓝紫色; 花瓣 3 枚, 直径约 3cm。花期春夏季。

莺歌凤梨 **Vriesea carinata** Wawra 凤梨科 Bromeliaceae 鹦哥凤梨属

原产及栽培地: 原产阿根廷、巴西、厄瓜多尔。中国北京、福建、广东、四川、台湾、云南、浙江等地栽培。**习性**: 喜半阴或光线充足; 喜温暖、潮湿环境, 易受霜害; 要求富含腐殖质的土壤。**繁殖**: 分栽吸芽、播种。**园林用途**: 极美的室内盆栽观叶赏花植物。

特征要点 多年生草本。株高 30~60cm。植株附生性, 莲座状, 无茎。叶基生, 叶片带状, 长 20~40cm, 宽 4~6cm, 鲜绿色。花序分枝; 苞片扁平, 基部红色, 上部为鲜黄色至黄绿色; 花浅黄色。花期几全年。

帝王凤梨 **Alcantarea imperialis** (Carrière) Harms 【Vriesea imperialis Carrière】 凤梨科 Bromeliaceae 丝瓣凤梨属 / 丽穗凤梨属

原产及栽培地: 原产巴西。中国北京、台湾、广东、云南等地栽培。**习性**: 喜半阴或光线充足; 喜温暖、潮湿环境, 易受霜害; 要求富含腐殖质的土壤。**繁殖**: 分栽吸芽、播种。**园林用途**: 极美的观叶赏花植物, 适宜热带庭院中孤植观赏。

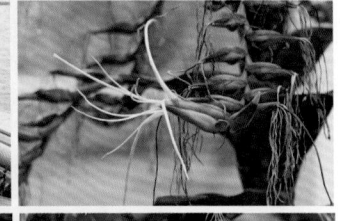
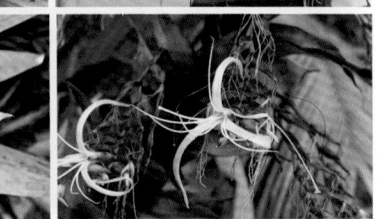

特征要点 大型多年生草本。株高可达 3m, 幅宽可达 1m。基生叶莲座状, 叶片披针形, 长 50~100cm, 宽 8~15cm, 全缘, 叶背带紫红色。圆锥花序顶生, 大型, 尖塔状; 苞片密集, 叶状, 短小, 抱茎, 背面紫红色; 花序分枝先端下垂, 小苞片紫红色。花期春夏季。

329

虎纹凤梨 Lutheria splendens (Brongn.) Barfuss & W. Till【Vriesea splendens (Brongn.) Lem.】凤梨科 Bromeliaceae 丽穗凤梨属 / 鹦哥凤梨属

原产及栽培地：原产委内瑞拉、圭亚那。中国北京、福建、广东、台湾、云南等地栽培。**习性：**喜半阴或光线充足；喜温暖、潮湿环境，易受霜害；要求富含腐殖质的土壤。**繁殖：**分栽吸芽、播种。**园林用途：**极美的室内盆栽观叶赏花植物。

特征要点 多年生草本。株高达 1m。植株附生性。叶莲座状密生，条形，长 30cm，宽 9cm，先端向下弯，质硬，叶面有深紫褐色不规则横纹，背面有白粉。花莛高出叶面，穗状花序扁平，不分枝；苞片大，艳红色，蜡质，紧密贴生；花黄白色，自苞片间伸出。花期夏季。

白花紫露草 Tradescantia fluminensis Vell.
鸭跖草科 Commelinaceae 紫露草属

原产及栽培地：原产巴西、乌拉圭。中国北京、福建、广东、湖北、上海、四川、台湾、云南、浙江等地栽培。**习性：**喜温暖阳光与排水良好不过肥的土壤环境，可耐半阴。不耐霜寒。**繁殖：**分株、扦插。**园林用途：**装饰柜顶或吊挂廊下的垂悬观叶植物。

特征要点 多年生草本，常绿。茎葡匐，光滑，长可达 60cm，带紫红色晕，节处易生根。叶互生，长圆形或卵状长圆形，先端尖，背面深紫堇色，具白色条纹。花小，多朵聚生成伞形花序，白色，被 2 个叶状苞片所包被。花期几全年。

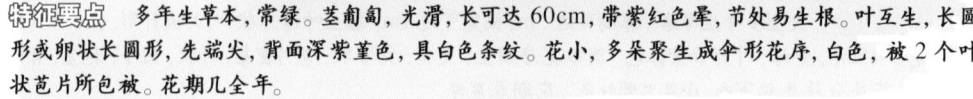

紫背万年青 Tradescantia spathacea Sw.

鸭跖草科 Commelinaceae 紫露草属

原产及栽培地: 原产墨西哥、西印度群岛。中国北京、福建、广东、广西、海南、陕西、上海、台湾、云南、浙江等地栽培。**习性:** 喜温暖、向阳、湿润,不耐寒;要求土壤疏松、肥沃、排水良好。**繁殖:** 播种、分株、压条。**园林用途:** 南方露地片植作地被,北方盆栽装饰书房、窗前、几座。

特征要点 多年生草本。株高 30~60cm。茎短,有时伸长可达 20cm。叶丛生,莲座状,叶片披针形,长约 30cm,宽 7~8cm,正面绿色,背面紫色。花小,聚生成密伞形,白色,具短梗,花下具 2 大紫色船形苞片。蒴果。花期 8~10 月。

吊竹梅 Tradescantia zebrina Bosse 鸭跖草科 Commelinaceae 紫露草属

原产及栽培地: 原产墨西哥。中国北京、福建、广东、广西、贵州、海南、湖北、江苏、江西、陕西、四川、台湾、云南、浙江等地栽培。**习性:** 喜温暖、耐半阴;对土壤要求不严。**繁殖:** 扦插、分株。**园林用途:** 枝条垂悬,叶色别致,是良好的悬垂观叶植物。

特征要点 多年生草本。茎匍匐,长可达 1m,多分枝。叶卵形或长椭圆形,先端渐尖,具紫色及灰白色条纹,叶背紫红色,叶鞘上下两端均有毛。花簇生于 2 个无柄的苞片内,萼管与花冠管白色,花被裂片玫瑰色,花柱丝状。花期夏季。

331

非洲菊 (扶郎花) **Gerbera jamesonii** Adlam 菊科 Asteraceae/Compositae 非洲菊属

原产及栽培地: 原产南非。中国北京、福建、广东、广西、湖北、江苏、江西、上海、四川、台湾、新疆、云南、浙江等地栽培。**习性**: 喜冬暖夏凉、阳光充足、空气流通环境, 要求疏松肥沃、富含腐殖质的微酸性砂质壤土。**繁殖**: 播种。**园林用途**: 布置花境、花坛, 或盆栽或镶边花饰, 亦为世界著名切花。

特征要点 多年生草本。株高 20~40cm。全株被细毛。基生叶多数, 长椭圆状披针形, 羽状浅裂或深裂。头状花序单生, 高出叶面, 直径 8~12cm; 总苞盘状钟形, 总苞片线状披针形; 舌状花橘红、黄红、深红、淡红至白色, 变化多。花期春夏季。

紫鹅绒 **Gynura aurantiaca** 'Sarmentosa' 菊科 Asteraceae/Compositae 菊三七属

原产及栽培地: 原产爪哇。中国北京、福建、广东、湖北、江苏、上海、台湾、云南、浙江等地栽培。**习性**: 喜温暖向阳环境; 忌高温、干燥, 不耐寒; 要求含腐殖质的疏松肥沃、排水良好的土壤。**繁殖**: 扦插。**园林用途**: 良好的观叶花卉, 适宜盆栽装饰。

特征要点 多年生或半灌木状草本。株高 60~100cm。茎多汁, 全株密生紫堇色或紫红色毛。叶互生, 卵形, 叶面有美丽的紫红色或蓝紫色光泽, 叶缘有大而不规则锯齿。头状花序, 直径约 2cm, 花金黄或橙黄色。花期 4~5 月。

紫芳草 **Exacum affine** Balf. f. ex Regel 龙胆科 Gentianaceae 藻百年属

原产及栽培地：原产也门索科特拉岛。中国北京、福建、台湾、云南等地栽培。**习性**：喜温暖阳光与排水良好环境，忌强光直晒与通风不良；喜疏松肥沃和排水良好的腐殖质土壤。**繁殖**：播种。**园林用途**：为素雅、美丽小型盆栽观花、观叶植物。

特征要点 二年生草本。株高 20~40cm。茎直立，基部多分枝。叶对生，肉质，椭圆状卵圆形，有光泽，基部 3~5 脉，有短柄。二歧聚伞花序；花具长柄，碟形，辐射状，浅蓝紫色或白色，直径约 1.2cm，萼背有宽翼。花期夏秋季。

毛萼口红花 **Aeschynanthus radicans** Jack
苦苣苔科 Gesneriaceae 芒毛苣苔属

原产及栽培地：原产马来半岛。中国台湾、云南等地栽培。**习性**：喜明亮的散射光环境；生长适温 21~26℃；要求排水良好、略带酸性、通气性好、经常保持湿润的土壤。**繁殖**：扦插。**园林用途**：寒地多盆栽观赏。

特征要点 多年生蔓生藤本。蔓长 30~50cm。枝条下垂，茎绿色。叶对生，长卵形，全缘，叶面浓绿色，叶背浅绿色。花序多腋生或顶生，花萼筒状，黑紫色披茸毛，花冠筒状，红色至红橙色，从花萼中伸出。花期主要在夏季。

流苏岩桐 **Alsobia dianthiflora** (H. E. Moore & R. G. Wilson) Wiehler
苦苣苔科 Gesneriaceae 齿瓣岩桐属

原产及栽培地: 原产墨西哥、危地马拉、哥斯达黎加; 中国广东栽培。**习性:** 喜温暖、潮湿和半阴环境, 要求疏松肥沃、富含腐殖质的土壤。**繁殖:** 分株。**园林用途:** 盆栽观赏。

特征要点 多年生草本。株高 5~10cm, 具长 10~30cm 的长匍茎。叶椭圆形, 长 2.5~5cm, 绿色有长茸毛, 叶脉紫色或褐色。筒状花冠, 直径约 4cm, 白色, 花被裂片具长缘毛, 似石竹花瓣边缘。花期 7 月。

鲸鱼花 **Columnea microcalyx** Hanst. 苦苣苔科 Gesneriaceae 鲸鱼花属

原产及栽培地: 原产哥伦比亚、哥斯达黎加、巴拿马。中国福建、广东、云南等地栽培。**习性:** 喜温暖湿润和半阴环境; 生长适温 18~22℃; 要求疏松、肥沃、排水良好的砂质壤土。**繁殖:** 扦插、分株、播种。**园林用途:** 适宜室内垂吊栽植, 花多奇特, 花色鲜艳。

特征要点 多年生常绿蔓生草本。茎长 0.5~1m。茎纤细, 密被红褐色茸毛。叶对生, 深绿色, 卵圆形, 全缘, 无毛。单花生于叶腋, 橘红色, 花形好像张开的鲨鱼大嘴, 被蛛丝状长毛。花期 9 月至翌年 5 月。

喜荫花 Episcia cupreata (Hook.) Hanst. 苦苣苔科 Gesneriaceae 喜荫花属

原产及栽培地: 原产委内瑞拉、哥伦比亚。中国广东、海南、台湾、云南等地栽培。**习性:** 喜阴;要求温暖湿润、通风良好的环境;要求疏松肥沃的土壤。**繁殖:** 叶插、分株。**园林用途:** 适宜冬暖地区作林下地被,北方盆栽作悬挂装饰。

特征要点 多年生常绿草本。全株密生细毛。茎常呈匍匐状,高仅 10cm 余。叶对生,椭圆形,暗红褐色,叶面皱褶,具银白色斑块。花 3~4 朵生于叶腋间,筒长 3.5cm,直径约 2.2cm,裂片 5,鲜红色;花盘后部有一大腺体。花期夏秋季。

非洲堇(非洲紫罗兰、非洲紫苣苔) Streptocarpus ionanthus (H. Wendl.) Christenh.【Saintpaulia ionantha H. Wendl.】
苦苣苔科 Gesneriaceae 海角苣苔属 / 非洲堇属

原产及栽培地: 原产坦桑尼亚。中国北京、福建、广东、台湾等地栽培。**习性:** 喜温暖、湿润,部分荫蔽和肥沃土壤。**繁殖:** 播种、叶插。**园林用途:** 优良小盆花,布置窗台、客厅极相宜。

特征要点 多年生草本。株高 10~20cm。无茎。全体被软毛。叶基生,肉质,具长柄,叶片卵圆形,边具齿或全缘,叶背常紫色。花序聚伞状,花 1~6 朵;花萼深 5 裂;花有短筒,花冠二唇形,直径约 3cm,裂片不相等,堇紫色或粉红色。花期近全年。

袋鼠爪 **Anigozanthos flavidus** Redouté 血草科 Haemodoraceae 袋鼠爪属

原产及栽培地: 原产澳大利亚。中国北京、福建、台湾等地栽培。**习性:** 喜温暖与阳光充足环境,但也有较强的抗旱与耐霜能力;要求排水良好的砂质壤土。**繁殖:** 播种、分株。**园林用途:** 北方用于盆栽,冬暖地区地栽或作切花。

特征要点 多年生草本。株高 40~80cm。根部肥大。叶基生,剑形,长达 40cm。花莛自叶间抽出,分枝,被紫红色毛;花数朵二列着生于分枝上部;花冠筒长达 3cm,先端 6 裂片,酷似袋鼠爪,黄绿色;雄蕊 6,花药带红色,生于裂片基部。蒴果。花期春夏季。

大叶仙茅(野棕) **Molineria capitulata** (Lour.) Herb. 【Curculigo capitulata (Lour.) Kuntze】 仙茅科 Hypoxidaceae 大叶仙茅属 / 仙茅属

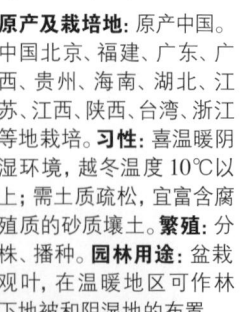

原产及栽培地: 原产中国。中国北京、福建、广东、广西、贵州、海南、湖北、江苏、江西、陕西、台湾、浙江等地栽培。**习性:** 喜温暖阴湿环境,越冬温度 10℃以上;需土质疏松,宜富含腐殖质的砂质壤土。**繁殖:** 分株、播种。**园林用途:** 盆栽观叶,在温暖地区可作林下地被和阴湿地的布置。

特征要点 多年生草本。株高约 1m。具块状根茎。叶基生,具柄,叶片长披针形,具折扇状脉,先端长尖,宽 5~15cm。花梗腋生,比叶柄短;花黄色,聚生成直径 2.5~5cm 的头状花序。花期春季。

早花百子莲（百子莲）**Agapanthus praecox** Willd.

石蒜科 / 百合科 Amaryllidaceae/Liliaceae 百子莲属

原产及栽培地：原产南非。中国北京、福建、广东、江苏、上海、四川、台湾、云南、浙江等地栽培。**习性：**喜温暖、湿润、阳光充足，具一定抗寒力。**繁殖：**分株。**园林用途：**宜布置半阴处花坛、花境，或盆栽装饰厅堂、会场。

特征要点　多年生常绿草本。株高 60~90cm。叶 2 列基生，线状披针形，深绿色，光滑。花葶高 60~90cm；顶生伞形花序，有花 10~50 朵，外被两大苞片，花后即落；花漏斗形，长 2.5~5cm，开时鲜蓝色，后逐渐转紫红色。花期夏季。

蜘蛛抱蛋 **Aspidistra elatior** Blume

天门冬科 / 百合科 Asparagaceae/Liliaceae 蜘蛛抱蛋属

原产及栽培地：原产中国。北京、福建、广东、广西、贵州、湖北、江苏、江西、陕西、上海、四川、台湾、新疆、云南、浙江等地栽培。**习性：**喜荫蔽环境；喜温暖湿润气候，不耐寒；喜富含腐殖质的深厚土壤；忌直射阳光。**繁殖：**分株。**园林用途：**适宜林荫下地被、花境、建筑物阴面丛植，北方盆栽观叶。

特征要点　多年生常绿草本。株高约 70cm。具粗壮葡萄根状茎。叶基生，质硬，基部狭窄，沟状；叶柄长 12~18cm。花单生短梗上，紧附地面，直径约 2.5cm，乳黄至褐紫色。花期春季。

南非吊兰（宽叶吊兰） **Chlorophytum capense** (L.) Voss
天门冬科 / 百合科 Asparagaceae/Liliaceae 吊兰属

原产及栽培地: 原产南非。中国安徽、北京、福建、广东、广西、贵州、海南、江苏、江西、陕西、四川、云南、浙江等地栽培。**习性:** 喜半阴环境;喜温暖湿润气候,易受霜冻;要求土壤疏松肥沃、排水良好。**繁殖:** 分株。**园林用途:** 一般作悬挂盆花,布置客厅或室内。

特征要点 多年生常绿丛生草本。叶片较宽,常具白色条纹。花茎细长,高出叶面,总状花序,花小,常 2~4 朵簇生,白色。花期夏季。

吊兰 **Chlorophytum comosum** (Thunb.) Jacques
天门冬科 / 百合科 Asparagaceae/Liliaceae 吊兰属

原产及栽培地: 原产非洲中南部。中国北京、福建、广东、广西、湖北、江西、上海、四川、台湾、云南、浙江等地栽培。**习性:** 喜半阴环境;喜温暖湿润气候,易受霜冻;要求土壤疏松肥沃、排水良好。**繁殖:** 分株。**园林用途:** 一般作悬挂盆花,布置客厅或室内。

特征要点 多年生常绿丛生草本。具粗根状茎。叶基生,叶片条形,细而长,宽 1~2cm,自叶丛中常抽出长葡匐茎,葡匐茎先端节上常滋生带根的小植株。花茎细长,高出叶面,总状花序,花小,常 2~4 朵簇生,白色。花期夏季。

剑叶沿阶草（阔叶沿阶草）**Ophiopogon jaburan** (Siebold) Lodd.

天门冬科 / 百合科 Asparagaceae/Liliaceae 沿阶草属

原产及栽培地: 原产亚洲东南部。中国云南、浙江等地栽培。**习性:** 耐阴; 喜高温潮湿气候。**繁殖:** 分株。**园林用途:** 适宜大片种植作林地地被, 也可盆栽观赏。

特征要点 多年生常绿草本。株高 30~50cm。地下有根状茎, 有时具匍匐茎。须根可膨大成块根。叶基生成丛, 禾叶状, 长 30~50cm, 宽约 1cm。花葶比叶短, 总状花序, 花白色、紫色、淡紫色或淡绿白色。果紫黑色。花期夏季。

吉祥草 **Reineckea carnea** (Andrews) Kunth

天门冬科 / 百合科 Asparagaceae/Liliaceae 吉祥草属

原产及栽培地: 原产中国、日本。中国北京、福建、广东、广西、贵州、湖北、江苏、江西、陕西、上海、四川、台湾、云南、浙江等地栽培。**习性:** 喜温暖湿润气候; 较耐寒; 要求富含腐殖质、排水良好的湿润砂质壤土。**繁殖:** 分株、播种。**园林用途:** 南方多作林下地被, 北方盆栽作室内观叶、观果植物。

特征要点 多年生常绿草本。株高 20~40cm。地上匍匐根状茎节处生根与叶。叶 3~8 枚, 簇生于根状茎顶端, 长 10~38cm。花葶高约 15cm, 通常短于叶; 穗状花序长约 6cm, 花无柄, 粉红色, 芳香。浆果球形, 鲜红色。花期秋季。

万年青 **Rohdea japonica** (Thunb.) Roth
天门冬科 / 百合科 Asparagaceae/Liliaceae 万年青属

原产及栽培地: 原产中国、日本、朝鲜。中国北京、福建、广东、广西、贵州、湖北、江苏、江西、陕西、上海、四川、台湾、云南、浙江等地栽培。**习性:** 植株健壮,喜温暖、湿润及半阴,忌强光;微酸性砂质壤土或黏土均可生长。**繁殖:** 分株、播种。**园林用途:** 宜作林下地被或盆栽,为良好的观叶、观果花卉。

特征要点 多年生草本,常绿。株高30~80cm。根状茎粗。叶密集丛生基部,矩圆披针形,3~6枚,纸质。穗状花序长3~4cm,无柄,花数10朵密集于花葶上部;花被合生,球状钟形,淡黄或乳白色。浆果球形,橘红色。花期夏季。

金花竹芋(黄苞肖竹芋) **Goeppertia crocata** (É. Morren & Joriss.) Borchs. & S. Suárez 【**Calathea crocata** E. Morren & Joriss.】竹芋科 Marantaceae 肖竹芋属

原产及栽培地: 原产巴西。中国北京栽培。**习性:** 喜温暖的半阴环境,忌阳光直射;不耐寒,对霜敏感;要求湿润而排水良好的酸性土壤。**繁殖:** 分株。**园林用途:** 著名观叶植物,南方常作林下地被,北方盆栽观赏。

特征要点 多年生常绿草本。株高约30cm。叶簇生,叶片椭圆形,叶背红褐色。苞片鹅黄色。花期1~4月。

箭羽竹芋（紫背肖竹芋）Goeppertia insignis (W. Bull ex W. E. Marshall) J. M. A. Braga, L. J. T. Cardoso & R. Couto 【Calathea lancifolia Boon】

竹芋科 Marantaceae 肖竹芋属

原产及栽培地：原产墨西哥至厄瓜多尔。中国广东、台湾、云南等地栽培。**习性**：喜温暖的半阴环境，忌阳光直射；不耐寒，对霜敏感；要求湿润而排水良好的酸性土壤。**繁殖**：分株。**园林用途**：著名观叶植物，南方常作林下地被，北方盆栽观赏。

特征要点 多年生常绿草本。株高可达45cm。叶片狭披针形或狭长圆形，上面有剑羽状斑纹，叶背与新叶暗紫红色，质薄，叶柄长。花穗延长，达15cm，苞片2列，宽而软，浅铜绿色，花被黄色。全年观叶。

竹斑竹芋 Goeppertia concinna (W. Bull) Borchs. & S. Suárez 【Calathea leopardina (W. Bull) Regel】 竹芋科 Marantaceae 肖竹芋属

原产及栽培地：原产巴西。中国北京、广东、广西、四川、台湾、浙江等地栽培。**习性**：喜温暖的半阴环境，忌阳光直射；不耐寒，对霜敏感；要求湿润而排水良好的酸性土壤。**繁殖**：分株。**园林用途**：著名观叶植物，南方常作林下地被，北方盆栽观赏。

特征要点 多年生常绿草本。株高可达60cm。叶片椭圆形或长椭圆形，正面有白色细长条纹，叶柄长。全年观叶。

清秀肖竹芋 **Goeppertia louisae** (Gagnep.) Borchs. & S. Suárez 【Calathea louisae Gagnep.】 竹芋科 Marantaceae 肖竹芋属

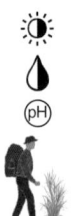

原产及栽培地: 原产巴西。中国北京、福建、广东、台湾、云南等地栽培。**习性:** 喜温暖的半阴环境,忌阳光直射;不耐寒,对霜敏感;要求湿润而排水良好的酸性土壤。**繁殖:** 分株。**园林用途:** 著名观叶植物,南方常作林下地被,北方盆栽观赏。

特征要点 多年生常绿草本。株高可达70cm。叶片椭圆形或长椭圆形,正面有淡而模糊的白色块斑,叶柄长。花莛纤细;花穗短,约5cm,苞片淡绿色,花被白色。全年观叶。

孔雀竹芋 **Goeppertia makoyana** (É. Morren) Borchs. & S. Suárez 【Calathea makoyana E. Morren】 竹芋科 Marantaceae 肖竹芋属

原产及栽培地: 原产巴西。中国北京、福建、广东、海南、湖北、上海、四川、台湾、云南、浙江等地栽培。**习性:** 喜温暖的半阴环境,忌阳光直射;不耐寒,对霜敏感;要求湿润而排水良好的酸性土壤。**繁殖:** 分株。**园林用途:** 著名观叶植物,南方常作林下地被,北方盆栽观赏。

特征要点 多年生常绿草本。株高可达120cm。叶片宽椭圆形,先端钝圆,有短尖,正面茶青绿或乳黄色,自中脉向外有深绿色扩展块,这种块在叶下面呈红色。全年观叶。

彩竹芋 Goeppertia picturata (K. Koch & Linden) Borchs. & S. Suárez
【Calathea picturata K. Koch & Linden】 竹芋科 Marantaceae 肖竹芋属

原产及栽培地：原产巴拿马至巴西。中国北京、福建、广东、海南、台湾、云南、浙江等地栽培。**习性**：喜温暖的半阴环境，忌阳光直射；不耐寒，对霜敏感；要求湿润而排水良好的酸性土壤。**繁殖**：分株。**园林用途**：著名观叶植物，南方常作林下地被，北方盆栽观赏。

特征要点 多年生常绿草本。株高达 38cm。叶片椭圆形，长达 15cm，宽约为其半，两端急尖，正面白色，近边缘有一圈深绿色条纹，背面紫色。花穗窄，长 10cm。全年观叶。

彩虹竹芋（红边肖竹芋） Goeppertia roseopicta (Linden ex Lem.) Borchs. & S. Suárez 【Calathea roseopicta (Linden) Regel】 竹芋科 Marantaceae 肖竹芋属

原产及栽培地：原产哥伦比亚、厄瓜多尔、秘鲁。中国北京、福建、广东、上海、台湾、云南等地栽培。**习性**：喜温暖的半阴环境，忌阳光直射；不耐寒，对霜敏感；要求湿润而排水良好的酸性土壤。**繁殖**：分株。**园林用途**：著名观叶植物，南方常作林下地被，北方盆栽观赏。

特征要点 多年生常绿草本。株高仅 20cm。叶片椭圆形，长可达 22cm，正面具红色中脉，近边缘内部具一圈紫色或白色的斑块，沿边缘色渐褪为银粉色，背面紫色。总花梗长 15cm，穗状花序圆筒状，长约 9cm。全年观叶。

绒叶肖竹芋（天鹅绒竹芋） **Goeppertia zebrina** (Sims) Nees 【Calathea zebrina (Sims) Lindl.】 竹芋科 Marantaceae 肖竹芋属

原产及栽培地: 原产巴西。中国北京、福建、广东、海南、湖北、上海、台湾、云南、浙江等地栽培。**习性:** 喜温暖的半阴环境,忌阳光直射;不耐寒,对霜敏感;要求湿润而排水良好的酸性土壤。**繁殖:** 分株。**园林用途:** 著名观叶植物,南方常作林下地被,北方盆栽观赏。

特征要点 多年生常绿草本。株高达60cm。叶基部丛生,薄草质,椭圆形,长可达60cm,具长柄,叶面深绿色,脉纹、中肋与边缘黄绿色,有丝绒光泽,叶背紫红色。短穗状花序,卵圆形,花白色至浅紫红色。全年观叶。

紫背栉花竹芋 **Ctenanthe oppenheimiana** (E. Morren) K. Schum.
竹芋科 Marantaceae 栉花竹芋属

原产及栽培地: 原产巴西。中国福建、广东、上海、四川、台湾、云南、浙江等地栽培。**习性:** 喜高温、潮湿、半阴环境;喜酸性土壤。**繁殖:** 分株。**园林用途:** 多用作盆栽,赏其淡雅叶丛。

特征要点 多年生草本。株高约90cm。叶大多基生,叶柄细长,叶片宽披针形至长椭圆形,长45cm,革质,叶面灰深绿色,有条纹,叶背紫色。花序下部叶具短柄。花序分枝,长约9cm;花多数,密集,苞片红色,花冠白色。花期3~4月。

竹芋 **Maranta arundinacea** L. 竹芋科 Marantaceae 竹芋属

原产及栽培地： 原产美洲热带地区。中国广东、北京、福建、广西、海南、云南、浙江等地栽培。**习性：** 宜半阴；喜高温、高湿，不耐寒，要求土壤排水良好。**繁殖：** 分株。**园林用途：** 多盆栽，观赏四季美丽的肥大叶片。

特征要点 多年生常绿草本。株高 0.4~1m。根茎纺锤形，肥厚，富含淀粉，白色。叶基生，具柄，叶片卵形或卵状披针形，长 10~20cm，宽 4~10cm，绿色，质薄。总状花序顶生，长 15~20cm，有分枝；花小，白色，长 1~2cm。果长圆形，褐色。花期夏秋季。

花叶竹芋（二色竹芋）**Maranta cristata** Nees & Mart.
竹芋科 Marantaceae 竹芋属

原产及栽培地： 原产巴西、圭亚那。中国北京、福建、广东、广西、江苏、台湾、云南、浙江等地栽培。**习性：** 宜半阴；喜高温、高湿，不耐寒；要求土壤排水良好。**繁殖：** 分株。**园林用途：** 多盆栽，为美丽观叶花卉。

特征要点 多年生常绿草本。株高 25~40cm。植株矮小，基部有块茎。叶基生，有柄，长圆形至卵形，长 7~12cm，宽 5~7cm，边缘波浪形，叶面粉绿色，中脉两侧有暗褐色的斑块，背面粉绿或淡紫色。总状花序纤细，单生；花冠白色，具堇色条纹。花期夏秋季。

豹纹竹芋（白脉竹芋） **Maranta leuconeura** E. Morren
竹芋科 Marantaceae 竹芋属

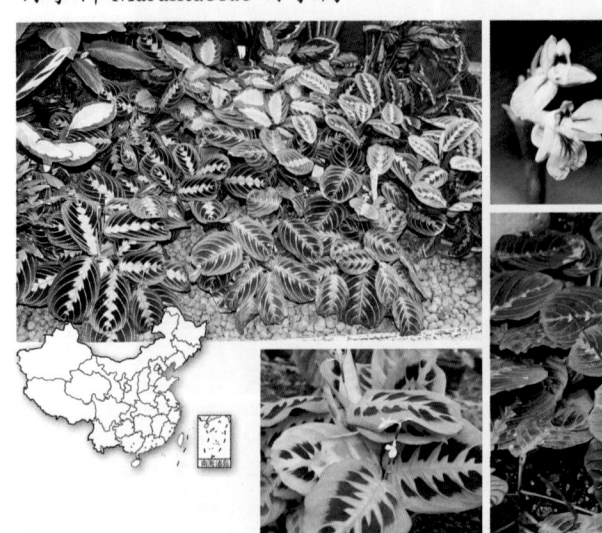

原产及栽培地: 原产萨尔瓦多、巴拉圭。中国北京、福建、广东、海南、湖北、上海、台湾、云南、浙江等地栽培。**习性**: 宜半阴; 喜高温、高湿, 不耐寒; 要求土壤排水良好。**繁殖**: 分株。**园林用途**: 多盆栽, 为美丽观叶花卉。

特征要点　多年生常绿草本。株高 20~30cm。植株矮小, 基部有块茎。叶片椭圆形, 叶面绿色, 中脉两侧有 5~8 对黑褐色大斑块, 叶背淡紫红色, 有粉。总状花序纤细, 单生; 花白色, 有紫斑。花期春夏季。

地涌金莲 **Musella lasiocarpa** (Franch.) C. Y. Wu　芭蕉科 Musaceae 地涌金莲属

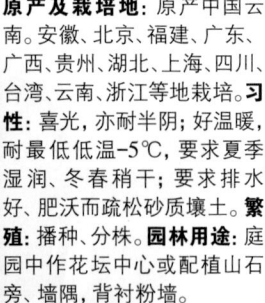

原产及栽培地: 原产中国云南。安徽、北京、福建、广东、广西、贵州、湖北、上海、四川、台湾、云南、浙江等地栽培。**习性**: 喜光, 亦耐半阴; 好温暖, 耐最低低温-5℃, 要求夏季湿润、冬春稍干; 要求排水好、肥沃而疏松砂质壤土。**繁殖**: 播种、分株。**园林用途**: 庭园中作花坛中心或配植山石旁、墙隅, 背衬粉墙。

特征要点　多年生草本。株高 50~150cm。植株粗壮, 丛生, 具横走根状茎。假茎矮小, 由叶鞘叠套而成。叶片长椭圆形, 长达 0.5m, 似香蕉叶。花序生于假茎上, 密集如球穗状, 长 20~25cm; 苞片干膜质, 黄色或淡黄色; 花 2 列, 小。浆果三棱状卵形。花期夏秋季。

西瓜皮椒草（无茎豆瓣绿） **Peperomia argyreia** (Hook. f.) E. Morren

胡椒科 Piperaceae 草胡椒属

原产及栽培地：原产南美洲。中国北京、福建、广东、海南、江苏、四川、台湾、云南、浙江等地栽培。**习性**：喜阴湿，忌强光暴晒；好暖而畏严寒；耐最低温度12℃；要求排水良好、富含腐殖质的壤土，耐干旱。**繁殖**：分株、扦插。**园林用途**：盆栽置于案头、几架，或放在不受阳光直晒的窗台上。

特征要点 多年生常绿肉质草本。株高常低于40cm。叶基生；叶柄红色，肉质；叶片盾状，宽卵形，长8~12cm，宽6~10cm，先端突尖，基部圆形，全缘，正面深绿色，有8~11条银白色斑纹，极似西瓜皮，背面浅绿色。穗状花序腋生，长约10cm。全年观叶。

石蝉草 **Peperomia blanda** (Jacq.) Kunth 胡椒科 Piperaceae 草胡椒属

原产及栽培地：原产中国南部、南亚、东南亚。中国北京、福建、广东、广西、湖北、云南等地栽培。**习性**：喜阴湿，忌强光暴晒；好暖而畏严寒；耐最低温度12℃；要求排水良好、富含腐殖质的壤土，耐干旱。**繁殖**：分株、扦插。**园林用途**：室内盆栽观赏。

特征要点 多年生常绿肉质草本。株高10~45cm。茎被短柔毛。叶对生或3~4片轮生，肉质，椭圆形或倒卵形，全缘，背面有时紫色。穗状花序长5~8cm，淡绿色。花期4~7月及10~12月。

皱叶椒草 Peperomia obtusifolia (L.) A. Dietr. 胡椒科 Piperaceae 草胡椒属

原产及栽培地: 原产巴西。中国北京、福建、广东、四川、台湾、云南、浙江等地栽培。**习性:** 喜阴湿,忌强光暴晒;好暖而畏严寒;耐最低温度12℃;要求排水良好、富含腐殖质的壤土,耐干旱。**繁殖:** 分株、扦插。**园林用途:** 室内盆栽观赏。

特征要点 多年生常绿肉质草本。株高 10~20cm。茎短。叶簇生基部,密集;叶柄肉质,紫色;叶片圆心形至长椭圆形,全缘,正面有光泽,脉凹陷,折皱不平,浓绿色或具紫褐色斑块,叶背常紫红色。穗状花序长 10~15cm,黄绿色。花期近全年。

圆叶椒草(卵叶豆瓣绿) Peperomia obtusifolia (L.) A. Dietr.
胡椒科 Piperaceae 草胡椒属

原产及栽培地: 原产中美洲及南美洲北部。中国北京、福建、广东、海南、湖北、上海、台湾、云南、浙江等地栽培。**习性:** 喜阴湿,忌强光暴晒;好暖而畏严寒;耐最低温度12℃;要求排水良好、富含腐殖质的壤土,耐干旱。**繁殖:** 分株、扦插。**园林用途:** 室内盆栽观赏。

特征要点 多年生常绿肉质草本。株高 10~30cm。茎直立,带紫色。叶互生,叶柄极短,叶片宽卵圆形至长椭圆形,先端钝,全缘,正面有光泽,暗绿色,有时具黄白色斑块,或叶缘带紫红色。穗状花序长 10~15cm,黄绿色。花期夏秋季。

白脉椒草 **Peperomia tetragona** Ruiz & Pav. 胡椒科 Piperaceae 草胡椒属

原产及栽培地：原产秘鲁。中国福建、广东、上海、台湾、云南等地栽培。**习性**：喜阴湿，忌强光暴晒；好暖而畏严寒；耐最低温度12℃；要求排水良好、富含腐殖质的壤土，耐干旱。**繁殖**：分株、扦插。**园林用途**：室内盆栽观赏。

特征要点　多年生常绿肉质草本。株高10~30cm。茎直立，丛生，紫红色。叶3~5片轮生，肉质，阔卵圆形，全缘，绿色，正面绿色，弧形脉上具白色宽条纹。全年观叶。

豆瓣绿 **Peperomia tetraphylla** Hook. & Arn. 胡椒科 Piperaceae 草胡椒属

原产及栽培地：原产南美洲热带地区。中国北京、福建、广东、广西、贵州、江苏、四川、云南、浙江等地逸生或栽培。**习性**：喜阴湿，忌强光暴晒；好暖而畏严寒；耐最低温度12℃；要求排水良好、富含腐殖质的壤土，耐干旱。**繁殖**：分株、扦插。**园林用途**：室内盆栽观赏。

特征要点　多年生常绿肉质草本。株高10~30cm。茎纤细，丛生，葡匐。叶4或3片轮生，厚肉质，阔椭圆形或近圆形，全缘，绿色，脉不明显。穗状花序顶生和腋生，长2~4.5cm，黄绿色。花期2~4月及9~12月。

岩白菜 **Bergenia purpurascens** (Hook. f. & Thomson) Engl.
虎耳草科 Saxifragaceae 岩白菜属

原产及栽培地: 原产喜马拉雅地区。中国福建、江西、陕西、上海、四川、云南等地栽培。**习性:** 要求空气湿润、排水良好的半阴环境。**繁殖:** 播种、扦插根状茎、直接分株。**园林用途:** 布置岩石园或在林下栽植,亦可盆栽欣赏。

特征要点　多年生草本。株高 20~40cm。具地下根状茎,地面茎多葡匐并有分枝。叶基生或生枝顶,单叶互生,密集成簇生状。花序总状,有花 6~9 朵,花瓣 5 片,玫瑰红色。蒴果 2 裂,种子细小。花期初夏。

虎耳草 **Saxifraga stolonifera** Curtis　虎耳草科 Saxifragaceae 虎耳草属

原产及栽培地: 原产亚洲。中国北京、福建、广东、广西、贵州、湖北、江苏、江西、陕西、上海、四川、台湾、云南、浙江等地栽培。**习性:** 喜荫蔽潮湿的环境;喜温暖湿润的气候及肥沃的壤土。**繁殖:** 分株。**园林用途:** 多用作吸水石盆景和岩石园栽植材料,可盆栽欣赏。

特征要点　多年生草本。株高 20~40cm。叶基生,具丝状葡匐枝,枝梢着地可生根另成单株。叶肾形,正面绿色,具白色网状脉纹,背面紫红色,两面均生白色伏生毛,叶柄长,多紫红色。圆锥花序,花稀疏,白色,不整齐。蒴果。花期夏季。

旅人蕉 **Ravenala madagascariensis** Sonn.

鹤望兰科 Strelitziaceae 旅人蕉属

原产及栽培地：原产马达加斯加。中国北京、福建、广东、海南、上海、台湾、云南、浙江等地栽培。**习性**：喜温暖潮湿、阳光充足环境；畏霜寒；喜深厚肥沃的酸性土壤。**繁殖**：播种、分株。**园林用途**：热带地区庭院中开阔处孤植、丛植观赏。

特征要点　多年生草本。株高 5~6m。树干似棕榈。叶 2 行排列于茎顶；叶片长圆形，似蕉叶，长达 2m。花序腋生；佛焰苞 5~6 枚，长 25~35cm；花 5~12 朵，排成蝎尾状聚伞花序。蒴果开裂为 3 瓣；种子肾形，被碧蓝色的撕裂状假种皮。花果期全年。

大鹤望兰（尼古拉鹤望兰）**Strelitzia nicolai** Regel & Körn.

鹤望兰科 Strelitziaceae 鹤望兰属

原产及栽培地：原产南非。中国北京、福建、广东、台湾、云南等地栽培。**习性**：喜温暖湿润气候、光照充足；在富含有机质而深厚的黏重土壤上生长为宜，不耐霜寒。**繁殖**：播种、分株、芽插。**园林用途**：南方可露地孤植、丛植观赏，北方盆栽观赏。

特征要点　多年生草本。株高达 10m。茎木质，高可达 8m。叶片长圆形，长 90~120cm，宽 45~60cm。花序腋生，总花梗较叶柄为短；大型佛焰苞 2 个，绿色而染红棕色，舟状；花 4~9 朵，萼片披针形，白色，箭头状花瓣天蓝色。花期春夏季。

鹤望兰 **Strelitzia reginae** Banks　鹤望兰科 Strelitziaceae 鹤望兰属

原产及栽培地: 原产南非。中国北京、福建、广东、广西、海南、湖北、江苏、江西、陕西、上海、四川、台湾、云南、浙江等地栽培。**习性**: 喜温暖湿润气候、光照充足; 在富含有机质而深厚的黏重土壤上生长为宜, 不耐霜寒。**繁殖**: 播种、分株、芽插。**园林用途**: 温室盆栽布置会议室、厅堂, 为重要切花, 南方露地丛植。

特征要点　多年生草本。高 1~2m。茎不明显。叶基生, 长圆状披针形, 长 25~45cm, 宽约 10cm, 两侧对生, 硬革质。总花梗与叶柄近等长, 花顶生或腋生; 舟状, 长达 20cm, 绿色, 边紫红; 萼片 3 枚, 披针形, 橙黄色, 箭头状花瓣暗蓝色。花期春夏或夏秋季。

花叶冷水花 **Pilea cadierei** Gagnep. & Guillaumin
荨麻科 Urticaceae 冷水花属

原产及栽培地: 原产东南亚热带各地。中国北京、福建、广东、广西、上海、四川、台湾、云南、浙江等地栽培。**习性**: 耐阴能力强; 喜温暖湿润环境; 忌夏季暴晒。**繁殖**: 扦插。**园林用途**: 南方供露地林缘、灌丛前栽植或花境镶边, 北方多盆栽。

特征要点　多年生草本。株高不过 50cm。茎、叶肉质多汁。叶常绿, 交互对生, 广椭圆形至卵状椭圆形, 长 3~6cm, 端尖, 基圆, 缘稍具浅齿, 叶面光滑, 叶脉下陷, 脉间具银白色斑纹或斑块。花雌雄异株; 雄花序头状, 常成对生于叶腋。花期 9~11 月。

冷水花 **Pilea notata** C. H. Wright 荨麻科 Urticaceae 冷水花属

原产及栽培地: 原产中国、日本。中国广西、贵州、湖北、江西、四川、云南、浙江等地栽培。**习性:** 喜荫蔽环境;喜温暖湿润气候,不耐寒;喜酸性土壤,耐瘠薄;忌直射阳光。**繁殖:** 扦插。**园林用途:** 庭院栽培观赏叶片。

特征要点 多年生草本。株高 25~70cm。具葡萄茎。茎肉质,纤细。叶对生,具柄,狭卵形或卵状披针形,先端尾尖,边缘具浅锯齿,正面深绿色,背面浅绿色,有时紫红色,基出弧形脉 3 条。聚伞花序腋生;花小,绿黄色。花期 6~9 月,果期 9~11 月。

镜面草 **Pilea peperomioides** Diels 荨麻科 Urticaceae 冷水花属

原产及栽培地: 原产中国。中国北京、福建、广东、湖北、四川、云南等地栽培。**习性:** 耐阴能力强;喜温暖湿润环境;忌夏季暴晒;喜酸性土。**繁殖:** 分株。**园林用途:** 盆栽观赏叶片。

特征要点 多年生肉质草本。株高 10~20cm。具根状茎。茎丛生,无毛,不分枝。叶聚生茎端,叶片肉质,近圆形或圆卵形,直径 2~8cm,盾状着生于长叶柄上,全缘,脉不明显。聚伞圆锥状花序腋生;花小,疏松,黄绿色,带紫红色。花期 4~7 月,果期 7~9 月。

掌叶白粉藤（菱叶白粉藤） **Cissus triloba** (Lour.) Merr. 葡萄科 Vitaceae 白粉藤属

原产及栽培地: 原产美洲热带地区。中国北京、福建、广东、台湾等地栽培。**习性:** 耐阴；喜温暖湿润环境，不耐寒；对土壤要求不严。**繁殖:** 扦插。**园林用途:** 适宜作悬挂观赏。

特征要点　草质藤本。茎长可达数米。叶互生，掌状复叶，小叶 3 枚，菱形，边缘具稀疏小尖齿，叶表有光泽，嫩叶紫红色。观叶为主。

青紫葛　**Cissus discolor** Blume【**Cissus javana** DC.】 葡萄科 Vitaceae 白粉藤属

原产及栽培地: 原产印度尼西亚爪哇。中国安徽、福建、广东、湖北、台湾、云南等地栽培。**习性:** 喜散射光；喜温暖、湿润，忌高温高湿，生长适温 20~30℃，空气湿度 60%~80%；草炭加沙为好，忌积水。**繁殖:** 扦插。**园林用途:** 为室内较好观叶植物，叶极美丽。

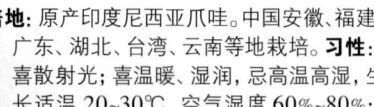

特征要点　多年生草质藤本。茎长可达数米。卷须、叶柄与幼枝均为红色。单叶互生，长卵形，长10~15cm，先端渐尖，基部心形，缘具细齿，叶正面有银白色及蓝紫色或红色晕斑，叶背面紫红色。花期 6~10 月，果期 11~12 月。

花叶山姜 **Alpinia pumila** Hook. f. 姜科 Zingiberaceae 山姜属

原产及栽培地: 原产中国南部。福建、广东、广西、湖北、江西、云南、浙江等地栽培。**习性**: 喜温暖、潮湿、深厚肥沃的土壤,半阴或光线充足的环境。**繁殖**: 分株、播种。**园林用途**: 观叶花卉,可作地被。

特征要点 多年生草本。株高 10~30cm。无地上茎; 根茎平卧。叶 2~3 片一丛自根茎生出; 叶片椭圆形至长圆状披针形,长达 15cm,叶面绿色,叶脉处颜色较深,余较浅。总状花序; 花萼管状,紫红色,花冠白色。果球形,直径约 1cm。花期 4~6 月,果期 6~11 月。

艳山姜 **Alpinia zerumbet** (Pers.) B. L. Burtt & R. M. Sm.
姜科 Zingiberaceae 山姜属

原产及栽培地: 原产亚洲。中国北京、福建、广东、广西、海南、湖北、江苏、陕西、上海、四川、台湾、云南、浙江等地栽培。**习性**: 喜温暖、潮湿、深厚肥沃的土壤,半阴或光线充足的环境。**繁殖**: 分株、播种。**园林用途**: 可观叶赏花,露地栽培或盆栽。

特征要点 多年生草本。株高可达 2~3m,具根状茎。叶片披针形,长 30~60cm,宽 5~10cm,边缘具短柔毛。总状圆锥花序下垂,长达 30cm; 苞片白色; 花冠管乳白色,顶端粉红; 唇瓣黄色有紫红色条纹。蒴果球形,成熟时橙红色。花期夏季。

姜荷花 **Curcuma alismatifolia** Gagnep. 姜科 Zingiberaceae 姜黄属 / 姜荷花属

原产及栽培地: 原产泰国北部。中国北京、福建、广东、上海、台湾、云南等地栽培。**习性:** 喜半阴环境; 喜温暖湿润环境; 喜潮湿、疏松肥沃而排水良好的砂质壤土, pH 值 5.5~6.5。**繁殖:** 分割根状茎。**园林用途:** 南方作庭院花坛、花境栽植; 北方盆栽, 供室内摆放。

特征要点 多年生草本。株高 60~80cm。根茎块状, 粗壮。叶基生, 3~6 枚, 长圆状披针形。穗状花序顶生; 上部苞叶 13~18 枚, 色泽鲜明, 有红、紫、橙、白等各色, 末端有淡绿色斑点; 小花 2~3 朵生于下部绿色苞叶中; 花冠漏斗状。花期 7~9 月。

姜黄 **Curcuma longa** L. 姜科 Zingiberaceae 姜黄属

原产及栽培地: 原产印度。中国福建、广东、广西、海南、湖南、江苏、上海、四川、台湾、云南、浙江等地栽培。**习性:** 喜半阴环境; 喜温暖湿润环境; 要求土壤疏松、肥沃、深厚。**繁殖:** 分株。**园林用途:** 适宜盆栽观赏, 根状茎多作药用。

特征要点 多年生草本。株高 30~50cm。根状茎粗厚, 深黄色, 极香。叶矩圆形, 有长柄。花莛由叶鞘抽出, 穗状花序圆柱状; 苞片长 3~5cm, 绿白色, 顶端红色; 花冠筒比花萼长 2 倍多, 白色、黄色。花期夏季。

（三）球根花卉

君子兰（大花君子兰） **Clivia miniata** Regel 石蒜科 Amaryllidaceae 君子兰属

原产及栽培地: 原产南非。中国北京、福建、广东、湖北、江苏、江西、四川、台湾、云南、浙江等地栽培。**习性**: 喜半阴环境；喜温暖湿润，不耐寒冷；要求排水良好、肥沃壤土；植株健壮。**繁殖**: 播种、分株。**园林用途**: 南方可布置花坛或作切花，北方作室内盆栽，观叶观花。

特征要点 多年生草本。株高 40~60cm。根系粗大，肉质。叶基部形成假鳞茎；叶常绿，二列着生，宽带状，革质，深绿色。伞形花序有花数朵至数十朵；花漏斗形，直立，橙红色，直径 2~3cm。浆果熟时紫红色。

垂笑君子兰 **Clivia nobilis** Lindl. 石蒜科 Amaryllidaceae 君子兰属

原产及栽培地: 原产南非。中国北京、福建、广东、湖北、江西、陕西、台湾、云南、浙江等地栽培。**习性**: 喜半阴环境；喜温暖湿润，不耐寒冷；要求排水良好、肥沃壤土；植株健壮。**繁殖**: 播种、分株。**园林用途**: 南方可布置花坛或作切花，北方作室内盆栽，观叶观花。

特征要点 多年生草本。株高 40~60cm。叶片与花被片均较君子兰窄，因花朵下垂，花被不甚开张而区别。

亚洲文殊兰（文殊兰）Crinum asiaticum L.

石蒜科 Amaryllidaceae 文殊兰属

原产及栽培地：原产中国南部、南亚、东南亚。中国北京、福建、广东、广西、湖北、江苏、上海、台湾、云南、浙江等地栽培。**习性：**喜半阴；喜温暖湿润、光照充足环境，能耐盐碱，不耐寒；要求富含腐殖质、疏松肥沃的砂质培养土。**繁殖：**分株。**园林用途：**南方可庭院栽培，北方盆栽适宜布置厅堂、会场。

特征要点　多年生草本。株高 80~150cm。大鳞茎长圆柱形，有毒。叶基生，常绿，带状披针形。花莛腋生，高达 1m；伞形花序外具 2 个佛焰状大型苞片，苞片反折，有花 20 多朵；花被筒直立，细长 7~10cm，成高盆状，花被片线形，白色，有香气。花期春夏季。

西南文殊兰 Crinum latifolium L. 石蒜科 Amaryllidaceae 文殊兰属

原产及栽培地：原产中国、印度、中南半岛、东南亚。中国北京、广西、贵州、湖北、四川、台湾、云南等地栽培。**习性：**喜光照充足，忌烈日暴晒；喜温暖湿润，生长适温 18~22℃；要求富含腐殖质、疏松肥沃的砂质培养土。**繁殖：**播种、分株。**园林用途：**南方可庭院栽培，北方盆栽适宜布置厅堂、会场。

特征要点　多年生草本。株高 60~120cm。茎粗壮。叶带形，长 70cm 或更长。伞形花序有花数朵至 10 余朵；佛焰苞状总苞片 2 枚；花被近漏斗状的高脚碟状；花被管长约 9cm；花被裂片披针形，长约 7.5cm，白色，有红晕。花期 6~8 月。

香殊兰 (穆尔氏文殊兰) **Crinum moorei** Hook. f.

石蒜科 Amaryllidaceae 文殊兰属

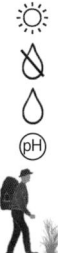

原产及栽培地: 原产南非。中国北京、台湾等地栽培。**习性**: 喜半阴; 喜温暖湿润、光照充足环境, 能耐盐碱, 不耐寒; 要求富含腐殖质、疏松肥沃的砂质培养土。**繁殖**: 分株。**园林用途**: 南方可庭院栽培, 北方盆栽适宜布置厅堂、会场。

特征要点　多年生草本。株高 60~120cm。鳞茎大, 直径可达 20cm。叶常绿、带状, 宽达 10cm, 边缘光滑波状。花葶腋生, 高达 1m; 花少数, 长漏斗状, 常俯垂, 花冠细长, 花冠白色, 直径 10cm。花期夏季。

虎耳兰 (白花网球花) **Haemanthus albiflos** Jacq.

石蒜科 Amaryllidaceae 虎耳兰属

原产及栽培地: 原产南非。中国北京、福建、广东、湖北、江苏、台湾、云南、浙江等地栽培。**习性**: 喜阳光、温暖、湿润、通风良好的环境; 较耐旱, 不耐寒, 生长适温 15~25℃; 要求排水良好的微酸性壤土。**繁殖**: 分株。**园林用途**: 优良的观叶花卉, 盆栽陈设于几架、案台、书橱等处。

特征要点　多年生常绿草本。株高 20~40cm。鳞茎扁平。叶 2~4 枚, 宽带形, 长 15~20cm, 宽 7~10cm, 肥厚肉质, 先端舌状, 缘具缘毛, 叶面平滑有光泽。花葶短, 先端着生密集之伞形花序, 呈圆球状; 花白色, 花药黄色, 十分醒目。浆果鲜绿色。花期 8 月。

石榴朱顶红 Hippeastrum puniceum (Lam.) Kuntze
石蒜科 Amaryllidaceae 朱顶红属

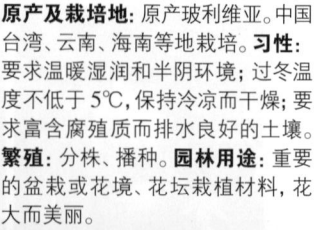

原产及栽培地: 原产玻利维亚。中国台湾、云南、海南等地栽培。**习性:** 要求温暖湿润和半阴环境;过冬温度不低于5℃,保持冷凉而干燥;要求富含腐殖质而排水良好的土壤。**繁殖:** 分株、播种。**园林用途:** 重要的盆栽或花境、花坛栽植材料,花大而美丽。

特征要点 多年生草本。株高50~80cm。春季出叶。叶基生,带状,直立性强。花鲜红色,基部黄绿色;花被片无方格斑纹;喉部有一个小副冠。花期3~4月。

白肋朱顶红(网纹百枝莲) Hippeastrum reticulatum (L' Her.) Herb.
石蒜科 Amaryllidaceae 朱顶红属

原产及栽培地: 原产阿根廷、巴西、玻利维亚。中国福建、广东、海南、湖北、台湾、浙江等地栽培。**习性:** 要求温暖湿润和半阴环境;过冬温度不低于5℃,保持冷凉而干燥要求富含腐殖质而排水良好的土壤。**繁殖:** 分株、播种。**园林用途:** 重要的盆栽或花境、花坛栽植材料,花大而美丽。

特征要点 多年生草本。株高30~60cm。花叶同出。叶宽而短,中脉白色,显著。花白色或淡粉红色,具暗色方格斑纹。花期秋冬间。

花朱顶红 **Hippeastrum vittatum** (L' Hér.) Herb.
石蒜科 Amaryllidaceae 朱顶红属

原产及栽培地: 原产秘鲁、阿根廷、巴西、玻利维亚。中国北京、福建、广东、广西、贵州、江苏、陕西、上海、四川、台湾、云南、浙江等地栽培。**习性**: 要求温暖湿润和半阴环境; 过冬温度不低于5℃, 保持冷凉而干燥; 要求富含腐殖质而排水良好的土壤。**繁殖**: 分株、播种。**园林用途**: 重要的盆栽或花境、花坛栽植材料, 花大而美丽。

特征要点 多年生草本。株高60~80cm。鳞茎大, 球形。叶6~8枚, 宽带状。花茎自叶丛抽出, 粗壮、中空; 伞形花序, 有花3~6朵; 花大, 花被漏斗状, 长12~18cm, 花被片鲜红色, 内面中部有白色条纹。花期3~5月。

火球花(网球花) **Scadoxus multiflorus** (Martyn) Raf.
石蒜科 Amaryllidaceae 网球花属

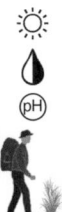

原产及栽培地: 原产非洲热带地区。中国北京、福建、广东、广西、海南、吉林、四川、台湾、云南、浙江等地栽培。**习性**: 喜光及长日照; 生长适合温度20~30℃, 能耐短时-2℃低温; 喜酸性或中性砂壤土。**繁殖**: 分株、播种。**园林用途**: 适宜盆栽观赏, 花极美丽。

特征要点 多年生草本。株高50~70cm。鳞茎扁球形, 具棕红色斑点。叶3~4片, 狭长圆形, 具短柄。伞形花序球状, 血红色, 直径达15cm, 网球状; 小花多数, 花被片细线形, 与花丝近等粗。花期5~6月。

马蹄莲 *Zantedeschia aethiopica* (L.) Spreng. 天南星科 Araceae 马蹄莲属

原产及栽培地: 原产非洲南部。中国北京、福建、广东、广西、贵州、陕西、上海、四川、台湾、云南、浙江等地栽培。**习性:** 冬季喜光，稍耐阴；喜温暖湿润环境，不耐寒，生长适温20℃，不耐旱；喜疏松肥沃、腐殖质丰富的砂质壤土。**繁殖:** 分株。**园林用途:** 重要的切花花卉，常用于插花等，也常作盆栽观赏。

特征要点 多年生草本。株高70~100cm。根茎肉质，肥大，褐色。基生叶片箭形或戟形，长15~45cm，鲜绿色，有光泽。花茎基生，高与叶长相同；肉穗花序顶生；佛焰苞白色，形似马蹄状；肉穗花序黄色。花期3~4月。

白斑马蹄莲（黑心黄马蹄莲） *Zantedeschia albomaculata* (Hook.) Baill. 天南星科 Araceae 马蹄莲属

原产及栽培地: 原产非洲南部。中国福建、湖北、江苏、台湾、云南、浙江等地栽培。**习性:** 冬季喜光，稍耐阴；喜温暖湿润环境，不耐寒，生长适温20℃，不耐旱；喜疏松肥沃、腐殖质丰富的砂质壤土。**繁殖:** 分株。**园林用途:** 重要的切花花卉，常用于插花等，也常作盆栽观赏。

特征要点 多年生草本。株高60~100cm。叶箭形，有白色斑点。花深黄色，喉部有黑色斑点，花色有丰富的变化，有的淡黄色，还有杏黄色和粉色者。花期春夏季。

黄花马蹄莲 **Zantedeschia elliottiana** (W. Watson) Engl.

天南星科 Araceae 马蹄莲属

原产及栽培地：原产南非。中国北京、福建、广东、台湾、云南等地栽培。**习性**：冬季喜光，稍耐阴；喜温暖湿润环境，不耐寒，生长适温20℃，不耐旱；喜疏松肥沃、腐殖质丰富的砂质壤土。**繁殖**：分株。**园林用途**：重要的切花花卉，常用于插花等，也常作盆栽观赏。

特征要点　多年生草本。株高 60~100cm。叶柄长 60cm，叶片卵圆形，长达 28cm，与宽相近，正面具半透明白色斑点。佛焰苞长 15cm，黄色，外面绿黄色。花期 5~6 月。

红马蹄莲(红花马蹄莲) **Zantedeschia rehmannii** Engl.

天南星科 Araceae 马蹄莲属

原产及栽培地：原产南非、莫桑比克、斯威士兰。中国北京、福建、台湾、云南等地栽培。**习性**：冬季喜光，稍耐阴；喜温暖湿润环境，不耐寒，生长适温 20℃，不耐旱；喜疏松肥沃、腐殖质丰富的砂质壤土。**繁殖**：分株。**园林用途**：重要的切花花卉，常用于插花等，也常作盆栽观赏。

特征要点　多年生草本。株高可达 60cm。叶片窄椭圆状披针形。佛焰苞长达 12cm，玫红至红紫色，也有具红色边的白色类型。花期 4~6 月。

长筒花（圆盘花） **Achimenes erecta** (Lam.) H. P. Fuchs
苦苣苔科 Gesneriaceae 长筒花属

原产及栽培地：原产北美洲。中国北京、福建等地栽培。**习性**：耐阴；喜温暖而潮润空气；喜肥沃壤土。**繁殖**：分株、扦插、播种。**园林用途**：多盆栽观花或吊挂观赏。

特征要点 多年生草本。株高 15~30cm。有地下茎。叶对生或偶有轮生，卵圆状披针形，边缘有细齿。花单生叶腋；花冠高脚碟状，上部圆形，5 浅裂，基部筒状，红色、堇色或白色；雄蕊 4，有 1 退化雄蕊。蒴果 2 片开裂。花期春夏季或夏秋季。

长花圆盘花（长筒花） **Achimenes longiflora** DC.
苦苣苔科 Gesneriaceae 长筒花属

原产及栽培地：原产危地马拉。中国北京、上海、广东等地栽培。**习性**：耐阴；喜温暖而潮润空气；喜肥沃壤土。**繁殖**：分株、扦插、播种。**园林用途**：多盆栽观花或吊挂观赏。

特征要点 多年生草本。株高 10~20cm。根状茎球形或梨形。叶对生或 3~4 枚轮生，广椭圆形或卵圆至长圆披针形。花单生叶腋，花冠碟形有长筒，冠檐开展，上面堇蓝色，下面带白色。花期春夏季。

大岩桐 **Sinningia speciosa** (Lodd.) Hiern 苦苣苔科 Gesneriaceae 大岩桐属

原产及栽培地: 原产巴西。中国北京、福建、广东、湖北、江苏、陕西、台湾、云南、浙江等地栽培。**习性:** 喜半阴,喜温暖湿润气候,不耐寒,要求较高的空气湿度;对土壤要求不严,喜湿润,不耐干旱。**繁殖:** 分株、播种。**园林用途:** 温室盆栽观赏。

特征要点 多年生草本。株高 10~30cm。茎短。叶片卵圆形至长圆形,长可达 20cm,宽 15cm,正面绿色,背面红色。花 1~3 朵腋生,具长梗;花冠偏斜,钟形,堇色、红色或白色;花盘腺 5 个。花期秋冬季。

小苍兰(香雪兰) **Freesia refracta** (Jacq.) Klatt
鸢尾科 Iridaceae 香雪兰属 / 小苍兰属

原产及栽培地: 原产南非。中国北京、福建、广东、广西、湖北、江苏、上海、台湾、云南、浙江等地栽培。**习性:** 喜温凉湿润、阳光充足环境;耐寒性差,高温休眠;忌水涝。**繁殖:** 分球、播种。**园林用途:** 重要的切花与盆花,花期正值元旦、春节佳期。

特征要点 多年生草本。株高 20~40cm。球茎卵圆形或圆锥形,棕褐色。叶片剑形或线形,长 15~30cm。花茎细,有分枝;花多偏生一侧或倾斜;花被狭漏斗形,长约 5cm,上部分裂为 6 片;有黄绿色至鲜黄色、粉红、玫瑰红、雪青及紫色等色系,芳香。花期冬春季。

夏风信子（白虎眼万年青） **Ornithogalum candicans** (Baker) J. C. Manning & Goldblatt **【Galtonia candicans (Baker) Decne.】**

天门冬科 / 百合科 Asparagaceae/Liliaceae 伞长青属 / 夏风信子属

原产及栽培地: 原产南非。中国北京、福建、广东、湖北、云南、浙江等地栽培。**习性:** 喜光；喜温暖湿润，不耐寒；土壤要求排水良好。**繁殖:** 分栽鳞茎、播种。**园林用途:** 适合花坛条植或丛植。

特征要点　多年生草本。株高 60~100cm。鳞茎球形。基生叶长约 60cm，带状，略肉质。花葶高 60~100cm；总状花序有花 20~30 朵；花白色，略带绿色条纹，窄钟状，长约 3.5cm，微具芳香。花期夏秋季。

虎眼万年青　**Albuca bracteata** (Thunb.) J. C. Manning & Goldblatt **【Ornithogalum caudatum Aiton】** 天门冬科 / 百合科 Asparagaceae/Liliaceae 哨兵花属 / 虎眼万年青属

原产及栽培地: 原产南非。中国北京、福建、广东、湖北、云南、浙江等地栽培。**习性:** 喜阳光或部分荫蔽；忌过强阳光，要求排水良好的土壤，不耐寒。**繁殖:** 分植小鳞茎、分栽短匍茎。**园林用途:** 适宜北方室内布置，观其大型淡绿色鳞茎和常绿叶丛。

特征要点　多年生草本。株高 40~100cm。鳞茎大，卵圆状，淡灰绿色，直径可达 10cm。叶基生，5~6 枚，带状，先端具长尖，长可达 60cm，近肉质。花葶粗壮，顶生长总状花序；小花 50~60 朵，密集，星形，直径 2.5cm，花被片白色或淡绿色。花期夏季。

伞花万年青（伞花虎眼万年青、鸟乳花）Ornithogalum umbellatum L.

天门冬科 / 百合科 Asparagaceae/Liliaceae 伞长青属 / 虎眼万年青属

原产及栽培地: 原产地中海地区、北非。中国台湾栽培。**习性:** 喜阳光; 喜冷凉湿润环境, 较耐寒; 要求排水良好的土壤。**繁殖:** 分株。**园林用途:** 庭院中适宜布置花坛、花境。

特征要点 多年生草本。株高 20~40cm。鳞茎小, 卵圆状, 直径约 1.5cm。叶基生, 密集, 长约 30cm, 宽 2~5mm, 常卷折。伞房状总状花序, 稍高出叶丛; 花 5~20 朵, 花冠白色, 直径 3~4cm。花期 5~6 月。

常春藤叶仙客来（耳瓣仙客来）Cyclamen hederifolium Aiton

报春花科 Primulaceae 仙客来属

原产及栽培地: 原产地中海沿岸。中国台湾栽培。**习性:** 喜光; 喜温凉湿润, 生长适温 15~20℃; 要求肥沃、疏松、排水良好的微酸性砂质壤土; 忌夏季高温高湿。**繁殖:** 播种、分割球茎。**园林用途:** 适宜盆栽室内布置, 又可庭院栽培。

特征要点 多年生草本。株高 40~60cm。营养器官似仙客来。花粉红色或白色, 花瓣基部具耳状突起。花期春季。

仙客来 *Cyclamen persicum* Mill. 报春花科 Primulaceae 仙客来属

原产及栽培地: 原产南欧、突尼斯、地中海东部沿海地区。中国北京、福建、广东、贵州、湖北、江苏、陕西、上海、四川、台湾、浙江等地栽培。**习性**: 喜光; 喜温凉湿润, 生长适温 15~20℃; 要求肥沃、疏松、排水良好的微酸性砂质壤土; 忌夏季高温高湿。**繁殖**: 播种、分割球茎。**园林用途**: 世界重要盆花, 适宜室内布置, 又可作切花。

特征要点 多年生草本。株高 40~60cm。具扁圆形多肉块茎。叶丛生块茎顶端, 具长柄, 近心形; 表面绿色, 有银白色斑纹。花单朵腋生; 花梗细长, 高 15~20cm; 花稍下垂, 花瓣向外反卷如僧帽状。蒴果球形, 内含种子多数。花期自秋至春季。

（四）亚灌木花卉

单药花（单药爵庆） *Aphelandra squarrosa* Nees 爵床科 Acanthaceae 单药花属

原产及栽培地: 原产巴西。中国福建、广东、海南等地栽培。**习性**: 喜温和湿润气候, 要求充足光照及肥沃、疏松、排水良好土壤, 不耐寒, 夏季应避免阳光直射。**繁殖**: 扦插。**园林用途**: 适宜盆栽观赏, 亦可作花篱栽植或草坪中点缀。

特征要点 常绿小灌木或多年生草本。株高约 1m。叶簇生, 卵圆形或卵状椭圆形, 全缘, 叶面深绿并有光泽, 叶脉银白色, 叶背浅绿色。穗状花序顶生, 长约 15cm, 小花沿花序紧密排成对称 4 棱, 花冠黄色, 花冠筒长 3~7cm。花期 7~9 月。

红点草（枪刀药、嫣红蔓） **Hypoestes phyllostachya** Baker
爵床科 Acanthaceae 枪刀药属

原产及栽培地： 原产马达加斯加。中国北京、福建、广东、海南、湖北、四川、台湾、云南等地栽培。**习性：** 喜温暖湿润气候，要求半阴环境；喜肥沃、深厚及排水良好的土壤。**繁殖：** 播种、扦插。**园林用途：** 供盆栽观叶植物，用于室内外布置，美化庭院。

特征要点 亚灌木。株高 30~60cm。茎丛生，基部木质化。叶对生，全缘，长圆形至长卵形，长约 6cm，深绿色，叶面具堇粉色斑纹。花单生叶腋，花冠二唇形，淡紫粉色，冠筒狭窄，喉部白色，有红色斑。蒴果。花期秋季。

鸭嘴花 **Justicia adhatoda** L. 爵床科 Acanthaceae 黑爵床属 / 爵床属

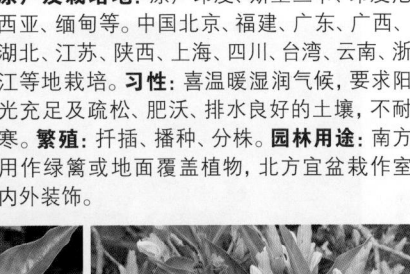

原产及栽培地： 原产印度、斯里兰卡、印度尼西亚、缅甸等。中国北京、福建、广东、广西、湖北、江苏、陕西、上海、四川、台湾、云南、浙江等地栽培。**习性：** 喜温暖湿润气候，要求阳光充足及疏松、肥沃、排水良好的土壤，不耐寒。**繁殖：** 扦插、播种、分株。**园林用途：** 南方用作绿篱或地面覆盖植物，北方宜盆栽作室内外装饰。

特征要点 常绿大灌木或呈乔木状。株高 1~3m。枝叶被毛，有臭味。叶对生，纸质，具柄，矩圆状披针形至披针形，全缘，长 8~15cm，先端渐尖。穗状花序生于枝端叶腋；花冠二唇形，下唇稍宽，深 3 裂，上唇微 2 裂，花冠白色，有紫色或粉红色纹。蒴果近木质。花果期几全年。

珊瑚花（巴西羽花）Justicia carnea Lindl. 爵床科 Acanthaceae 黑爵床属 / 爵床属

原产及栽培地: 原产巴西。中国北京、福建、广东、广西、贵州、海南、湖北、江苏、江西、四川、台湾、云南、浙江等地栽培。**习性:** 喜向阳和温暖湿润环境，不耐寒，宜富含腐殖质，排水通畅的砂质壤土；性较强健，生长迅速。**繁殖:** 扦插。**园林用途:** 适合盆栽观赏，温暖地区用于花坛、点缀绿地，也供切花。

特征要点 多年生常绿亚灌木。株高约1.5m。茎四棱，具叉状分枝，节膨大。叶对生，具柄，叶片椭圆状卵形至卵状披针形，长9~15cm，纸质，具弧形脉。花密集形成短穗状圆锥花序，顶生，花玫瑰紫色或粉红色，二唇形。花期6~8月。

虾衣花 Justicia brandegeeana Wassh. & L. B. Sm.
爵床科 Acanthaceae 黑爵床属 / 爵床属

原产及栽培地: 原产墨西哥。中国北京、福建、广东、广西、贵州、湖北、江苏、江西、陕西、四川、台湾、云南、浙江等地栽培。**习性:** 喜光忌暴晒，有一定的耐阴能力；喜温暖、湿润环境，最低温度5~10℃；要求深厚肥沃、排水良好的壤土。**繁殖:** 扦插。**园林用途:** 适宜盆栽，放在室内高架上观赏，也可作花坛布置。

特征要点 常绿小灌木。株高60~90cm。茎基部分枝，柔弱，节部膨大。叶对生，具长柄，卵圆形或椭圆形，质软，长3~7cm，先端尖，全缘。穗状花序生于枝顶，长15cm以上；苞片棕红色，重叠着生；花冠细长，白色，唇形，具紫色斑点。花果期几全年。

金苞花 **Pachystachys lutea** Nees 爵床科 Acanthaceae 金苞花属

原产及栽培地: 原产美洲热带地区。中国北京、福建、广东、海南、湖北、四川、台湾、云南等地栽培。**习性**: 喜阳光充足, 喜温暖气候及肥沃、疏松、排水良好的砂质壤土。**繁殖**: 扦插。**园林用途**: 优良盆栽花卉, 南方可布置花坛、花境或在草坪中点缀。

特征要点 灌木状多年生草本。株高可达 70cm。茎具分枝。叶对生, 长卵形, 深绿色, 长 10~12cm, 叶脉显著。穗状花序顶生, 长达 10cm 以上, 由金黄色苞片组成四棱形; 花冠唇形, 乳白色, 长达 5cm。花期春夏秋季。

金脉爵床 **Sanchezia oblonga** Ruiz & Pav.
爵床科 Acanthaceae 少君木属 / 黄脉爵床属

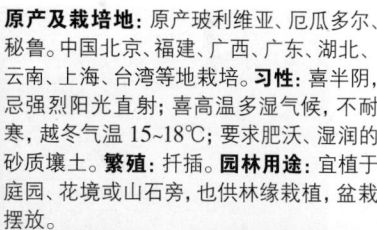

原产及栽培地: 原产玻利维亚、厄瓜多尔、秘鲁。中国北京、福建、广西、广东、湖北、云南、上海、台湾等地栽培。**习性**: 喜半阴, 忌强烈阳光直射; 喜高温多湿气候, 不耐寒, 越冬气温 15~18℃; 要求肥沃、湿润的砂质壤土。**繁殖**: 扦插。**园林用途**: 宜植于庭园、花境或山石旁, 也供林缘栽植, 盆栽摆放。

特征要点 常绿灌木。株高可达 2m。茎具棱。叶对生, 长圆形, 先端渐尖或尾尖, 长 9~15cm, 翠绿色, 其中脉、侧脉及边缘均为鲜黄色。穗状花序顶生; 苞片稍大, 红褐色; 花冠黄色, 花冠筒长, 约 5cm, 雄蕊 4, 花丝细长, 伸出冠外。花期从春季至秋季。

蔓长春花 **Vinca major** L. 夹竹桃科 Apocynaceae 蔓长春花属

原产及栽培地: 原产地中海地区。中国北京、福建、广东、广西、贵州、湖北、江苏、江西、陕西、上海、四川、云南、浙江等地栽培。**习性:** 喜温暖湿润气候,不耐寒;对土壤要求不严。**繁殖:** 扦插、分株。**园林用途:** 优良地被植物,种植于山石避光面或坡地林下,也常盆栽。

特征要点 蔓性半灌木。株高 10~30cm。茎绿色,偃卧,花茎直立。叶对生,椭圆形,长 2~6cm,宽 1.5~4cm,先端急尖,基部下延。花单朵腋生,具长花梗;花冠蓝色,花冠筒漏斗状,花冠裂片倒卵形。蓇葖果。花期 3~5 月。

马利筋 **Asclepias curassavica** L.
夹竹桃科 / 萝藦科 Apocynaceae/Asclepiadaceae 马利筋属

原产及栽培地: 原产美洲热带地区。中国北京、福建、广东、广西、贵州、黑龙江、湖北、江苏、陕西、上海、四川、台湾、云南、浙江等地栽培。**习性:** 喜向阳、避风、温暖、干燥环境;不择土壤。**繁殖:** 播种。**园林用途:** 适宜花坛、花境配置,也可盆栽,亦可作切花。

特征要点 灌木状多年生直立草本。株高 60~100cm。植株无毛,具白色乳汁。叶对生,椭圆披针形,长 10~13cm。聚伞花序顶生;直径约 2cm,萼片 5 枚,绿色,花瓣 5,红色,开花时向后反卷,雄蕊 5,相连成一圆形柱状物的副冠,鲜黄或橙色。蓇葖果细长角状,具白绢质毛。花期几乎全年。

南美天芥菜（香水草） **Heliotropium arborescens** L.
紫草科 Boraginaceae 天芥菜属

原产及栽培地：原产南美洲秘鲁。中国北京、福建、湖北、陕西、台湾、云南、浙江等地栽培。**习性**：喜光线充足或部分荫蔽；喜温暖；要求肥沃疏松、排水良好的土壤；要求较高空气湿度，越冬气温 7~10℃。**繁殖**：播种、扦插。**园林用途**：可作镶边植物，也可盆栽观赏，香气宜人。

特征要点 灌木状多年生草本。株高 1.2m。全株被毛，茎基部木质化，呈亚灌木状。叶互生或近对生，卵圆形或长圆状披针形。镰状聚伞花序顶生，花朵密集；花小，直径约 0.5cm，紫罗兰色至白色，芳香。核果圆球形。花期 2~6 月。

梳黄菊 **Euryops pectinatus** (L.) Cass. 菊科 Asteraceae/Compositae 黄蓉菊属

原产及栽培地：原产南非。中国北京、福建、台湾、四川、云南等地栽培。**习性**：光照要充足，浇水要见干见湿，不可过于干旱与湿涝；对土壤要求不严。**繁殖**：扦插。**园林用途**：常用作花境，也可成片栽培为地被。

特征要点 常绿亚灌木。株高约 50cm。叶互生，羽状深裂，裂片细窄，灰绿色。头状花序单生枝顶，具细长梗，直径约 5cm；边缘舌状花金黄色，1 轮，舌片平展；中央管状花多数，金黄色。花期春季至秋季。

蓝目菊 **Dimorphotheca ecklonis** DC. 【Osteospermum ecklonis (DC.) Norl.】 菊科 Asteraceae/Compositae 异果菊属/骨子菊属

原产及栽培地: 原产南非。中国北京、江苏、台湾等地栽培。**习性:** 喜强光,忌霜冻与酷暑,性较健壮。**繁殖:** 播种。**园林用途:** 高品种适宜作切花,矮品种适宜盆栽或岩石园点缀。

特征要点 灌木或亚灌木。株高可达 90~120cm。茎多分枝。叶互生,倒卵形或倒披针形,边缘有疏齿与短腺柔毛。头状花序单生分枝顶端,或成疏散的伞房状,直径 5~8cm;舌状花上面白色,下面通常蓝色并有白边,盘心花青蓝色。花期 5~9 月。

天竺葵 **Pelargonium × hortorum** L. H. Bailey 牻牛儿苗科 Geraniaceae 天竺葵属

原产及栽培地: 原产南非。中国北京、福建、广东、广西、贵州、黑龙江、湖北、江苏、江西、陕西、四川、台湾、云南、浙江等地栽培。**习性:** 喜温暖、湿润和阳光充足环境;耐寒性差,忌水湿和高温。**繁殖:** 扦插。**园林用途:** 重要盆栽花卉。

特征要点 灌木状多年生草本。株高 30~60cm。茎肉质。叶互生,具柄,叶片圆形至肾形,掌状浅裂至中裂,枫叶状,叶面绿色,具紫色蹄纹,或中间紫色而边缘黄色。伞形花序具长梗,花密集,直径可达 8cm;花冠猩红色。花期春季。

家天竺葵 Pelargonium domesticum L. H. Bailey

牻牛儿苗科 Geraniaceae 天竺葵属

原产及栽培地：原产南非。中国北京、福建、广东、江苏、浙江等地栽培。**习性**：较天竺葵耐寒，喜干燥，忌雨淋，栽培中要特别注意防渍涝。**繁殖**：扦插。**园林用途**：重要盆栽花卉，也可布置花坛、花境等。

特征要点 灌木状草本。株高可达50cm。全株被软毛，基部木质。叶阔心卵形至近肾形，有不明显浅裂，叶缘具锯齿，叶片软皱无蹄纹。花大，白色、淡红色或红色，具暗紫红色斑块。花期夏季至冬季。

香叶天竺葵（香叶、摸摸香） Pelargonium graveolens L' Hér. ex Aiton

牻牛儿苗科 Geraniaceae 天竺葵属

原产及栽培地：原产南非。中国北京、福建、广东、广西、贵州、海南、湖北、江苏、江西、陕西、云南、浙江等地栽培。**习性**：喜温暖、湿润和阳光充足环境；耐寒性差，忌水湿和高温。**繁殖**：扦插。**园林用途**：重要盆栽花卉，茎、叶可提取香精。

特征要点 灌木状多年生草本。株高可达90cm。叶掌状5~7深裂至近基部，裂片狭窄，缘有不规则羽状裂及钝齿，具香气。伞形花序与叶对生，花梗纤细；花小，直径1~2cm，花冠粉红色，有紫色脉纹。花期4月。

小花天竺葵 **Pelargonium inquinans** (L.) L' Hér.

牻牛儿苗科 Geraniaceae 天竺葵属

原产及栽培地: 原产南非。中国北京、台湾等地栽培。**习性:** 喜温暖、湿润和阳光充足环境; 耐寒性差, 忌水湿和高温。**繁殖:** 扦插。**园林用途:** 重要盆栽花卉, 也常作为春夏花坛材料。

特征要点 灌木状多年生草本。株高 20~60cm。茎直立, 圆柱形近肉质。叶互生, 具长柄, 叶片肾状圆形, 具掌状脉, 叶缘波状, 稍浅裂。花序腋生, 花小, 花色有深红、淡红、白等色。花期全年。

盾叶天竺葵 **Pelargonium peltatum** (L.) L' Hér.

牻牛儿苗科 Geraniaceae 天竺葵属

原产及栽培地: 原产南非。中国北京、福建、广西、贵州、江苏、上海、台湾、云南、浙江等地栽培。**习性:** 喜温暖、湿润和阳光充足环境; 耐寒性差, 忌水湿和高温。**繁殖:** 扦插。**园林用途:** 重要盆栽花卉, 也常用作春夏花坛材料。

特征要点 灌木状多年生草本。茎长可达 1m, 细弱、蔓生、光滑。叶稍肉质, 盾形, 具掌状脉, 边缘常具 5 浅裂, 裂片具数个粗齿或再次浅裂。伞形花序腋生, 具长梗; 花数朵, 花冠紫色、粉红或白色。花期夏季或冬季。

菊叶天竺葵 Pelargonium radens H. E. Moore 【Pelargonium radula (Cav.) L'Hér.】 牻牛儿苗科 Geraniaceae 天竺葵属

原产及栽培地：原产南非。中国福建、浙江等地栽培。
习性：喜温暖、湿润和阳光充足环境；耐寒性差，忌水湿和高温。**繁殖**：扦插。**园林用途**：重要盆栽花卉。

特征要点 灌木状草本。株高可达1m。茎直立，多分枝。叶掌状深裂，裂片再分裂成线形。伞形花序有花5朵；花玫瑰红色，有紫色斑点及条纹。花期夏季。

马蹄纹天竺葵（蹄纹天竺葵）Pelargonium zonale ex. Aiton
牻牛儿苗科 Geraniaceae 天竺葵属

原产及栽培地：原产南非。中国北京、福建、广东、贵州、陕西、上海、四川、台湾、云南、浙江等地栽培。**习性**：喜温暖、湿润和阳光充足环境；耐寒性差，忌水湿和高温。**繁殖**：扦插。**园林用途**：重要盆栽花卉，也常用作春夏花坛材料。

特征要点 小灌木状草本。株高约30cm。叶心状圆形，边缘浅裂，表面有明显的褐色马蹄形斑纹，有时叶边缘红色。伞形花序腋生；花小，花色深红至白色。花期夏季至冬季。

天门冬 Asparagus cochinchinensis (Lour.) Merr.
天门冬科 / 百合科 Asparagaceae/Liliaceae 天门冬属

原产及栽培地：原产中国南部，中南半岛。中国北京、福建、广东、广西、贵州、海南、湖北、江西、陕西、上海、四川、台湾、新疆、云南、浙江等地野生或栽培。**习性：**喜半阴环境；喜温暖湿润环境；要求土壤疏松、深厚。**繁殖：**分株、播种。**园林用途：**庭院栽培，可观叶、观果。

特征要点 灌木状攀缘草本。茎长 1~2m。根纺锤状膨大，粗 1~2cm。茎平滑，常弯曲或扭曲。叶状枝常每 3 枚成簇，扁平，稍镰刀状，宽 1~2mm。花常每 2 朵腋生，淡绿色。浆果直径 6~7mm，熟时红色，有 1 颗种子。花期 5~6 月，果期 8~10 月。

非洲天门冬（松叶武竹、天门冬） Asparagus densiflorus (Kunth) Jessop
天门冬科 / 百合科 Asparagaceae/Liliaceae 天门冬属

原产及栽培地：原产非洲西部。中国北京、福建、广东、海南、湖北、江西、陕西、上海、台湾、云南、浙江等地栽培。**习性：**喜光照充足；喜温暖湿润环境；要求土壤疏松、深厚。**繁殖：**分株、播种。**园林用途：**布置会场和盆花摆设边缘材料；又为切花装饰配叶材料。

特征要点 灌木状半蔓性草本。茎长可达 1m。具纺锤状肉质块根。叶状枝扁平条形，常 3 枚簇生，宽 2~3mm。花白色，有香气。浆果成熟时红色，状如珊瑚珠。花果期秋冬季。

文竹 **Asparagus setaceus** (Kunth) Jessop
天门冬科 / 百合科 Asparagaceae/Liliaceae 天门冬属

原产及栽培地: 原产非洲南部。中国北京、福建、广东、广西、贵州、海南、湖北、江苏、江西、陕西、四川、台湾、云南、浙江等地栽培。**习性**: 喜温暖湿润的环境，不耐强光和低温；忌积水，多水易烂根，又不耐干旱；喜肥，要求疏松肥沃的砂质壤土。**繁殖**: 分株、播种。**园林用途**: 室内盆栽观赏，并作切叶植物。

特征要点 蔓性常绿亚灌木。株高 30~60cm。根部稍肉质。茎细，圆柱形，绿色，丛生多分枝。叶状枝纤细，于茎两侧水平簇生，整个叶状枝平展呈羽毛状。叶小型鳞片状，主茎上鳞片叶多呈刺状。花小，白色，两性，有香气，1~4 朵生于短柄上。浆果球形，成熟时黑紫色。花果期秋冬季。

假叶树 **Ruscus aculeatus** L. 天门冬科 / 百合科 Asparagaceae/Liliaceae 假叶树属

原产及栽培地: 原产大西洋北部亚速尔群岛、西欧经地中海地区至伊朗。中国北京、福建、广东、广西、湖北、江苏、江西、陕西、台湾、云南、浙江等地栽培。**习性**: 喜温暖、潮湿，耐阴与半阳；忌水涝，不耐寒。**繁殖**: 分株、播种。**园林用途**: 温室盆栽观赏。

特征要点 常绿小灌木。株高可达 90cm。具根状茎。主茎绿色，有分枝。叶小，鳞片状，不明显；每鳞片叶腋部有扁化叶状枝，卵圆形，绿色，革质。花小，雌雄异株，绿白色，1~2 朵生于叶状枝中脉的中下部。浆果球形，红色。花期 1~5 月，果期 8~11 月。

'白萼' 倒挂金钟 Fuchsia 'Alba Coccinea'【Fuchsia × alba-coccinea Hort.】柳叶菜科 Onagraceae 倒挂金钟属

原产及栽培地: 杂交起源。中国北京、福建、广东、广西、贵州、海南、江西、陕西、上海、四川、台湾、云南、浙江等地栽培。**习性:** 喜温暖向阳或微荫蔽而通风良好的环境; 喜凉爽气候, 忌酷暑; 要求富含腐殖质、排水良好的砂质土壤。**繁殖:** 分球、播种。**园林用途:** 主要盆栽布置室内厅堂, 冬暖地可露地栽培装饰廊架。

特征要点 落叶或常绿小灌木。株高可达 1m。分枝常下垂。萼筒白色较长; 裂片反卷; 花瓣红色。其他形态同倒挂金钟。花期夏季。

猩红倒挂金钟 Fuchsia coccinea Aiton 柳叶菜科 Onagraceae 倒挂金钟属

原产及栽培地: 原产巴西。中国北京、广东、云南等地栽培。**习性:** 喜温暖向阳或微荫蔽而通风良好的环境; 喜凉爽气候, 忌酷暑; 要求富含腐殖质、排水良好的砂质土壤。**繁殖:** 扦插、播种。**园林用途:** 主要盆栽布置室内厅堂, 冬暖地可露地栽培装饰廊架。

特征要点 常绿蔓状灌木。株高可达 3m。叶对生, 厚纸质, 披针形, 长 8~10cm, 宽 1.5~2.5cm, 先端渐尖, 具缘毛。花单生叶腋, 具长梗, 下垂; 萼筒短, 萼片披针形, 长于花瓣, 鲜红色; 花瓣短, 蓝紫色。浆果长椭圆形, 熟时黑紫色。花果期秋冬季。

长筒倒挂金钟 **Fuchsia fulgens** DC. 柳叶菜科 Onagraceae 倒挂金钟属

原产及栽培地： 原产墨西哥。中国北京、台湾、云南等地栽培。**习性：** 喜温暖向阳或微荫蔽而通风良好的环境；喜凉爽气候，忌酷暑；要求富含腐殖质、排水良好的砂质土壤。**繁殖：** 扦插、播种。
园林用途： 主要盆栽布置室内厅堂，冬暖地可露地栽培装饰廊架。

特征要点 落叶或常绿小灌木。株高可达 1m。分枝常下垂。叶卵形。顶生总状花序；花萼绯红色，裂片尖端带绿色，萼筒管状，长度为裂片的 2~3 倍；花瓣红色。花期秋冬季。

倒挂金钟 **Fuchsia hybrida** hort. ex Siebert & Voss
柳叶菜科 Onagraceae 倒挂金钟属

原产及栽培地： 原产墨西哥、美国。中国北京、福建、广东、广西、贵州、海南、江西、陕西、上海、四川、台湾、云南、浙江等地栽培。**习性：** 喜温暖向阳或微荫蔽而通风良好的环境；喜凉爽气候，忌酷暑；要求富含腐殖质、排水良好的砂质土壤。**繁殖：** 扦插、播种。
园林用途： 主要盆栽布置室内厅堂，冬暖地可露地栽培装饰廊架。

特征要点 落叶或常绿小灌木。株高 60~150cm。茎纤弱，枝平展或稍下垂弯曲。叶对生，光滑。花腋生，具长梗；萼红色，萼片与萼筒近等长；花冠紫红、粉红、橙红或白色等多种颜色。浆果 4 室。花期 1~6 月。

短筒倒挂金钟（倒挂金钟） **Fuchsia magellanica** Lam.
柳叶菜科 Onagraceae 倒挂金钟属

原产及栽培地: 原产巴西、玻利维亚、阿根廷、智利。中国北京、广东、台湾等地栽培。**习性:** 喜温暖向阳或微荫蔽而通风良好的环境; 喜凉爽气候, 忌酷暑; 要求富含腐殖质、排水良好的砂质土壤。**繁殖:** 扦插、播种。**园林用途:** 主要盆栽布置室内厅堂, 冬暖地可露地栽培装饰廊架。

特征要点 落叶或常绿小灌木。株高可达 1m。分枝常下垂。茎细弱, 具茸毛。叶柄长。花萼深红色, 长于花瓣; 花瓣直立, 紫红色。花期春夏季。

竹节蓼 **Muehlenbeckia platyclada** (F. Muell.) Meisn. 【Homalocladium platycladum (F. Muell.) L. H. Bailey】蓼科 Polygonaceae 千叶兰属 / 竹节蓼属

原产及栽培地: 原产新几内亚、所罗门群岛。中国北京、福建、广东、广西、贵州、海南、湖北、江苏、江西、陕西、上海、四川、台湾、云南、浙江等地栽培。**习性:** 较耐阴, 不宜阳光直射; 不耐寒, 喜温暖及通风良好但空气湿度较大的环境; 要求排水良好的砂质壤土。**繁殖:** 扦插、播种。**园林用途:** 常见盆栽观赏植物, 可布置庭院、檐下、窗前、几架等处。

特征要点 直立灌木。株高可达 3m。茎多分枝, 扁平叶状, 绿色, 节和节间明显, 具纵条纹, 老枝圆柱形。叶少而稀, 披针形或卵状披针形, 早落。花簇生于节上叶腋内, 小, 绿白色, 淡红或带绿色。瘦果包于肉质花被内, 浆果状。花期 6~8 月。

五星花 **Pentas lanceolata** (Forssk.) Deflers　茜草科 Rubiaceae 五星花属

原产及栽培地：原产热带东非、阿拉伯。中国北京、福建、广东、海南、江苏、四川、台湾、云南等地栽培。**习性**：喜阳光充足，温暖而潮湿环境，畏霜寒；要求富含腐殖质的肥沃土壤。**繁殖**：扦插。**园林用途**：亚热带地区可栽于庭院，也可在草坪上丛植观花。

特征要点　常绿草本或亚灌木。株高可达 1.5m。叶对生，卵形至卵状披针形，长约 9cm，有毛。顶生伞房花序，直径可达 10cm；花 5 数，花冠筒长 2~4cm，裂片 5；花色多变，有红粉、紫堇、白色或红紫色。蒴果，种子多数，极小。花期夏秋季。

珊瑚樱 **Solanum pseudocapsicum** L.　茄科 Solanaceae 茄属

原产及栽培地：原产美洲热带地区。中国北京、福建、广东、广西、贵州、海南、湖北、江苏、江西、陕西、四川、台湾、云南、浙江等地逸生或栽培。**习性**：喜温暖及阳光充足环境，不耐寒；要求湿润而排水良好的土壤，冬季越冬温度为 5℃。**繁殖**：播种、扦插。**园林用途**：露地或盆栽观赏，果实红艳，为良好观果植物。

特征要点　常绿亚灌木。株高 60~120cm。全株无毛。叶互生，狭矩圆形或披针形，全缘或波状。花数朵簇生叶腋；花冠白色，直径约 1cm，檐部 5 裂。浆果球形，光滑，直径 1~1.5cm，熟时橙红色或黄色。花期 7~8 月，果期 9~12 月。

熊掌木 **Fatshedera lizei** (Hort. ex Cochet) Guillaumin
五加科 Araliaceae 熊掌木属 / 五角金盘属

原产及栽培地: 杂交起源, 法国选育。中国北京、福建、江西、上海、四川、台湾、云南、浙江等地栽培。**习性**: 喜半阴; 喜温暖和冷凉环境, 最适温度为10~16℃, 有一定的耐寒力; 喜较高的空气湿度。**繁殖**: 扦插。**园林用途**: 四季青翠碧绿, 适宜在林下群植。

特征要点 常绿木质藤本。株高可达1m以上。初生时茎呈草质, 后渐转木质化。单叶互生, 掌状5裂, 叶端渐尖, 叶基心形, 叶宽12~16cm, 全缘, 波状有扭曲, 新叶密被毛茸, 老叶浓绿而光滑。叶柄长8~10cm, 柄基呈鞘状与茎枝连接。成年植株在秋季开淡绿色小花。

洋常春藤(西洋常春藤) **Hedera helix** L. 五加科 Araliaceae 常春藤属

原产及栽培地: 原产欧洲。中国北京、福建、广东、广西、湖北、江苏、江西、陕西、上海、四川、台湾、云南、浙江等地栽培。**习性**: 喜阴; 喜温暖湿热气候; 耐寒, 适应性强; 对土壤和水分要求不严。**繁殖**: 分株、扦插、压条。**园林用途**: 南方为阴面阳台、棚架垂直绿化材料, 北方垂悬吊挂盆栽。

特征要点 常绿木质藤本。茎长1~5m。嫩枝具褐色星毛。营养枝上叶3~5裂, 深绿色有光泽; 花果枝上叶菱形至卵状菱形, 全缘; 叶脉色浅, 多为黄白色。花序伞状球形, 具细长总梗, 花黄白色, 各部均有灰白色星毛。果黑色, 球形。花果期秋冬季。

加拿利常春藤（加拿列常春藤） Hedera helix var. canariensis (Willd.) DC. 五加科 Araliaceae 常春藤属

原产及栽培地： 原产加那利群岛。中国北京、福建、广东、江西、台湾、云南等地栽培。**习性：** 喜阴；喜温暖湿热气候，不耐寒；对土壤和水分要求不严。**繁殖：** 分株、扦插、压条。**园林用途：** 南方片植作地被，北方多盆栽观赏。

特征要点 常绿木质藤本。茎长可达数米。植株健壮。叶密，3~7裂，冬季变为铜绿色。果实红色。花期同洋常春藤。

常春藤 Hedera nepalensis var. sinensis (Tobler) Rehder 五加科 Araliaceae 常春藤属

原产及栽培地： 原产亚洲南部。中国福建、广东、广西、贵州、湖北、江西、陕西、上海、四川、云南、浙江等地野生或栽培。**习性：** 喜阴；喜温暖湿热气候；稍耐寒；对土壤和水分要求不严，但以中性或酸性土壤为好。**繁殖：** 分株、扦插、压条。**园林用途：** 南方为阴面阳台、棚架垂直绿化材料，北方垂悬吊挂盆栽。

特征要点 常绿攀缘灌木。茎长3~20m。有气生根，一年生枝疏生锈色鳞片。叶互生，革质，营养枝上叶三角状卵形，全缘或3裂，花枝上叶椭圆状披针形。伞形花序排成圆锥花序；花黄白色。果实球形，红色或黄色。花期9~11月，果期翌年3~5月。

细裂羽叶南洋参 **Polyscias fruticosa** (L.) Harms

五加科 Araliaceae 南洋参属

原产及栽培地: 原产波利尼西亚群岛。中国北京、福建、广东、广西、海南、上海、台湾、云南等地栽培。**习性**: 喜明亮光照，忌阳光直射；喜高温多湿环境，不耐寒，生长适温 22~28℃；喜疏松而富含腐殖质的砂质壤土。**繁殖**: 扦插。**园林用途**: 常室内盆栽观赏。

特征要点 常绿灌木。株高 1~3m。二至三回羽状复叶互生，大型；羽片再次羽状分裂，末回裂片小，草质，狭卵状长圆至披针形，边缘具尖锯齿或浅裂。观叶为主。

福禄桐（银边南洋参） **Polyscias guilfoylei** (W. Bull) L. H. Bailey

五加科 Araliaceae 南洋参属

原产及栽培地: 原产波利尼西亚群岛。中国北京、福建、广东、海南、台湾、云南、浙江等地栽培。**习性**: 喜明亮光照，忌阳光直射；喜高温多湿环境，不耐寒，生长适温 22~28℃；喜疏松而富含腐殖质的砂质壤土。**繁殖**: 扦插。**园林用途**: 常室内盆栽观赏。

特征要点 常绿灌木。株高 1~2m。一回羽状复叶互生，叶柄基部膨大；小叶对生，基部具柄，叶片椭圆形至长椭圆形，纸质，先端急尖，边缘具锯齿，具一圈银白色斑纹。观叶为主。

圆叶南洋参 Polyscias scutellaria (Burm.f.) Fosberg
五加科 Araliaceae 南洋参属

原产及栽培地: 原产新喀里多尼亚、瓦努阿图。中国北京、福建、广东、海南、上海、台湾、云南等地栽培。**习性**: 喜明亮光照, 忌阳光直射; 喜高温多湿环境, 不耐寒, 生长适温 22~28℃; 喜疏松而富含腐殖质的砂质壤土。**繁殖**: 扦插。**园林用途**: 常室内盆栽观赏。

特征要点 常绿灌木。株高 1~2m。茎枝表面有明显的皮孔。一回羽状复叶, 具 3 小叶, 有时仅具 1 小叶而类似单叶; 小叶阔圆肾形, 直径 3~6cm, 叶缘有锯齿, 基部心形, 薄肉质。观叶为主。

鹅掌藤 Heptapleurum arboricola Hayata 【Schefflera arboricola
(Hayata) Merr.】 五加科 Araliaceae 鹅掌柴属

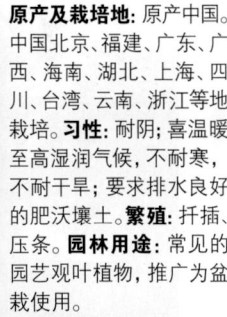

原产及栽培地: 原产中国。中国北京、福建、广东、广西、海南、湖北、上海、四川、台湾、云南、浙江等地栽培。**习性**: 耐阴; 喜温暖至高湿润气候, 不耐寒, 不耐干旱; 要求排水良好的肥沃壤土。**繁殖**: 扦插、压条。**园林用途**: 常见的园艺观叶植物, 推广为盆栽使用。

特征要点 半蔓性常绿灌木。株高达 1~2m。枝粗壮, 具皮孔。掌状复叶互生, 具长柄; 小叶 7~9 枚, 倒卵状长椭圆形, 长 8~15cm, 全缘, 正面有光泽, 暗绿色, 有花叶品种。伞形花序作总状排列成顶生圆锥花序; 花小, 淡绿白色。浆果橙黄色。花果期秋冬季。

孔雀木 Plerandra elegantissima (H. J. Veitch ex Mast.) Lowry, G. M. Plunkett & Frodin【Dizygotheca elegantissima (H.J.Veitch ex Mast.) R.Vig. & Guillaumin; Schefflera elegantissima (Veitch ex Mast.) Lowry & Frodin】

五加科 Araliaceae 托伞木属 / 孔雀木属 / 鹅掌柴属

原产及栽培地: 原产新西兰。中国北京、福建、广东、海南、湖北、上海、台湾、云南、浙江等地栽培。**习性**: 喜温暖、湿润半阴环境, 不耐寒; 要求肥沃的腐殖质土壤。**繁殖**: 播种、扦插。**园林用途**: 室内观叶植物, 适宜装饰宾馆、大楼门厅。

特征要点　小乔木, 栽培为灌木状。株高一般控制在 1.5m。幼株上叶互生, 具长柄, 掌状复叶, 小叶 7~11 枚, 披针形, 边缘具粗锯齿, 正面夹杂乳白色条纹, 叶脉褐红色; 成年株上小叶宽大, 深绿色。伞形花序顶生, 大型; 花小, 花瓣 5, 雄蕊 5。子房 10 室, 核果。观叶为主。不开花结果。

柱冠南洋杉 Araucaria columnaris (G.Forst.) Hook.

南洋杉科 Araucariaceae 南洋杉属

原产及栽培地: 原产澳大利亚诺福克岛。中国福建、广东、广西、海南、台湾等地均有栽培。**习性**: 喜光; 喜温暖湿润环境; 要求排水良好的肥沃壤土。**繁殖**: 播种。**园林用途**: 室内盆栽观赏。

特征要点　乔木, 常盆栽为灌木状。株高 2~3m。小侧枝羽状排列。叶钻形, 上弯, 在枝上排列稀疏; 大树及花枝叶三角状卵形或广卵形, 排列紧密而开张。幼苗观叶, 不开花结果。

猩猩草 **Euphorbia heterophylla** var. **cyathophora** (Murray) Griseb.
【Euphorbia cyathophora Murray】 大戟科 Euphorbiaceae 大戟属

原产及栽培地: 原产美洲热带地区。中国广东、云南、四川、台湾等地逸生或栽培。**习性:** 喜温暖干燥和阳光充足,不耐寒,怕霜冻,耐半阴,怕积水;喜疏松肥沃和排水良好的腐殖质土壤。**繁殖:** 播种。**园林用途:** 常用作花境或空隙地的背景材料,也可作盆栽和切花材料。

特征要点 常绿或半常绿灌木。株高 0.5~2m。茎直立而光滑,具乳汁。单叶互生,中部缢缩,略近琴形,长 10~15cm。花序苞片数个,叶状,下半部具猩红色斑块;苞片中央为杯状花序,花小,黄绿色,雌雄同株异花,无花被。花期夏秋季。

一品红 **Euphorbia pulcherrima** Willd. ex Klotzsch
大戟科 Euphorbiaceae 大戟属

原产及栽培地: 原产墨西哥、中美洲。中国北京、福建、广东、广西、贵州、海南、河北、湖北、江苏、江西、陕西、上海、四川、台湾、新疆、云南、浙江等地逸生或栽培。**习性:** 短日照植物,喜温暖、阳光充足、土壤湿润肥沃,排水通气良好,肥沃轻松,pH6.0左右,忌积水。**繁殖:** 扦插。**园林用途:** 重要盆栽花卉,或作冬暖之地花坛材料。

特征要点 灌木。株高 1~3m,有白色乳汁。叶卵状椭圆形至披针形,有时呈提琴形,叶背有毛,顶叶较窄,全缘。花序顶生,下方总苞片呈朱红色,直径 5~7cm;总苞淡绿色,每苞片有大而色黄的腺体 1~2 枚。花果期秋冬季。

针垫花（银宝树） **Leucospermum cordifolium** (Rnight) Fourc.

山龙眼科 Proteaceae 针垫花属 / 银宝树属

原产及栽培地: 原产南非；台湾栽培。**习性:** 喜光；喜干热气候；要求疏松肥沃、排水良好的砂质土壤，忌积水。**繁殖:** 播种。**园林用途:** 温暖地区庭院栽培观赏，可作切花。

特征要点 常绿灌木。株高 0.5~5m。叶轮生，革质，心形，长 2~12cm，宽 8~18cm，边缘有锯齿。头状花序单生枝顶，直径 3~4cm；花冠小，密集，针状；花色有橘色、黄色、粉色等。花期夏秋季。

帝王花 **Protea cynaroides** (L.) L. 山龙眼科 Proteaceae 帝王花属

原产及栽培地: 原产南非。中国台湾栽培。**习性:** 喜温暖、阳光充足，微酸性土壤；畏霜寒。**繁殖:** 播种、扦插。**园林用途:** 目前多作为切花，应加大引种栽培力度。

特征要点 常绿灌木。株高 1.8m。植株丛生无主茎。叶互生；叶片近圆形至椭圆形，长达 13cm，深绿色；叶柄 10cm。花序头状，顶生，形如睡莲状，直径 13~20cm；苞片花瓣状，粉色至红色，外部具白色丝般茸毛，内部红色，最内苞片突出，稍开张；花两性。花期春夏季。

390

大花曼陀罗 **Brugmansia suaveolens** (Humb. & Bonpl. ex Willd.) Bercht. & J. Presl 茄科 Solanaceae 木曼陀罗属

原产及栽培地: 原产厄瓜多尔。中国北京、福建、广东、江苏、四川、台湾、云南、浙江等地栽培。**习性**: 喜光; 喜温暖湿润环境, 不耐寒; 喜疏松肥沃的土壤。**繁殖**: 播种、扦插。**园林用途**: 可孤植或丛植赏花, 温室可盆栽。

特征要点　小乔木。株高达 2m。枝条被黏毛。叶互生, 具长柄, 长卵形或卵状披针形, 先端长渐尖。花大型, 单生叶腋, 下垂; 花冠粉红色, 长 15~23cm, 直径 8~10cm, 俯垂, 芳香。蒴果广卵状, 长达 6cm。花期夏秋季。

长叶鸳鸯茉莉(两色茉莉)　**Brunfelsia latifolia** (Pohl) Benth.
茄科 Solanaceae 鸳鸯茉莉属

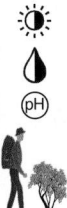

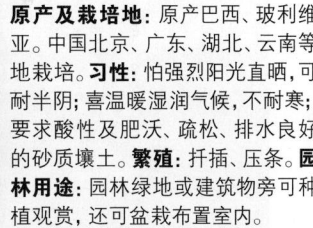

原产及栽培地: 原产巴西、玻利维亚。中国北京、广东、湖北、云南等地栽培。**习性**: 怕强烈阳光直晒, 可耐半阴; 喜温暖湿润气候, 不耐寒; 要求酸性及肥沃、疏松、排水良好的砂质壤土。**繁殖**: 扦插、压条。**园林用途**: 园林绿地或建筑物旁可种植观赏, 还可盆栽布置室内。

特征要点　常绿矮灌木。株高约 1m。单叶互生, 椭圆形至矩圆形, 先端圆, 全缘。花单生或数朵簇生, 花冠高脚碟状, 花萼极短, 5 裂, 长为花冠筒的 1/3, 花瓣宽, 直径 3.8cm, 芳香, 花常在同一株上有白色与淡紫或淡红两色相间。花期春秋两季。

毛茎夜香树 Cestrum elegans (Brongn. ex Neumann) Schltdl.
茄科 Solanaceae 夜香树属

原产及栽培地: 原产墨西哥。中国北京、福建、广东、广西、陕西、台湾、云南、浙江等地栽培。**习性**: 喜光, 耐半阴; 喜温暖湿润环境, 不耐寒; 对土壤要求不严, 好肥。**繁殖**: 扦插、播种。**园林用途**: 可作园林绿化树种, 花具鲜艳色彩。

特征要点 直立灌木。株高 2~3m。茎纤细, 密被茸毛。叶互生, 长圆状披针形, 被茸毛。花冠筒口部明显收缩呈瓶状, 长 2.5cm, 紫红色。花期长而不定。

夜香树 Cestrum nocturnum L. 茄科 Solanaceae 夜香树属

原产及栽培地: 原产美洲热带地区。中国北京、福建、广东、广西、贵州、海南、湖北、江西、陕西、四川、台湾、新疆、云南、浙江等地逸生或栽培。**习性**: 喜光, 耐半阴; 喜温暖湿润环境, 不耐寒; 对土壤要求不严, 好肥。**繁殖**: 扦插、播种。**园林用途**: 可作园林绿化树种, 花具浓郁香气。

特征要点 直立或近攀缘状灌木。株高 2~3m, 无毛。枝条细长而下垂。叶互生, 有短柄, 叶片矩圆状卵形或矩圆状披针形, 长 6~15cm, 全缘, 两面秃净而发亮。伞房式聚伞花序; 花密集, 花冠高脚碟状, 绿白色至黄绿色, 晚间极香。浆果矩圆状。花期春夏季。

（五）兰科花卉

白及（白芨） **Bletilla striata** (Thunb.) Rchb. f.　兰科 Orchidaceae 白及属

原产及栽培地: 原产亚洲, 中国秦岭以南分布。中国北京、福建、广东、广西、贵州、湖北、江苏、江西、陕西、上海、四川、台湾、云南、浙江等地栽培。**习性**: 喜半阴环境; 半耐寒, 北方盆栽; 喜疏松肥沃的壤土。**繁殖**: 分株。**园林用途**: 南方作花坛或林下片植, 或岩石园点缀; 北方盆栽观赏。

特征要点　地生兰。株高 15~60cm。假鳞茎不规则块状, 白色。叶 5~6 片互生, 狭长圆形或披针形, 长 8~20cm, 宽 1.5~4cm。花莛自叶丛中央抽生, 总状花序顶生, 花 3~8 朵, 淡紫、淡红或白色, 花被片长 2.5~3cm。花期 4~6 月。

杂交卡特兰（卡特兰） **Cattleya hybrida** H. J. Veitch
兰科 Orchidaceae 卡特兰属

原产及栽培地: 原产美国。中国广东、四川、台湾、云南等地栽培。**习性**: 喜半阴; 喜温暖湿润环境; 要求兰花栽培专用的腐殖土。**繁殖**: 分株、组培。**园林用途**: 盆栽观赏。

特征要点　附生兰。株高 10~30cm。假鳞茎 1 叶。花常 1~2 朵, 大, 颜色丰富, 有白色、黄色、粉红等色及组合色。

卡特兰 **Cattleya labiata** Lindl. 兰科 Orchidaceae 卡特兰属

原产及栽培地: 原产巴西。中国北京、福建、广东、台湾等地栽培。**习性:** 喜半阴; 喜温暖湿润环境; 要求兰花栽培专用的腐殖土。**繁殖:** 分株、组培。**园林用途:** 盆栽观赏。

特征要点 附生兰。株高12~24cm。假鳞茎1叶。每茎2~5朵,粉红色,唇瓣中裂片大,紫色,边缘粉红,花喉黄色。花期9~11月。

独占春 **Cymbidium eburneum** Lindl. 兰科 Orchidaceae 兰属

原产及栽培地: 原产中国、喜马拉雅地区。中国北京、福建、广东、海南、湖北、四川、台湾、云南等地栽培。**习性:** 喜半阴环境; 喜温暖气候; 要求专用的富含腐殖质、有相应菌丝的土壤。**繁殖:** 播种、分株、组培。**园林用途:** 名贵盆花,供室内陈列观赏。

特征要点 附生兰。株高50~60cm。假鳞茎卵圆形。叶基生,2列,宽1.5~2cm。花莛从叶腋抽出,长25~35cm; 花1~2朵,直径3~5cm,略有丁香香气,白色,仅唇瓣中央有一黄色斑块; 唇瓣宽椭圆形。花期3~5月。

建兰 **Cymbidium ensifolium** (L.) Sw. 兰科 Orchidaceae 兰属

原产及栽培地: 原产中国南部、南亚、东南亚。中国北京、福建、广东、广西、贵州、海南、湖北、江苏、江西、上海、四川、台湾、云南、浙江等地栽培。**习性:** 喜半阴环境;喜温暖气候,适应性较广;要求专用的富含腐殖质、有相应菌丝的土壤。**繁殖:** 播种、分株、组培。**园林用途:** 名贵盆花,供室内陈列观赏。

特征要点 地生兰。株高30~60cm。假鳞茎椭圆形。叶2~6枚丛生,广线形,叶缘光滑。花莛直立,高25~35cm;花序总状,着花6~12朵;花黄绿色乃至淡黄褐色,有暗紫色条纹;唇瓣宽圆形,3裂不明显,中裂片端钝,反卷,带黄绿色,有紫褐色斑,香味浓。花期7~9月。

蕙兰 **Cymbidium faberi** Rolfe 兰科 Orchidaceae 兰属

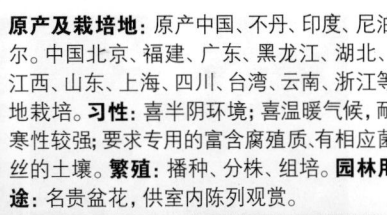

原产及栽培地: 原产中国、不丹、印度、尼泊尔。中国北京、福建、广东、黑龙江、湖北、江西、山东、上海、四川、台湾、云南、浙江等地栽培。**习性:** 喜半阴环境;喜温暖气候,耐寒性较强;要求专用的富含腐殖质、有相应菌丝的土壤。**繁殖:** 播种、分株、组培。**园林用途:** 名贵盆花,供室内陈列观赏。

特征要点 地生兰。株高50~60cm。根肉质,淡黄色。假鳞茎卵形。叶线形,5~7枚,直立,宽长,叶缘粗糙,基部常对褶,横切面呈"V"字形。花莛直立,总状花序,高30~80cm,着花5~13朵,花淡黄绿色,香气淡;花瓣较萼片稍小,唇瓣绿白色,具紫红斑点。花期4~5月。

多花兰（台兰） **Cymbidium floribundum** Lindl. 兰科 Orchidaceae 兰属

原产及栽培地：原产中国、越南。中国北京、福建、广东、贵州、湖北、四川、台湾、云南、浙江等地栽培。**习性：**喜半阴环境；喜温暖气候；要求专用的富含腐殖质、有相应菌丝的土壤。**繁殖：**播种、分株、组培。**园林用途：**名贵盆花，供室内陈列观赏。

特征要点 附生兰。株高 30~50cm。假鳞茎卵球形。叶 3~6 枚，宽 1~2cm，质地较硬，直立性强。花莛具花 10~40 朵，密集；花无香气，直径 3~4cm；萼片近矩圆形，长约 2cm；花瓣稍短于萼片，红褐色并具黄绿色边缘；唇瓣卵形，3 裂，具紫红色斑，基部黄色。花期 4~8 月。

春兰 **Cymbidium goeringii** (Rchb.) H. A. Rchb. 兰科 Orchidaceae 兰属

原产及栽培地：原产中国、印度、日本等。中国北京、福建、广东、贵州、湖北、江西、陕西、上海、四川、台湾、云南、浙江等地栽培。**习性：**要求阳光充足，夏季遮光约 70%；喜温暖，空气湿度要求 70%；对土壤以富含腐殖质、疏松透气、微酸性为好。**繁殖：**播种、分株、组培。**园林用途：**名贵盆花，供室内陈列观赏。

特征要点 地生兰。株高 20~60cm。具较粗厚的根。假鳞茎卵球形。叶 4~7 枚，狭带形，宽 0.6~1cm，边缘具细齿。花莛直立，短于叶；花单朵，稀 2 朵，有幽香；花瓣中间有 1 枚特化为唇瓣，大而下垂或反卷，浅黄绿色，有紫红色斑点。蒴果长圆形。花期 1~3 月。

大花蕙兰 Cymbidium hybridum hort. 兰科 Orchidaceae 兰属

原产及栽培地: 杂交起源。中国福建、广东、浙江等地栽培。**习性:** 喜半阴环境; 喜温暖气候; 要求专用的富含腐殖质、有相应菌丝的土壤。**繁殖:** 播种、分株、组培。**园林用途:** 名贵盆花,供室内陈列观赏。

特征要点 附生兰。株高 40~60cm。根圆柱状, 肉质, 粗壮肥大。假鳞茎粗壮。常绿叶片 2 列, 长披针形, 变异很大。花序较长, 花多数或少数; 花大型, 直径 6~10cm, 花色有白、黄、绿、紫红或带有紫褐色斑纹。蒴果。花期冬季至春季。

寒兰 Cymbidium kanran Makino 兰科 Orchidaceae 兰属

原产及栽培地: 原产中国、越南。中国北京、福建、广东、广西、海南、湖北、江西、上海、四川、台湾、云南、浙江等地栽培。**习性:** 喜半阴环境; 喜温暖气候; 要求专用的富含腐殖质、有相应菌丝的土壤。**繁殖:** 播种、分株、组培。**园林用途:** 名贵盆花,供室内陈列观赏。

特征要点 地生兰。株高 25~70cm。假鳞茎狭卵球形。叶 3~7 枚, 带状, 基部明显狭, 直立性强, 暗绿色。花莛略高出叶丛, 高 25~70cm; 有花 10 余朵, 疏生; 直径 5~6.5cm, 常淡黄绿色, 具淡黄色或其他色泽的唇瓣或具紫红色条斑; 有香气; 萼片线形。花期 10 月至翌年 1 月。

碧玉兰 **Cymbidium lowianum** (Rchb. f.) Rchb. f. 兰科 Orchidaceae 兰属

原产及栽培地：原产中国、缅甸、泰国、越南。中国北京、广东、湖北、上海、四川、台湾、云南等地栽培。**习性**：喜半阴环境；喜温暖气候；要求专用的富含腐殖质、有相应菌丝的土壤。**繁殖**：播种、分株、组培。**园林用途**：名贵盆花，供室内陈列观赏。

特征要点 附生兰。株高 65~80cm。假鳞茎狭椭圆形。叶 5~7 枚，带形，宽 2~3.6cm。花莛常弯曲向下，通常略短于叶；花 6~25 朵，直径 7~9cm，无香气；萼片和花瓣苹果绿色或黄绿色，有红褐色纵脉，唇瓣淡黄色，中裂片上有深红色"V"字形斑。花期 2~6 月。

墨兰 **Cymbidium sinense** (Jacks. ex Andrews) Willd. 兰科 Orchidaceae 兰属

原产及栽培地：原产中国、印度、中南半岛、东南亚。中国北京、福建、广东、广西、海南、湖北、江西、上海、四川、台湾、云南、浙江等地栽培。**习性**：喜半阴环境；喜温暖气候；要求专用的富含腐殖质、有相应菌丝的土壤。**繁殖**：播种、分株、组培。**园林用途**：名贵盆花，供室内陈列观赏。

特征要点 地生兰。株高 60~90cm。假鳞茎直径可达 2.5cm。叶 3~5 枚，带状剑形，近革质有光泽，宽 2~4cm。花莛直立，常高出叶面；花 10~20 朵，直径 4~5cm，花色变化较大，通常紫褐色有深紫脉纹，但唇瓣色较浅，香气常较浓。花期 9 月至翌年 3 月。

密花石斛 **Dendrobium densiflorum** Lindl. 兰科 Orchidaceae 石斛属

原产及栽培地：原产中国、喜马拉雅地区。中国北京、福建、广东、广西、贵州、海南、上海、台湾、西藏、云南等地栽培。**习性**：喜阴湿多雾环境；喜温暖，忌霜冻；要求疏松肥沃的浅层腐殖土；有显著休眠期，甚至冬季落叶。**繁殖**：分株、扦插。**园林用途**：是优良的悬挂花卉，花形优美。

特征要点 附生兰。株高达60cm。假鳞茎四棱。叶3~5枚，深绿色。总状花序生于近茎顶，下垂，通常长10~25cm，花密，每茎有花50~100朵，直径3.5~5cm，金黄色，光亮，唇瓣环状凹陷，色较深，两面密被茸毛；花期3~5月。

石斛 **Dendrobium nobile** Lindl. 兰科 Orchidaceae 石斛属

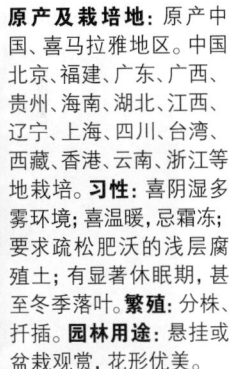

原产及栽培地：原产中国、喜马拉雅地区。中国北京、福建、广东、广西、贵州、海南、湖北、江西、辽宁、上海、四川、台湾、西藏、香港、云南、浙江等地栽培。**习性**：喜阴湿多雾环境；喜温暖，忌霜冻；要求疏松肥沃的浅层腐殖土；有显著休眠期，甚至冬季落叶。**繁殖**：分株、扦插。**园林用途**：悬挂或盆栽观赏，花形优美。

特征要点 附生兰。株高20~40cm。花1~4朵簇生叶腋，粉红色，唇瓣具一血紫色斑块，基部两侧常具紫红色条纹。花期1~6月。

杂交文心兰（文心兰） **Oncidium hybridum** Hort. 兰科 Orchidaceae 文心兰属

原产及栽培地：原产阿根廷、巴西、玻利维亚。中国北京、福建、广东、湖北、台湾、浙江等地栽培。**习性**：喜高温高湿及半阴环境，多温室栽培。**繁殖**：分株、组培。**园林用途**：常温室盆栽观赏。

特征要点 附生兰。株高可达 1m。假鳞茎卵圆形。叶 2~3 枚，带状，长达 40cm。圆锥花序大而长，长达 1.2m；花多数，密集，长约 4cm，宽约 3cm，近平展，唇瓣大而显著，黄色，基部具紫色斑，其他花被片小，具紫色斑。花期可长达全年。

带叶兜兰 **Paphiopedilum hirsutissimum** (Lindl. ex Hook. f.) Stein
兰科 Orchidaceae 兜兰属

原产及栽培地：原产中国、印度、中南半岛、东南亚。中国北京、福建、广东、贵州、四川、台湾、云南等地栽培。**习性**：喜温凉、通风流畅、空气湿润、略耐光。**繁殖**：分株、播种。**园林用途**：精美盆花，花大色艳，花形极别致。

特征要点 地生兰或半附生兰。株高 20~30cm。叶基生，二列，带形，革质，无毛。花莛长 20~30cm；花单生，较大，兜状，中萼片和合萼片具紫褐色斑，合萼片上半部玫瑰紫色，唇瓣淡绿黄色而有紫褐色小斑点。花期 4~5 月。

波瓣兜兰 **Paphiopedilum insigne** (Wall. ex Lindl.) Pfitzer

兰科 Orchidaceae 兜兰属

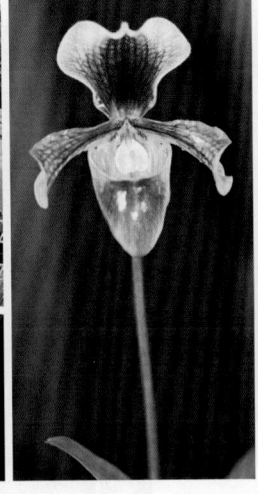

原产及栽培地: 原产中国、印度、缅甸、越南。中国北京、福建、广东、广西、台湾、云南等地栽培。**习性:** 喜温凉、通风流畅、空气湿润、略耐晒。**繁殖:** 分株、播种。**园林用途:** 精美盆花,花大色艳,花形极别致。

特征要点 地生兰。株高25~30cm。无假鳞茎。叶5~6枚,带状,革质,淡绿至绿色。花葶长25~30cm;花通常单生,蜡状,直径8~10cm,中萼片淡绿黄色,有紫红斑点和白边,合萼片无白边,花瓣黄绿色或黄褐色,有红褐色脉和斑点,唇瓣倒盔状,紫红色或紫褐色,有黄绿色边。花期秋冬季。

紫毛兜兰 **Paphiopedilum villosum** (Lindl.) Stein

兰科 Orchidaceae 兜兰属

原产及栽培地: 原产中国、印度、中南半岛。中国北京、福建、广东、湖北、上海、四川、台湾、云南等地栽培。**习性:** 喜温凉、通风流畅、空气湿润、略耐晒。**繁殖:** 分株、播种。**园林用途:** 精美盆花,花大色艳,花形极别致。

特征要点 地生兰或半附生兰。株高20~30cm。叶基生,二列,宽线形或狭长圆形,宽2.5~4cm。花葶黄绿色,密被长柔毛;花单生,直径8~10cm,中萼片中央紫栗色边白色,合萼片淡黄绿色,花瓣具紫褐色中脉,唇瓣亮褐黄色。花期11月至翌年3月。

凤蝶兰（棒叶万带兰）**Papilionanthe teres** (Roxb.) Schltr.

兰科 Orchidaceae 凤蝶兰属

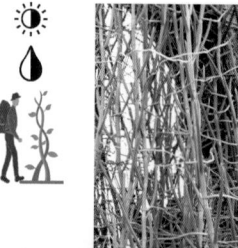

原产及栽培地：原产中国云南、喜马拉雅地区。中国福建、广东、上海、台湾、云南等地栽培。**习性**：喜高温高湿及半阴环境，多温室栽培。**繁殖**：分株。**园林用途**：温室盆栽观赏。

特征要点 附生兰。攀缘状茎高达 1m。叶圆柱状，绿色。总状花序，有花 3~10 朵；花淡玫瑰紫色，直径达 7cm 以上，唇瓣侧裂片阔大，内弯，内面黄色，有红色斑纹。花期夏季。

鹤顶兰 **Phaius tankervilleae** (Banks) Blume 兰科 Orchidaceae 鹤顶兰属

原产及栽培地：原产中国南部、南亚、东南亚。中国北京、福建、广东、广西、贵州、海南、湖北、上海、四川、台湾、云南、浙江等地栽培。**习性**：喜荫蔽环境，忌直射阳光；喜温暖湿润气候，不耐寒；喜富含腐殖质的黏质酸性土壤。**繁殖**：分株、播种。**园林用途**：适宜室内盆栽观赏。

特征要点 地生兰。株高 60~120cm。假鳞茎大，卵状圆锥形。叶基生，4~6 枚，长圆状披针形，具 5~7 条在背面隆起的脉。花葶高大；花数朵，柠檬黄色，中萼片长圆状倒卵形，侧萼片斜长圆形，花瓣长圆状倒披针形，唇瓣倒卵形，紫红色。花期 4~10 月。

美丽蝴蝶兰 **Phalaenopsis amabilis** (L.) Blume 兰科 Orchidaceae 蝴蝶兰属

原产及栽培地: 原产印度尼西亚、马来西亚、菲律宾。中国北京、福建、广东、海南、上海、台湾、云南、浙江等地栽培。**习性:** 喜荫蔽环境,忌直射阳光;喜高温高湿气候,不耐寒;喜疏松肥沃的腐殖土。**繁殖:** 分株、组培、无菌播种。**园林用途:** 盆栽观赏,现代蝴蝶兰的重要亲本。

特征要点 附生兰。株高可达 60~80cm。根丛生,扁如带。叶丛生,宽倒卵状长圆形,宽 4~6cm,浅绿色。花莛向上呈弓形,圆锥花序有花 10 多朵;花白色,直径 10~12cm;唇瓣末端有一对伸长的卷须,在唇瓣和蕊柱上有深黄斑及紫点。花期秋冬季。

蝴蝶兰 **Phalaenopsis hybrida** Hort. 兰科 Orchidaceae 蝴蝶兰属

原产及栽培地: 杂交起源。各地栽培。**习性:** 喜荫蔽环境,忌直射阳光;喜高温高湿气候,不耐寒;喜疏松肥沃的腐殖土。**繁殖:** 分株、组培、无菌播种。**园林用途:** 室内盆栽观赏,花姿优美,花色艳丽,为热带兰中的珍品。

特征要点 附生兰。株高可达 100cm。根丛生,圆或扁。叶丛生,宽倒卵状长圆形,宽 4~6cm。花莛呈弓形,圆锥花序多花或少花;花大,10~15cm,颜色丰富,紫红色、粉红色或白色等。花期秋冬季。

华西蝴蝶兰 **Phalaenopsis wilsonii** Rolfe 兰科 Orchidaceae 蝴蝶兰属

原产及栽培地：原产中国、越南。中国福建、广东、上海、四川、台湾、云南等地栽培。**习性**：喜荫蔽环境，忌直射阳光；喜高温高湿气候，不耐寒；喜疏松肥沃的腐殖土。**繁殖**：分株、组培、无菌播种。**园林用途**：国产蝴蝶兰，可引种用于育种。

特征要点 附生兰。株高仅 10~20cm。气生根扁，长可达 50cm。叶丛生，椭圆形或长椭圆形，长 3~10cm。花莛短，有花数朵至 10 余朵；花小，直径约 2cm，花冠紫红色。花期 7~10 月。

拟蝶唇兰 **Psychopsis papilio** (Lindl.) H. G. Jones
兰科 Orchidaceae 拟蝶唇兰属

原产及栽培地：原产巴西、委内瑞拉、秘鲁等地。中国广东、台湾、云南等地栽培。**习性**：喜温暖、潮湿与荫蔽环境；要求疏松肥沃的腐殖土。**繁殖**：分株、播种。**园林用途**：温室盆栽观赏。

特征要点 附生兰。假鳞茎卵圆形。多数 1 叶，带状，宽 7cm，具紫褐色斑纹。花序大而长，长达 1.2m；花 1 至数朵，直径约 10cm；花背萼片和花瓣线形，直立，红棕色，带黄色；侧萼片向左右下弯，栗褐色；唇瓣提琴形，平展，下挂，黄色，边缘有宽棕色带，似蝴蝶。花期几乎全年。

404

万代兰（胡姬花、梵兰） **Vanda** spp. 兰科 Orchidaceae 万代兰属

原产及栽培地：原产亚州热带及亚热带地区、新几内亚、澳大利亚、所罗门群岛等。中国北京、广东、云南等地栽培。**习性**：喜明亮散射光；喜高温高湿的环境；栽培基质要疏松透气、排水良好。**繁殖**：分株、播种。**园林用途**：温室盆栽观赏为主，也可作切花栽培。

特征要点　附生兰。株高 10~30cm。茎粗壮、直立。叶着生在茎的两侧排成 2 列，叶厚革质，带状，长 17~18cm，棒叶万带兰的叶呈圆柱状。总状花序腋生，长 30~40cm；花大，质薄，紫色、红色、粉色、黄色、白色、复色等，花瓣上常有方格斑。花期 10~11 月。

（六）蕨类植物

团羽铁线蕨（团叶铁线蕨） **Adiantum capillus-junonis** Rupr.
凤尾蕨科 / 铁线蕨科 Pteridaceae/Adiantaceae 铁线蕨属

原产及栽培地：原产中国、朝鲜、日本。中国北京、广东、广西、贵州、湖北、云南等地栽培。**习性**：喜温暖湿及荫蔽的环境；要求松软、湿润的土壤，以含石灰质壤土为宜。**繁殖**：分株。**园林用途**：可作切叶或盆栽观赏。

特征要点　多年生蕨类。株高 10~20cm。根状茎直立。羽片团扇形，叶轴纤细，顶端常延伸成鞭状，顶部能着地生根。孢子囊生裂片边缘的小脉顶部。

铁线蕨 **Adiantum capillus-veneris** L.

凤尾蕨科 / 铁线蕨科 Pteridaceae/Adiantaceae 铁线蕨属

原产及栽培地：原产亚洲。中国北京、福建、甘肃、广东、广西、贵州、河北、吉林、陕西、上海、四川、台湾、云南、浙江等地栽培。**习性**：喜温暖湿润和半阴环境；多生长于阴湿的沟边、溪旁及岩壁上。**繁殖**：分株。**园林用途**：盆栽观赏，也可配置假山、水池山石。

特征要点　多年生蕨类。株高 15~40cm。根状茎横生。叶常绿，薄革质，无毛；叶柄栗黑色；叶片卵状三角形，鲜绿色，中部以下二回羽裂，小羽片斜扇形或斜方形，外缘浅至深裂，叶脉扇状分叉。孢子囊群生于变形裂片顶端。

鞭叶铁线蕨（尾状铁线蕨）　**Adiantum caudatum** L.

凤尾蕨科 / 铁线蕨科 Pteridaceae/Adiantaceae 铁线蕨属

原产及栽培地：原产中国、印度、东南亚。中国福建、广东、广西、湖北、台湾、云南等地栽培。**习性**：喜温暖湿及荫蔽的环境；要求松软、湿润的土壤，以含石灰质壤土为宜。**繁殖**：分株。**园林用途**：多用为室内吊盆植物。

特征要点　根状茎直立。株高 10~30cm。一回羽状复叶簇生，纸质，叶片长 10~30cm，下部羽片逐渐缩小；叶脉扇形分叉。孢子囊群生于由裂片顶部反折的囊群盖下面。

406

福建观音座莲（观音莲座蕨）**Angiopteris fokiensis** Hieron.
合囊蕨科 / 观音座莲科 Marattiaceae/Angiopteridaceae 观音座莲属

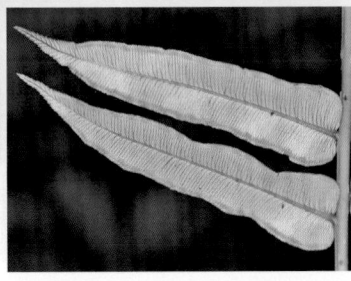

原产及栽培地：原产中国、日本。中国北京、福建、广东、广西、贵州、海南、湖北、湖南、江西、上海、四川、云南、浙江等地栽培。**习性：**喜温暖、荫蔽、湿润的环境，要求深厚肥沃、富含腐殖质的壤土。**繁殖：**分株。**园林用途：**布置阴生植物区的良好材料，也宜布置在温室展览。

特征要点 多年生蕨类。株高可达 1.5m 以上。根茎块状直立。叶 2 回羽状；羽片互生；小羽片平展，披针形，具短柄，边缘具浅三角形锯齿。孢子囊群由 8~10 个孢子囊组成。

巢蕨 **Asplenium nidus** L. 铁角蕨科 Aspleniaceae 铁角蕨属

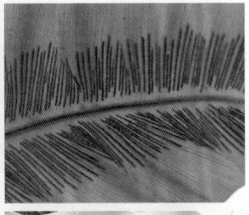

原产及栽培地：原产中国南部、中南半岛、东南亚。中国北京、福建、广东、广西、海南、上海、四川、台湾、云南、浙江等地栽培。**习性：**喜阴；不耐寒，喜温暖湿润条件，生长适宜温度为 20~25℃。**繁殖：**孢子繁殖、分株。**园林用途：**良好大型悬挂观叶花卉，北方吊栽，布置厅堂和会场。

特征要点 多年生常绿大型蕨类。株 100~120cm。植株常附生。根状茎短。叶丛生于根状茎边缘顶端，莲座状，叶柄短，叶片阔披针形，浅绿色，革质，长 95~115cm，中部宽 9~15cm，两面光滑。孢子囊群狭条形，生于叶脉上侧，囊群盖条形，厚膜质。

铁角蕨 **Asplenium trichomanes** L. 铁角蕨科 Aspleniaceae 铁角蕨属

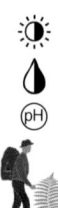

原产及栽培地：原产中国南部、南亚、东南亚。中国北京、河南、湖北、江西、山西、陕西、上海、四川、台湾、新疆、云南、浙江等地栽培。**习性：**喜阴湿环境，较耐霜寒。**繁殖：**分株。**园林用途：**适宜石灰岩土壤地区林下栽培，或盆栽为耐阴观叶植物。

特征要点　多年生半常绿蕨类。株高10~30cm，根状茎直立。条状披针形叶簇生，叶柄和叶轴亮绿褐色；一回羽裂，羽片矩圆形或卵形，亮绿色，两侧边缘有小钝齿。孢子囊群生侧脉的上侧小脉，囊群盖宽条形。

乌毛蕨 **Blechnopsis orientalis** (L.) C. Presl 【Blechnum orientale L.】
乌毛蕨科 Blechnaceae 乌毛蕨属

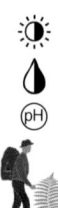

原产及栽培地：原产中国南部、中南半岛。中国北京、福建、广东、广西、贵州、湖北、江西、上海、四川、台湾、云南、浙江等地栽培。**习性：**喜温暖、潮湿和半阴环境，为酸性土指示植物。**繁殖：**分切根状茎、孢子繁殖。**园林用途：**北方作观叶植物温室盆栽。

特征要点　多年生蕨类。株高1~2m。常绿。根状茎粗短，直立。叶簇生，叶片长50~120cm，宽25~40cm，阔披针形，软革质；一回羽状，羽片条状披针形，下部羽片缩短。孢子囊群条形，沿主脉两侧着生，囊群盖长圆形，开向主脉。

桫椤 **Alsophila spinulosa** (Wall. ex Hook.) R. M. Tryon
桫椤科 Cyatheaceae 桫椤属 / 番桫椤属

原产及栽培地: 原产中国南部、东亚、南亚、东南亚。中国北京、福建、广东、广西、贵州、湖北、上海、四川、台湾、云南、浙江等地栽培。**习性:** 喜阴湿环境;喜温暖湿润,不耐寒;对土壤以肥沃的酸性土为良。**繁殖:** 孢子繁殖。**园林用途:** 宜配置在阴湿林下作下木,温室中地栽观赏也很相宜。

特征要点 高大木本状蕨类。株高可达 10m 以上。主干不分枝。叶集生茎顶,大型;叶柄和叶轴粗壮,深褐色,有密刺;叶片大,纸质,长达 3m,三回羽裂;小羽片羽裂几达小羽轴;裂片披针形,短尖头,有疏锯齿。

骨碎补 **Davallia trichomanoides** Blume 骨碎补科 Davalliaceae 骨碎补属

原产及栽培地: 原产中国;等地栽培。**习性:** 喜潮湿,较喜光,亦较耐寒;常附生于石上或树上。**繁殖:** 分切根状茎繁殖。**园林用途:** 适宜沿海城市或长江流域岩石园点缀。

特征要点 多年生蕨类。株高 15~20cm。根状茎长而横走。叶远生,叶片五角形,四回羽状细裂,裂片有粗钝齿,每齿有小脉 1 条。孢子囊群生于小脉顶端;囊群盖盅状,成熟时孢子囊突出口外,覆盖裂片顶部,仅露出外侧的长钝齿。

金毛狗 **Cibotium barometz** (L.) J. Sm.
金毛狗科 / 蚌壳蕨科 Cibotiaceae/Dicksoniaceae 金毛狗属

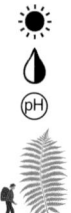

原产及栽培地: 原产亚洲南部地区。中国安徽、北京、福建、广东、广西、湖北、江西、上海、四川、台湾、云南、浙江等地栽培。**习性**: 喜荫蔽环境及温暖湿润气候。**繁殖**: 孢子繁殖。**园林用途**: 著名室内大型观赏蕨，主要观赏其金黄色长茸毛根状茎。

特征要点 大型树状陆生蕨。株高可达 3m。根状茎粗大直立，密被金黄色长茸毛，形如金毛狗头。顶端有叶丛生，叶片三回羽裂；末端裂片镰状披针形，尖头，边缘有浅锯齿。孢子囊群生于小脉顶端，囊群盖两瓣，形如蚌壳。

崖姜 **Drynaria coronans** J. Sm. 【**Aglaomorpha coronans** (Wall. ex Mett.) Copel.】 水龙骨科 / 槲蕨科 Polypodiaceae/Drynariaceae 槲蕨属 / 崖姜蕨属

原产及栽培地: 原产中国南部、南亚、东南亚。中国北京、福建、广东、广西、湖北、上海、台湾、云南、浙江等地栽培。**习性**: 喜荫蔽环境；喜高温高湿环境，容易受霜冻；野外常附生热带雨林和季雨林的树上或岩石上。**繁殖**: 分切块茎、孢子繁殖。**园林用途**: 多盆栽观赏，热带地区可使悬挂附生大树上。

特征要点 大型附生蕨类。株高 80~140cm。根状茎短粗，肉质，横卧，密生鳞片。叶基生，长圆状倒披针形，硬革质，有光泽，基部以上羽状深裂，裂片披针形。孢子囊群位于小脉交叉处与主脉与叶缘间排成一长行，成熟时呈断线状。

背囊复叶耳蕨 **Arachniodes cavalerii** (Christ) Ohwi
鳞毛蕨科 Dryopteridaceae 复叶耳蕨属

原产及栽培地: 原产中国、泰国、日本。中国广东、湖北、上海等地栽培。**习性**: 喜温暖、荫蔽、湿润的环境，要求深厚肥沃、富含腐殖质的壤土。**繁殖**: 分株。**园林用途**: 栽培作林下地被。

特征要点 多年生蕨类。株高 45cm。叶柄被黑褐色鳞片; 叶片三角形, 长 15~20cm, 二回羽状, 小羽片互生, 边缘浅裂、深裂或具小锯齿。孢子囊群大, 圆形, 背生于柄脉上, 囊群盖棕色。

贯众 **Cyrtomium fortunei** J. Sm. 鳞毛蕨科 Dryopteridaceae 贯众属

原产及栽培地: 原产东亚。中国北京、福建、广东、广西、贵州、湖北、江苏、江西、陕西、上海、四川、云南、浙江等地栽培。**习性**: 喜凉爽湿润环境; 常生于石灰岩缝中。**繁殖**: 分株、孢子繁殖。**园林用途**: 可作林下和阴坡地被, 亦可作切花配叶, 室内盆栽观叶。

特征要点 多年生蕨类。株高 40~100cm。根状茎短, 被黑褐色大鳞片。叶簇生, 奇数一回羽状分裂, 羽片镰刀状披针形, 边缘有缺刻状细锯齿。孢子囊群生于内藏小脉顶端, 囊群盖大, 圆盾形。

411

乌蕨（牙齿芒） **Odontosoria chinensis** (L.) J. Sm.

鳞始蕨科 Lindsaeaceae 乌蕨属

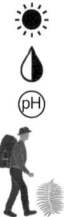

原产及栽培地: 原产中国、日本、朝鲜。中国北京、福建、广东、广西、贵州、湖北、江西、陕西、上海、四川、台湾、云南、浙江等地栽培。**习性:** 喜荫蔽潮湿的环境；喜温暖湿润的气候；喜酸性壤土，耐瘠薄。**繁殖:** 分株、孢子繁殖。**园林用途:** 南方可作阴湿坡面地被植物，北方可盆栽观赏。

特征要点 多年生地生蕨类。株高 30~60cm。根状茎短而横走。叶具细长柄；叶片长 20~40cm，多回羽状细裂，末回裂片披针形，先端截形，有齿牙。孢子囊群边缘着生，灰棕色。

垂穗石松 **Palhinhaea cernua** (L.) Vasc. & Franco 【Lycopodium cernuum L.】 石松科 Lycopodiaceae 垂穗石松属 / 石松属

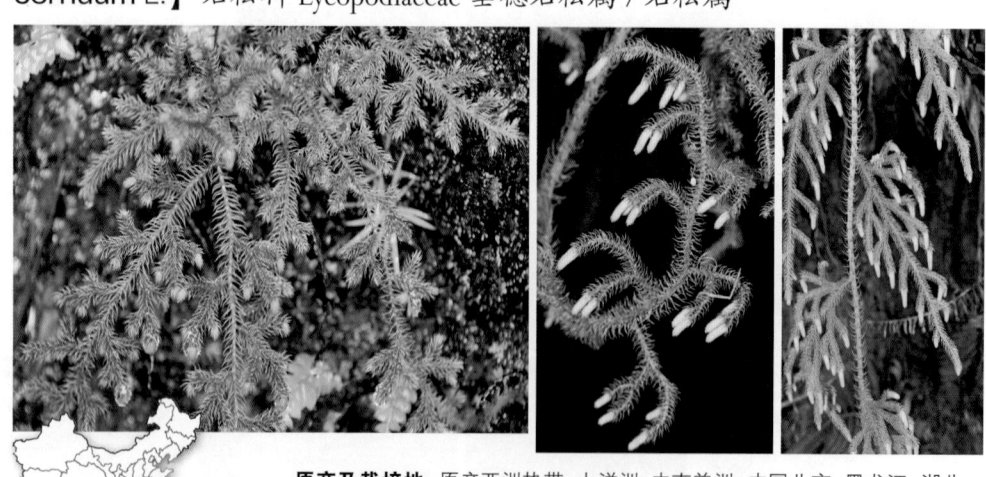

原产及栽培地: 原产亚洲热带、大洋洲、中南美洲。中国北京、黑龙江、湖北、江苏、辽宁、内蒙古、陕西、上海、新疆、云南等地栽培。**习性:** 喜通风开阔的潮湿土坡或石头环境。**繁殖:** 分株。**园林用途:** 适宜作地被。

特征要点 多年生土生蕨类。株高可达 60cm。茎圆柱形，多回不等位二叉分枝。叶螺旋状排列，稀疏，钻形至线形。孢子囊穗单生于小枝顶端，短圆柱形，下垂，淡黄色，无柄；孢子叶卵状菱形，覆瓦状排列；孢子囊生于孢子叶腋，内藏，圆肾形，黄色。

东北石松 **Lycopodium clavatum** L. 石松科 Lycopodiaceae 石松属

原产及栽培地: 原产中国东北、东亚、蒙古、俄罗斯。中国广东、贵州、河南、内蒙古、四川、台湾、云南等地栽培。**习性:** 喜阴湿、肥沃条件。**繁殖:** 分株、孢子繁殖。**园林用途:** 良好观叶花卉,适宜作林下地被,可盆栽观赏。

特征要点 多年生常绿草本。株高 15~30cm。葡匐茎蔓生,多分枝,叶疏生。直立茎多回分叉,密生叶。叶针形,长 3~4mm,顶部有易脱落的芒状长尾。孢子生直立茎顶端,圆柱形,黄绿色,孢子囊和孢子肾形。

石松 **Lycopodium japonicum** Thunb. 石松科 Lycopodiaceae 石松属

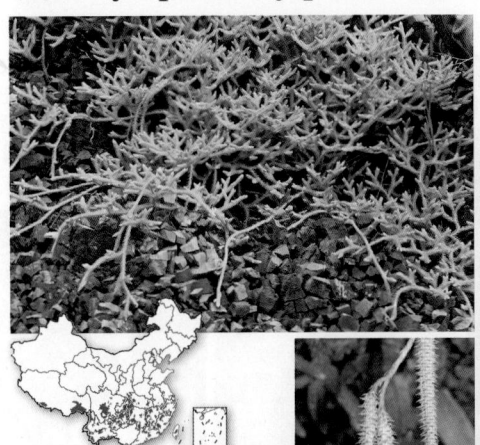

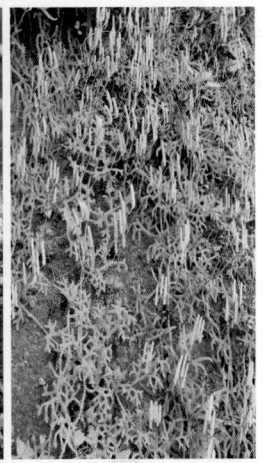

原产及栽培地: 原产亚洲。中国福建、广西、湖北、江西、上海、浙江等地栽培。**习性:** 喜通风开阔的潮湿土坡或石头环境。**繁殖:** 分株。**园林用途:** 良好观叶花卉,适宜作林下地被,可盆栽观赏。

特征要点 多年生土生蕨类。株高可达 40cm。葡匐茎细长横走,二至三回分叉,绿色;侧枝直立,多回二叉分枝。叶螺旋状排列,密集,上斜,披针形。孢子囊穗 4~8 个集生于长达 30cm 的总柄;苞片叶状;孢子囊穗直立,圆柱形。

玉柏 **Dendrolycopodium obscurum** (L.) A. Haines【Lycopodium obscurum L.】石松科 Lycopodiaceae 玉柏属 / 石松属

原产及栽培地: 原产中国东北、日本、朝鲜、俄罗斯。中国甘肃、湖北、湖南、吉林、江西、辽宁、上海、四川等地栽培。**习性:** 喜阴湿、肥沃条件。**繁殖:** 分株。**园林用途:** 良好观叶花卉,适宜作林下地被,可盆栽观赏。

特征要点 多年生土生蕨类。植株高15~40cm。葡匐茎地下生,细长横走。直立茎挺直或斜上,单干,顶部二叉分枝,分枝密集,稍扁压,形成扇形。叶螺旋状排列,线状披针形,具短尖头,全缘,革质。孢子囊穗单生于小枝顶端,直立,圆柱形,黄绿色。

长叶肾蕨(长叶贤蕨)**Nephrolepis biserrata** (Sw.) Schott
肾蕨科 Nephrolepidaceae 肾蕨属

原产及栽培地: 原产中国、印度、东亚、马来西亚、非洲、澳洲。中国北京、福建、广东、台湾、云南等地栽培。**习性:** 喜半阴环境;喜温暖湿润气候;生长势非常强,对土壤要求不严。**繁殖:** 分株、块茎、孢子繁殖等。**园林用途:** 可盆栽或吊篮式栽培观赏。

特征要点 多年生蕨类。株高常在1m以上。根状茎短。叶簇生,狭椭圆形,一回羽状,羽片多数,中部羽片披针形或线状披针形,长9~15cm,宽1~2.5cm,基部近对称,主脉光滑。孢子囊群圆形,褐棕色。

肾蕨 **Nephrolepis cordifolia** (L.) C. Presl 肾蕨科 Nephrolepidaceae 肾蕨属

原产及栽培地: 原产东亚、东南亚。中国北京、福建、广东、广西、贵州、湖北、江苏、上海、四川、台湾、云南、浙江等地栽培。**习性**: 喜半阴环境; 喜温暖湿润气候; 适应性广, 对土壤要求不严。**繁殖**: 分株、块茎、孢子繁殖等。**园林用途**: 可盆栽或吊篮式栽培, 南方地区还常大片种植作地被。

特征要点 多年生蕨类。株高 40~100cm。根状茎短而直立, 具长葡匐茎及圆形块茎。叶草质, 披针形, 长 30~70cm, 一回羽状分裂, 羽片以关节着生叶轴上。孢子囊群着生于侧小脉顶端, 肾形。

'波士顿'蕨 **Nephrolepis exaltata** 'Bostoniensis'
肾蕨科 Nephrolepidaceae 肾蕨属

原产及栽培地: 原产美洲热带地区。中国北京、福建、广东、海南、上海、台湾、云南、浙江等地栽培。**习性**: 喜半阴环境; 喜温暖湿润气候; 适应性广, 对土壤要求不严。**繁殖**: 分株、块茎、孢子繁殖等。**园林用途**: 常作小盆栽置于室内, 形态潇洒优雅。

特征要点 多年生蕨类。株高 60~90cm。叶大, 一回羽状分裂, 长 90~100cm, 柔软而下垂; 羽叶较宽, 常再次分裂, 分裂式样多变, 羽状浅裂至深裂、先端二叉裂或再次裂等。孢子囊群小, 生于羽片背面, 红褐色。

紫萁 **Osmunda japonica** Thunb. 紫萁科 Osmundaceae 紫萁属

原产及栽培地: 原产亚洲北部。中国北京、福建、广东、广西、贵州、湖北、江西、上海、四川、云南、浙江等地栽培。**习性**: 多生于山地林缘、坡地草丛中; 高山区酸性土冷湿气候地带分布茂密。**繁殖**: 分株、孢子繁殖。**园林用途**: 宜栽植池畔、沟边或盆栽。

特征要点 多年生蕨类。株高 40~60cm。根状茎粗壮, 斜生。叶簇生, 二型; 不育叶三角状阔卵形, 二回羽状, 小羽片矩圆形, 边缘有钝锯齿; 孢子叶深棕色, 卷缩, 小羽片条形。沿主脉两侧密生孢子囊, 春夏抽出, 孢子成熟后即枯萎。

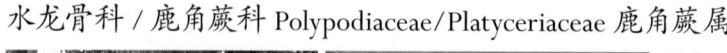

二歧鹿角蕨(鹿角蕨) **Platycerium bifurcatum** (Cav.) C. Chr.
水龙骨科 / 鹿角蕨科 Polypodiaceae/Platyceriaceae 鹿角蕨属

原产及栽培地: 原产爪哇、澳大利亚。中国北京、福建、广东、江苏、上海、四川、台湾、云南、浙江等地栽培。**习性**: 要求高温高湿环境; 多附生于树干分权处或树皮开裂处。**繁殖**: 分株、孢子繁殖。**园林用途**: 极好悬挂花卉, 热带地区可贴附树干上, 北方室内吊栽。

特征要点 附生蕨类。根状茎粗壮, 肥大, 附生于树干上。叶二型, 不育叶小, 长可达 20cm, 扁平圆盾形, 边缘波状浅裂, 纸质, 紧贴于根状茎上; 能育叶直立或下垂, 丛生, 长 60~90cm, 顶部二至三回二叉分歧, 裂片狭长。孢子囊群着生顶部增厚的末回裂片先端下面, 黄褐色。

鹿角蕨 **Platycerium wallichii** Hook.
水龙骨科 / 鹿角蕨科 Polypodiaceae/Platyceriaceae 鹿角蕨属

原产及栽培地: 原产中国、印度、缅甸、泰国。中国北京、福建、广东、海南、上海、台湾、云南栽培。**习性**: 要求高温高湿环境; 多附生于树干分权处或树皮开裂处。**繁殖**: 分株、孢子繁殖。**园林用途**: 极好悬挂花卉, 热带地区可贴附树干上, 北方室内吊栽。

特征要点 附生蕨类。根状茎肉质, 短而横卧于树干上。叶二型; 不育叶宿存, 长达40cm, 厚革质, 直立, 贴生于树干上, 先端3~5次叉裂; 能育叶下垂, 叶背面灰绿色, 长25~70cm, 多次分叉, 裂片较宽大。孢子囊生于一回分叉裂片之间, 黄绿色; 孢子绿色。

石韦 **Pyrrosia lingua** (Thunb.) Farw. 水龙骨科 Polypodiaceae 石韦属

原产及栽培地: 原产东亚、东南亚。中国北京、福建、广东、广西、贵州、湖北、江苏、江西、上海、四川、台湾、云南、浙江等地栽培。**习性**: 喜温暖、湿润、疏松、肥沃、排水良好、较充足散射光环境; 须设立附着物。**繁殖**: 分株。**园林用途**: 南方露地栽培于林荫下; 北方室内栽培观赏。

特征要点 多年生蕨类, 常绿。株高10~30cm。根状茎细长坚硬, 横生。叶近二型, 革质, 披针形至矩圆披针形, 长8~18cm, 宽2~2.5cm, 背面密覆灰棕色星状毛, 叶柄基部有关节。孢子囊群在侧脉间紧密整齐排列, 无盖。

417

金鸡脚假瘤蕨 **Selliguea hastata** (Thunb.) H. Ohashi & K. Ohashi
水龙骨科 Polypodiaceae 修蕨属

原产及栽培地: 原产中国、日本、朝鲜、越南、俄罗斯。中国福建、河南、湖北、江西、山东、陕西、上海、四川、台湾、浙江等地栽培。**习性:** 喜阴,忌强光直射;喜温暖湿润的气候,要求较高的空气湿度;要求疏松肥沃、排水良好的土壤。**繁殖:** 分株、孢子繁殖。**园林用途:** 适宜大片种植作地被,也可盆栽观赏。

特征要点 土生蕨类。根状茎长而横走,密被鳞片。叶基生,具柄,叶片不分裂,或戟状二至三分裂;叶片(或裂片)卵圆形至长条形,边缘具软骨质边,中脉和侧脉两面明显,小脉不明显,背面灰白色,两面无毛。孢子囊群大,圆形,着生叶背面,二列。

'白玉'凤尾蕨 **Pteris cretica** 'Albo-lineata' 凤尾蕨科 Pteridaceae 凤尾蕨属

原产及栽培地: 原产亚洲西南部、欧洲、非洲、太平洋岛屿。中国北京、福建、广东、江西、上海、四川、台湾、云南等地栽培。**习性:** 喜荫蔽环境;喜温暖潮湿环境,不耐寒;对土壤要求不严,但须含钙丰富。**繁殖:** 分株、孢子繁殖。**园林用途:** 室内盆栽观叶。

特征要点 多年生蕨类。株高 50~70cm。根状茎短。叶簇生,二型;柄长 30~45cm;不育叶具羽片3~5 对,排列似掌状,羽片披针形,长 10~24cm,叶缘有软骨质边和锯齿,上面常为白色;能育叶羽片3~5 对,羽状排列,狭披针形。孢子囊群沿叶边呈连续性细线状排列。

418

井栏边草 **Pteris multifida** Poir. 凤尾蕨科 Pteridaceae 凤尾蕨属

原产及栽培地：原产中国、朝鲜和日本。中国北京、福建、广东、广西、贵州、海南、河北、湖北、江苏、江西、上海、四川、台湾、云南、浙江等地栽培。**习性**：喜温暖、湿润、阴暗的环境，忌涝。**繁殖**：分株、孢子繁殖。**园林用途**：良好观叶花卉，可布置阴湿堤岸或山石背后，华北盆栽。

特征要点 多年生蕨类。株高 30~40cm。根状茎直立。叶多数簇生，分不育叶和孢子叶二型，柄细，具 3 棱，黄褐色，叶椭圆形至卵状椭圆形，一回羽裂；羽片常 4~6 对，条形，宽 3~7mm，有细锯齿。孢子囊群沿叶边呈连续性细线状排列。

小翠云草 **Selaginella kraussiana** (Kunze) A. Braun 卷柏科 Selaginellaceae 卷柏属

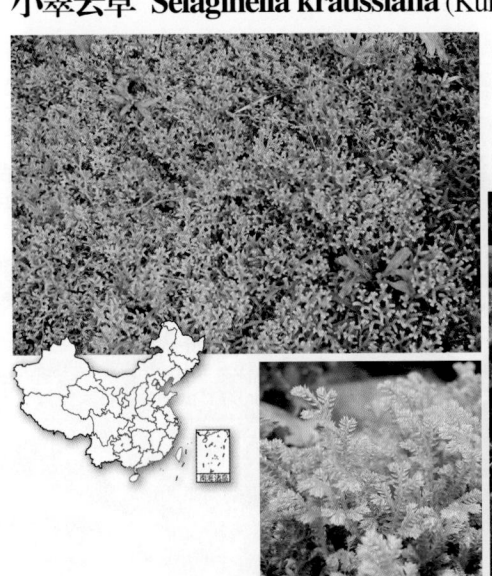

原产及栽培地：原产非洲。中国北京、广东、江苏、台湾、云南等地栽培。**习性**：喜阴，忌强光直射；喜温暖湿润的气候，要求较高的空气湿度；要求疏松肥沃、排水良好的土壤。**繁殖**：分株。**园林用途**：适宜大片种植作地被，也可盆栽观赏。

特征要点 多年生蕨类。株高 5~10cm。茎伏地蔓生，多回分叉，长可达 1m，节处有不定根。营养叶二型，细小，鲜绿色，背、腹各二列，腹叶长卵形，背叶矩圆形，全缘，向两侧平展。孢子囊穗四棱形，孢子叶卵状三角形，四列呈覆瓦状排列。

'银边'卷柏 Selaginella martensii 'Watsoniana' 卷柏科 Selaginellaceae 卷柏属

原产及栽培地: 原产墨西哥、中美洲。中国北京等地栽培。**习性:** 喜阴, 忌强光直射; 喜温暖湿润的气候, 要求较高的空气湿度; 要求疏松肥沃、排水良好的土壤。**繁殖:** 分株。**园林用途:** 主要盆栽观赏。

特征要点 多年生蕨类。株高 10~20cm。茎粗短直立, 下面密生须根, 顶端丛生小枝, 呈莲座状。叶二型, 覆瓦状密生, 鲜绿色, 部分叶片常呈淡黄色或银白色。孢子囊穗生枝顶。

卷柏 Selaginella tamariscina (P. Beauv.) Spring
卷柏科 Selaginellaceae 卷柏属

原产及栽培地: 原产中国南部、南亚、东亚、东南亚。中国福建、广东、广西、黑龙江、江苏、江西、上海、四川、台湾、云南、浙江等地栽培。**习性:** 耐旱, 在强光下亦能生长良好; 生命力极强, 火烧过后遇雨水仍可复活; 生长缓慢。**繁殖:** 分株。**园林用途:** 主要用于配置山石盆景, 栽培不如洋卷柏多。

特征要点 多年生蕨类。株高 5~20cm。茎粗短直立, 下面密生须根, 顶端丛生小枝, 呈莲座状。叶二型, 覆瓦状密生, 侧叶披针状钻形, 叶下龙骨状, 顶端有长芒; 中叶 2 行, 表面绿色, 背面淡绿色。孢子囊穗生枝顶, 四棱形, 孢子叶三角形, 孢子囊肾形。

420

翠云草 **Selaginella uncinata** (Desv. ex Poir.) Spring
卷柏科 Selaginellaceae 卷柏属

原产及栽培地：原产中国、印度等地。中国福建、广东、广西、海南、湖北、上海、四川、台湾、云南、浙江等地栽培。**习性**：喜阴，忌强光直射；喜温暖湿润的气候，要求较高的空气湿度；要求疏松肥沃、排水良好的土壤。**繁殖**：分株。**园林用途**：适宜大片种植作地被，也可盆栽观赏。

特征要点 多年生蕨类。茎长 50~100cm 或更长。茎圆柱状，侧枝 5~8 对，2 回羽状分枝，小枝排列紧密，背腹压扁。叶全部交互排列，二形，草质，全缘，明显具白边，表面光滑，常具蓝色光泽。孢子叶穗紧密，四棱柱形，单生于小枝末端。

银粉背蕨 **Hemionitis michelii** (Christ) Christenh.【Aleuritopteris argentea (S. G. Gmel.) Fée】凤尾蕨科 / 中国蕨科 Pteridaceae/ Sinopteridaceae 铜星蕨属 / 粉背蕨属

原产及栽培地：原产中国北部、亚洲北部。中国北京、福建、广东、广西、河北、湖北、吉林、江西、辽宁、内蒙古、山东、山西、陕西、上海、四川、台湾、云南、浙江等地栽培。**习性**：喜阳光，耐半阴与干旱，耐寒性强；多生于石灰岩缝中，是石灰岩或钙质岩指示植物。**繁殖**：分株、孢子繁殖。**园林用途**：适宜配置假山石和山水盆景，亦可作小型盆栽。

特征要点 中小型石生蕨。株高 14~20cm。叶簇生，叶柄栗棕色，叶片五角形，羽裂，表面暗绿色，背面有银白色或乳黄色粉粒，厚纸质；叶脉纤细羽状分叉。孢子囊群生于小脉顶端，成熟时汇合成条形。

（七）仙人掌与多肉植物

龙舌兰 **Agave americana** L.
天门冬科 / 百合科 / 龙舌兰科 Asparagaceae/Liliaceae/Agavaceae 龙舌兰属

原产及栽培地：原产墨西哥、美国。中国北京、福建、广东、广西、贵州、海南、湖北、江苏、江西、陕西、上海、四川、台湾、云南、浙江等地栽培。**习性**：喜阳光充足；耐干燥、贫瘠土壤。**繁殖**：分割吸芽（侧蘖）法。**园林用途**：庭园中栽培作观叶植物，叶具优质纤维。

特征要点 多年生常绿草本。株高约2m（盆栽）。茎短。叶片肥厚，莲座状簇生，长至2m，灰绿色，带白粉，先端具硬刺尖，叶缘具钩刺。圆锥花序顶生，在原产地高可达13m。花多数，稍漏斗状，黄绿色，直径约6cm。

剑麻 **Agave sisalana** Perrine ex Engelm. 天门冬科 / 百合科 / 龙舌兰科
Asparagaceae/Liliaceae/Agavaceae 龙舌兰属

原产及栽培地：原产墨西哥。中国北京、福建、广东、广西、海南、湖北、江苏、江西、陕西、上海、四川、台湾、云南、浙江等地栽培。**习性**：喜阳光充足；耐干燥、贫瘠土壤。**繁殖**：分株、珠芽。**园林用途**：世界有名的纤维植物，栽培观叶。

特征要点 多年生植物。株高可达6m。茎粗短。叶呈莲座式排列，刚直、肉质，剑形，初被白霜，顶端有1个硬尖刺。圆锥花序粗壮；花黄绿色，有浓烈的气味；花被裂片卵状披针形；雄蕊6，花丝黄色；子房长圆形，下位，3室。蒴果长圆形。花期秋冬季，花后常死亡。

长宝绿（长舌叶花）Glottiphyllum longum (Haw.) N.E.Br.

番杏科 Aizoaceae 舌叶花属

原产及栽培地: 原产南非。中国北京、福建、广东、江苏、上海、浙江等地栽培。**习性:** 喜温暖,较耐旱,不耐寒,亦不耐高温,生长适温 18~22℃,32℃以上生长迟缓。**繁殖:** 分株、播种。**园林用途:** 热带地区可供布置岩石园;北方盆栽,点缀室内窗台、书案。

特征要点 多年生常绿多肉草本。株高 10~20cm。茎被叶包围。叶舌形,鲜绿色,平滑有光泽,肥厚多肉,长约 10cm,宽约 3cm,厚约 2cm,常 3~4 对丛生,先端略向下翻。花自叶丛中央抽出,具短梗,菊花状,黄色。花期 4~6 月。

松叶菊（松叶冰花）Lampranthus spectabilis (Haw.) N. E. Br.

【Mesembryanthemum spectabile Haw.】番杏科 Aizoaceae 松叶菊属 / 日中花属

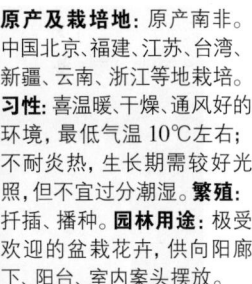

原产及栽培地: 原产南非。中国北京、福建、江苏、台湾、新疆、云南、浙江等地栽培。**习性:** 喜温暖、干燥、通风好的环境,最低气温 10℃左右;不耐炎热,生长期需较好光照,但不宜过分潮湿。**繁殖:** 扦插、播种。**园林用途:** 极受欢迎的盆栽花卉,供向阳廊下、阳台、室内案头摆放。

特征要点 多年生多肉植物,常绿亚灌木状。株高约 30cm。茎细,稍匍匐。叶对生;条状三棱形,长 7~8cm,肉质,顶端具突尖头,基部抱茎。花顶生或腋生,花形似菊,直径约 8cm,白、粉、橙、红、紫、黄等色。光强时盛开,夜晚闭合,单花寿命 5~6 天。花期 5~8 月。

曲玉（生石花）**Lithops pseudotruncatella** N. E. Br.
番杏科 Aizoaceae 生石花属

原产及栽培地: 原产南非。中国北京、福建、上海、台湾等地栽培。**习性:** 喜温暖、干燥及阳光充足，生长适温 20~24℃，冬季气温 12~15℃。**繁殖:** 播种。**园林用途:** 适合岩石园石缝栽植；北方盆栽，作为室内窗台、案头盆花。

特征要点 多年生多肉草本。株高 1~2cm。无茎，二对肥厚肉质叶密接，中间呈缝状，形成倒圆锥形或筒形的球体，灰绿色，有树枝状半透明凹纹；长成后顶部分裂为 2 个扁平或膨大裂片。花自顶部中央抽出，几无柄，座生，黄色。花午后开放，傍晚闭合，延续 4~6 天。花期 4~6 月。

豹皮花 **Orbea pulchella** (Masson) L. C. Leach
夹竹桃科 / 萝藦科 Apocynaceae/Asclepiadaceae 豹皮花属 / 牛角属

原产及栽培地: 原产南非。中国北京、福建、上海、台湾等地栽培。**习性:** 喜温暖向阳，特别耐旱，忌涝怕冷；要求排水良好的砂质壤土。**繁殖:** 扦插、分株。**园林用途:** 理想的室内盆栽观赏花卉。

特征要点 多年生肉质草本。株高 10~20cm。茎多数丛生，肉质，光滑，圆柱形，具角状突起，基部下延，先端具忙短尖。花单生于茎上，具柄，花冠大，茎达 10cm 以上，内面黄白色，具暗紫色斑点或斑块，花冠五裂，裂片卵状三角形，副花冠圆圈状。花期秋冬季。

连城角（山影拳） **Acanthocereus tetragonus** (L.) Hummelinck
仙人掌科 Cactaceae 刺萼柱属

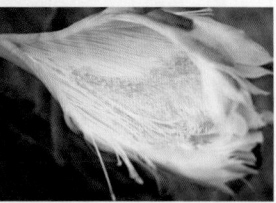

原产及栽培地: 原产巴西西部。中国北京、福建、广东、上海、台湾等地栽培。**习性**: 喜阳光充足; 可耐0℃以上低温; 适生排水透气性良好的砂质土壤。**繁殖**: 扦插。**园林用途**: 盆栽观赏。

特征要点 多肉植物。株高4~5m, 茎粗9~10cm。体色深绿色, 具4~5个棱脊高耸的棱, 有明显的横肋。深褐色针状周刺5~6枚, 长0.5~1cm, 中刺1枚, 长1.5~2cm。侧生白色长筒漏斗状花, 花长10~12cm。花期夏季。

星球 **Astrophytum asterias** (Zucc.) Lem. 仙人掌科 Cactaceae 星球属

原产及栽培地: 原产墨西哥。中国北京、福建、广东、湖北、上海、四川、台湾、云南、浙江等地栽培。**习性**: 喜光; 喜温暖环境, 不耐寒; 要求排水良好的砂质壤土。**繁殖**: 分株。**园林用途**: 多盆栽观赏。

特征要点 多浆植物。茎扁球形, 直径5~6cm, 6~10棱, 多8棱, 无刺, 具白色斑点。花生于顶端, 直径3~4cm, 黄色, 花心红色。花期夏季。

鸾凤玉 **Astrophytum myriostigma** Lem. 仙人掌科 Cactaceae 星球属

原产及栽培地: 原产墨西哥。中国北京、福建、广东、湖北、江西、上海、四川、台湾、云南、浙江等地栽培。**习性:** 喜光; 喜温暖环境,不耐寒; 要求排水良好的砂质壤土。**繁殖:** 分株。**园林用途:** 盆栽观赏,为良好的书桌、案头或窗台陈放的盆花。

特征要点 多浆植物。茎扁圆球, 无刺, 高约10cm, 4~6棱, 多具5棱, 棱间呈锐沟状。花着生在球顶部, 花冠漏斗状, 直径3~4cm, 黄色。花期夏季, 长日照地区栽培多不易开花。

翁柱 **Cephalocereus senilis** (Haw.) Pfeiff. 仙人掌科 Cactaceae 翁柱属

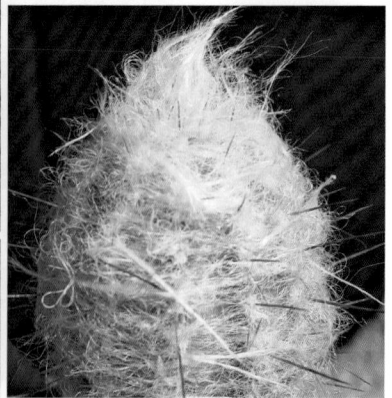

原产及栽培地: 原产墨西哥。中国北京、福建、广东、海南、江苏、上海、四川、台湾、天津、云南、浙江等地栽培。**习性:** 喜光; 要求温暖环境, 忌霜寒; 要求排水极好的砂壤土。**繁殖:** 播种、嫁接、扦插。**园林用途:** 主要盆栽观赏, 赏其细白毛。

特征要点 多肉植物。在原产地高可达15m, 盆栽的高常不及1m。茎圆柱状, 多不分枝, 具12~15浅棱, 刺座密, 有很多灰白色长刺毛和绵毛; 辐射刺20~30, 白色。花玫瑰色, 筒状钟形, 长约9cm, 夜间开放。果倒卵形, 长3~4cm, 玫瑰色。花期春季。

山影拳 Cereus repandus 'Monstrosus'【Piptanthocereus peruvianus var. monstrous DC.】仙人掌科 Cactaceae 仙人柱属 / 落花柱属

原产及栽培地: 原产阿根廷、巴西。中国北京、福建、广东、上海、台湾等地栽培。**习性:** 喜光照,可耐一定低温;植株强健,生长迅速。**繁殖:** 扦插。**园林用途:** 盆栽观赏,植株清奇而古雅。

特征要点 多肉植物。株高 3~4m(温暖地区)。全株呈熔岩堆积姿态。茎暗绿色,多分枝,具褐色刺,通常茎生长发育不规则,棱数不定,棱的发育也有差异。花白色,夜开昼合。常不开花。

六角柱 Cereus repandus Haw. 仙人掌科 Cactaceae 仙人柱属 / 六角柱属

原产及栽培地: 原产玻利维亚、哥伦比亚、委内瑞拉。中国北京、福建等地栽培。**习性:** 喜阳光充足;性健壮;要求排水良好的砂质壤土。**繁殖:** 扦插。**园林用途:** 南方可作岩石园丛植,北方盆栽,姿态奇特,宜室内陈设。

特征要点 多肉植物。株高可达 10m 以上,直径 10~20cm。茎柱状,粉绿色,4~9 棱,棱高 2.5cm,棱间深沟状,脊上有刺丛,中刺 1 枚,针状,长约 2cm,边刺 7 枚,周围被白绵毛。花大,喇叭状,长 15~18cm,白色。果实球形。花期 5~7 月。

令箭荷花 **Disocactus ackermannii** (Haw.) Ralf Bauer

仙人掌科 Cactaceae 红尾令箭属 / 姬孔雀属

原产及栽培地: 原产墨西哥、危地马拉。中国安徽、北京、福建、广东、广西、贵州、湖北、江苏、江西、陕西、上海、四川、台湾、云南、浙江等地栽培。**习性:** 喜阳光充足、温暖多湿环境,耐干旱;要求肥沃、疏松及排水良好的砂壤土。**繁殖:** 扦插。**园林用途:** 装饰会场、厅堂及居室的良好盆栽植物,花美丽。

特征要点 灌木状多肉植物。株高可达 1m 余。茎附生,扁平多分枝,叶状,边缘具波状偏斜圆齿;刺座生于波状齿凹处,灰白色;无刺或具疏生短细齿。花单生刺丛间,漏斗形,直径 10~15cm,长 15~20cm,玫瑰红色。浆果椭圆形,熟时红色。花期 6~8 月。

金琥 **Kroenleinia grusonii** (Hildm.) Lodé【**Echinocactus grusonii** Hildm.】

仙人掌科 Cactaceae 金琥属

原产及栽培地: 原产墨西哥。中国安徽、北京、福建、广东、海南、湖北、江西、上海、四川、台湾、云南、浙江等地栽培。**习性:** 喜充足阳光与营养;要求空气流通、排水良好的环境;土壤宜选石灰质砂壤土。**繁殖:** 播种、嫁接。**园林用途:** 南方成片栽植于岩石园中,北方盆栽点缀厅堂、书房。

特征要点 多肉植物。茎圆球形,球体大,直径 30~100cm,具 20~37 棱,顶部被金黄色绵毛与黄毛刺;棱上刺座大,中刺 3~5 枚,质硬,长约 5cm,并具光泽,稍弯曲,辐射刺 8~10 枚。花单生顶部黄色绵毛丛中,钟形,长 6~8cm,花冠鲜黄色。花期夏季。

花盛丸（仙人球） **Echinopsis oxygona** (Link) Zucc. ex Pfeiff. & Otto
【Echinopsis tubiflora (Pfeiff.) Zucc. ex A. Dietr.】仙人掌科 Cactaceae 仙人球属

原产及栽培地：原产阿根廷、巴西。中国北京、福建、广东、海南、四川等地栽培。**习性：**喜光；喜温暖干爽、空气流通的环境；要求砂质栽培土壤；植株强健，易滋生仔球。**繁殖：**播种、分株。**园林用途：**适宜盆栽观赏。

特征要点 多肉植物。幼龄时为球形，老株呈柱状。茎具多棱，棱高 1~2cm，规则而呈波状。刺座密集；针刺 6~8 枚，褐色，密集；刺毛极短。花生于侧面刺座上，长喇叭形，晚上开放，白色，稍具芳香。花期夏季。

昙花 **Epiphyllum oxypetalum** (DC.) Haw. 仙人掌科 Cactaceae 昙花属

原产及栽培地：原产墨西哥至巴西。中国北京、福建、广东、广西、贵州、湖北、江苏、江西、陕西、上海、四川、台湾、云南、浙江等地栽培。**习性：**耐半阴；喜温暖湿润气候；要求深厚肥沃、排水良好的壤土。**繁殖：**扦插。**园林用途：**适宜盆栽，花大型白色而清香，开花时间短，为高级花卉。

特征要点 半灌木状多肉植物。株高可达 3m。茎基部圆柱状；茎枝肉质扁平，呈叶片状，周缘具钝齿状波齿，无刺，浓绿。花大型，漏斗状，白色清香，长约 20cm，直径约 20cm，花被筒长于花被片。夜间开放，开花时间短促。花期 6~9 月。

量天尺（火龙果） **Seleniccreus undatus** (Haw.) D. R. Hunt 【Hylocereus undatus (Haw.) Britton & Rose】 仙人掌科 Cactaceae 蛇鞭柱属 / 量天尺属

原产及栽培地: 原产美洲热带地区。中国安徽、北京、福建、广东、广西、海南、江苏、江西、陕西、上海、四川、台湾、云南、浙江等地栽培。**习性:** 喜温暖湿润环境，耐半阴；土壤以排水良好的砂质壤土为宜。**繁殖:** 扦插。
园林用途: 南方可栽于大树下、岩石旁、垣篱边，北方温室栽培。

特征要点 多肉植物，附生性。茎多分枝，浓绿色有光泽，3棱，棱边缘波状，粗达7cm，节上具气生根；刺丛间隔3~4cm，具1~3枚圆锥形刺。花冠漏斗形，外瓣黄绿色，内瓣白色，长约30cm，基部具鳞片，夜晚开放。浆果椭圆形，长10~12cm，红色有香味，可食。花期夏季。

梨果仙人掌 **Opuntia ficus-indica** (L.) Mill. 仙人掌科 Cactaceae 仙人掌属

原产及栽培地: 原产美洲热带干旱地区。中国北京、福建、广东、江苏、陕西、上海、四川、台湾、新疆、云南、浙江等地栽培。**习性:** 忌霜寒，喜阳光与排水良好的砂质土壤。**繁殖:** 扦插。**园林用途:** 南方庭院栽培，或布置于岩石园，北方盆栽观赏。

特征要点 乔木状多肉植物。株高1.5~5m。茎肉质，绿色，宽椭圆形至长圆形，厚达2~2.5cm，全缘，平坦，无毛，常无刺。花辐状，直径7~10m，深黄色或橙黄色。浆果椭圆球形至梨形，长5~10cm，顶端凹陷，平滑无毛。花期5~6月，果期7~10月。

木麒麟（叶仙人掌）**Pereskia aculeata** Mill. 仙人掌科 Cactaceae 木麒麟属

原产及栽培地：原产美洲热带地区。中国北京、福建、广东、江苏、上海、台湾、云南、浙江等地栽培。**习性**：原生长地雨量充沛，终年炎热，土壤含腐殖质多，呈弱酸性环境。**繁殖**：扦插。**园林用途**：盆栽观赏，可作仙人指、蟹爪类砧木用。

特征要点 蔓性多肉植物。植株长可达 5m 以上。茎具成对细刺。叶互生，叶片厚，肉质，披针形至长圆状卵形，长 5~7cm，全缘。圆锥状或聚伞状花序顶生；花密集，花冠白色、黄色或略带粉色晕，中央鲜橙色，直径 2.5~4cm，有香味。花期夏秋季。

钝齿蟹爪兰（巴西蟹爪、仙人指）**Schlumbergera russelliana** (Gardner) Britton & Rose 仙人掌科 Cactaceae 仙人指属

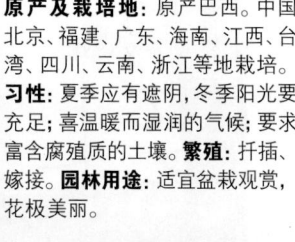

原产及栽培地：原产巴西。中国北京、福建、广东、海南、江西、台湾、四川、云南、浙江等地栽培。**习性**：夏季应有遮阴，冬季阳光要充足；喜温暖而湿润的气候；要求富含腐殖质的土壤。**繁殖**：扦插、嫁接。**园林用途**：适宜盆栽观赏，花极美丽。

特征要点 多肉植物。株高 20~50cm。茎节扁平，绿色，边缘略带渐尖齿。花紫色至绯红色，长达 7cm。花期冬春季。

蟹爪兰（蟹爪） **Schlumbergera truncata** (Haw.) Moran
仙人掌科 Cactaceae 仙人指属

原产及栽培地：原产巴西。中国北京、福建、广东、广西、贵州、海南、湖北、江苏、江西、陕西、上海、四川、台湾、云南、浙江等地栽培。**习性**：夏季应有遮阴，冬季阳光要充足；喜温暖而湿润的气候；要求富含腐殖质的土壤。**繁殖**：扦插、嫁接。**园林用途**：可悬吊观赏。

特征要点　多肉植物。株高 20~50cm。茎扁平而多分枝，常成簇而悬垂；茎节短小，倒卵形或矩圆形，先端平截，两缘有尖齿。花着生于茎节先端，长 6~8cm，紫红色；花瓣数轮，上部向外反折；雄蕊 2 轮，花柱长于雄蕊。花期 11~12 月。

七宝树（仙人笔） **Kleinia articulata** (L. f.) Haw. 【Senecio articulatus (L. f.) Sch. Bip.】菊科 Asteraceae/Compositae 仙人笔属 / 千里光属

原产及栽培地：原产南非。中国北京、广西、江苏、浙江、福建、广东、湖北、云南等地栽培。**习性**：喜温暖向阳、干旱环境，耐高温和半阴，不耐寒；要求排水良好的石灰质砂砾土，忌湿涝。**繁殖**：扦插。**园林用途**：盆栽室内装饰。

特征要点　多年生肉质草本。株高 30~70cm。茎直立棒状，具节，全株被白粉。叶具长柄，扁平，提琴状羽裂，常枯萎。花莛具长总梗，上部分枝；头状花序数个，直径 2~3cm，花全为管状花，白色，花柱分枝顶端细圆锥状。花果期 5~6 月或早春（温室）。

泥鳅掌 Kleinia pendula DC.【Senecio pendulus (Forssk.) Sch. Bip.】

菊科 Asteraceae/Compositae 仙人笔属 / 千里光属

原产及栽培地：原产非洲阿拉伯、埃塞俄比亚等。中国北京、福建、广东、湖北、上海、云南、浙江等地栽培。**习性**：喜温暖向阳、干旱环境，耐高温，不耐寒；要求排水良好的石灰质砂砾土，忌湿涝。**繁殖**：分株、扦插。**园林用途**：适宜布置岩石园，也可盆栽观赏。

特征要点 多年生肉质草本。茎平卧，肉质，长 10~30cm，粗 1~2cm，绿色，具淡褐色斑纹，无叶。花莛生于茎顶端，长 10~20cm；头状花序单个顶生，长 1.5~2.5cm，总苞长筒状，总苞片绿色，花冠橘红色。花期秋冬季。

弦月 Curio radicans (L. f.) P. V. Heath 【Senecio radicans (L. f.) Sch. Bip.】

菊科 Asteraceae/Compositae 翡翠珠属 / 千里光属

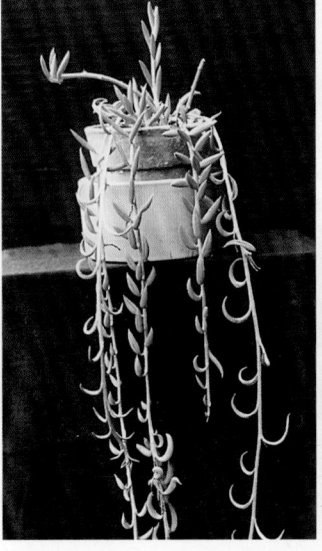

原产及栽培地：原产南非。中国北京、福建、广东、贵州、海南、江苏、台湾、云南、浙江等地栽培。**习性**：喜温暖向阳、干旱环境，耐高温，不耐寒；要求排水良好的石灰质砾土，忌湿涝。**繁殖**：分株、扦插。**园林用途**：常作吊盆栽植。

特征要点 多年生肉质草本。茎长可达 1m，垂吊状。叶互生，肉质，圆筒状或纺锤形，两端尖，粉绿色。花白色。花期秋冬季。

433

翡翠珠（绿铃） **Curio rowleyanus** (H. Jacobsen) P. V. Heath 【Senecio rowleyanus H. Jacobsen】 菊科 Asteraceae/Compositae 翡翠珠属 / 千里光属

原产及栽培地： 原产南非。中国北京、福建、广东、湖北、江西、台湾、云南等地栽培。**习性：** 喜温暖向阳、干旱环境，耐高温，冬季可耐短时间 5~6℃低温；要求排水良好的石灰质砂砾土，忌湿涝。**繁殖：** 分株、扦插。**园林用途：** 点缀岩石园与石坡假山，亦最适宜垂悬装饰。

特征要点 多年生肉质草本。茎长可达 1m，纤细，垂吊状。叶互生，肉质，圆珠状，深绿色，直径 0.4~0.8cm，顶端具短尖。头状花序自珠丛中抽出，单生，总苞长筒状，管状花白色。花期冬春季。

莲花掌（荷花掌） **Aeonium arboreum** (L.) Webb & Berthel.
景天科 Crassulaceae 莲花掌属

原产及栽培地： 原产加那利群岛。中国北京、福建、广东、湖北、江苏、江西、上海、四川、台湾、云南、浙江等地栽培。**习性：** 喜温暖、阳光充足、冬季干燥、夏季潮润的环境；要求排水良好的砂质壤土。**繁殖：** 分株。**园林用途：** 盆栽观赏。

特征要点 多年生多肉草本。茎直立，高 10~30cm。顶生莲座状叶丛。叶片长圆披针形，边缘具长纤毛，深绿色，长 5~7.5cm。花黄色，直径 1.5cm。观叶为主，常不开花。

红缘莲花掌 Aeonium haworthii Salm-Dyck ex Webb & Berthel.

景天科 Crassulaceae 莲花掌属

原产及栽培地：原产加那利群岛。中国北京、福建、广东、江苏、上海、台湾等地栽培。**习性**：喜温暖、阳光充足、冬季干燥、夏季潮润的环境；要求排水良好的砂质壤土。**繁殖**：扦插。**园林用途**：配置岩石园，配置盆景，盆栽观赏。

特征要点　多年生多肉草本，亚灌木状。株高 30~60cm。茎直立，多分枝，顶生莲座状叶丛；叶倒卵形，长 3~5cm，肉质，灰绿色，边缘具密细乳突状毛齿，在阳光下变为红色。花序自叶腋抽出向上直伸，小花 40~50 朵成松聚伞状；花钟状，直径约 1cm，黄色带红晕。花期春夏季。

大叶落地生根 Kalanchoe daigremontiana Raym.-Hamet & H. Perrier

【Bryophyllum daigremontianum (Raym.–Hamet & Perrier) A. Berger】

景天科 Crassulaceae 伽蓝菜属 / 落地生根属

原产及栽培地：原产马达加斯加。中国北京、福建、广东、海南、湖北、江苏、台湾、云南、浙江等地栽培。**习性**：喜光；喜温暖干爽环境；要求湿润、疏松的砂质土壤，耐干旱，忌水涝。**繁殖**：叶缘小植株繁殖。**园林用途**：多为盆栽作观赏用，南方可配置于岩石园和屋顶阳台上。

特征要点　多年生肉质草本。株高可达 1m 以上。全株蓝绿色，被白粉，茎直立。单叶对生，肉质，长卵状披针形，先端渐尖，长可达 10cm 以上，边缘具圆齿，齿尖具小植株，落地即可生根成长。聚伞圆锥花序大，花下垂，花萼绿色，花冠淡红色。花期秋冬季。

棒叶落地生根 Kalanchoe delagoensis Eckl. & Zeyh.【Bryophyllum delagoense (Eckl. & Zeyh.) Druce】景天科 Crassulaceae 伽蓝菜属 / 落地生根属

原产及栽培地: 原产马达加斯加。中国安徽、北京、福建、广东、广西、海南、江苏、陕西、四川、台湾、云南、浙江等地栽培。**习性:** 喜光; 喜温暖干爽环境; 要求湿润、疏松的砂质土壤, 耐干旱, 忌水涝。**繁殖:** 叶尖小植株繁殖。**园林用途:** 多为盆栽作观赏用, 南方可配置于岩石园和屋顶阳台上。

特征要点 多年生肉质草本。株高可达 1m 以上。茎直立, 灰白色。单三叶轮生或螺旋生长, 肉质, 长棍棒状, 先端常生数个小植株, 落叶可生根生长。聚伞圆锥花序顶生; 花萼筒短, 粉绿色, 花冠筒中部稍膨大, 红色。花期冬春季。

落地生根 Kalanchoe pinnata (Lam.) Pers.【Bryophyllum pinnatum (Lam.) Oken】景天科 Crassulaceae 伽蓝菜属 / 落地生根属

原产及栽培地: 原产马达加斯加。中国北京、福建、广东、广西、贵州、湖北、江西、陕西、上海、四川、台湾、云南、浙江等地栽培。**习性:** 喜光; 喜温暖干爽环境; 要求湿润、疏松的砂质土壤, 夏季喜充足水分, 越冬最低温为 5℃。**繁殖:** 叶缘小植株繁殖。**园林用途:** 华南地区可配置岩石园或花径; 又是南方、北方普通的盆栽花卉。

特征要点 多年生肉质草本。株高可达 1m。茎直立。单叶或三小叶对生, 肉质, 叶片椭圆形, 长约 5cm, 边缘有粗大圆齿。聚伞圆锥花序, 花萼纸质筒状, 花冠细管状, 长 5cm, 下垂, 淡红色, 稍向外卷。花期冬季。

玉树 **Crassula arborescens** (Mill.) Willd. 景天科 Crassulaceae 青锁龙属

原产及栽培地: 原产南非。中国北京、福建、广东、江苏、上海、云南、浙江等地栽培。**习性:** 喜温暖干燥和阳光充足环境; 不耐寒, 怕强光, 稍耐阴; 要求肥沃、排水良好的砂壤土; 冬季温度不低于7℃。**繁殖:** 扦插。**园林用途:** 盆栽观赏。

特征要点 多肉亚灌木。株高1~3m。茎干肉质, 粗壮, 干皮灰白色, 多分枝。叶肉质, 卵圆形, 长约4cm, 宽约3cm, 叶片灰绿色, 边缘绿色。筒状直径约2cm, 白色或淡粉色。花期春末夏初。

青锁龙 **Crassula muscosa** L. 景天科 Crassulaceae 青锁龙属

原产及栽培地: 原产南非。中国北京、福建、广东、广西、湖北、江苏、陕西、上海、台湾、云南、浙江等地栽培。**习性:** 喜温暖干燥和阳光充足环境; 不耐寒, 怕强光, 稍耐阴; 要求肥沃、排水良好的砂壤土; 生长适温约15~20℃。**繁殖:** 扦插。**园林用途:** 盆栽观赏。

特征要点 矮生亚灌木。株高5~20cm。茎多分枝。叶小, 鳞片形, 复瓦状四列。花小, 淡绿色、腋生, 单一或数朵组成一小型聚伞花序。观叶为主, 常不开花。

燕子掌 **Crassula ovata** (Mill.) Druce 景天科 Crassulaceae 青锁龙属

原产及栽培地: 原产南非。中国北京、福建、广东、广西、湖北、江苏、上海、四川、台湾、云南、浙江等地栽培。**习性**: 喜温暖干燥和阳光充足环境; 不耐寒, 怕强光, 稍耐阴; 要求肥沃、排水良好的砂壤土; 冬季温度不低于7℃。**繁殖**: 扦插。**园林用途**: 盆栽观赏。

特征要点 多年生多肉草本。株高1~3m。茎肉质, 多分枝。叶常绿, 肉质, 卵圆形, 长3~5cm, 宽2.5~3cm, 灰绿色, 边缘有一圈细细的红边。直径2mm, 白色或淡粉色。花期冬春季。

八宝掌（玉蝶） **Echeveria secunda** Booth ex Lindl.
景天科 Crassulaceae 拟石莲属 / 石莲花属

原产及栽培地: 原产墨西哥。中国北京、福建、广东、江苏、陕西、上海、云南、浙江等地栽培。**习性**: 喜温暖通风良好环境; 越冬温度应不低于10℃; 耐半阴与干旱。**繁殖**: 分株。**园林用途**: 适宜盆栽观赏。

特征要点 多年生草本。株高5~20cm。植株肉质, 无茎。基生叶丛聚生成莲座状; 叶倒卵形, 蓝灰色, 肥厚多汁。总状单歧聚伞花序, 有花5~15朵, 花冠长约1.2cm, 花瓣5, 外面粉红色或红色, 里面黄色。花期春夏季。

胧月（石莲花）**Graptopetalum paraguayense** (N. E. Br.) E. Walther

景天科 Crassulaceae 风车莲属

原产及栽培地： 原产墨西哥。中国北京、福建、广东、广西、海南、台湾、云南、浙江等地栽培。**习性：** 植株强健，耐旱，忌积涝与过分水湿，不耐寒；要求排水良好的砂质壤土。**繁殖：** 播种、叶插、茎插。**园林用途：** 作小盆栽植物，赏其肥厚风车叶般的叶丛与带斑点的花朵。

特征要点 多年生多肉草本。株高 10~30cm。叶基生，松散莲座状，叶片长圆状匙形，具短钝尖，长 5~7cm，宽 2~3cm，肉质，厚，灰白绿色，略带粉晕。花莛高 15cm，自叶腋抽出，花瓣 5，星形，直径约 1.25cm，白色，具稀疏褐红斑点。花期冬末至春初。

矮生伽蓝菜（长寿花、玉海棠）**Kalanchoe blossfeldiana** Poelln.

景天科 Crassulaceae 伽蓝菜属

原产及栽培地： 原产马达加斯加。中国北京、浙江等地栽培。**习性：** 喜光，好温暖，冬季白天温度 18℃，夜间 10℃以上，元旦或春节可开花；要求砂壤土。**繁殖：** 扦插。**园林用途：** 多为盆栽作观赏用。

特征要点 多年生肉质草本。株高 10~30cm，幅宽 15~30cm。叶交互对生，肉质，长圆形，边缘略带红色。圆锥花序顶生；花密集，花色绯红、桃红或橙红。花期秋冬季。

伽蓝菜 **Kalanchoe ceratophylla** Haw. 景天科 Crassulaceae 伽蓝菜属

原产及栽培地: 原产中国、印度、老挝、泰国、越南。中国北京、福建、广东、广西、贵州、湖北、江苏、陕西、台湾、云南、浙江等地栽培。**习性:** 喜温暖、湿润和阳光充足的环境,最佳生长温度介于 18~20℃;壤土宜选择湿润砂质土壤,耐干旱,忌水涝。**繁殖:** 扦插。**园林用途:** 多为盆栽作观赏用。

特征要点 多年生肉质草本。株高 20~45cm。叶对生,有柄,叶片长 8~15cm,羽状深裂,裂片条形,边缘有浅锯齿或浅裂。聚伞花序圆锥状或伞房状,顶生,长 10~30cm;萼片 4 深裂;花冠高脚碟状,黄色或橙红色。菁荚果长圆形。花期 3 月。

白景天(玉米石) **Sedum album** L. 景天科 Crassulaceae 景天属

原产及栽培地: 原产欧洲、北非、西亚。中国北京、广东、台湾等地栽培。**习性:** 喜光;喜冷凉湿润环境,耐寒;喜排水良好的砂质壤土。**繁殖:** 分株。**园林用途:** 适宜岩石园栽培,也可栽培于露天阳台上。

特征要点 多年生肉质草本。株高 5~20cm。茎匍匐,垫状。叶常集生茎顶,肉质,长圆柱状,长 1~1.5cm,光滑,先端圆钝,幼叶整体绿色,老叶常带紫红色。聚伞花序顶生,花密集,常排列成大片;花小,白色,花瓣 5,披针形。花期 7 月。

玉珠帘（松鼠尾） **Sedum morganianum** E. Walther
景天科 Crassulaceae 景天属

原产及栽培地： 原产墨西哥。中国北京、福建、广东、黑龙江、湖北、上海、云南、浙江等地栽培。**习性：** 喜光；喜温暖环境，越冬温度不得低于8℃，白天宜保持15℃以上；要求排水良好的砂质壤土，耐干旱，忌积水。**繁殖：** 分株、扦插。**园林用途：** 美丽的悬篮观叶植物。

特征要点　多年生肉质草本。株长可达50cm，垂吊状。叶螺旋状着生，排列密集，肉质，小纺锤形，肉质，多汁而脆，先端稍尖，绿色至黄白色。花数朵生于茎顶；花冠小，深红色。花期春季。

卷绢（蛛丝卷绢） **Sempervivum arachnoideum** L.
景天科 Crassulaceae 长生草属

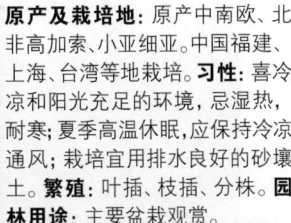

原产及栽培地： 原产中南欧、北非高加索、小亚细亚。中国福建、上海、台湾等地栽培。**习性：** 喜冷凉和阳光充足的环境，忌湿热，耐寒；夏季高温休眠，应保持冷凉通风；栽培宜用排水良好的砂壤土。**繁殖：** 叶插、枝插、分株。**园林用途：** 主要盆栽观赏。

特征要点　多年生肉质草本。株高2~10cm。植株莲座状，莲座叶盘小。叶无柄，倒卵形，排列紧密，鲜绿色，叶尖有白色蛛丝毛，在植株顶部联结如蛛网。聚伞花序生于花枝顶端；花大，粉红色，直径2cm左右。花期夏季。

观音莲（长生草） **Sempervivum tectorum** L. 景天科 Crassulaceae 长生草属

原产及栽培地: 原产德国、西班牙、意大利等。中国北京、上海、台湾、浙江等地栽培。**习性**: 喜冷凉和阳光充足的环境，忌湿热，耐寒；夏季高温休眠，应保持冷凉通风；栽培宜用排水良好的砂壤土。**繁殖**: 叶插、枝插、分株。**园林用途**: 主要盆栽观赏。

特征要点 多年生肉质草本。株高15~20cm。植株莲座状，株幅直径10~15cm。叶倒披针形，肉质，正面无毛，粉绿色，先端具急短尖，边缘显著紫色，所以边缘具微细缘毛。圆锥花序高15~20cm；花多数，粉紫红色。花期夏季。

铁海棠（虎刺梅） **Euphorbia milii** Des Moul. 大戟科 Euphorbiaceae 大戟属

原产及栽培地: 原产马达加斯加。中国北京、福建、广东、广西、贵州、海南、湖北、江苏、江西、陕西、上海、四川、台湾、云南、浙江等地逸生或栽培。**习性**: 喜光；喜温暖气候，耐旱，忌积水；喜疏松肥沃和排水良好的腐殖质土壤。**繁殖**: 扦插。**园林用途**: 南方可露地栽培于高地上观花或作篱笆，北方盆栽观赏。

特征要点 蔓生灌木。株高60~100cm。茎多分枝，具白色乳汁，直径5~10mm，具纵棱，密生硬尖刺。叶互生，倒卵形或长圆状匙形，全缘。二歧状复花序腋生，具柄；苞叶2枚，肾圆形，鲜红色或白色；花小，黄红色。蒴果三棱状卵形。花果期全年。

442

红雀珊瑚 **Euphorbia tithymaloides** L. 大戟科 Euphorbiaceae 大戟属

原产及栽培地: 原产西印度群岛。中国北京、福建、广东、广西、海南、湖北、上海、四川、台湾、云南、浙江等地栽培。**习性:** 喜光; 喜干热气候; 要求疏松肥沃、排水良好砂质土壤, 忌积水。**繁殖:** 扦插。**园林用途:** 适合小型盆栽, 装饰几案。

特征要点 多肉灌木。茎高 0.6~1.5m, 肉质、绿色, 常略呈 "之" 字形弯曲生长, 有毒性白色乳汁。叶卵圆形, 背面龙骨状突起, 有时完全脱落无叶。聚伞花序顶生, 总苞鲜红色或紫色, 长约 2cm。花期夏秋季。

木立芦荟（芦荟、大芦荟） **Aloe arborescens** Mill.
阿福花科 / 百合科 Asphodelaceae/Liliaceae 芦荟属

原产及栽培地: 原产马拉维、南非。中国北京、福建、广东、广西、湖北、江苏、陕西、上海、四川、台湾、云南、浙江等地栽培。**习性:** 喜温暖、阳光充足、春夏空气湿润, 秋冬略干的环境, 易受霜害, 要求排水极好的砂质壤土。**繁殖:** 分植侧蘖、扦插。**园林用途:** 室内盆栽花卉, 观叶、赏花。

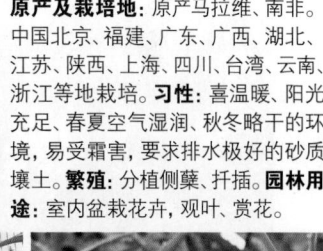

特征要点 多肉植物。株高可达 3m, 茎干高可达 2m。盆栽植株通常多具高莲座状簇生叶, 叶缘具白色刺状硬齿。总状花序, 花朵长 3~5cm, 红色。花期 4~6 月或冬季至春季。

什锦芦荟(翠花掌) **Gonialoe variegata** (L.) Boatwr. & J. C. Manning 【Aloe variegata L.】 阿福花科 / 百合科 Asphodelaceae/Liliaceae 什锦芦荟属 / 芦荟属

原产及栽培地： 原产南非。中国北京、福建、广东、广西、贵州、湖北、江苏、上海、台湾、云南、浙江等地栽培。**习性：** 喜温暖、阳光充足、春夏空气湿润、秋冬略干的环境，易受霜害，要求排水极好的砂质壤土。**繁殖：** 分植侧蘖、扦插。**园林用途：** 室内盆栽花卉，观叶、赏花。

特征要点 多肉植物。株高 10~30cm。叶三角形略长，缘近顶端有锯齿，浓绿色，有不规则的白色横斑纹，形如鸟羽，非常美丽。花红色带绿条纹。

库拉索芦荟(芦荟) **Aloe vera** (L.) Burm. f.
阿福花科 / 百合科 Asphodelaceae/Liliaceae 芦荟属

原产及栽培地： 原产地中海地区。中国北京、福建、广东、广西、贵州、海南、湖北、江苏、江西、陕西、上海、四川、台湾、云南、浙江等地栽培。**习性：** 喜温暖、阳光充足、春夏空气湿润、秋冬略干的环境，易受霜害，要求排水极好的砂质壤土。**繁殖：** 分植侧蘖、扦插。**园林用途：** 室内盆栽花卉，除观赏外，可药用美容。

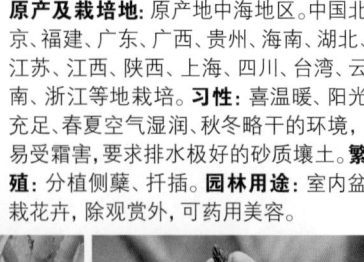

特征要点 多肉植物。株高可达 120cm。茎不明显。叶条状披针形，肥厚多汁，粉绿色，缘疏生小齿。花莛高达 90cm，花淡黄色或有红色斑。花期冬春季。

444

鲨鱼掌（沙鱼掌、脂麻掌） **Gasteria carinata** var. **verrucosa** (Mill.) van Jaarsv. 阿福花科 / 百合科 Asphodelaceae/Liliaceae 鲨鱼掌属

原产及栽培地：原产南非。中国北京、福建、广东、广西、江苏、陕西、上海、四川、台湾、云南、浙江等地栽培。**习性：**喜温暖向阳，不耐寒，耐半阴与干燥，冬季温度不低于10℃；要求排水良好的砂质土壤。**繁殖：**分株。**园林用途：**常见室内观赏小盆花，适宜窗台、阳台装饰。

特征要点　多年生肉质植物。株高 20~40cm。叶肥厚多汁，由基部伸出，排成垂直 2 列，长 10~25cm，宽约 4cm，叶面粗糙，密生白色硬质小突起。总状花序，高约 60cm；花朵疏生，花被筒长约 2.5cm，下部微带红晕，先端绿色。花期春夏季。

条纹十二卷（蛇尾兰） **Haworthiopsis fasciata** (Willd.) G. D. Rowley 【Haworthia fasciata (Willd.) Haw.】 阿福花科 / 百合科 Asphodelaceae/Liliaceae 十二卷属

原产及栽培地：原产莱索托、南非。中国安徽、北京、福建、广东、广西、湖北、江苏、江西、上海、四川、台湾、云南、浙江等地栽培。**习性：**喜光；喜温暖干爽环境，极耐旱，不耐寒；喜疏松而排水良好的砂质土壤，耐瘠薄。**繁殖：**分株。**园林用途：**优良的观叶花卉，盆栽陈设于几架、案台、书橱等处。

特征要点　多年生常绿草本。株高 5~10cm。叶基生，莲座状，长 3~6cm，叶片上有鲜明白色斑纹，背面有白色瘤状突起并横连成条纹，色暗绿，极美丽。花莛自叶丛中抽出，细长；花数朵，绿白色。花期冬春季。

石笔虎尾兰（棒叶虎尾兰） Dracaena stuckyi (God.-Leb.) Byng & Christenh.
【Sansevieria cylindrica auct. non. Bojer ex Hoor.】 天门冬科 / 百合科 / 龙舌兰科 Asparagaceae/Liliaceae/Agavaceae 龙血树属 / 虎尾兰属

原产及栽培地：原产安哥拉、卢旺达。中国北京、福建、广东、海南、湖北、江苏、上海、四川、台湾、云南、浙江等地栽培。**习性**：喜光；喜温暖干爽气候，不耐寒，极耐旱；要求排水良好的砂质壤土。**繁殖**：分株、扦插。**园林用途**：南方可布置岩石园，北方多盆栽观赏。

特征要点　多年生多肉草本。株高 50~120cm，无地上茎。叶 3~4 枚丛生，直立，圆筒形，有纵棱，有暗绿色与浅色纵斑及横纹，先端具短尖。花葶自叶丛基部抽出，常短于叶；花密集，花蕾细长筒状，黄白色，带蓝色；开放后花冠白色。花期冬春季。

虎尾兰（锡兰虎尾兰、虎皮兰） Dracaena trifasciata (Prain) Mabb.
【Sansevieria trifasciata Prain】 天门冬科 / 百合科 / 龙舌兰科 Asparagaceae/Liliaceae/Agavaceae 龙血树属 / 虎尾兰属

原产及栽培地：原产非洲西部。中国安徽、北京、福建、广东、广西、贵州、海南、湖北、江苏、江西、陕西、上海、四川、台湾、云南、浙江等地栽培。**习性**：喜阳光充足，温暖而湿度大、通风良好环境；不耐寒，耐半阴；排水良好的砂质或黏重壤土均可生长。**繁殖**：分株、扦插。**园林用途**：盆栽观叶花卉，适合装饰书房、客厅。

特征要点　多年生多肉草本。株高 40~100cm。根状茎横走。叶簇生基部，厚硬革质，扁平狭披针形，两面具白绿和深绿色相间的横带状斑纹。花葶高达 80cm，短于叶；小花 3~8 朵一束，1~3 束簇生在花序轴上；花小，绿白色。花期夏季。

'短叶'虎尾兰 Dracaena trifasciata 'Hahnii'【Sansevieria trifasciata 'Hahnii'】 天门冬科 / 百合科 / 龙舌兰科 Asparagaceae/Liliaceae/Agavaceae 龙血树属 / 虎尾兰属

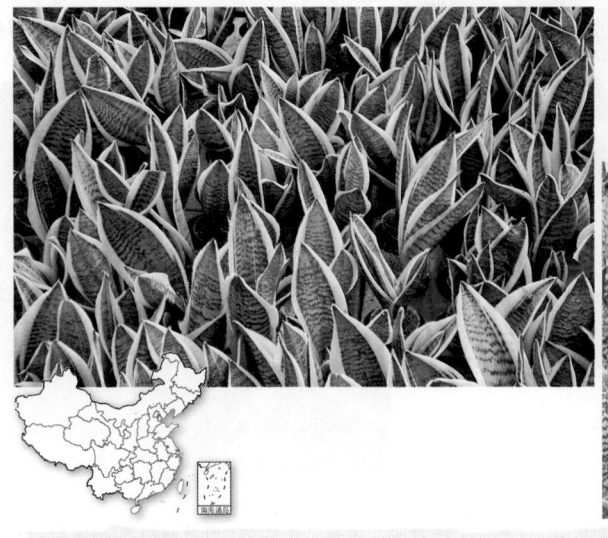

原产及栽培地: 原产南非。中国广东、浙江、台湾等地栽培。**习性**: 喜光; 喜温暖干爽气候, 不耐寒, 极耐旱; 要求排水良好的砂质壤土。**繁殖**: 分株、扦插。**园林用途**: 盆栽观叶花卉, 适合装饰书房、客厅。

特征要点 多年生多肉草本。株高 20~25cm。根状茎横走。叶簇生基部, 叶片短小, 卵圆形、椭圆形至长圆形, 具深绿色横纹。

(八) 食虫植物

捕蝇草 Dionaea muscipula J. Ellis 茅膏菜科 Droseraceae 捕蝇草属

原产及栽培地: 原产美国。中国北京、福建、湖南、上海、台湾、云南等地栽培。**习性**: 喜温暖湿润与略荫蔽环境; 要求肥沃、疏松及排水良好的砂质土壤。**繁殖**: 播种、分株、叶片扦插。**园林用途**: 小盆栽观赏植物, 可置于室内几案或窗台无强光直射处。

特征要点 多年生草本。株高 10~40cm。食虫植物。叶基生, 莲座状, 长 5~15cm; 叶柄宽大, 匙形叶片状, 上面着生两片对生叶瓣; 叶瓣贝壳状, 略开展, 中脉膨大, 每片内侧中央具 3 条尖锐刚毛, 排成三角形。伞形花序, 具花 2~14 朵, 具长花莛; 花瓣 5, 白色。蒴果卵圆形。花期夏季。

圆叶茅膏菜 **Drosera rotundifolia** L. 茅膏菜科 Droseraceae 茅膏菜属

原产及栽培地：原产中国东北、亚洲北部、欧洲。中国北京、福建、浙江等地栽培。**习性**：喜半阴环境；喜冷凉湿润的湿地环境；要求潮湿多水、生苔藓的土壤。**繁殖**：分栽、播种。**园林用途**：盆栽观赏，有趣的食虫植物。

特征要点　多年生草本。株高5~20cm。叶基生，莲座状，密集，具长柄；叶片圆形或扁圆形，叶缘具长头状黏腺毛。螺状聚伞花序1~2条，腋生，花葶状，纤细，直立；花3~8朵，花瓣5，白色。蒴果，熟后开裂为3果爿。花期夏秋季，果期秋冬季。

猪笼草 **Nepenthes mirabilis** (Lour.) Druce 猪笼草科 Nepenthaceae 猪笼草属

原产及栽培地：原产中国海南、南亚、东南亚。中国安徽、北京、福建、广东、海南、湖北、湖南、上海、四川、台湾、云南、浙江等地栽培。**习性**：喜高温高湿和稍蔽荫环境；土壤以疏松、肥沃和透气的腐叶土或泥炭土为好。**繁殖**：播种、扦插。**园林用途**：盆栽悬吊观赏，为著名食虫植物。

特征要点　多年生常绿草本。茎可长达数米，栽培者常较短。食虫植物。叶互生，长椭圆形，全缘，中脉延长成卷须，末端有一小瓶状叶笼，近圆筒形瓶状，瓶口边缘厚，上有小盖，成长时盖张开，笼色绿色至红褐色，有时具条纹，笼内壁光滑。栽培者很少开花。

紫瓶子草（紫花瓶子草）**Sarracenia purpurea** L.

瓶子草科 Sarraceniaceae 瓶子草属

原产及栽培地: 原产加拿大、美国。中国北京、福建、台湾等地栽培。**习性:** 喜半阴,忌强烈阳光直射;要求高温高湿环境,原生长于潮湿或沼泽之地,耐瘠薄。**繁殖:** 播种、分株。**园林用途:** 温室盆栽观赏,重要食虫植物。

特征要点 多年生常绿草本。株高30~50cm。无茎。叶基生,长可达30cm,筒状或瓶状,中空,一边有翅,顶端有盖,筒及盖均为紫红色;瓶内分泌黏液或消化液。花茎高可达60cm;花单生,单性,直径约7cm,紫色或紫绿色,柱头先端展开成伞状。蒴果。花期夏季。

参考文献

艾伦·库姆斯. 树 [M]. 北京：中国友谊出版公司，2007.

北京林业大学园林学院花卉教研室. 花卉学 [M]. 北京：中国林业出版社，1990.

傅立国. 中国植物红皮书 [M]. 北京：科学出版社，1992.

傅立国. 中国高等植物 [M]. 青岛：青岛出版社，2001.

刘燕. 园林花卉学 [M]. 2版. 北京：中国林业出版社，2003.

马克平. 中国常见野外植物识别手册 [M]. 北京：商务印书馆，2018.

王莲英，秦魁杰. 花卉学 [M]. 2版. 北京：中国林业出版社，2011.

郑万钧. 中国树木志 [M]. 北京：中国林业出版社，1983-2004.

中国科学院植物研究所. 中国高等植物图鉴 [M]. 北京：科学出版社，1985-2015.

中国科学院植物研究所. 中国高等植物彩色图鉴 [M]. 北京：科学出版社，2016.

中国科学院中国植物志编辑委员会. 中国植物志 [M]. 北京：科学出版社，1959-2004.

Flora of China Editorial Committee.Flora of China [M]. Beijing：Science Press, 1988-2013.

中文名索引

456

学名索引

C

Caladium bicolor / 308

Calceolaria mexicana / 298

Calceolaria × herbeohybrida / 298

Caldesia parnassifolia / 257

Calendula officinalis / 11

Calla palustris / 260

Callirhoe involucrata / 249

Callistephus chinensis / 12

Caltha palustris / 151

Calystegia sepium / 214

Campanula glomerata / 58

Campanula latifolia / 58

Campanula medium / 8

Campanula punctata / 59

Campanula rotundifolia / 59

Campsis grandiflora / 212

Campsis × tagliabuana / 212

Canna flaccida / 186

Canna glauca / 187

Canna indica / 187

Canna iridiflora / 188

Canna × hybrida / 185

Canna × orchioides / 186

Capsicum annuum Cerasiforme
   Group / 41

Cardiocrinum giganteum / 196

Cardiospermum halicacabum / 235

Carthamus tinctorius / 12

Catharanthus roseus / 5

Cattleya hybrida / 393

Cattleya labiata / 394

Causonis japonica / 235

Celosia argentea / 3

Celosia argentea Cristata Group / 4

Centaurea cyanus / 13

Centaurea montana / 74

Cephalocereus senilis / 426

Ceratophyllum demersum / 262

Cereus repandus / 427

Cereus repandus 'Monstrosus' / 427

Ceropegia pubescens / 315

Ceropegia woodii / 316

Cestrum elegans / 392

Cestrum nocturnum / 392

Chamerion angustifolium / 129

Chloranthus elatior / 66

Chloranthus serratus / 67

Chloranthus spicatus / 67

Chlorophytum capense / 338

Chlorophytum comosum / 338

Chrysanthemum chanetii / 238

Chrysanthemum morifolium / 74

Cibotium barometz / 410

Cissus discolor / 354

Cissus triloba / 354

Clarkia amoena / 30

Clematis florida / 232

Clematis lanuginosa / 233

Clematis patens / 233

Clematis terniflora / 234

Clematis texensis / 234

Clematis × jackmanii / 232

Clivia miniata / 357

Clivia nobilis / 357

Colchicum autumnale / 196

Coleus scutellarioides / 292

Colocasia esculenta / 260

Columnea microcalyx / 334

Convallaria majalis / 197

Convolvulus arvensis / 215

Coreopsis basalis / 13

Coreopsis grandiflora / 75

Coreopsis lanceolata / 75

Coreopsis tinctoria / 14

Coreopsis verticillata / 76

Corydalis caudata / 134

Corydalis speciosa / 134

Cosmos bipinnatus / 14

Cosmos sulphureus / 15

Crassula arborescens / 437

Crassula muscosa / 437